VIEWEG
MATHEMATIK
LEXIKON

Taschenbücher für das Grundstudium Mathematik

Gerd Fischer

Analytische Geometrie

Gerd Fischer

Lineare Algebra

Otto Forster

Analysis (3 Bände)

Gerhard Frey

Elementare Zahlentheorie

Ulf Friedrichsdorf
Alexander Prestel

Mengenlehre für den Mathematiker

Ulrich Krengel

**Einführung in die Wahrscheinlichkeitstheorie
und Statistik**

Springer Fachmedien
Wiesbaden GmbH

VIEWEG MATHEMATIK LEXIKON

Begriffe / Definitionen / Sätze / Beispiele für das Grundstudium

Erarbeitet von
Otto Kerner, Joseph Maurer, Jutta Steffens,
Thomas Thode und Rudolf Voller

Springer Fachmedien Wiesbaden GmbH

CIP-Titelaufnahme der Deutschen Bibliothek

Vieweg-Mathematik-Lexikon:
Begriffe, Definitionen, Sätze, Beispiele für d.
Grundstudium / erarbeitet von Otto Kerner ...
– Die vorliegende Aufl. ist e. vollst. neubearb.
u. erw. Fassung d. 1981 erschienenen Buches
„Joseph Maurer: Mathemecum". –
Braunschweig; Wiesbaden: Vieweg, 1988.

ISBN 978-3-528-06308-5   ISBN 978-3-322-86392-8 (eBook)
DOI 10.1007/978-3-322-86392-8

NE: Kerner, Otto [Mitverf.]

Die vorliegende Auflage ist eine vollständig neubearbeitete und
erweiterte Fassung des 1981 erschienenen Buches

Joseph Maurer: Mathemecum.

Der Verlag Vieweg ist ein Unternehmen der Verlagsgruppe Bertelsmann.

Vorwort

Dieses Buch ist entstanden unter Erinnerungen an die Zeit des eigenen Mathematikstudiums und unter dem Eindruck der Betreuung und Ausbildung von Mathematikstudenten heute. Beides hatte zu dem Wunsch geführt, über ein kleines handliches Nachschlagewerk zu verfügen, wenn der Student feststellen muß, daß er Definitionen oder den Wortlaut von Sätzen nicht in der notwendigen Präzision behalten hat oder daß ihm Dinge, die ihm vor wenigen Monaten noch vertraut waren, schon wieder entfallen sind.

Man braucht dann kein Lehrbuch und keinen straffen Übersichtsartikel über die Theorie, denn darin ist die Stelle, an der es hakt, oft schwer zu finden und meist so in einen logischen Aufbau eingefügt, daß es vor allem den jüngeren Studenten schwerfällt, die richtige Auskunft herauszuziehen.

Man braucht ein Büchlein, das in Abgrenzung auf den heute üblichen Stoffumfang der mathematischen Standardvorlesungen möglichst diejenigen Informationen unter geeigneten Stichwörtern zusammenfaßt, die einem Studenten erfahrungsgemäß an der Stelle am nützlichsten sind. Dazu gehören bei den Definitionen Beispiele und Gegenbeispiele, bei den Sätzen gelegentlich Angaben über wichtige Beweismittel und allgemein Hinweise auf Begriffe, die man möglicherweise in Zusammenhang mit dem vorliegenden Stichwort ebenfalls nachschlagen sollte. Es mag auch die englische und französische Übersetzung des Begriffes dazugehören. Der Student kann an diesen Aufstellungen die Stichworte auch als Prüfungsfragen interpretieren und das Buch so z.B. im Sinne eines Repetitoriums verwenden.

Aus vielerlei Gründen war es notwendig, für diese Auflage das „Mathemecum" – unter Wahrung der ursprünglichen Intention – vollständig zu überarbeiten.

Das Buch wendet sich in erster Linie an Studenten im Grundstudium; damit ist gleichzeitig ein wesentliches Problem bei der Neubearbeitung angesprochen: Der Inhalt des Grundstudiums ist nicht allgemein gültig festgelegt. Die Autoren waren sich darüber einig, daß die Vorlesungen Analysis einschließlich Differentialgleichungen und Funktionentheorie, Lineare Algebra, Algebra, Topologie, Elementare Stochastik und Numerische Mathematik das Kernstück des Grundstudiums bilden und somit umfassender abgedeckt werden müssen; aus diesem Grunde wurden die Gebiete Elementare Stochastik und Numerische Mathematik völlig neu in das Lexikon aufgenommen. Funktionalanalysis, Differentialgeometrie und Zahlentheorie wurden nur stützend für die oben genannten Gebiete berücksichtigt; ebenso wurde mit Begriffen aus den Grundlagen sparsam umgegangen; das war schon deshalb nötig, um den Rahmen des Buches nicht zu sprengen.

Um von vornherein Fehler und Inkonsistenzen von Begriffen gering zu halten, wurde die Arbeit nach Sachgebieten auf mehrere Autoren verteilt; dies schien außerdem die sicherste Grundlage für eine ausgewogene Berücksichtigung der einzelnen Teilgebiete zu sein.

Da es keinen Konsens darüber gibt, was z.B. eine Einführung in die Algebra oder in die numerische Mathematik enthalten soll, mußten die Autoren eine subjektive Auswahl in den einzelnen Gebieten treffen; diese wurde durch eigene Erfahrungen mit dem Gebiet als Student und als Unterrichtender bestimmt.

Unser Dank gilt Herrn *C. Vogt*, der mit viel Sorgfalt das Gebiet der Analysis übernommen hatte, nach erster Bearbeitung aber leider ausschied; weiterhin danken wir allen, die uns durch Rat und Tat unterstützt haben, allen Sekretärinnen im Institut, die neben ihren anderen Aufgaben die ständig Veränderungen unterworfenen Manuskripte unermüdlich neu geschrieben haben. Nicht zuletzt gilt unser besonderer Dank Frau *Ulrike Schmickler-Hirzebruch*, ohne deren geduldige Betreuung diese Überarbeitung sicher nicht zustande gekommen wäre.

Die zahlreichen Äußerungen der Leser zur Mathemecum-Ausgabe haben die Überarbeitung des Buches in starkem Maße beeinflußt; für Reaktionen und Verbesserungsvorschläge sind die Autoren dankbar und werden sie so weit wie möglich berücksichtigen.

O. Kerner
J. Maurer
J. Steffens
T. Thode

Februar 1988   *R. Voller*

Inhaltsverzeichnis

	Seite
Hinweise zum Gebrauch	VIII
Symbolverzeichnis	IX
Stichwörter A–Z	1
Anhang I: Englisch-Deutsches Stichwörterverzeichnis	331
Anhang II: Französisch-Deutsches Stichwörterverzeichnis	352
Literaturverzeichnis	373
Mathematiker-Verzeichnis	376

Hinweise zum Gebrauch

Unter einem Stichwort steht *kursiv* zuerst der englische, dann der französische Ausdruck für das Stichwort (es sei denn, Übersetzungen sind nicht üblich oder ganz offensichtlich).

Das Zeichen → ist (je nach dem Zusammenhang) zu lesen als „wird erklärt unter dem Stichwort ..." oder „Näheres hierzu noch bei ..." oder „In diesem Zusammenhang sei erinnert an ...". In jedem Fall stehen hinter → Stichwörter, die im Buch erläutert werden.

Im Text sind diejenigen Begriffe *kursiv* gedruckt, die an dieser Stelle erklärt werden (insbesondere also das Stichwort selbst). Wird für die Erklärung eines Stichwortes auf ein anderes verwiesen, wie z.B. bei alternierend → multilineare Abbildung, so steht *alternierend* im Artikel zu „multilineare Abbildung" im Kursivdruck.

Durch das Zeichen ° unmittelbar vor einem Begriff wird angedeutet, daß dazu im Buch ein Stichwortartikel vorhanden ist. (Es kann vorkommen, daß das Stichwort nicht ganz genau denselben Wortlaut hat; so ist z.B. bei °Matrizenrechnung das Stichwort „Matrix" gemeint). Der Benutzer soll dadurch ermutigt werden, bei Bedarf dort nachzuschlagen. In offensichtlichen Fällen (z.B. wenn der Begriff in einem Artikel mehrfach vorkommt) kann das Zeichen ° auch fehlen, obwohl das Stichwort im Buch erklärt ist.

Die Überarbeitung durch mehrere Mitarbeiter hat möglicherweise den Mechanismus der Zeichen → und ° gestört. Für Hinweise auf derartige „Fehlverweise" sind die Autoren dankbar.

Symbolverzeichnis

$\mathbb{N}$ $= \{1, 2, 3, \dots\}$: Menge der natürlichen Zahlen (ohne 0)

$\mathbb{N}_0$ $= \{0, 1, 2, \dots\}$: Menge der natürlichen Zahlen mit 0

$\mathbb{Z}$ $= \{0, \pm 1, \pm 2, \dots\}$: Menge der ganzen Zahlen

$\mathbb{Q}$ $= \left\{ \dfrac{p}{q} \,\middle|\, p, q \in \mathbb{Z}, q \neq 0 \right\}$: Körper der rationalen Zahlen

$\mathbb{R}$: Körper der reellen Zahlen

$\mathbb{R}^*$: Menge der reellen Zahlen $\neq 0$

$\mathbb{R}_+$: Menge der nichtnegativen reellen Zahlen

$\mathbb{R}^*_+$: Menge der positiven reellen Zahlen

$\mathbb{C}$: Körper der komplexen Zahlen

$\mathbb{R}^n, \mathbb{C}^n$: n-faches Produkt von $\mathbb{R}$ bzw. $\mathbb{C}$ mit sich, versehen mit entsprechender Vektorraum- oder topologischer Struktur

$\mathbb{K}$ $\in \{\mathbb{R}, \mathbb{C}\}$

$\forall$: Allquantor ($\forall x \in X$: „Für alle Elemente x der Menge X gilt:")

$\exists$: Existenzquantor ($\exists x \in X$: „Es existiert (mindestens) ein Element x in der Menge X, so daß …")

$\Rightarrow$: Implikation ($a \Rightarrow b$: „a impliziert b" oder „aus a folgt b" oder „a ist hinreichend für b" oder „b ist notwendig für a")

$\Leftrightarrow$: Äquivalenz ($a \Leftrightarrow b$: „a gilt genau dann, wenn b gilt" oder „a ist dann und nur dann wahr, wenn b wahr ist")

$:=$: „per definitionem gleich" ($a := b$: „a wird durch b definiert")

$\ll$: „sehr viel kleiner als"

$i = k(m)n$: „i läuft von k bis höchstens n in Schritten der Weite m"

S^{n-1} $= \{x \in \mathbb{R}^n \mid <x, x> = 1\}$: Einheitssphäre des $\mathbb{R}^n$

$\mathscr{C}(X, Y)$: Menge der stetigen Abbildungen von X nach Y

$\cap, \cup, \setminus, \complement,$
$\emptyset, \subset, \in, \times$ $(\rightarrow$ Mengenlehre$)$

$\prod$ $(\rightarrow$ Kartesisches Produkt$)$

$\mathscr{P}$ $(\rightarrow$ Potenzmenge$)$

$\mathrm{card}(M)$ $(\rightarrow$ Kardinalzahl$)$

$[a,b]$, $]a,b[$,	
$[a,b[$, $]a,b]$	($\to$ Intervall)
$n!$	($\to$ Fakultät)
$\binom{n}{k}$	($\to$ Binomialkoeffizient)
e	($\to$ Eulersche Zahl)
exp	($\to$ Exponentialfunktion)
sin, cos, tan,	
cot, arcsin,	
arccos, arctan,	
arccot	($\to$ trigonometrische Funktionen)
sinh, cosh,	
tanh, coth,	
Arsinh, Arcosh,	
Artanh, Arcoth	($\to$ Hyperbel-Funktionen)
1_A	($\to$ charakteristische Funktion)
f^{-1}, $f \circ g$,	
$f\vert_M$, i_M, id_M, $\mapsto$	($\to$ Abbildung)
$\mathring{A}$	($\to$ offener Kern)
$\overline{A}$	($\to$ abgeschlossene Hülle)
∂A, $\mathrm{Rd}(A)$	($\to$ Rand)
$\oplus$	($\to$ direkte Summe)
$\otimes$	($\to$ Tensorprodukt, $\to$ σ-Algebra, $\to$ Produktmaß)
$<\circ, \circ>$	($\to$ Skalarprodukt)
$[x]_R$	($\to$ Äquivalenzrelation)
$(A\vert b)$	($\to$ lineares Gleichungssystem)
det	($\to$ Determinante)
dim	($\to$ Dimension eines Vektorraums)
$\mathrm{End}_K(V)$	($\to$ Endomorphismus)
$\mathbb{F}_p$	($\to$ Körper)
$GL(V)$,	
$GL(n,K)$,	
$SL(n,K)$,	
$O(n,\mathbb{K})$, $O(n)$,	
$SO(n,\mathbb{K})$, $SO(n)$,	
$U(n)$, $SU(n)$,	($\to$ allgemeine lineare Gruppe, $\to$ klassische Gruppen,
$SO(V)$, $SU(V)$	($\to$ Drehung)
$[G:H]$	($\to$ Index (einer Untergruppe))
$\mathrm{Hom}_K(V,W)$	($\to$ Lineare Abbildung)

$K(x)$, K/k,
$\mathrm{grad}(K/k)$,
$L(\alpha_1, \ldots, \alpha_n)$ ($\to$ Körpererweiterung)
$K[X]$,
$K[X_1, \ldots, X_n]$ ($\to$ Polynom)
$K[[X]]$,
$K[[X_1, \ldots, X_n]]$,
$K\{X\}$,
$K\{X_1, \ldots, X_n\}$ ($\to$ Potenzreihe)
$K^{(m,\,n)}$, $K^{m \times n}$,
$M(m \times n, K)$,
$M_{m,\,n}(K)$ ($\to$ Matrix)
$L(X, Y)$ ($\to$ Banachraum)
$\mathrm{ord}(g)$ ($\to$ p-Gruppe)
$\perp$, $U^{\perp}$ ($\to$ orthogonal)
$\mathbb{P}(V)$, $\mathbb{P}_n(K)$ ($\to$ projektiver Raum)
$Q(X)$ ($\to$ Quotientenkörper)
$\mathrm{rang}\,M$, $\mathrm{rg}(M)$ ($\to$ Rang (einer Matrix))
(m, n), $m \mid n$ ($\to$ Teilbarkeit in Integritätsringen)
${}^{t}A$, A^{-1} ($\to$ transponierte Matrix, $\to$ inverse Matrix)
X^{*} ($\to$ dualer Vektorraum)
X' ($\to$ Dualraum (eines topologischen Vektorraumes))
$|\circ|$ ($\to$ Absolutbetrag)
$\|\circ\|$, $\|\circ\|_p$ ($\to$ Norm, $\to \ell^{\mathrm{p}}$-, L^{p}-Räume)
o, O ($\to$ Landausche Symbole)
$v \wedge w$ ($\to$ äußere Algebra)
dx, $dx \wedge dy$ ($\to$ Differentialform)
$\dfrac{df}{dx}$, $\dfrac{\partial f}{\partial x_i}$, Df, f',
$f^{(n)}$, J_f, $D_i f$, f_{x_i},
grad, ∇ ($\to$ differenzierbar)
Δ ($\to$ Laplace-Operator)
$\lim$ ($\to$ Konvergenz)
$\liminf$, $\limsup$,
$\underline{\lim}$, $\overline{\lim}$ ($\to$ limes superior)
rot, div ($\to$ Vektoranalysis)
$\mathscr{B}^{n}$ ($\to$ σ-Algebra)
$\mathscr{B}^{n}_{\lambda}$, λ^{n} ($\to$ Lebesgue-Maß)
$(\mathbb{R}^{n}, \mathscr{B}^{n})$,
$(\Omega, \mathscr{P}(\Omega))$ ($\to$ Meßraum)
$(\Omega, \mathscr{A}, P)$ ($\to$ Wahrscheinlichkeitsraum)

$P(A)$	($\rightarrow$ Wahrscheinlichkeit)
$P(A\mid B)$	($\rightarrow$ bedingte Wahrscheinlichkeit)
$\mathrm{Var}(X)$, $\mathrm{Var}\,X$	($\rightarrow$ Varianz)
$\mathrm{Cov}(X, Y)$	($\rightarrow$ Kovarianz)
$E(X)$, EX	($\rightarrow$ Erwartungswert)
$B(n, p)$	($\rightarrow$ Binomialverteilung)
$N(a, \sigma^2)$	($\rightarrow$ Normalverteilung)
π_λ	($\rightarrow$ Poissonverteilung)

A

Abbildung
map, mapping; application

Sind X und Y Mengen und $F \subset X \times Y$ eine °Relation zwischen X und Y, die die beiden folgenden Bedingungen erfüllt

  (I) zu jedem $x \in X$ gibt es ein $y \in Y$, so daß $(x, y) \in F$ gilt. (*Linksvollständigkeit* der Relation F)

  (II) für alle (x, y), $(x', y') \in F$ gilt: aus $x = x'$ folgt $y = y'$ (*Rechtseindeutigkeit* der Relation F)

so nennt man das Tripel $f := (X, Y, F)$ eine *Abbildung* von X nach Y; man nennt die Relation F den *Graphen* von f, X den *Definitionsbereich* (Quelle) von f und Y den *Wertebereich* (Ziel, Bildbereich) von f. Für jedes $x \in X$ bezeichnet man das eindeutig bestimmte $y \in Y$, so daß $(x, y) \in F$ gilt, meist mit $f(x)$; die Zuordnung, die zu jedem $x \in X$ das Element $f(x)$ eindeutig bestimmt, wird durch die Symbole $x \mapsto f(x)$ beschrieben und die *Zuordnungsvorschrift* (Abbildungsvorschrift) von f genannt. Man beachte: eine Abbildung ist allein durch ihre Abbildungsvorschrift nicht vollständig beschrieben.

Ist der Wertebereich einer Abbildung eine Teilmenge von $\mathbb{R}$ bzw. $\mathbb{C}$, so spricht man statt von einer Abbildung auch von einer (reellwertigen bzw. komplexwertigen) *Funktion*.

Im folgenden seien $M \subset X$ und $N \subset Y$ Teilmengen. Die Menge $f(M) := \{y \in Y \mid$ es gibt ein $x \in M$, so daß $y = f(x)$ gilt$\}$ nennt man das *Bild* von M unter f (manchmal schreibt man auch $im_f(M)$ statt $f(M)$); falls $M = \{x\}$ gilt, unterscheidet man nicht zwischen $f(x)$, $f(\{x\})$ und $\{f(x)\}$. $f(X)$ nennt man auch die *Wertemenge* von f und schreibt dafür häufig auch $im f$ statt $f(X)$.

Die Menge $f^{-1}(N) := \{x \in X \mid f(x) \in N\}$ nennt man das *Urbild* von N unter f. Falls $N = \{y\}$ gilt, schreibt man $f^{-1}(y)$ statt $f^{-1}(\{y\})$ und nennt das Urbild von $\{y\}$ auch die *Faser* von y bezüglich f.

Die Abbildung, die durch das Tripel $(M, Y, F \cap (M \times Y))$ beschrieben wird, bezeichnet man mit $f_{|M} : M \to Y$ und nennt sie die *Einschränkung* von f auf M, sie entsteht aus f durch die Einschränkung des Definitionsbereiches und ist für $M \neq X$ von f zu unterscheiden. Für $f(X) \neq Y$ ist die Abbildung, die durch das Tripel $(X, f(X), F)$ beschrieben wird, ebenfalls von f zu unterscheiden; sie entsteht aus f durch Einschränkung des Wertebereichs auf die Wertemenge.

W, Z bezeichnen weitere Mengen. Zu den beiden Abbildungen $f = (X, Y, F)$ und $g = (Y, Z, G)$ betrachtet man die Relation $G \circ F := \{(x, g(f(x)) \mid x \in X\}$ zwischen X und Z, sie ist der Graph einer Abbildung von X nach Z, man bezeichnet sie mit $g \circ f : X \to Z$ (lies: g nach f) und nennt sie das *Kompositum* (Hintereinanderausführung) von f und g.

Durch Symbole bezeichnet man diese Situation suggestiv so

$$X \xrightarrow{\ f\ } Y \xrightarrow{\ g\ } Z.$$
$$\underbrace{\phantom{X \xrightarrow{\ f\ } Y \xrightarrow{\ g\ } Z}}_{g \circ f}$$

Man beachte: aus zwei Abbildungen f und g läßt sich genau dann das Kompositum $g \circ f$ bilden, wenn der Wertebereich von f gleich dem Definitionsbereich von g ist. Ist $h: Z \to W$ eine weitere Abbildung, so gilt $h \circ (g \circ f) = (h \circ g) \circ f$ (*Assoziativgesetz* für die Komposition von Abbildungen).

Spezialfälle:
Für eine Teilmenge $M \subset X$ hat man die natürliche *Inklusion* $i_M: M \to X$ mit $i_M(x) = x$ für alle $x \in M$; für $M = \emptyset$ spricht man von der *leeren Abbildung*, und für $M = X$ nennt man sie die *identische Abbildung* $id_X: X \to X$, ihr Graph ist die *Diagonale* $\Delta_X = \{(x, x) \mid x \in X\}$. Für jede Abbildung $f: X \to Y$ gilt $f \circ id_X = f = id_Y \circ f$. Eine Abbildung $f: X \to Y$ heißt *konstant*, wenn $f(X)$ einelementig ist.

Eine Abbildung $f: X \to Y$ heißt
surjektiv, wenn $f(X) = Y$ gilt;
injektiv, wenn für alle $x, x' \in X$ gilt: aus $x \neq x'$ folgt $f(x) \neq f(x')$;
bijektiv, wenn sie injektiv und surjektiv ist.

Für eine Abbildung $f: X \to Y$ gilt:

f ist surjektiv $\iff$ für alle $y \in Y$ ist $f(x) = y$ als Gleichung in x lösbar

$\phantom{f \text{ ist surjektiv }} \iff$ für alle $y \in Y$ gilt $f^{-1}(y) \neq \emptyset$

$\phantom{f \text{ ist surjektiv }} \iff$ es gibt eine Abbildung $g: Y \to X$ mit $f \circ g = id_Y$ ($\to$ Auswahlaxiom)

$\phantom{f \text{ ist surjektiv }} \iff$ für alle Mengen Z und alle Abbildungen $g, h: Y \to Z$ gilt: aus $g \circ f = h \circ f$ folgt $g = h$.

f ist injektiv $\iff$ für alle $y \in Y$ hat $f(x) = y$ als Gleichung in x höchstens eine Lösung

$\phantom{f \text{ ist injektiv }} \iff$ für alle $y \in Y$ sind die Fasern $f^{-1}(y)$ jeweils höchstens einelementig

$\phantom{f \text{ ist injektiv }} \iff$ es gibt eine Abbildung $g: Y \to X$ mit $g \circ f = id_X$

$\phantom{f \text{ ist injektiv }} \iff$ für alle Mengen W und alle Abbildungen $g, h: W \to X$ gilt: aus $f \circ g = f \circ h$ folgt $g = h$.

f ist bijektiv $\iff$ für alle $y \in Y$ hat $f(x) = y$ als Gleichung in x genau eine Lösung

$\Longleftrightarrow$ für alle $y \in Y$ ist die Faser $f^{-1}(y)$ einelementig

$\Longleftrightarrow$ es gibt genau eine Abbildung $g: Y \to X$ mit $g \circ f = id_X$ und $f \circ g = id_Y$

Man nennt g die zu f *inverse Abbildung* oder *Umkehrabbildung* von f und bezeichnet sie durch das Symbol f^{-1}. f^{-1} ist wieder bijektiv und es gilt $f = (f^{-1})^{-1}$.

Für eine endliche Menge X und eine Abbildung $f: X \to X$ sind die Eigenschaften injektiv, surjektiv und bijektiv gleichwertig.

abelsch
abelian; abélien

($\to$ Gruppe)

Abelscher Grenzwertsatz (Abelsches Lemma)

Sei $\sum\limits_{n=1}^{\infty} c_n$ eine konvergente °Reihe reeller Zahlen. Dann ist die durch die auf $[0,1]$ konvergente °Potenzreihe $f(x) = \sum\limits_{n=1}^{\infty} c_n x^n$ dargestellte Funktion f stetig auf $[0, 1]$.

abgeschlossen (Menge)
closed; fermé

In einem °topologischen Raum X heißt eine Teilmenge A *abgeschlossen*, wenn das Komplement $X \setminus A$ offen ist.

Eine Vereinigung endlich vieler abgeschlossener Mengen ist abgeschlossen; ein beliebiger Durchschnitt abgeschlossener Mengen ist abgeschlossen.

($\to$ Intervall, $\to$ Topologie)

abgeschlossene Abbildung
closed map; application fermée

Eine °Abbildung zwischen zwei °topologischen Räumen heißt *abgeschlossen*, wenn das Bild jeder °abgeschlossenen Menge abgeschlossen ist.

abgeschlossene Hülle
closure; l'adhérence

Sei A eine Teilmenge eines °topologischen Raumes X. Die Menge aller °Berührpunkte von A nennt man die *abgeschlossene Hülle* von A; man schreibt dafür $\overline{A}$.

$\bar{A}$ ist der Durchschnitt aller °abgeschlossenen Obermengen von A in X; $\bar{A}$ ist somit selbst abgeschlossen. Für die Hüllenoperation $A \mapsto \bar{A}$ gelten die folgenden Regeln:

$\bar{\emptyset} = \emptyset$, $\bar{X} = X$, $A \subset \bar{A}$, $\bar{\bar{A}} = \bar{A}$, $A \subset B \Rightarrow \bar{A} \subset \bar{B}$, $\overline{A \cup B} = \bar{A} \cup \bar{B}$, $\overline{A \cap B} \subset \bar{A} \cap \bar{B}$ (aber i. allg. nicht „$=$"! *Beispiel:* $X = \mathbb{R}$, $A = \mathbb{Q}$, $B = \mathbb{R} \setminus \mathbb{Q}$: $A \cap B = \emptyset = \overline{A \cap B}$, $\bar{A} = \bar{B} = \bar{A} \cap \bar{B} = \mathbb{R}$).

abgeschlossene Zahlengerade
closed real line; droite achevée

Die Menge aller °reellen Zahlen $\mathbb{R}$ zusammen mit der üblichen Ordnung „$\leqslant$" heißt *Zahlengerade*. Für manche Teile der Analysis ist es zweckmäßig, $\mathbb{R}$ durch Hinzufügen von Elementen $-\infty$, $+\infty$ „abzuschließen": $\bar{\mathbb{R}} := \mathbb{R} \cup \{-\infty, +\infty\}$ zusammen mit der durch $-\infty < x < +\infty$ (für alle $x \in \mathbb{R}$) auf $\bar{\mathbb{R}}$ fortgesetzten Ordnung heißt dann *abgeschlossene Zahlengerade*. Man vereinbart oft noch Rechenregeln wie $\infty + x = \infty$ für alle $x \in \mathbb{R}$, $\infty + \infty = \infty$, $\infty \cdot x = \infty$ für alle $x \in \mathbb{R}$, $x > 0$, usw. (jedoch kann $\infty - \infty$ oder $0 \cdot \infty$ nicht sinnvoll definiert werden!). Die algebraische Struktur von $\bar{\mathbb{R}}$ ist also unbefriedigend; dafür sind die topologischen Eigenschaften von $\bar{\mathbb{R}}$ (mit der °Ordnungstopologie) einfacher als die von $\mathbb{R}$, weil $\bar{\mathbb{R}}$ °kompakt ist.

abgeschlossenen Graphen (Satz vom)
closed graph theorem; théorème du graphe fermé

Es seien X und Y °Banach-Räume, $T: X \to Y$ eine °lineare °Abbildung. Dann ist T genau dann °stetig, wenn der Graph von T in $X \times Y$ abgeschlossen ist.

Beweis mit dem Satz vom °inversen Operator.

Ableitung
differential, derivative; dérivée

($\to$ differenzierbar)

Absolutbetrag
absolute value or *modulus; valeur absolue* ou *module*

Sei A ein °Integritätsring. Eine Abbildung $A \to \mathbb{R}$, $x \mapsto |x|$ heißt *Absolutbetrag* (oder *Betragsfunktion*), wenn gilt:

a) $|x| \geqslant 0$ und $|x| = 0 \Leftrightarrow x = 0$
b) $|xy| = |x| \cdot |y|$
c) $|x + y| \leqslant |x| + |y|$ *(Dreiecksungleichung)*
(für alle $x, y \in A$).

Dann ist $d(x,y):=|x-y|$ eine °Metrik auf A, so daß bzgl. der induzierten °Topologie auf A die Addition und Multiplikation stetig sind.

Beispiele: $|x|:=\sup\{x,-x\}$ für $x\in\mathbb{R}$, $|z|:=\sqrt{z\bar{z}}$ für $z\in\mathbb{C}$.

($\rightarrow$Bewertung)

absoluter Fehler
absolute error; erreur absolue

Es sei $x\in X$, X ein °normierter Raum und $\tilde{x}\in X$ eine °Näherung für x. Dann versteht man unter dem *absoluten Fehler* oder der *Abweichung* von $\tilde{x}$ die Größe $\|\tilde{x}-x\|\in\mathbb{R}$.

absolut konvergent
absolutely convergent; absolument convergent

Die °Reihe $\sum\limits_{n=1}^{\infty} a_n$ reeller Zahlen heißt *absolut konvergent*, wenn die Reihe $\sum\limits_{n=1}^{\infty} |a_n|$ konvergiert. ($\rightarrow$Konvergenz (von Folgen und Reihen))

(Dann konvergiert auch jede Reihe, die man durch °Umordnung der Reihen $\sum a_n$ oder $\sum|a_n|$ erhält).

($\rightarrow$bedingt konvergent)

absolut stetig
absolutely continuous; absolument continue

($\rightarrow$Maß, $\rightarrow$Wahrscheinlichkeitsmaß)

absolutstetig
absolutely continuous; absolument continue

Eine Funktion $f:[a,b]\rightarrow\mathbb{R}$ heißt *absolutstetig*, wenn zu jedem $\varepsilon>0$ ein $\delta>0$ existiert, so daß für jede Menge von endlich vielen, paarweise disjunkten Intervallen $]\alpha_k,\beta_k[\subset[a,b]$, $k=1,\ldots,n$ mit $\sum\limits_{k=1}^{n}(\beta_k-\alpha_k)<\delta$ folgt:

$$\sum\limits_{k=1}^{n}|f(\beta_k)-f(\alpha_k)|<\varepsilon.$$

abzählbar
countable; dénombrable

Eine (nichtleere) Menge M heißt *abzählbar*, wenn es eine surjektive °Abbildung $\mathbb{N}\rightarrow M$ gibt, und sonst *überabzählbar*. Die Menge $\mathbb{Q}$ der rationalen °Zahlen ist abzählbar, die Menge $\mathbb{R}$ aller reellen Zahlen ist überabzählbar. Ist $(M_i)_{i \in I}$ eine abzählbare Familie von abzählbaren Mengen M_i, so ist die Vereinigung $\bigcup_{i \in I} M_i$ abzählbar.

Das kartesische Produkt $\prod_{i \in I} M_i$ von abzählbar unendlichen Mengen M_i ist nur dann abzählbar, wenn die Indexmenge endlich ist.
($\rightarrow$Cantorsches Diagonalverfahren)

abzählbar im Unendlichen
countable at infinity; dénombrable à l'infini

($\rightarrow$Alexandroff-Kompaktifizierung)

Abzählbarkeitsaxiome
axioms of countability; axiomes de dénombrabilité

Ein °topologischer Raum X erfüllt das

1. Abzählbarkeitsaxiom (A1), wenn gilt: Jeder Punkt von X besitzt eine °abzählbare °Umgebungsbasis;

und das

2. Abzählbarkeitsaxiom (A2), wenn gilt: X besitzt eine abzählbare °Basis.

Offenbar gilt (A2) $\Rightarrow$ (A1), aber nicht umgekehrt (man betrachte eine nicht-abzählbare Menge mit der °diskreten Topologie). Der $\mathbb{R}^n$ mit der üblichen Topologie erfüllt (A2); jeder metrische Raum erfüllt (A1).

Addition

Eine Verknüpfung auf einer Menge X, die in der Form $X \times X \rightarrow X$, $(x, y) \mapsto x + y$ notiert wird, heißt *Addition* oder *additiv geschrieben*. Dies bedeutet fast immer, daß die Verknüpfung assoziativ und kommutativ sein soll. Das Element $x + y$ heißt *Summe* von x und y.

Additionstheorem

($\rightarrow$ trigonometrische Funktionen, $\rightarrow$ Hyperbel-Funktionen, $\rightarrow$ Exponentialfunktion)

adjungierte Abbildung
adjoint mapping; application adjointe

Seien V und W endlichdimensionale K-°Vektorräume mit nichtausgearteten °Bilinearformen oder °Sesquilinearformen $\rho\colon V \times V \rightarrow K$ und $\sigma\colon W \times W \rightarrow K$. Dann gibt es zu jeder °linearen Abbildung $f\colon V \rightarrow W$ eine eindeutig bestimmte lineare Abbildung $f^*: W \to V$ mit $\sigma(f(v), w) = \rho(v, f^*(w))$ für alle $v \in V$, $w \in W$; f^* heißt die zu f *adjungierte Abbildung*. Von besonderer Bedeutung ist der Spezialfall, daß $V = W$ mit $\rho = \sigma$ ein °euklidischer oder °unitärer Vektorraum ist; dann heißt ein °Endomorphismus f *selbstadjungiert*, wenn $f = f^*$ ist.

f ist genau dann selbstadjungiert, wenn er bezüglich einer °Orthonormalbasis durch eine °hermitesche Matrix beschrieben wird.

adjungierte Matrix
adjoint matrix; matrice adjointe

a) Sei A eine $n \times n$-°Matrix über $\mathbb{C}$. Die Matrix, die aus A durch Vertauschen von Zeilen und Spalten ($\to$ transponierte Matrix) und komplexer Konjugation der Elemente ($\to$ komplexe Zahlen) entsteht, heißt *adjungierte Matrix* und wird mit $A^* = {}^t\overline{A}$ notiert. Diese Definition ist so getroffen, daß diese adjungierte Matrix mit der Matrix der °adjungierten Abbildung übereinstimmt, wenn A (bzgl. einer festen °Orthonormalbasis) die Matrix der ursprünglichen Abbildung war.

b) Der Begriff *adjungierte Matrix* wird bei manchen Autoren auch verwendet, um die Matrix $\mathrm{adj}(A) = (\tilde{a}_{ij})$ zu bezeichnen, wo $\tilde{a}_{ij} \cdot (-1)^{i+j}$ die Determinante der $(n-1) \times (n-1)$-Matrix ist, die aus A durch Streichen der j-ten Zeile und i-ten Spalte entsteht (man beachte, daß in $(\tilde{a}_{ij})$ der Zeilenindex i und der Spaltenindex j heißt!). Der °Laplacesche Entwicklungssatz läßt sich dann in der Form $(\mathrm{adj}(A)) \cdot A = A \cdot (\mathrm{adj}(A)) = \det(A) \cdot E$ schreiben, wo E die $n \times n$-Einheitsmatrix ist. Es folgt: A ist genau dann invertierbar, wenn $\det(A)$ invertierbar ist, und es gilt dann $A^{-1} = (\det(A))^{-1} \cdot \mathrm{adj}(A)$.
Andere Bezeichnung: *Komplementärmatrix*.

adjungierter Operator
adjoint operator; opérateur adjoint

Seien X, Y °Hilberträume über $\mathbb{R}$ oder $\mathbb{C}$ und $T: X \to Y$ eine °stetige °lineare Abbildung. Dann wird durch $\langle x, T^*y \rangle = \langle Tx, y \rangle$ für $x \in X$, $y \in Y$ eine stetige lineare eindeutig bestimmte Abbildung $T^*: Y \to X$ definiert. T^* heißt der zu T *adjungierte Operator*.

affine Abbildung
affine map; application affine

($\to$ affiner Raum)

affiner Raum
affine space; espace affine

Der Begriff des affinen Raums ist nützlich bei allen geometrischen Fragen, wo in einem „Punktraum" eine lineare Struktur (wie in einem °Vektorraum) verwendet wird, die Auszeichnung eines speziellen linearen Koordinatensystems oder auch nur eines „Nullpunkts" aber nicht gewünscht wird. Es gibt verschiedene Möglichkeiten, diesen Begriff axiomatisch zu präzisieren, z. B.:

Die leere Menge bzw. ein Tripel (X, V, φ), wobei $\emptyset \neq X$ eine Menge, V ein K-Vektorraum und $\varphi : V \times X \to X$ $(\varphi(v, x) =: x + v)$ eine °Operation von V auf X ist, heißt *affiner Raum* über K, wenn gilt: Für jedes Paar $(a, b) \in X \times X$ gibt es genau ein $t \in V$ mit $a + t = b$. Der zu $a, b \in X$ eindeutig gegebene Vektor $t \in V$ mit $a + t = b$ wird geschrieben $t = \overrightarrow{ab}$ und als *Verbindungsvektor* von a mit b bezeichnet. Für jedes $t \in V$ heißt die Abbildung $X \to X$, $a \mapsto a + t$ *Translation* um den Vektor t; V heißt der *Translationsvektorraum* von X. Die Dimension von V wird als Dimension des affinen Raumes bezeichnet.

Sind (X, V, φ) und (Y, W, ψ) zwei affine Räume, so heißt die Abbildung $f: X \to Y$ *affin* bzw. *semiaffin*, wenn es eine lineare bzw. °semilineare Abbildung $u: V \to W$ gibt, so daß für alle $a, b \in X$ gilt: $\overrightarrow{f(a)f(b)} = u(\overrightarrow{ab})$. Eine bijektive affine bzw. semiaffine Abbildung eines affinen Raumes in sich heißt *Affinität* bzw. *Semiaffinität*.

Eine Teilmenge $Y \subset X$ heißt *affiner Unterraum*, wenn es einen Punkt $p_0 \in Y$ gibt, so daß $\{\overrightarrow{p_0 q} \in V : q \in Y\}$ ein Untervektorraum ist bzw. wenn $Y = \emptyset$.

affiner Unterraum (eines Vektorraums)
affine subspace; sous-espace affine

Eine Teilmenge X eines K-°Vektorraums V heißt *affiner Unterraum* oder *lineare Mannigfaltigkeit*, wenn sie sich in der Form $X = v + W$ mit einem $v \in V$ und einem Untervektorraum $W \subset V$ darstellen läßt oder leer ist. Die Dimension von W heißt Dimension von X.

Lösungsräume von °linearen Gleichungssystemen sind stets affine Unterräume.

Affinität
affinity; affinité

($\to$ affiner Raum, $\to$ Hauptsatz der affinen Geometrie)

ähnliche Matrizen
similar matrices; matrices semblables

Zwei $n \times n$-°Matrizen A und B über einem °Körper K heißen zueinander *ähnlich*, wenn es eine °invertierbare Matrix $S \in Gl(n, K)$ ($\to$ allgemeine lineare

Gruppe) gibt mit $B = SAS^{-1}$. Dies definiert eine °Äquivalenzrelation auf der Menge aller $n \times n$-Matrizen.

Ist $f\colon V \to V$ ein °Endomorphismus eines n-dimensionalen Vektorraums V, und sind A und B die Matrizen von f bzgl. verschiedener Basen von V, so sind A und B ähnlich. Umgekehrt definieren ähnliche Matrizen bzgl. geeigneter Basen denselben Endomorphismus.

Alexandroff-Kompaktifizierung
one point compactification; compactifié d'Alexandroff

Sei X ein °lokalkompakter Raum. Dann gibt es einen °kompakten Raum X' derart, daß X zu einem Unterraum von X' °homöomorph ist, dessen Komplement nur aus einem Punkt besteht. X' ist bis auf Homöomorphie eindeutig bestimmt und heißt *Alexandroff-Kompaktifizierung* von X.

Man kann ein solches X' erhalten, indem man $X' = X \cup \{w\}$ mit $w \notin X$ setzt und die °Topologie auf X' wie folgt definiert:

$$\mathcal{O} \subset X \subset X' \setminus \{w\} \text{ offen} \iff \mathcal{O} \text{ offen in } X$$
$$\mathcal{O} \subset X', \, w \in \mathcal{O} \text{ offen} \iff X' \setminus \mathcal{O} \; °\text{kompakt in } X$$

Beispiel: °Riemannsche Zahlenkugel.
Die Einheitssphäre S^2 im $\mathbb{R}^3$, gegeben durch $x_1^2 + x_2^2 + x_3^2 = 1$, ohne den „Nordpol" $(0,0,1)$ läßt sich mit dem $\mathbb{R}^2$ identifizieren, d.h. $S^2 \setminus \{(0,0,1)\}$ und $\mathbb{R}^2$ sind homömorph; $S^2 \setminus \{(0,0,1)\}$ ist lokalkompakt; die Hinzunahme des Nordpols liefert die Alexandroff-Kompaktifizierung des $\mathbb{R}^2$, wenn man zusätzlich die offenen Umgebungen des Nordpols als die Komplemente kompakter Mengen, die den Nordpol nicht enthalten, definiert.

X heißt *abzählbar im Unendlichen*, wenn in obigem X' der Punkt w eine °abzählbare °Umgebungsbasis besitzt, oder äquivalent: wenn es eine abzählbare offene °Überdeckung $X = \bigcup_{n \in \mathbb{N}} Q_n$ gibt derart daß für alle $n \in \mathbb{N}$ die °abgeschlossene Hülle $\overline{Q_n}$ kompakt und in Q_{n+1} enthalten ist.

Algebra
algebra; algèbre

Sei $A \neq \{0\}$ ein °Vektorraum über einem °Körper K (bzw. ein °Modul über einem kommutativen Ring R mit Einselement). A heißt *K-Algebra* (bzw. *R-Algebra*), wenn auf A eine „Multiplikation" $A \times A \to A$, $(a, b) \mapsto ab$ erklärt ist, welche °assoziativ und °bilinear (als Abbildung von K-Vektorräumen bzw. R-Moduln) ist, und zu der ein °Einselement $1 \in A$ existiert.

Beispiele: $\mathbb{C}$ ist $\mathbb{R}$-Algebra, die Menge aller $n \times n$-°Matrizen über einem Körper K (oder kommutativem Ring R) bildet eine K-Algebra (bzw. R-Algebra) mit der

Matrizenmultiplikation; Vektorräume von Funktionen mit Werten in einem Körper K bilden K-Algebren; °Polynomringe, °Potenzreihenringe sind Algebren.

algebraisch abgeschlossen
algebraically closed; algébriquement clos

Ein °Körper K heißt *algebraisch abgeschlossen*, wenn jedes °Polynom $\sum\limits_{i=0}^{n} a_i X^i$ positiven °Grades mit Koeffizienten a_i in K eine Nullstelle $x \in K$ hat:

$$\sum\limits_{i=0}^{n} a_i x^i = 0.$$

Beispiele: $\mathbb{C}$ ist algebraisch abgeschlossen („°*Fundamentalsatz der Algebra*"), $\mathbb{R}$ nicht (betrachte z. B. das Polynom $1 + x^2$). Ein endlicher Körper ist nie algebraisch abgeschlossen. Zu jedem Körper k gibt es eine °Körpererweiterung K/k mit algebraisch abgeschlossenem K (Kronecker-Steinitz; Beweis mit °Zornschem Lemma).

algebraische Körpererweiterung
algebraic field extension; extension algébrique (de corps)

Eine °Körpererweiterung K/k heißt *algebraisch*, wenn jedes Element aus K algebraisch über k ist, d.h. wenn es zu jedem $x \in K$ Elemente $a_0, a_1, \ldots, a_n \in k$, $a_n \neq 0$ gibt mit $\sum\limits_{i=0}^{n} a_i x^i = 0$. Jede endliche Erweiterung ist algebraisch; eine °einfache Erweiterung ist genau dann algebraisch, wenn das °primitive Element algebraisch über k ist (und dann ist die Erweiterung endlich); die Erweiterung $\{x \in \mathbb{R} : x$ ist Nullstelle eines Polynoms mit rationalen Koeffizienten$\}/\mathbb{Q}$ ist algebraisch, aber nicht endlich; $\mathbb{R}/\mathbb{Q}$ ist nicht algebraisch.
($\rightarrow$ transzendent)

algebraische Struktur
algebraic structure; structure algébrique

Ist $M \neq \Phi$ eine Menge und $X \neq \Phi$ eine Menge (innerer und evtl. äußerer) °Verknüpfungen, so heißt das Paar (M, X) *algebraische Struktur*.

Beispiele: °Gruppe, °Ring, °Vektorraum.

algebraische Zahl
algebraic number, nombre algébrique

Eine komplexe Zahl $a \in \mathbb{C}$ heißt *algebraisch* (genauer: algebraisch über $\mathbb{Q}$), wenn sie Nullstelle eines °Polynoms $P \in \mathbb{Q}[X]$ mit rationalen Koeffizienten ist.

Beispiel: $\sqrt{2}$, $i = \sqrt{-1}$ sind algebraisch; e (°Eulersche Zahl), °π sind nicht algebraisch.

($\rightarrow$ Körpererweiterung)

algebraisch unabhängig
algebraically independent; indépendant algébriquement

Sei K ein Körper und R eine °kommutative K-°Algebra. Eine Menge $M \subset R$ heißt *algebraisch abhängig* über K, wenn es ein °Polynom $g(X_1, \ldots, X_n) \in K[X_1, \ldots, X_n] \setminus \{0\}$ und Elemente $m_1, \ldots, m_n \in M$ gibt, so daß $g(m_1, \ldots, m_n) = 0$ ist. Ist dies nicht der Fall, heißt M *algebraisch unabhängig* über K.

Algorithmus
algorithm; algorithme

Unter einem *Algorithmus* versteht man eine in der Reihenfolge eindeutig festgelegte Folge von Anweisungen, die beschreiben, wie aus vorzugebenden Eingangsdaten die Lösung eines Problems berechnet wird. Einer Anweisung entspricht dabei meist eine elementare arithmetische oder logische Operation.

Ein Algorithmus heißt *endlich,* falls er nach endlich vielen Schritten – ein Schritt entspricht dabei der Ausführung einer Anweisung – die Problemlösung liefert, andernfalls heißt er *unendlich.*

Will man ein Problem mit einem unendlichen Algorithmus lösen, so bricht man diesen ab, wenn er eine hinreichend genaue °Näherung für die gesuchte Lösung geliefert hat. In der Praxis hat man es daher nur mit endlichen Algorithmen zu tun.

Ein Algorithmus heißt *gutartig,* wenn sich bei der linearen °Fehleranalyse ergibt, daß sich die °Rundungsfehler der Zwischenergebnisse nicht wesentlich stärker auf das Endergebnis auswirken als der sogenannte unvermeidbare Fehler, der durch Rundung der Eingangsdaten und des Endergebnisses entsteht. Ansonsten heißt der Algorithmus *bösartig.* Statt gutartig bzw. bösartig sagt man auch °numerisch stabil bzw. instabil.

allgemeine lineare Gruppe
general linear group; groupe linéaire général

Sei V ein K-°Vektorraum. Die Menge der bijektiven °linearen Abbildungen von V nach V bildet mit der Hintereinanderausführung als Verknüpfung eine °Gruppe, die *allgemeine lineare Gruppe;* sie wird mit $GL(V)$ bezeichnet. Ist V n-dimensional, so liefert jede Wahl einer Basis von V einen Gruppenisomorphismus von $GL(V)$ auf die Gruppe $GL(n, K)$ der °invertierbaren $n \times n$-°Matrizen über K.

($\rightarrow$ klassische Gruppen)

alternierend
alternating; alterné

($\rightarrow$ multilineare Abbildung)

alternierende Gruppe
alternating group; groupe alterné

Die *alternierende Gruppe A_n* besteht aus allen geraden °Permutationen ($\rightarrow$ Signum) einer Menge von n Elementen. A_n ist ein °Normalteiler in der symmetrischen Gruppe S_n (weil A_n °Index 2 hat, d.h. $\dfrac{n!}{2}$ Elemente).

A_3 ist die zyklische Gruppe der Ordnung 3 ($\cong \mathbb{Z}/3\,\mathbb{Z}$)

A_5 ist das einfachste Beispiel einer nicht °auflösbaren Gruppe (Ordnung 60).
($\rightarrow$ Galoistheorie)

Analogrechner
analog computer; calculateur analogique

Unter einem *Analogrechner* versteht man ein Gerät, das Zahlen durch physikalische Größen darstellt und ein mathematisches Problem durch ein physikalisches in der Weise ersetzt, daß die Durchführung eines entsprechenden Experiments die Lösung ergibt. Beispiele für mechanische Analogrechner sind Rechenstab und Planimeter. Im engeren Sinn versteht man unter einem Analogrechner oder auch *Hybridrechner* einen elektronischen Rechner, in dem das gegebene Problem durch Schaltungen simuliert wird.

analytische Fortsetzung
analytic continuation; prolongement analytique

Aus dem °Identitätssatz für holomorphe Funktionen folgt die folgende Aussage:

Sind $U_1,\, U_2 \subset \mathbb{C}$ Gebiete mit $U_1 \cap U_2 \neq \emptyset$ und ist f_i holomorph auf $U_i, i = 1, 2$, so daß $f_1|_{U_1 \cap U_2} = f_2|_{U_1 \cap U_2}$, dann ist $f : U_1 \cup U_2 \rightarrow \mathbb{C}$, $f(x) = f_i(x)$ falls $x \in U_i$, die eindeutig bestimmte *analytische Fortsetzung* von f_1 auf $U_1 \cup U_2$. Ist nun D_0 eine Kreisscheibe um $z_0 \in \mathbb{C}$, f_0 holomorph auf D_0, $\gamma : [0, 1] \rightarrow \mathbb{C}$ ein °Weg von z_0 nach z_1 und $0 = a_0 < a_1 < \ldots < a_n = 1$ eine Unterteilung von $[0, 1]$, so daß es zu jedem $i = 1, \ldots, n$ eine Kreisscheibe D_i um $\gamma(a_i)$ mit $D_i \cap D_{i-1} \neq \emptyset$ und eine holomorphe Funktion f_i auf D_i gibt und $f_i|_{D_i \cap D_{i-1}} = f_{i-1}|_{D_i \cap D_{i-1}}$ für alle i

gilt, so sagt man: (f_n, D_n) ist durch *analytische Fortsetzung längs* γ (oder: mit dem *Kreiskettenverfahren längs* γ) aus (f_0, D_0) hervorgegangen. Sind (f_0, D_0) und γ gegeben, so braucht es keine analytische Fortsetzung von (f_0, D_0) längs γ zu geben. Wenn es jedoch für jeden Weg von z_0 nach z_1 eine gibt, so ist der °Funktionskeim von f_n in z_1 eindeutig bestimmt (unabhängig von der Wahl der Kreiskette).

($\rightarrow$ Monodromiesatz)

analytische Funktion
analytic function; fonction analytique

Sei $n \in \mathbb{N}$, $n \geqslant 1$ und U eine offene Menge in $\mathbb{R}^n$ oder $\mathbb{C}^n$. Eine Funktion f auf U mit Werten in $\mathbb{R}$ oder $\mathbb{C}$ (oder in einem Banachraum) heißt *analytisch in* $p \in U$, wenn es eine konvergente °Potenzreihe $\sum\limits_{\nu \in \mathbb{N}^n} a_\nu X^\nu$ gibt, so daß für alle x aus

einer Umgebung von p gilt: $f(x) = \sum\limits_{\nu \in \mathbb{N}^n} a_\nu (x-p)^\nu.$ ($\rightarrow$ Multiindex)

f heißt *analytisch in* U, wenn f in jedem Punkt $p \in U$ analytisch ist.

($\rightarrow$ holomorph)

Anfangswertproblem
initial-value problem; problème aux valeurs initiales

Es sei ein System gewöhnlicher °Differentialgleichungen $y' = f(x, y)$ gegeben mit einer stetigen Funktion $f: G \rightarrow \mathbb{R}^n$, $G = [a, b] \times \mathbb{R}^n$. Verlangt man, daß eine Lösung u dieses Systems zusätzlich die *Anfangsbedingungen* $u(a) = \alpha$, $\alpha \in \mathbb{R}^n$ erfüllen soll, so spricht man von einem *Anfangswertproblem* (Schreibweise: $y' = f(x, y)$, $y = u(x)$, $u(a) = \alpha$). Dieses besitzt nach dem *Existenzsatz von Peano* mindestens eine Lösung. Genügt f einer °Lipschitzbedingung, so sichert der °Existenz- und Eindeutigkeitssatz für Differentialgleichungen von Picard-Lindelöf darüber hinaus die Eindeutigkeit der Lösung.

Eine Differentialgleichung höherer Ordnung der Form $y^{(m)} = f(x, y, y', \ldots, y^{(m-1)})$, mit $f: [a, b] \times \mathbb{R}^n \times \ldots \times \mathbb{R}^n \rightarrow \mathbb{R}^n$ und m Anfangsbedingungen $u(a) = \alpha_0$, $u'(a) = \alpha_1, \ldots, u^{(m-1)}(a) = \alpha_{m-1}$, $\alpha_i \in \mathbb{R}^n$ für eine Lösung u, läßt sich durch geeignete Substitutionen $y_0 := y$, $y_1 := y', \ldots, y_{m-1} := y^{(m-1)}$ stets in ein Anfangswertproblem von obiger Form überführen.

($\rightarrow$ Einschrittverfahren, $\rightarrow$ Mehrschrittverfahren)

angeordneter Körper
ordered field; corps ordonné

Sei K ein °Körper. K heißt *angeordnet,* wenn in K eine Teilmenge $P = \{x \in K : x > 0\}$ („positive Elemente") ausgezeichnet ist mit folgenden Eigenschaften:

a) für jedes $x \in K$ gilt genau eine der Beziehungen $x > 0$, $x = 0$, $-x > 0$

b) sind $x > 0$ und $y > 0$, so auch $x + y > 0$ und $x \cdot y > 0$.

Man setzt dann $x > y :\Leftrightarrow x - y > 0$; $x \geqslant y :\Leftrightarrow x > y$ oder $x = y$ usw. und erhält eine Ordnung auf K, die mit Addition und Multiplikation verträglich ist.

Beispiele: $\mathbb{Q}$ und $\mathbb{R}$ mit der üblichen Ordnungsrelation. Der Körper $\mathbb{C}$ sowie endliche Körper lassen keine Anordnung mit obigen Eigenschaften zu.

($\rightarrow$ Archimedisches Axiom, $\rightarrow$ Halbordnung)

Annullator
annihilator; annullateur

Ist M ein R-Linksmodul ($\rightarrow$ Modul), so heißt die Menge $\text{Ann}_R M := \{r \in R \mid rx = 0 \text{ für alle } x \in M\}$ der *Annullator* von M in R. Dies ist ein °Ideal in R, und M kann in natürlicher Weise auch als $(R/\text{Ann}_R M)$-Modul aufgefaßt werden.

($\rightarrow$ Faktorring)

antiholomorph
antiholomorphic; antiholomorphe

($\rightarrow$ Wirtinger-Kalkül)

Approximation

($\rightarrow$ Bestapproximation, $\rightarrow$ Näherung)

Approximationssatz von Stone-Weierstraß

Es sei X ein °kompakter topologischer Raum, und K bezeichne entweder $\mathbb{C}$ oder $\mathbb{R}$; $\mathscr{C}(X, K)$ bezeichne den K-Vektorraum der stetigen Funktionen von X in K.

Mit $\|f\| := \sup_{x \in X} f(x)$ ist $\mathscr{C}(X, K)$ eine °normierte K-°Algebra ($\rightarrow$ Supremumsnorm) (X ist °kompakt!).

$A \subset \mathscr{C}(X, K)$ sei eine Unteralgebra mit den folgenden Eigenschaften:

  (I) zu je zwei verschiedenen Punkten $x, y \in X$ gibt es ein $f \in A$, so daß $f(x) \neq f(y)$ gilt (man sagt: A separiert die Punkte auf X)

(II) zu jedem $x \in X$ existiert ein $f \in A$, so daß $f(x) \neq 0$ gilt
(man sagt: A verschwindet in keinem Punkt von X)

(III) (im Fall $K = \mathbb{C}$)

$f \in A \Rightarrow \bar{f} \in A$

($\bar{f}$ bezeichne die komplex konjugierte Funktion)

Dann ist A °dicht in dem Raum $\mathscr{C}(X, K)$.

Wichtige Spezialfälle:

(1) $X = [0, 1] \subset \mathbb{R}$, A bestehe aus den ganzrationalen Funktionen (eingeschränkt auf $[0,1]$). Jede stetige Funktion $f : [0, 1] \to \mathbb{R}$ läßt sich durch ganzrationale Funktionen gleichmäßig approximieren ($\to$ Konvergenz von Funktionenfolgen)

(2) $X \subset \mathbb{R}^n$ kompakt, jede stetige Funktion $f : X \to \mathbb{R}$ läßt sich durch ganzrationale Funktionen in den Koordinaten gleichmäßig approximieren.

(3) Jede komplexwertige Funktion $f : \mathbb{R} \to \mathbb{C}$, die periodisch mit der Periode 2π ist, läßt sich durch das System {konstante Funktionen; $a_n \sin nx$; $b_n \cos nx$; $n \in \mathbb{N}, a_n \in \mathbb{C}, b_n \in \mathbb{C}$} gleichmäßig approximieren.

äquivalent (Matrizen)
equivalent matrices; matrices équivalentes

Zwei $m \times n$-°Matrizen $A, B \in K^{(m,\, n)}$ (K ein °Körper) heißen zueinander *äquivalent*, wenn es invertierbare Matrizen $P \in GL(m, K)$ und $Q \in GL(n, K)$ gibt mit $B = PAQ^{-1}$. Das definiert eine Äquivalenzrelation auf der Menge aller $m \times n$-Matrizen.

($\to$ Normalformensatz für äquivalente Matrizen, $\to$ allgemeine lineare Gruppe)

Äquivalenzklasse
equivalence class; classe d'équivalence

($\to$ Äquivalenzrelation)

Äquivalenzrelation
equivalence relation; relation d'équivalence

Sei X eine Menge. Eine °Relation $R \subset X \times X$ heißt *Äquivalenzrelation*, wenn für alle $x, y, z \in X$ gilt:

$(x, x) \in R$ *(Reflexivität)*

$(x, y) \in R \Rightarrow (y, x) \in R$ *(Symmetrie)*

$(x, y) \in R$ und $(y, z) \in R \Rightarrow (x, z) \in R$ *(Transitivität)*.

Anstelle von $(x, y) \in R$ schreibt man auch $x \sim_R y$ oder nur $x \sim y$ und sagt: x und y sind äquivalent (bzgl. R). Für jedes $x \in X$ bezeichnet $[x]_R := \{ y \in X \,|\, x \sim y \}$ die

Äquivalenzklasse von x bzgl. R; die Menge der Äquivalenzklassen heißt *Quotienmenge* von X nach R und wird mit X/R („X modulo R") bezeichnet. Die Äquivalenzklassen bilden eine °Partition (Zerlegung) von X, d.h. X ist disjunkte Vereinigung der Äquivalenzklassen. Umgekehrt definiert jede Partition einer Menge eine Äquivalenzrelation auf ihr.

Jedes Element aus einer Äquivalenzklasse heißt *Repräsentant* dieser Äquivalenzklasse.

Die Abbildung $\pi: X \to X/R$, die jedem $x \in X$ seine Äquivalenzklasse zuordnet, heißt *kanonische Quotientenabbildung* oder *kanonische Projektion*.

archimedisches Axiom

Sei K ein °angeordneter Körper. Das *archimedische Axiom* besagt: Zu $x, y \in K$, $x > 0$, $y > 0$ gibt es eine natürliche Zahl $n \in \mathbb{N}$ mit $n \cdot x > y$.

Ist es erfüllt, so heißt der Körper *archimedisch angeordnet*.

Beispiele: $\mathbb{Q}$ und $\mathbb{R}$ mit der üblichen Ordnungsrelation sind archimedisch angeordnete Körper.

Arcusfunktionen
*inverse trigonometric functions; fonctions circulaires inverses (*ou *cyclométriques)*

($\to$ trigonometrische Funktionen)

Areafunktionen
inverse hyperbolic functions; fonctions hyperboliques inverses

($\to$ Hyperbelfunktionen)

arithmetisches Mittel
arithmetic mean; moyenne arithmétique

(1) Sind $x_1, \ldots, x_n$ reelle Zahlen, so heißt die Zahl $\bar{x} := \sum_{i=1}^{n} x_i$ das *arithmetische Mittel* (oder der *Mittelwert*) der Zahlen $x_1, \ldots, x_n$ und

$$s^2 := \frac{1}{n-1} \sum_{i=1}^{n} (x_i - \bar{x})^2 \text{ ihre } \textit{mittlere quadratische Abweichung} \text{ (falls } n > 1).$$

(2) Sind $X_1, \ldots, X_n$ reelle °Zufallsvariable auf $(\Omega, \mathscr{A}, P)$, so heißt die Zufallsvariable $\bar{X} := \bar{X}_{(n)} := \frac{1}{n} \sum_{i=1}^{n} X_i$ das *arithmetische Mittel* (oder *Stichprobenmittel,* *empirischer Erwartungswert,* etc.) der X_i.

Sind die X_i speziell Indikatorvariable (d.h.: sie sind $\{0,1\}$-wertig), so gibt $\bar{X}$ die *relative Häufigkeit* der „1" an ($\to$ Gesetze großer Zahlen).

Entsprechend heißt $S^2 := S^2_{(n)} := \dfrac{1}{n-1} \sum\limits_{i=1}^{n} (X_i - \overline{X})^2$ die *mittlere quadratische Abweichung* (oder *Stichproben-, empirische Varianz,* etc.) der X_i. ($\to$ Schätzung).

artinscher Modul
artinian module; module artinien

Ein R-Modul M heißt *artinsch*, wenn jede absteigende Folge von Untermoduln $M_1 \supset M_2 \supset \ldots$ von M stationär wird (d.h. es gibt ein $n \in \mathbb{N}$ mit $M_{n+m} = M_n$ für alle $m \in \mathbb{N}$). Äquivalent dazu ist, daß jede nichtleere Teilmenge von Untermoduln minimale Elemente besitzt.

Ein Ring R heißt *linksartinsch* (*rechtsartinsch*), wenn er über sich selbst als Linksmodul (Rechtsmodul) artinsch ist (die Untermoduln sind dann Linksideale bzw. Rechtsideale).

Jede K-Algebra A über einem Körper K, deren Dimension als Vektorraum über K endlich ist, ist (als Ring) artinsch. Der Ring $\mathbb{Z}$ ist nicht artinsch.

Arzela-Ascoli (Satz von)

Sei E ein °kompakter °topologischer Raum, (X, d) ein °metrischer Raum und $\mathscr{C}(E, X)$ der Raum der stetigen Funktionen von E in X mit der Topologie, die von der Metrik $D(f, g) := \sup\limits_{t \in E} d(f(t), g(t))$ induziert wird.

Eine Teilmenge $H \subset \mathscr{C}(E, X)$ ist genau dann relativkompakt ($\to$ kompakt), wenn H °gleichgradig stetig ist, und $H(t) := \{f(t) \mid f \in H\}$ für alle $t \in E$ °relativkompakt in X ist.

assoziativ
associative; associatif

Eine °Verknüpfung $\vartriangle$ auf einer Menge X heißt *assoziativ*, falls für alle $x, y, z \in X$ gilt: $x \vartriangle (y \vartriangle z) = (x \vartriangle y) \vartriangle z$.

assoziiert
associated; associé

($\to$ Teilbarkeit in Integritätsringen)

Atlas

($\to$ differenzierbare Mannigfaltigkeit)

auflösbar
solvable; résoluble

Eine °Gruppe G heißt *auflösbar*, wenn es Untergruppen G_i mit

(*) $G = G_0 \supset G_1 \supset \ldots \supset G_n = \{e\}$

gibt, so daß jedes G_{i+1} in G_i °Normalteiler ist (dann nennt man (*) *Normalreihe*) und alle *Faktoren* G_i/G_{i+1} $(i=0, \ldots, n-1)$ °abelsch sind.

Äquivalent dazu ist die folgende Bedingung: Es gibt ein $n \in \mathbb{N}$, so daß die n-fach iterierte °Kommutatorgruppe $K^n(G)$ (induktiv definiert durch $K^0(G) = G$ und $K^r(G) = K(K^{r-1}(G))$) nur aus dem neutralen Element e besteht. (Dann ist $G \supset K(G) \supset K^2(G) \supset \ldots \supset K^n(G)$ Normalreihe mit abelschen Faktoren!).

Beispiele: Die symmetrischen und °alternierenden Gruppen S_n und A_n ($\rightarrow$ Permutation) sind für $n \leqslant 4$ auflösbar, für $n \geqslant 5$ nicht auflösbar. Jede endliche Gruppe ungerader Ordnung ist auflösbar (Satz von Feit-Thomson).

Ausgleichsrechnung
calculus of observations; calcul de l'adjustement

Gegeben sei das Problem, reelle Zahlen $x_1, \ldots, x_n$, $n \in \mathbb{N}$, zu bestimmen, die für alle $(z, y) \in \mathbb{R}^2$ einer Gleichung $y = f(z, x_1, \ldots, x_n)$, $f: \mathbb{R}^{n+1} \rightarrow \mathbb{R}$ genügen, wobei für y m Näherungen $y_1, \ldots, y_m$ (z. B. Meßwerte) zu jeweils vorgegebenen Werten $z_1, \ldots, z_m$ vorliegen. Ersetzt man die Aufgabe, eine Lösung $x = {}^t(x_1, \ldots, x_n)$ der obigen Gleichung zu bestimmen, durch das Problem, eine noch genauer zu wählende Funktion $F: \mathbb{R}^m \rightarrow \mathbb{R}$, $F(\bar{y} - \bar{f}(x_1, \ldots, x_n))$ zu minimieren, wobei $\bar{y} := {}^t(y_1, \ldots, y_m)$, $\bar{f}(x_1, \ldots, x_n) := {}^t(f(z_1, x_1, \ldots, x_n), \ldots, f(z_m, x_1, \ldots, x_n)) \in \mathbb{R}^m$, so spricht man von einem *Ausgleichsproblem*. Dessen Lösung bezeichnet man als *Ausgleichsrechnung*. Notwendig für die Lösung ist das Erfülltsein der sogenannten *Normalengleichungen* $\dfrac{\partial}{\partial x_i} F(\ldots) = 0$, $i = 1, \ldots, n$, deren Lösung in vielen Fällen auf die Lösung des Ausgleichsproblems führt.

Hängt f linear von x ab, so spricht man von einem linearen Ausgleichsproblem. Führt man dann die Ausgleichsrechnung nach der „Methode der kleinsten Quadrate" durch, d.h. wählt man $F(\ldots) = \sum_{k=1}^{m} (y_k - f(z_k, x_1, \ldots, x_n))^2$, so führen die Normalengleichungen auf ein lineares Gleichungssystem. Dieses besitzt mindestens eine Lösung, und jede seiner Lösungen löst auch das Ausgleichsproblem und umgekehrt. Eine Lösung berechnet man z. B., indem man die Matrix des Gleichungssystems mittels °Householdertransformation auf eine Matrix A mit $a_{ij} = 0$ für $i > j$ überführt, so daß man anstelle des ursprünglichen ein gestaffeltes Gleichungssystem zu lösen hat.

Auslöschung
cancellation; annulation

Unter Auslöschung versteht man den Effekt, daß sich beim Rechnen mit begrenzter Stellenzahl ($\rightarrow$ Maschinenzahl) die führenden Ziffern der Mantisse ($\rightarrow$ Gleitkommadarstellung) nahezu gleichgroßer Zahlen bei der Subtraktion wegheben und dadurch das Ergebnis stark verfälscht wird. Dies ist vor allem dann der Fall, wenn die zu subtrahierenden Zahlen bereits mit Rundungsfehlern behaftet sind.

Beispiel: $a = 10^4$, $b = 10^4$, $c = 10^{-2}$

Stehen für die Gleitkommadarstellung auf einem Rechner vier Stellen für die Mantisse und 2 für den Exponenten zur Verfügung, so liefert die Rechnung $(a-b)+c$ das richtige Ergebnis 10^{-2}, während $a-(b-c)=0$ wird. Im letzteren Fall ist das Zwischenergebnis $b-c$ mit einem Rundungsfehler behaftet, und durch Auslöschung bei der Subtraktion $a-(b-c)$ wird das Ergebnis völlig falsch. Der °relative Fehler beträgt $1 = 100\%$.

äußere Ableitung
exterior derivative; dérivation (ou dérivée) extérieure

Ist $\omega = \displaystyle\sum_{1 \leqslant i_1 < \ldots < i_r \leqslant n} c_{i_1 \ldots i_r} dy_{i_1} \wedge \ldots \wedge dy_{i_r}$ eine °Differentialform mit °differenzierbaren Funktionen $c_{i_1 \ldots i_r}$, so ist die *äußere Ableitung* $d\omega$ definiert als $(r+1)$-Differentialform vermöge

$$d\omega := \sum_{j=1}^{n} \sum_{1 \leqslant i_1 < \ldots < i_r \leqslant n} \frac{\partial c_{i_1 \ldots i_r}}{\partial y_j} \, dy_j \wedge dy_{i_1} \wedge \ldots \wedge dy_{i_r}.$$

Man rechnet nach (Rechenregeln der °äußeren Algebra), daß $d \circ d$ stets $= 0$ ist.

Beispiel: Für eine Funktion $f: \mathbb{R}^3 \rightarrow \mathbb{R}$ heißt $df = \dfrac{\partial f}{\partial x} dx + \dfrac{\partial f}{\partial y} dy + \dfrac{\partial f}{\partial z} dz$ das *Differential* von f; für eine 1-Form $\alpha = f\,dx + g\,dy + h\,dz$ ist

$$d\alpha = \left(\frac{\partial h}{\partial y} - \frac{\partial g}{\partial z}\right) dy \wedge dz + \left(\frac{\partial f}{\partial z} - \frac{\partial h}{\partial x}\right) dz \wedge dx + \left(\frac{\partial g}{\partial x} - \frac{\partial f}{\partial y}\right) dx \wedge dy; \text{ und für eine}$$

2-Form $\beta = a\,dy \wedge dz + b\,dz \wedge dx + c\,dx \wedge dy$ ist $d\beta = \left(\dfrac{\partial a}{\partial x} + \dfrac{\partial b}{\partial y} + \dfrac{\partial c}{\partial z}\right) dx \wedge dy \wedge dz.$

($\rightarrow$ exakte Differentialform, $\rightarrow$ geschlossene Differentialform, $\rightarrow$ Poincaré (Lemma von))

äußere Algebra
exterior algebra; algèbre extérieur

Sei V ein n-dimensionaler K-Vektorraum mit einer Basis $B = (b_1, \ldots, b_n)$. Für jedes $r \in \mathbb{N}$ sei $\Lambda^r V$ für $r > 1$ der K-Vektorraum mit den $\binom{n}{r}$ Basiselementen $b_{i_1} \wedge \ldots \wedge b_{i_r}$, $1 \leqslant i_1 < i_2 < \ldots < i_r \leqslant n$ (insbesondere ist dann $\Lambda^r V = 0$ falls $r > n$), $\Lambda^0 V := K$. Setzen wir

(i) für eine Permutation $\sigma \in S_r$

$b_{i_{\sigma(1)}} \wedge \ldots \wedge b_{i_{\sigma(r)}} = \varepsilon(\sigma)\, b_{i_1} \wedge \ldots \wedge b_{i_r}$ ($\varepsilon(\sigma)$ das °Signum von σ),

(ii) $b_{i_1} \wedge \ldots \wedge b_{i_r} = 0$, falls $k \neq l$ existiert mit $b_{i_k} = b_{i_l}$

(iii) $\displaystyle\sum_{i=1}^{n} \alpha_i^1 b_i \wedge \ldots \wedge \sum_{i=1}^{n} \alpha_i^r b_i = \sum_{1 \leqslant i_1, \ldots, i_r \leqslant n} \alpha_{i_1}^1 \ldots \alpha_{i_r}^r\, b_{i_1} \wedge \ldots \wedge b_{i_r}$,

so sieht man, daß $\Lambda^r V$ unabhängig von der Basis B von V ist und durch folgende Eigenschaft charakterisiert ist: Ist W ein K-Vektorraum und $f: V \times \ldots \times V \to W$ eine alternierende r-lineare Abbildung ($\to$ multilineare Abbildung), so gibt es genau eine lineare Abbildung $F: \Lambda^r V \to W$ mit

$$F(x_1 \wedge \ldots \wedge x_r) = f(x_1, \ldots, x_r).$$

Die direkte Summe $\Lambda V = \displaystyle\bigoplus_{r=0}^{n} \Lambda^r V$ heißt dann *äußere Algebra* oder *Graßmann-algebra*, wenn man noch das „Dach-Produkt" $\wedge$ erklärt, das festgelegt wird durch die Bedingungen

a) $\wedge : \Lambda^0 V \times \Lambda^i V \to \Lambda^i V$, $\wedge : \Lambda^i V \times \Lambda^0 V \to \Lambda^i V$ sei die Skalarmultiplikation.

b) $\wedge : \Lambda^i V \times \Lambda^j V \to \Lambda^{i+j} V$, $(x_1 \wedge \ldots \wedge x_i, y_1 \wedge \ldots \wedge y_j) \mapsto x_1 \wedge \ldots \wedge x_i \wedge y_1 \wedge \ldots \wedge y_j$

($\to$ äußere Ableitung, $\to$ Differentialform, $\to$ Determinante, $\to$ multilineare Abbildung).

Austauschsatz (von E. Steinitz)

Sei $(v_1, \ldots, v_n)$ °Basis eines K-°Vektorraums V.

a) Ist $w \in V$, $w = \alpha_1 v_1 + \ldots + \alpha_n v_n$ und $\alpha_k \neq 0$ für ein $k \in \{1, \ldots, n\}$, so ist auch $(v_1, \ldots, v_{k-1}, w, v_{k+1}, \ldots, v_n)$ Basis von V.

b) Sind $w_1, \ldots, w_r \in V$ °linear unabhängig, so ist $r \leqslant n$, und es gibt Indizes $i_1, \ldots, i_r \in \{1, \ldots, n\}$ derart, daß man nach Austausch von v_{i_ρ} gegen w_ρ für $\rho = 1, \ldots, r$ wieder eine Basis von V erhält.

Auswahlaxiom

axiom of choice; axiome de choix

In der axiomatischen Mengenlehre ist eine Version des *Auswahlaxioms:*
X, Y bezeichnen zwei Mengen. Zu jeder °Abbildung $F: X \to \mathscr{P}(Y)$ ($\mathscr{P}(Y)$ ist die °Potenzmenge von Y), für die $F(x) \neq \emptyset$ für alle $x \in X$ gilt, gibt es eine Abbildung $f: X \to Y$, so daß $f(x) \in F(x)$ für alle $x \in X$ gilt.

Dazu gleichwertige Formulierungen sind:

a) das °kartesische Produkt einer (beliebigen) °Familie von nicht-leeren Mengen ist nicht leer.

b) Zu jeder surjektiven Abbildung $f: X \to Y$ gibt es eine Abbildung $g: Y \to X$, so daß $f \circ g = id_Y$ gilt.

Es ist außerordentlich bemerkenswert, daß dieses Axiom äquivalent zum °Wohlordnungssatz und zum °Zornschen Lemma ist und damit für viele Existenzsätze der Mathematik verantwortlich zeichnet.

Automorphismus

automorphism; automorphisme

Ein °Isomorphismus von einer Menge mit Struktur in sich selbst heißt auch *Automorphismus.* Die Automorphismen bilden mit der Hintereinanderausführung als Verknüpfung eine °Gruppe.

Beispiel: Die °allgemeine lineare Gruppe $GL(V)$ eines °Vektorraums V heißt auch *Automorphismengruppe* von V.

($\to$ innerer Automorphismus einer Gruppe)

B

Bahn

orbit; orbite

($\to$ Operation)

Baire (Satz von)

Baire category theorem; théorème de Baire

($\to$ Bairescher Raum)

Bairescher Raum

Baire space; espace de Baire

Ein °topologischer Raum X heißt *Bairesch*, wenn er eine der folgenden äquivalenten Bedingungen erfüllt:

a) Der Durchschnitt von abzählbar vielen offenen in X °dichten Mengen ist dicht in X.

b) Eine magere Menge ($\to$ nirgends dicht) enthält keine °inneren Punkte.

c) Das Komplement einer mageren Menge ist °dicht in X.

Der *Satz von Baire* besagt: Ist ein °topologischer Raum vollständig °metrisierbar oder °lokalkompakt, so ist er ein Bairescher Raum. Mit Hilfe des Satzes von Baire beweist man wichtige Sätze der Funktionalanalysis, z. B. Satz von der °offenen Abbildung; Satz von der Stetigkeit des °inversen Operators, Satz vom °abgeschlossenen Graphen, Prinzip der °gleichmäßigen Beschränktheit, Satz von °Banach-Steinhaus.

Bairstow-Verfahren

Gegeben sei ein °Polynom $p_n(x) = \sum\limits_{k=0}^{n} a_k x^k$ mit $a_k \in \mathbb{R}$. Dann läßt sich p_n darstellen als $p_n(x) = q(x)\,(x^2 - \alpha x - \beta) + A x + B$. Lassen sich α und β nun so bestimmen, daß $A = B = 0$ gilt, so sind $x_{1,2} = \dfrac{\alpha}{2} \pm \sqrt{\dfrac{\alpha^2}{4} + \beta}$ Nullstellen von p_n.

Insbesondere ist man dabei an den Fällen interessiert, in denen x_1 und x_2 ein Paar konjugiert komplexer Nullstellen von p_n bilden. Die Lösung des Problems $A(\alpha, \beta) = B(\alpha, \beta) = 0$ mittels des Newtonverfahrens bezeichnet man speziell als *Bairstow-Verfahren*. Hierzu wählt man Startnäherungen ($\to$ Näherung) α_0, β_0 und setzt $b_{-1} := b_{-2} := c_{-1} := c_{-2} := 0$ und berechnet für $k \in \mathbb{N}_0$

$$\text{für } i = 0(1)n: \quad b_i = a_i + \alpha_k b_{i-1} + \beta_k b_{i-2}$$
$$\text{für } j = 0(1)n-1: \quad c_j = b_j + \alpha_k c_{j-1} + \beta_k c_{j-2}$$

$$D = c_{n-1}^2 - c_{n-1}\,c_{n-3}$$
$$\Delta\alpha_k = D^{-1}(c_{n-2}\,b_{n-1} - c_{n-3}\,b_n),\; \alpha_{k+1} = \alpha_k + \Delta\alpha_k$$
$$\Delta\beta_k = -D^{-1}(c_{n-1}\,b_{n-1} - c_{n-2}\,b_n),\; \beta_{k+1} = \beta_k + \Delta\beta_k$$

und bestimmt die Nullstellen x_1, x_2 nach hinreichend vielen Schritten näherungsweise als

$$x_{1,2} = \frac{\alpha_{k+1}}{2} \pm \sqrt{\frac{\alpha_{k+1}^2}{4} + \beta_{k+1}}\,.$$

Banach-Algebra
Banach algebra; algèbre de Banach

($\rightarrow$ normierte Algebra)

Banachraum
Banach space; espace de Banach

Ein °vollständiger °normierter Vektorraum heißt *Banachraum*.
Wichtige Beispiele: Der $\mathbb{R}$-Vektorraum $\mathscr{C}(X, \mathbb{R})$ aller stetigen Funktionen auf einem kompakten topologischen Raum X mit der Norm $\|f\| := \sup_{x \in X} |f(x)|$. –
Alle $°\ell^p$-Räume und $°L^p$-Räume für $p \geqslant 1$ und $p = \infty$. – Alle °Hilberträume mit der vom Skalarprodukt induzierten Norm. – Der Vektorraum $L(X, Y)$ aller stetigen linearen Abbildungen zwischen zwei Banachräumen X und Y mit der
Norm $\|T\| := \sup\limits_{x \neq 0} \dfrac{1}{\|x\|}\,\|T(x)\|$ $(T \in L(X, Y))$. – Ist $Y \subset X$ ein abgeschlossener (!)
Untervektorraum des Banachraums X, so wird der °Quotientenvektorraum X/Y mit der Norm $\|x + Y\| := \inf\limits_{y \in Y} \|x + y\|$ wieder ein Banachraum.

Banach-Steinhaus (Satz von)

E, F seien °Banachräume und $(A_n)_{n \in \mathbb{N}}$ sei eine Folge von beschränkten linearen °Operatoren von E nach F mit den folgenden Eigenschaften:
(I) Zu jedem $x \in E$ existiert eine Konstante K_x, so daß $\|A_n(x)\| \leqslant K_x$ gilt für
   alle $n \in \mathbb{N}$;
(II) es existiert eine °dichte Menge $X \subset E$, so daß für alle $x \in X$ $(A_n(x))_{n \in \mathbb{N}}$ eine
   °Cauchy-Folge in F ist.
Dann gibt es einen eindeutig bestimmten beschränkten linearen Operator
$A: E \to F$ mit $\lim\limits_{n \to \infty} A_n(x) = A(x)$ für alle $x \in X$.

Speziell: $X = E$ und $A(x) := \lim\limits_{n \to \infty} A_n(x)$ für alle $x \in E$, so ist $A \in L(E, F)$.

Dieser Satz ist eine direkte Folgerung aus dem Prinzip der °gleichmäßigen Beschränktheit für Banachräume.

baryzentrische Koordinaten
barycentric coordinates; coordonnées barycentriques

Sei V ein reeller Vektorraum, seien $x_0, \ldots, x_p$ $(p+1)$ Punkte in V und X der kleinste °affine Unterraum von V, der die Punkte x_i, $i = 0 \ldots p$, enthält.

Dann gilt $X = \left\{ \sum_{i=0}^{p} \lambda_i x_i \,\middle|\, \sum \lambda_i = 1 \right\}$. Hat X die Dimension p, so ist für $x \in X$ die Darstellung $x = \sum \lambda_i x_i$ eindeutig, und $(\lambda_0, \ldots, \lambda_p)$ heißen die *baryzentrischen Koordinaten* von x.

$\sum_{i=0}^{p} \lambda_i x_i$ mit $\sum \lambda_i = 1$ und $\lambda_i \geq 0$ für $i = 0 \ldots p$ heißt *Konvexkombination* der x_i und $K = \left\{ \sum_{i=0}^{p} \lambda_i x_i \,\middle|\, \sum \lambda_i = 1, \lambda_i \geq 0 \,\forall\, i = 0 \ldots p \right\}$ stellt die konvexe Hülle ($\rightarrow$ konvexe Menge) der Punkte x_i dar.

Basis (einer Topologie)
basis of a topology; base d'une topologie

X sei ein °topologischer Raum mit der °Topologie $\mathcal{T}$. Ein System $\mathcal{O} \subset \mathcal{T}$ heißt *Basis* der Topologie $\mathcal{T}$, wenn jede Menge aus $\mathcal{T}$ sich als Vereinigung von Mengen aus $\mathcal{O}$ darstellen läßt.

Ein System $\mathcal{S} \subset \mathcal{T}$ heißt *Subbasis* von $\mathcal{T}$, wenn $\mathcal{T}$ die gröbste Topologie ($\rightarrow$ Topologie) auf X ist, die die Mengen von $\mathcal{S}$ als °offene Mengen enthält. Man kann $\mathcal{T}$ mit Hilfe von $\mathcal{S}$ so erzeugen: man bilde alle endlichen Durchschnitte über Mengen aus $\mathcal{S}$ und bilde dann beliebige Vereinigungen über diese Durchschnitte.

Beispiele:
a) Jede Basis ist Subbasis; $\mathcal{T}$ selbst ist Basis.

b) (X, d) sei ein °metrischer Raum; das System $\left\{ \emptyset, \kappa\left(x; \dfrac{1}{n}\right); n \in \mathbb{N} \right\}_{x \in X}$ bildet eine Basis der Topologie auf X $\left(\kappa\left(x; \dfrac{1}{n}\right)$ bezeichne die offene °Kugel um x mit dem Radius $\dfrac{1}{n}\right)$. An diesem Beispiel sieht man: ein endlicher Durchschnitt von Mengen der Basis gehört nicht notwendig zur Basis.

c) $\{ \,]-\infty, a[\,; \,]b, \infty[\,; a, b \in \mathbb{R} \}$ ist eine Subbasis der üblichen Topologie auf $\mathbb{R}$.

Basis (eines Vektorraumes)
basis of a vectorspace; base d'un espace vectoriel

Sei V ein K-°Vektorraum. Eine Familie $B=(v_i)_{i\in I}$ von Vektoren aus V heißt *Basis*, wenn sie °linear unabhängiges °Erzeugendensystem von V ist, d.h. wenn zu jedem $x\in V$ genau eine endliche Teilfamilie $B'=(v_{i_1},\ldots,v_{i_n})$ und eindeutig bestimmte $\alpha_j\in K\setminus\{0\}$, $1\leqslant j\leqslant n$, existieren mit $x=\sum\limits_{j=1}^{n}\alpha_j v_{i_j}$.

Äquivalent dazu sind

a) B ist minimales °Erzeugendensystem

b) B ist maximale freie Familie ($\to$ linear unabhängig).

Jeder Vektorraum besitzt eine Basis, und je zwei Basen eines Vektorraumes sind gleichmächtig. V heißt n-dimensional, wenn es eine Basis aus n Vektoren gibt; in diesem Fall hat man bei fest gewählter Basis $(v_1,\ldots,v_n)$ einen K-Vektorraum-°Isomorphismus $V\to K^n$, $V\ni\sum\limits_{i=1}^{n}\alpha_i v_i\mapsto(\alpha_1,\ldots,\alpha_n)\in K^n$, den sog. *Koordinatenisomorphismus*.

($\to$ Dimension)

Basisergänzungssatz

Jede °linear unabhängige °Familie $(v_i)_{i\in I}$ in einem K-°Vektorraum V läßt sich zu einer °Basis von V ergänzen.

Insbesondere besitzt also jeder Vektorraum eine Basis. (Ist V nicht endlichdimensional, so wird zum Beweis das °Zornsche Lemma benötigt).

Basiswechsel
basis transformation; changement de base

Ist V ein n-dimensionaler K-°Vektorraum und sind $(v_1,\ldots,v_n)$ und $(w_1,\ldots,w_n)$ °Basen von V, so erhält man dazu zwei K-Vektorraum-°Isomorphismen

$$\varphi:K^n\to V,\ (\alpha_1,\ldots,\alpha_n)\mapsto\sum\limits_{i=1}^{n}\alpha_i v_i \quad \text{und} \quad \psi:K^n\to V,\ (\alpha_1,\ldots,\alpha_n)\mapsto\sum\limits_{i=1}^{n}\alpha_i w_i\,.$$

Die Abbildung $\psi^{-1}\circ\varphi:K^n\to K^n$ bezeichnet man dann als *Basiswechsel* (Übergang von der Darstellung der Vektoren von V bezüglich der Basis $(v_1,\ldots,v_n)$ zur Darstellung bezüglich $(w_1,\ldots,w_n)$) oder als *Basistransformation*.

Bayes (Formel von)

Es seien $(\Omega,\mathscr{A},P)$ ein °Wahrscheinlichkeitsraum, $I\subset\mathbb{N}$ und $(B_i)_{i\in I}$ eine °Partition von Ω mit $B_i\in\mathscr{A}$ und $P(B_i)>0$ für $i\in I$; ferner sei $A\in\mathscr{A}$ mit $P(A)>0$.

Dann gilt für die °bedingten Wahrscheinlichkeiten

$$P(B_i \mid A) = \frac{P(A \mid B_i) \cdot P(B_i)}{\sum\limits_{j \in I} P(A \mid B_j) \cdot P(B_j)} \qquad (i \in I),$$

was sich mit dem Satz von der °totalen Wahrscheinlichkeit ergibt.

bedingte(s) Wahrscheinlichkeit(smaß)
conditional probability (measure); (loi de) probabilité conditionelle

Es seien $(\Omega, \mathscr{A}, P)$ ein °Wahrscheinlichkeitsraum, und $B \in \mathscr{A}$ mit $P(B) > 0$. Für $A \in \mathscr{A}$ heißt dann $P(A \mid B) := \dfrac{P(A \cap B)}{P(B)}$ die *bedingte Wahrscheinlichkeit von A unter* (der Bedingung) B (sprich: „P von A unter B").

Die Abbildung $A \mapsto P(A \mid B)$ liefert ein °Wahrscheinlichkeitsmaß auf $(\Omega, \mathscr{A})$, das auf B konzentriert ist (d.h. für das gilt: $P(\Omega \setminus B) = 0$).

Für $n \geqslant 2$ und $A_1, \ldots, A_n \in \mathscr{A}$ mit $P(A_1 \cap \ldots \cap A_{n-1}) > 0$ gilt:

$$P(A_1 \cap \ldots \cap A_n) = P(A_1) \cdot P(A_2 \mid A_1) \cdot P(A_3 \mid A_1 \cap A_2) \cdot \ldots \cdot P(A_n \mid A_1 \cap \ldots \cap A_{n-1}).$$

($\rightarrow$ totale Wahrscheinlichkeit, $\rightarrow$ Bayes)

bedingt konvergent
conditionally convergent; semiconvergent

Die °Reihe $\sum\limits_{n=1}^{\infty} a_n$ reeller Zahlen heißt *bedingt konvergent*, wenn sie zwar konvergiert, aber nicht °absolut konvergent ist. Jede bedingt konvergente Reihe besitzt divergente °Umordnungen sowie Umordnungen, die gegen eine beliebig vorgegebene reelle Zahl konvergieren.

Beispiel: Die *Leibniz-Reihe* $\sum\limits_{n=1}^{\infty} (-1)^n \dfrac{1}{n}$ ist bedingt konvergent.

begleitendes Dreibein
moving trihedron; trièdre (repère) mobile

($\rightarrow$ Frenetsches Dreibein)

Beppo Levi (Satz von)

($\rightarrow$ Levi (Satz von Beppo))

Bereichsschätzung
interval estimation; estimation par intervalle (région)

($\rightarrow$ Schätzung)

Bernoullische Ungleichung

Für alle $x \geqslant -1$ und alle $n \in \mathbb{N}$ gilt: $(1+x)^n \geqslant 1 + nx$.

Bernoulli-Zahlen
Bernoulli numbers; nombres de Bernoulli

Durch $B_0 = 1$ und $B_0 + \binom{n+1}{1} B_1 + \ldots + \binom{n+1}{n-1} B_{n-1} + \binom{n+1}{n} B_n = 0$ $(n \geqslant 1)$

sind rekursiv ($\rightarrow$ Rekursionssatz) die *Bernoulli-Zahlen* definiert. Sie treten z. B. auf in den °Potenzreihenentwicklungen von Tangens und dem hyperbolischen

Tangens und in $\dfrac{x}{e^x - 1} = \sum\limits_{n=0}^{\infty} \dfrac{B_n}{n!} x^n$. Auch in der Zahlentheorie spielen sie eine wichtige Rolle.

Berührungspunkt
accumulation point, cluster point; point d'adhérence

Ein Punkt x eines °topologischen Raumes X heißt *Berührungspunkt* oder *Berührpunkt* der Teilmenge $A \subset X$, wenn jede °Umgebung von x einen Punkt aus A enthält.

($\rightarrow$ abgeschlossene Hülle)

beschränkt (Abbildung; Folge)
bounded; borné

Es sei X eine Menge und Y ein °metrischer Raum; eine °Abbildung $f: X \rightarrow Y$ heißt *beschränkt*, wenn die Wertemenge $f(X)$ von f ($\rightarrow$ Abbildung) in Y als Teilmenge °beschränkt ist. Eine Folge $f: \mathbb{N} \rightarrow Y$ heißt beschränkt, wenn die der Folge $(f(n))_{n \in \mathbb{N}}$ zugrunde liegende Menge in Y °beschränkt ist.

beschränkt (Menge)
bounded; borné

Eine Teilmenge P einer geordneten Menge M ($\rightarrow$ Halbordnung) heißt *beschränkt*, wenn es $a, b \in M$ gibt mit $a \leqslant x \leqslant b$ für alle $x \in P$. Eine Teilmenge eines °normierten Vektorraums V (z. B. $\mathbb{R}^n$ mit der °euklidischen Norm) heißt *beschränkt*, wenn sie in einer abgeschlossenen Kugel $\{x \in V \mid \|x\| \leqslant r\}$ ($r \in \mathbb{R}$ geeignet) enthalten ist. Eine Teilmenge P eines °topologischen Vektorraums heißt *beschränkt*, wenn es zu jeder Nullumgebung V ein $a \in \mathbb{R}$, $a > 0$ gibt, so daß P in $a \cdot V = \{ax \mid x \in V\}$ enthalten ist. Eine Teilmenge P eines °metrischen Raumes (M, d) heißt *beschränkt*, wenn es eine °Kugel $K(x_0, r) = \{x \in M \mid d(x, x_0) \leqslant r, r \in \mathbb{R}\}$ in M gibt mit $P \subset K(x_0, r)$.

Besselsche Differentialgleichung

Die *Besselsche* °*Differentialgleichung* ist gegeben durch $x^2 y'' + x y' + (x^2 - p^2) y = 0$ mit einem Parameter $p \in \mathbb{R}$. Ihre Lösungen heißen *Zylinderfunktionen der Ordnung p*. Für jedes $p \in \mathbb{R}$ bildet die sogenannte *Besselfunktion* J_p *vom Index p* zusammen mit der *Neumannschen Funktion* N_p (gelegentlich auch *Webersche Funktion* genannt) ein spezielles Fundamentalsystem ($\rightarrow$ Differentialgleichungen, gewöhnliche). Es gelten für alle p mit $-p \notin \mathbb{N}$ die Darstellungen ($\rightarrow$ Gammafunktion)

$$J_p(x) = \left(\frac{1}{2} x\right)^p \sum_{k=0}^{\infty} \frac{\left(-\frac{1}{4} x^2\right)^k}{k! \, \Gamma(p + k + 1)}$$

$$N_p(x) = [J_p(x) \cdot \cos(p\pi) - J_{-p}(x)] / \sin(p \cdot \pi), \quad p \notin \mathbb{Z}.$$

Ein anderes Fundamentalsystem bilden die sogenannten *Hankelfunktionen* $H_p^{(1)}$, $H_p^{(2)}$.

Besselsche Ungleichung

Es sei H ein °Hilbertraum mit dem °Skalarprodukt $\langle \ , \ \rangle$. $\{x_i \mid i \in I\}$ sei eine °orthogonale Familie mit $\|x_i\| = 1$ für alle $i \in I$, dann gilt für alle $x \in H$ die *Besselsche Ungleichung* $\sum_{i \in I} |\langle x, x_i \rangle|^2 \leqslant \|x\|^2$

(Das Symbol $\sum_{i \in I}$ ist für unendliche, auch überabzählbare Indexmengen I folgendermaßen definiert: $\sum_{i \in I} \alpha_i = \alpha$ genau dann, wenn es zu jedem $\varepsilon > 0$ eine endliche Teilmenge $J \subset I$ gibt mit $\left\| \alpha - \sum_{j \in J} \alpha_j \right\| < \varepsilon$).

Bestapproximation (von Funktionen)
best approximation; la meilleure approximation

Es seien eine Funktion $f : [a, b] \rightarrow \mathbb{R}$ und ein Funktionenraum F mit $f \in F$ gegeben. Ist auf F eine °Norm $\| \cdot \|$ erklärt und G eine Teilmenge von F, so nennt man $g_f \in G$ *Bestapproximation* von f bezüglich G und $\| \cdot \|$, falls $\inf_{g \in G} \| g - f \| = \| g_f - f \|$.

Beispiel: Ist $F = \mathscr{C}[a, b]$, $\|\cdot\|$ die °Supremumsnorm und G die °lineare Hülle eines Systems von $n + 1$ °linear unabhängigen Funktionen $\{g_0, \ldots, g_n\} \subset \mathscr{C}[a, b]$, so existiert zu jedem $f \in \mathscr{C}[a, b]$ genau eine Bestapproximation g_f, die auch *Tschebyscheffapproximation* genannt wird.

Die numerische Berechnung von Bestapproximationen ist im allgemeinen schwierig. In Spezialfällen existieren jedoch brauchbare Verfahren wie z. B. der Remez-Algorithmus.

Betrag
absolute value or *modulus; valeur absolue* ou *module*

($\to$ Absolutbetrag)

Bewertung
valuation; valuation

Es sei K ein Körper und $K^* = K \setminus \{0\}$.

Eine Funktion $v: K^* \to \mathbb{R}$ heißt *Bewertung* auf K (und (K, v) ein *bewerteter Körper*), falls gilt

(1) $v(x \cdot y) = v(x) + v(y)$ $\forall x, y \in K^*$

(2) $v(x + y) \geqslant \min\{v(x), v(y)\}$.

Beispiele: Ist K ein Körper, so besitzt K immer die triviale Bewertung $v_0: K \to \mathbb{R}$, $v_0(x) = 0$ $\forall x$.

Ist p eine Primzahl und $x \in \mathbb{Q}^*$ so gibt es eine eindeutig bestimmte ganze Zahl $v_p(x)$, so daß $x = p^{v_p(x)} \cdot \dfrac{m}{n}$ mit $(p, m) = (p, n) = (m, n) = 1$ ($\to$ Teilbarkeit in Integritätsringen). Dadurch wird auf $\mathbb{Q}$ eine Bewertung, die sog. p-adische Bewertung definiert. Man kann zeigen, daß es auf $\mathbb{Q}$ im wesentlichen nur p-adische Bewertungen gibt.

Ist (K, v) ein bewerteter Körper, so ist $R_v = \{x \mid v(x) \geqslant 0\} \cup \{0\}$ ein °Ring, der sog. *Bewertungsring* von v.

Ist (K, v) ein bewerteter Körper und $C \in \mathbb{R}$, $C > 1$ so wird durch $|x|_v = C^{-v(x)}$ für $x \neq 0$, $|0|_v = 0$ ein °Absolutbetrag auf K definiert.

Bidual (eines Moduls)
bidual module; module bidual

Sei R kommutativer °Ring mit Eins. Der °duale °Modul eines R-Moduls M wird mit M^* bezeichnet, und der duale Modul von M^* heißt das *Bidual* von M und wird mit $M^{**} = (M^*)^*$ bezeichnet. Man hat einen natürlichen Homomorphismus $\eta_M: M \to M^{**}$, $x \mapsto \begin{pmatrix} M^* \to R \\ \lambda \mapsto \lambda(x) \end{pmatrix}$, der aber i. allg. nicht injektiv (wie bei Vektorräumen) ist.

Bidual (eines normierten Raumes)

($\rightarrow$ Dualraum (eines topologischen Vektorraumes))

Bidual (eines topologischen Vektorraumes)

Sei X ein °topologischer K-Vektorraum und X' der zugehörige °Dualraum. Die stetigen Linearformen $X' \rightarrow K$ bilden das topologische *Bidual;* für den Bidualraum schreibt man X''. Man hat durch $x \rightarrow x''$ mit x'': $X' \rightarrow \mathbb{K}$ $x''(\varphi) = \varphi(x)$ für alle $x \in X$ und alle $\varphi \in X'$ eine kanonische Einbettung eines topologischen Vektorraumes in sein Bidual.

Bidual (eines Vektorraumes)
bidual vector space; espace vectoriel bidual

Sei V ein K-Vektorraum, V^* sein Dualraum ($\rightarrow$dualer Vektorraum). Der Dualraum $(V^*)^*$ von V^* heißt *Bidualraum* von V und wird mit V^{**} bezeichnet.
Die lineare Abbildung η_V: $V \rightarrow V^{**}$, $\eta_V(x)(\lambda) := \lambda(x)$ $(\lambda \in V^*, x \in V)$ ist injektiv und genau dann ein Isomorphismus, wenn V endlich dimensional ist. $*$ bzw. $**$ können als °Funktoren interpretiert werden. η ist dann eine °natürliche Transformation, d.h. für jede lineare Abbildung f: $V \rightarrow W$ ist das Diagramm

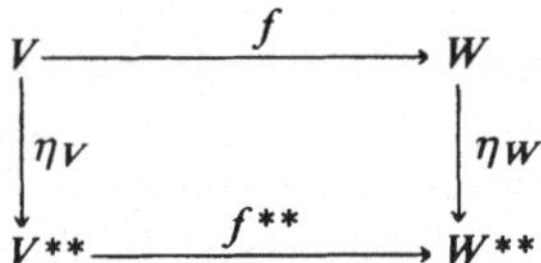

(wobei $f^{**} = (f^*)^*$ ($\rightarrow$ dualer Vektorraum) ist) kommutativ. η wird oft *kanonische Einbettung* oder Injektion eines Vektorraumes in sein Bidual genannt.

biholomorph
biholomorphic; biholomorphe

Eine Abbildung f: $G \rightarrow G'$ zwischen Gebieten G, $G' \subset \mathbb{C}$ heißt *biholomorph*, wenn sie bijektiv ist und sowohl f als auch f^{-1} °holomorph sind.
($\rightarrow$ Riemannscher Abbildungssatz)

bijektiv
bijective; bijectif

($\rightarrow$ Abbildung)

Bild
image; image

($\rightarrow$ Abbildung)

Bildmaß
distribution; loi image

($\rightarrow$ Zufallsvariable)

bilinear
bilinear; bilinéaire

($\rightarrow$ multilineare Abbildung)

Bilinearform
bilinear form; forme bilinéaire

Gegeben seien K-°Vektorräume V und W. Eine °Abbildung $s: V \times W \rightarrow K$ heißt *Bilinearform*, wenn für alle $v \in V$ und alle $w \in W$ die Abbildungen $s(v, \ ): W \rightarrow K$, $w \mapsto s(v, w)$ und $s(\ , w): V \rightarrow K$, $v \mapsto s(v, w)$ °linear sind. Die Bilinearform s heißt *nicht ausgeartet* (oder *duale Paarung*), wenn gilt: Ist $v \in V$ und $s(v, w) = 0$ für alle $w \in W$, so ist $v = 0$; ist $w \in W$ und $s(v, w) = 0$ für alle $v \in V$, so ist $w = 0$.

Im Fall $V = W$ heißt eine Bilinearform $s: V \times V \rightarrow K$ *symmetrisch*, wenn $s(v, w) = s(w, v)$ ist für alle $v, w \in V$.

Ist dim $V = n < \infty$, so wird bzgl. einer festen °Basis $v_1, \ldots, v_n$ von V eine Bilinearform $s: V \times V \rightarrow K$ festgelegt durch die °Matrix $S = (s(v_i, v_j))_{i,j=1,\ldots,n}$; s ist symmetrisch, wenn die Matrix S °symmetrisch ist; s ist nicht ausgeartet, wenn die Matrix S invertierbar ($\rightarrow$ inverse Matrix) ist.

Bimorphismus
bimorphism; bimorphisme

Ein Morphismus $f: X \rightarrow Y$ in einer °Kategorie heißt *Bimorphismus*, wenn er ein °Epimorphismus und ein °Monomorphismus ist.

Liegen den Morphismen Mengenabbildungen zugrunde, so folgt aus der Bijektivität der °Abbildung, daß sie ein Bimorphismus ist; die Umkehrung davon gilt i. a. nicht; aber in den meisten praktischen Fällen, in denen Morphismen strukturerhaltende Abbildungen zwischen (vorwiegend algebraischen) Strukturen sind, ist die Bedingung gleichwertig mit der Bijektivität. Im Bereich der Ringe und der topologischen Räume gilt diese Gleichwertigkeit nicht.

Binomialkoeffizienten
coefficients of the binomial expansion; coefficients du binôme

Für $r \in \mathbb{R}$ und $k \in \mathbb{N}$ setzt man $\binom{r}{k} := \dfrac{r(r-1)\ldots(r-k+1)}{1 \cdot 2 \cdot \ldots \cdot k} = \dfrac{1}{k!} \prod_{i=1}^{k} (r-i+1)$

($\rightarrow$ Fakultät); ferner $\binom{r}{0} := 1$.

Die Zahlen $\binom{r}{k}$ heißen *Binomialkoeffizienten* wegen ihres Auftretens in der °binomischen Reihe.

Für natürliche Zahlen $n, k \in \mathbb{N}_0$ gilt speziell:

$$\binom{n}{k} = 0, \quad \text{falls} \quad k > n, \quad \text{und} \quad \binom{n}{k} = \frac{n!}{k!\,(n-k)!} = \binom{n}{n-k}, \text{ sonst.}$$

Der „binomische Lehrsatz" besagt, daß für $a, b \in \mathbb{R}$, $n \in \mathbb{N}_0$

$$(a+b)^n = \prod_{k=0}^{n} \binom{n}{k} a^k b^{n-k} \quad \text{ist.}$$

Für $n, k \in \mathbb{N}_0$ lassen sich die Binomialkoeffizienten auch rekursiv ($\rightarrow$ Rekursionssatz) definieren durch

$$\binom{n}{0} := 1; \quad \binom{n}{k} := 0 \quad \text{für } k > n$$

und $\binom{n}{k} := \binom{n-1}{k-1} + \binom{n-1}{k}$ für $n, k \in \mathbb{N}$, $k \leq n$. D. h. man erhält sie aus dem „*Pascalschen Dreieck*"; das wie folgt durch sukzessive Addition entsteht:

0. Zeile   1   (In der n-ten Zeile steht an der

1. Zeile   1   1 $(k+1)$-ten Stelle die Zahl $\binom{n}{k}$)

2. Zeile   1   2   1

3. Zeile   1   3   3   1

Grundlegend für die Kombinatorik ist der Umstand, daß $\binom{n}{k}$ genau die Anzahl der verschiedenen k-elementigen Teilmengen einer Menge von n Elementen angibt ($\rightarrow$ Urnenmodelle).

Binomial-Test
binomial test; test binomiale

Es seien $X_1, \ldots, X_n$ °stochastisch unabhängige $B(1, p)$-verteilte °Zufallsvariable mit Parameter $p \in [0, 1]$, ferner $p_0 \in [0, 1]$ fest und $\alpha \in [0, 1]$.

Dann wird ein °optimaler °Test $\varphi \colon \mathbb{R}^n \to [0, 1]$ zum Niveau α für das einseitige Testproblem $H \colon p \leqslant p_0$ gegen $K \colon p > p_0$ ($\to$ Test) definiert durch

$$\varphi(x_1, \ldots, x_n) := \begin{Bmatrix} 1 \\ \gamma \\ 0 \end{Bmatrix}, \quad \text{falls} \quad \sum_{i=1}^{n} x_i \begin{Bmatrix} > \\ = \\ < \end{Bmatrix} c,$$

wobei c das $(1 - \alpha)$-°Quantil der $B(n, p_0)$-Verteilung ist und γ sich bestimmt aus der Gleichung

$$\sum_{k > c} \binom{n}{k} p_0^k (1 - p_0)^{n-k} + \gamma \cdot \binom{n}{c} p_0^c (1 - p_0)^{n-c} = \alpha \quad (\to \text{Binomialverteilung}).$$

Dieser Test heißt *einseitiger Binomial-Test*.

Für das entsprechende zweiseitige Problem $H \colon p = p_0$ gegen $K \colon p \neq p_0$ existiert ein optimaler Test (‚*zweiseitiger Binomial-Test*‘) in der Klasse der unverfälschten °Tests; bei diesem sind aufgrund der Asymmetrie der Binomialverteilung i. a. zwei kritische Werte zu bestimmen.

Binomialverteilung
binomial distribution; loi binomiale

Über der Menge $\{0, 1, \ldots, n\}$ definiert für $p \in [0, 1]$ $P(\{k\}) := \binom{n}{k} p^k (1 - p)^{n-k}$

($k = 0, 1, \ldots, n$) ein diskretes °Wahrscheinlichkeits-Maß, die *Binomialverteilung mit Parametern n und p* (in Zeichen: $B(n, p)$ oder $\beta(n, p)$).

Für eine $B(n, p)$-verteilte °Zufallsvariable gilt $EX = np$ und $\operatorname{Var} X = np(1 - p)$. – Sind die Zufallsvariablen X_i ($i = 1, \ldots, k$) °stochastisch unabhängig und $B(n_i, p)$-

verteilt, so ist $\sum_{i=1}^{k} X_i$ $B\left(\sum_{i=1}^{k} n_i, p\right)$-verteilt ($\to$ Faltung).

Bei der n-fachen unabhängigen Wiederholung eines Einzelexperiments, das mit Wahrscheinlichkeit p (bzw. $1 - p$) Erfolg (bzw. Mißerfolg) liefert, ist die Anzahl der Erfolge $B(n, p)$-verteilt.

---

binomische Reihe

binomial series (or expansion); développement binomiale ou série du binôme

Sei $\alpha \in \mathbb{R}$. Dann gilt für alle $z \in \mathbb{C}$ mit $|z| < 1$ die Reihenentwicklung ($\rightarrow$ Taylor-Reihe)

$$(1+z)^{\alpha} = \sum_{n=0}^{\infty} \binom{\alpha}{n} z^n, \quad \text{wo} \quad \binom{\alpha}{n} = \prod_{k=1}^{n} \frac{\alpha-k+1}{k} \quad \text{ist}$$

($\rightarrow$ Binomialkoeffizienten).

Beispiel: $\alpha = \frac{1}{2}$, $\sqrt{1+z} = 1 + \frac{1}{2}z - \frac{1}{8}z^2 + \frac{1}{16}z^3 \mp \ldots$
(geeignet zur Approximation von $\sqrt{1+z}$ durch Polynome bei genügend kleinem z). Die binomische Reihe konvergiert für $\alpha \geqslant 0$ absolut und gleichmäßig im Intervall $[-1, +1]$; für $-1 < \alpha < 0$ konvergiert sie für $z = +1$ und divergiert für $z = -1$; im Fall $\alpha \leqslant -1$ divergiert sie für $z = \pm 1$.

binomischer Lehrsatz

binomial theorem; formule du binôme de Newton

($\rightarrow$ Binomialkoeffizienten)

Binormalenvektor

binormal vector; vecteur binormal

($\rightarrow$ Krümmung)

birational

birational; birationnel

($\rightarrow$ rationale Abbildung)

Bisektionsverfahren

Es sei f eine °stetige Funktion, die das abgeschlossene °Intervall $[a, b]$ in die reellen Zahlen abbildet. Gilt nun $f(a)f(b) < 0$, so existiert nach dem °Zwischenwertsatz mindestens eine Nullstelle x^* von f in $]a, b[$. Ein solches x^* berechnet man nach dem *Bisektionsverfahren* auf folgende Weise:
(i) Man setzt $x_0 := a, x_1 := b$. **(ii)** Man berechnet $x_2 = \frac{1}{2}(x_0 + x_1)$. **(iii)** Ist $f(x_2) = 0$ oder $|x_0 - x_1|$ kleiner als die gewünschte Genauigkeit, so bricht man die Rechnung ab, andernfalls fährt man fort mit **(iv)** gilt $f(x_2) \cdot f(x_0) < 0$, so setzt man $x_1 = x_2$, andernfalls $x_0 = x_2$ und fährt bei **(ii)** fort. Es gilt die Fehlerabschätzung $|x^* - x_2| < 2^{-n}(b-a)$, sofern man n-mal Schritt **(iii)** ausgeführt hat. Das Verfahren konvergiert sehr langsam, ist aber °numerisch sehr stabil. Es eignet sich vor allem zur Bestimmung von Startnäherungen ($\rightarrow$ Näherung) für schnellere Verfahren wie das °Newton-Verfahren.

Bogenlänge

arc length; longueur d'arc

($\rightarrow$ rektifizierbar)

bogenweise zusammenhängend

arcwise connected; connexe par arcs

($\rightarrow$ wegzusammenhängend)

Bolzano-Weierstraß (Satz von)

Jede °beschränkte °Folge reeller °Zahlen besitzt eine °konvergente Teilfolge. Allgemeiner: Jede unendliche Teilmenge eines °kompakten °topologischen Raumes besitzt mindestens einen °Häufungspunkt.

Borel-Menge

($\rightarrow \sigma$-Algebra)

Borel (Satz von Emile)

Sei $(a_n)_{n \in \mathbb{N}}$ eine beliebige °Folge reeller °Zahlen. Dann gibt es eine unendlich oft °differenzierbare Funktion $f: \mathbb{R} \rightarrow \mathbb{R}$ mit $f^{(n)}(0) = a_n$ für alle $n \in \mathbb{N}$. (Insbesondere ist die °Taylorreihe einer beliebig vorgegebenen unendlich oft differenzierbaren Funktion i. allg. nicht °konvergent!)

Bose-Einstein-Statistik

($\rightarrow$ Urnenmodelle)

Cantorsches Diagonalverfahren
diagonal method; méthode de la diagonale

a) Man kann eine surjektive °Abbildung von der Menge der natürlichen °Zahlen auf die Menge der rationalen Zahlen angeben, indem man die rationalen Zahlen folgendermaßen anschreibt:

$$0 \quad \frac{1}{1} \quad \frac{-1}{1} \quad \frac{2}{1} \quad \frac{-2}{1} \quad \frac{3}{1} \quad \cdots$$

$$\frac{1}{2} \quad \frac{-1}{2} \quad \frac{2}{2} \quad \frac{-2}{2} \quad \frac{3}{2} \quad \cdots$$

$$\frac{1}{3} \quad \frac{-1}{3} \quad \frac{2}{3} \quad \frac{-2}{3} \quad \frac{3}{3} \quad \cdots$$

$$\cdots$$

und z. B. längs eines Weges der Art

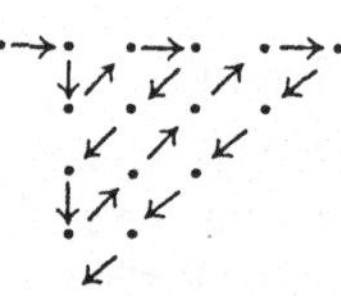

abzählt.

b) Zum Beweis, daß die Menge aller Zahlenfolgen $(a_m)_{m \in \mathbb{N}}$ mit $a_m \in \{0, 1\}$ nicht °abzählbar ist, führt man die gegenteilige Annahme zum Widerspruch. Angenommen, die Menge aller derartigen Folgen ist abzählbar. Dann muß jede Folge in einer abzählbaren „Liste" vorkommen:

$$
\begin{array}{ll}
(1.\,\text{Folge}) & a_{11} \quad a_{12} \quad a_{13} \quad \cdots \\
(2.\,\text{Folge}) & a_{21} \quad a_{22} \quad a_{23} \cdots \\
\quad \vdots & \qquad \cdots \\
(n\text{-te Folge}) & a_{n1} \quad a_{n2} \quad a_{n3} \cdots a_{nn} \cdots \\
\quad \vdots & \qquad \cdots
\end{array}
$$

Aber die Folge (b_m), definiert durch $b_m := |a_{mm} - 1|$, kommt darin nicht vor; wenn sie an n-ter Stelle stünde, hätte man $a_{nn} = |a_{nn} - 1|$.

Eine wichtige Folgerung ist, daß die Menge $\mathbb{R}$ aller reellen Zahlen nicht abzählbar ist.

Cantorsches Diskontinuum
triadic Cantor set; ensemble triadique de Cantor

Sei $A_0 := [0, 1]$ und (für $n \geqslant 0$) A_{n+1} diejenige Teilmenge von A_n, die entsteht durch Wegnahme des Inneren jedes mittleren Drittels in den abgeschlossenen Teilintervallen, deren disjunkte Vereinigung A_n ist. Also: $A_1 = [0, \frac{1}{3}] \cup [\frac{2}{3}, 1]$, $A_2 = [0, \frac{1}{9}] \cup [\frac{2}{9}, \frac{1}{3}] \cup [\frac{2}{3}, \frac{7}{9}] \cup [\frac{8}{9}, 1]$, usw. Die °abgeschlossene Menge $C := \bigcap\limits_{n \in \mathbb{N}} A_n$ heißt *Cantorsches Diskontinuum*. C ist gleich der Menge aller reellen °Zahlen, die sich in der Form $\sum\limits_{n=1}^{\infty} \frac{a_n}{3^n}$ mit $a_n \in \{0, 2\}$ darstellen lassen, also überabzählbar. Andererseits ist C eine Menge vom °Lebesgue-Maß Null.

C hat keinen isolierten Punkt ($\rightarrow$ Häufungspunkt), C ist °kompakt und °vollständig.

Casorati-Weierstraß (Satz von)

Ist z_0 eine wesentliche °Singularität der auf der punktierten Kreisscheibe $\{z \in \mathbb{C} \mid 0 < |z - z_0| < r\}$ °holomorphen Funktion f, so ist für jedes $\varepsilon > 0$ die Bildmenge $f(\{z \in \mathbb{C} : 0 < |z - z_0| < \varepsilon\})$ dicht in $\mathbb{C}$ („f kommt jedem Wert von $\mathbb{C}$ beliebig nahe auf Punkten, die beliebig nahe bei z_0 liegen").

Der *Satz von Picard* besagt darüberhinaus, daß es sogar nur höchstens einen Wert $a \in \mathbb{C}$ gibt, der nicht angenommen wird. Beispiel: $a = 0$ für $f(z) = \exp(1/z)$ und $z_0 = 0$.

Cauchy-Folge
Cauchy sequence; suite de Cauchy

Es sei (X, d) ein °metrischer Raum; eine °Folge $(a_n)_{n \in \mathbb{N}}$ in X heißt *Cauchy-Folge*, wenn das Folgende gilt:

Zu jeder reellen Zahl $\varepsilon > 0$ gibt es eine natürliche Zahl $N(\varepsilon)$ (in Abhängigkeit von ε!), so daß für alle natürlichen Zahlen $m, n \in \mathbb{N}$ mit $n, m \geqslant N(\varepsilon)$ $d(a_n, a_m) < \varepsilon$ gilt.

Jede konvergente Folge ($\rightarrow$ Konvergenz von Folgen und Reihen) ist eine Cauchy-Folge.

Cauchy-Hadamard (Formel von)

Für den °Konvergenzradius r einer °Potenzreihe $\sum\limits_{n=0}^{\infty} c_n (z - a)^n$ gilt

$$r = \frac{1}{\limsup\limits_{n \to \infty} \sqrt[n]{|c_n|}}$$ ($\rightarrow$ Limes superior). Dabei setzt man $\frac{1}{\infty} = 0$ und $\frac{1}{0} = \infty$.

Cauchy-Kriterium

Eine wesentliche Bedeutung der °vollständigen °metrischen Räume liegt in der Tatsache, daß für den Nachweis der °Konvergenz einer Folge in einem solchen Raum es genügt zu zeigen, daß sie eine °Cauchy-Folge ist; man sagt dann, daß eine solche Folge das *Cauchy-Kriterium* erfüllt. Die Bedeutung dieses Kriteriums gegenüber dem Nachweis der °Konvergenz mit der Konvergenzdefinition liegt darin, daß man den Grenzwert nicht explizit kennen muß.

Cauchy-Produkt von Reihen

Es seien $\sum\limits_{n \in \mathbb{N}_0} a_n$ und $\sum\limits_{n \in \mathbb{N}_0} b_n$ °absolut konvergente °Reihen. Dann konvergiert auch die Reihe $\sum\limits_{n \in \mathbb{N}_0} c_n$ mit $c_n = \sum\limits_{k=0}^{n} a_{n-k} b_k$ absolut, und es gilt

$$\sum_{n \in \mathbb{N}_0} c_n = \left(\sum_{n \in \mathbb{N}_0} a_n \right) \cdot \left(\sum_{n \in \mathbb{N}_0} b_n \right).$$

Cauchy-Riemannsche Differentialgleichungen
C.-R. equations; conditions de C.-R.

Das System partieller °Differentialgleichungen

$$\frac{\partial u}{\partial x} = \frac{\partial v}{\partial y}, \quad \frac{\partial u}{\partial y} = -\frac{\partial v}{\partial x}$$

nennt man die *Cauchy-Riemannschen Differentialgleichungen*. Setzt man $z = x + iy$ und $f = u + iv$ und verwendet die Schreibweise des °Wirtinger-Kalküls, so sind die C. R. Differentialgleichungen gleichbedeutend mit der einen Gleichung $\dfrac{\partial f}{\partial \bar{z}} = 0$.

($\rightarrow$ holomorph)

Cauchysche Integralformel

a) Sei $U \subset \mathbb{C}$ offen und $f: U \rightarrow \mathbb{C}$ °komplex differenzierbar. Dann gilt für jede Kreisscheibe $\Delta := \{z \in \mathbb{C} \mid |z - z_0| < r\}$, deren °abgeschlossene Hülle ganz in U enthalten ist, und jedes $a \in \Delta$:

$$f(a) = \frac{1}{2\pi i} \int_{\partial \Delta} \frac{f(z)}{z - a} \, dz \qquad (\rightarrow \text{Cauchyscher Integralsatz}).$$

Man leitet daraus die °Potenzreihenentwicklung von f im Punkt a her. Insbesondere folgert man, daß f in a unendlich oft komplex differenzierbar ist, und erhält die *Cauchysche Integralformel für die n-te Ableitung*

$$f^{(n)}(a) = \frac{n!}{2\pi i} \int_{\partial\Delta} \frac{f(z)}{(z-a)^{n+1}} \, dz.$$

b) Sei $G \subset \mathbb{C}$ ein °Gebiet, $f: G \to \mathbb{C}$ °holomorph, $\gamma = \sum_{i=1}^{n} n_i \gamma_i$ eine ganzzahlige Linearkombination von geschlossenen °Wegen $\gamma_i: [a_i, b_i] \to G$ $(n_i \in \mathbb{Z})$, so daß die °Umlaufzahl $v_\gamma(z)$ für jedes $z \in \mathbb{C} \setminus G$ gleich Null ist. Wenn dann $a \in G$ nicht auf dem Bild von γ liegt, so gilt für alle $n \in \mathbb{N}_0$:

$$v_\gamma(a) \cdot f^{(n)}(a) = \frac{n!}{2\pi i} \int_{\gamma} \frac{f(z)}{(z-a)^{n+1}} \, dz.$$

Cauchyscher Integralsatz

Sei $U \subset \mathbb{C}$ °offen, $f: U \to \mathbb{C}$ °holomorph und $M \subset U$ eine °kompakte Teilmenge, deren °Rand $\partial M = \overline{M} \setminus \mathring{M}$ nur aus stückweise °stetig differenzierbaren °Kurven besteht, die mit der „Randorientierung" (M „links vom Rand") versehen sind. Dann gilt

$$\int_{\partial M} f(z)\, dz = 0.$$

Dabei ist $\int_{\partial M} f(z)\, dz$ folgendermaßen erklärt: Der orientierte Rand von M sei gegeben durch $\partial M = \bigcup_{i=1}^{n} \gamma_i([a_i, b_i])$ mit stetig differenzierbaren Abbildungen $\gamma_i: [a_i, b_i] \to U$; dann ist $\int_{\partial M} f(z)\, dz := \sum_{i=1}^{n} \int_{a_i}^{b_i} f(\gamma_i(t))\, \dot{\gamma}_i(t)\, dt$ ($\to$ Kurvenintegral).

Bei Verwendung des Begriffs °Umlaufszahl hat man eine andere Version: Für einen *Zykel* ($=$ ganzzahlige Linearkombination von geschlossenen Kurven) in einem Gebiet $G \subset \mathbb{C}$ gilt genau dann $\int_{\gamma} f(z)\, dz = 0$ für alle holomorphen Funktionen f auf G, wenn γ keinen Punkt von $\mathbb{C} \setminus G$ umläuft.

Cauchysche Ungleichungen

Sei $U \subset \mathbb{C}$ offen, $f: U \to \mathbb{C}$ holomorph und $\{z \in \mathbb{C};\, 0 < |z - z_0| \leq r\} \subset U$ eine in U enthaltene Kreisscheibe. Ist $|f(z)| \leq M$ für alle z mit $|z - z_0| = r$ und ein $M \in \mathbb{R}$, so gilt für alle $n \in \mathbb{N}_0$:

$$|f^{(n)}(z_0)| \leq M\, \frac{n!}{r^n}.$$

Cayley-Hamilton (Satz von)

Sei V ein endlich-°dimensionaler K-°Vektorraum und $f\colon V \to V$ ein °Endomorphismus von V mit °charakteristischem Polynom $P_f(T) = \det(T \cdot id_V - f) \in K[T]$. Dann ist $P_f(f) = 0$ (die Nullabbildung). (Andere Formulierung: Das °Minimalpolynom eines Endomorphismus ist ein Teiler des °charakteristischen Polynoms).

Ist A eine $n \times n$-°Matrix über K, $P_A(T) = \det(T \cdot E - A) \in K[T]$ ($E = n \times n$-Einheitsmatrix), so gilt entsprechend $P_A(A) = 0$.

Charakter
character; caractère

a) Sei G eine °Gruppe (oder auch nur ein °Monoid) und K ein °Körper. Ein °Homomorphismus von G in die multiplikative Gruppe $K^* = K \setminus \{0\}$ heißt *Charakter* von G mit Werten in K.

b) Sei A eine K-°Algebra. Ein Homomorphismus ($\neq 0$) der K-Algebra A nach K heißt *Charakter* von A.

Charakteristik (eines Körpers)
characteristic; caractéristique

Sei K ein Körper, sei $\chi\colon \mathbb{Z} \to K$ der Homomorphismus $\chi(z) = z \cdot 1$. Dann ist der °Kern von χ ein °Hauptideal, d.h. es gibt genau ein $n \in \mathbb{N}_0$: $z \cdot 1 = 0 \Longleftrightarrow z \in \mathbb{Z}n$. n heißt die *Charakteristik* von K. Sie ist entweder 0 oder eine °Primzahl.

Beispiele: $\mathbb{Q}$, $\mathbb{R}$ und $\mathbb{C}$ sind Körper der Charakteristik 0. Für jede Primzahl p ist $\mathbb{Z}/p\mathbb{Z}$ ein Körper der Charakteristik p. Der °Quotientenkörper des °Polynomrings $(\mathbb{Z}/2\mathbb{Z})[X]$ hat Charakteristik 2, enthält aber unendlich viele Elemente.

charakteristische Funktion
characteristic function; fonction caractéristique

Sei X eine Menge. Für jede Teilmenge $M \subset X$ heißt $\chi_M\colon X \to \mathbb{R}$,
$$\chi_M(x) = 1 \text{ falls } x \in M$$
$$\qquad = 0 \text{ sonst,}$$
die *charakteristische* oder *Indikator-Funktion* von M. Sie wird auch mit 1_M bezeichnet.

charakteristisches Polynom
characteristic polynomial; polynôme caractéristique

Sei M eine $n \times n$-°Matrix über einem °Körper K. Dann heißt $P_M(T) = \det(TE - M) \in K[T]$ ($E = n \times n$-Einheitsmatrix) das *charakteristische Polynom* von M ($\to$ Determinante).

Ist f ein °Endomorphismus eines n-°dimensionalen K-°Vektorraums V, so heißt $P_f(T) = \det(T\,\mathrm{id}_V - f) \in K[T]$ das *charakteristische Polynom* von f. Wird f bzgl. einer °Basis von V durch die Matrix M beschrieben, so ist $P_M(T) = P_f(T)$; °ähnliche Matrizen haben also dasselbe charakteristische Polynom.

Die Wurzeln des charakteristischen Polynoms von M bzw. f sind genau die °Eigenwerte von M bzw. f.

Ist $P_M(T) = T^n + a_{n-1}T^{n-1} + \ldots + a_0$, so ist $-a_{n-1} =$ Summe der Eigenwerte $=$ °Spur (M) und $(-1)^n a_0 = \det M = \det f =$ Produkt der Eigenwerte.

Chinesischer Restsatz
chinese remainder theorem; théorème chinois

Sei R ein °kommutativer °Ring mit °Einselement und seien $I_1, \ldots, I_n$ °Ideale in R, so daß für alle $i,j \in \{1, \ldots, n\}$ mit $i \neq j$ gilt: $I_i + I_j = R$. Dann ist die °Abbildung

$$R \to R/I_1 \times \ldots \times R/I_n, \quad r \mapsto (r + I_1, \ldots, r + I_n)$$

ein surjektiver Ringhomomorphismus mit °Kern $I_1 \cap \ldots \cap I_n = I_1 \cdot \ldots \cdot I_n$ (d.h. die Ringe $R/I_1 \times \ldots \times R/I_n$ und $R/I_1 \cap \ldots \cap I_n = R/I_1 \cdot \ldots \cdot I_n$ sind isomorph. (Man beachte auch, daß i. allg. Durchschnitt und Produkt von Idealen verschieden sind!).

Anwendungsbeispiel: Zu paarweise teilerfremden ganzen °Zahlen ($\to$ Teilbarkeit in Integritätsringen) $a_1, \ldots, a_n$ und beliebigen ganzen Zahlen $b_1, \ldots, b_n$ gibt es stets $m \in \mathbb{Z}$ mit $m \equiv b_i \pmod{a_i}$ (d.h. $m \in b_i + a_i \cdot \mathbb{Z}$) für alle $i = 1, \ldots, n$ simultan.

Chi-Quadrat-Verteilung (χ^2-Verteilung)
Chi-squared distribution; loi de χ^2

($\to$ Gamma-Verteilung)

Cholesky-Verfahren
Cholesky's method; procédé du commandante Cholesky

Es sei $A \in Gl(n, \mathbb{R})$ eine °positiv definite °Matrix. Dann existiert genau eine untere °Dreiecksmatrix L mit positiven Diagonalelementen, so daß gilt $L^t L = A$. L läßt sich auf folgende Weise nach dem *Cholesky-Verfahren* berechnen:
(i) Setze $i = 1$, (ii) setze $j = i$ und (iii) $s = a_{ij}$. (iv) Falls $i = 1$, gehe nach (ix), ansonsten (v) setze $k = i - 1$. (vi) Ersetze s durch $s - a_{jk} \cdot a_{ik}$, (vii) k durch $k - 1$ und (viii) falls $k > 1$ gehe nach (vi), ansonsten (ix) falls $i = j$, dann [(x) falls $s < 0$, breche ab mit der Meldung „Matrix (numerisch) nicht positiv definit", ansonsten (xi) setze

$$p(i) \doteq \frac{1}{\sqrt{s}}$$

und gehe nach (xiii)], ansonsten (xii) setze $a_{ji} = s \cdot p(i)$. (xiii) Falls $j < n$

ersetze j durch $j+1$ und gehe nach (iii), ansonsten (**xiv**) falls $i<n$, ersetze i durch $i+1$ und gehe nach (ii), andernfalls (**xv**) Ende des Algorithmus.

Die untere °Dreiecksmatrix L wird dabei auf dem „unteren" Dreieck von A gespeichert, die Diagonale im Vektor $p(i)$, wobei $l_{ii}=\dot{p}(i)^{-1}$. Der Algorithmus benötigt $\dfrac{n^3}{6}$ Multiplikationen und Divisionen sowie n Quadratwurzeln. Weil er außerdem °numerisch stabiler als das °Gaußsche Eliminationsverfahren ist – es gilt für alle j, k: $|l_{jk}| \leqslant \sqrt{a_{jj}}$ – wird er diesem im Fall positiv definiter Matrizen zur °Dreieckszerlegung von A zur Lösung °linearer Gleichungssysteme vorgezogen.

Cosinus
cosine; cosinus

($\rightarrow$ trigonometrische Funktionen)

Cotangens
cotangent; cotangente

($\rightarrow$ trigonometrische Funktionen)

Cramersche Regel
Cramer's rule; formule de Cramer

Ist im °linearen Gleichungssystem $A \cdot x = b$ mit n Gleichungen und n Unbekannten $x_1, \ldots, x_n$ die $n \times n$-°Matrix A invertierbar (also $\det A \neq 0$), so erhält man die (eindeutig bestimmte) Lösung des Gleichungssystems aus der Formel $x_i = \dfrac{\det B_i}{\det A}$ $(i = 1, \ldots, n)$, wo B_i die $n \times n$-Matrix ist, die aus A entsteht, wenn man die i-te Spalte von A durch den Spaltenvektor b ersetzt.

Die Cramersche Regel ist in der theoretischen Mathematik nützlich; für die praktische Berechnung der Lösungen von linearen Gleichungssystemen gibt es jedoch viel kürzere Verfahren ($\rightarrow$ Gaußsches Eliminationsverfahren).

D

Deckbewegungsgruppe
Deckbewegungs group; Deckbewegungs groupe

(→ universelle Überlagerung)

Dedekindscher Schnitt
*Dedekind cut; coupure modulaire (*ou *de D.)*

(→ Vollständigkeit von ℝ, → Vervollständigung)

Definitionsbereich
domain; ensemble de définition

(→ Abbildung)

Derivation

(→ Tangentialraum)

Desargues (Satz von)

In der projektiven Ebene (→ projektiver Raum) seien paarweise verschiedene Punkte p_1, p_2, p_3 und p'_1, p'_2, p'_3 gegeben derart, daß sich die Verbindungsgeraden $p_1 \vee p'_1$, $p_2 \vee p'_2$, $p_3 \vee p'_3$ in einem Punkt schneiden (d.h. man hat zwei Dreiecke in „perspektivischer Lage"). Dann liegen die Schnittpunkte $a = (p_1 \vee p_2) \cap (p'_1 \vee p'_2)$, $b = (p_2 \vee p_3) \cap (p'_2 \vee p'_3)$ und $c = (p_3 \vee p_1) \cap (p'_3 \vee p'_1)$ auf einer Geraden.

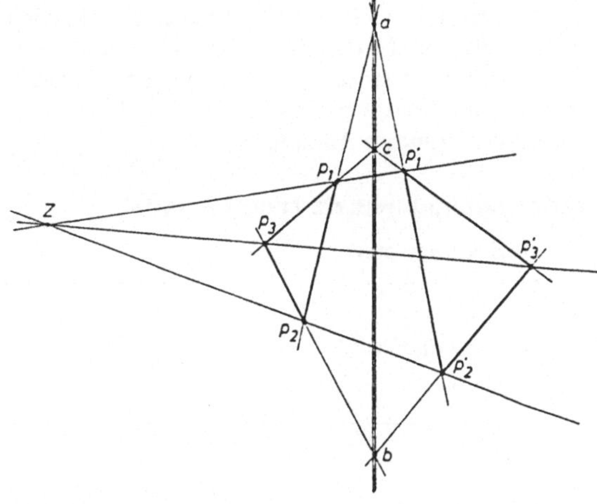

In der synthetischen Geometrie ist der *Satz von Desargues* eine Bedingung, die sicherstellt, daß in der Ebene Koordinaten mit Werten in einem (i. allg. nicht kommutativen) °Körper eingeführt werden können (genauer: Die Bedingung des Satzes von Desargues entspricht der °Assoziativität der Multiplikation im Körper; für die Kommutativität benötigt man die Aussage des Satzes von °Pappos).

Determinante
determinant; déterminant

Die *Determinante* einer $n \times n$-°Matrix $A = (a_{ij})$ über einem °Körper K (oder auch nur über einem °kommutativen °Ring) ist definiert als $\det A = \sum_{\pi \in S_n} \mathrm{sgn}\,(\pi)\, a_{1\,\pi(1)} \cdot \ldots \cdot a_{n\,\pi(n)}$ ($\to$ Permutation, $\to$ symmetrische Gruppe).

Regeln für Determinanten:

(1) Die Determinanten einer Matrix und ihrer °transponierten stimmen überein.

(2) Der Wert der Determinante einer Matrix ändert sich nicht, wenn man ein Vielfaches einer Zeile (bzw. Spalte) zu einer anderen Zeile (bzw. Spalte) addiert.

(3) Beim Vertauschen zweier Zeilen (bzw. Spalten) ändert die Determinante das Vorzeichen.

(4) Die Determinante hat genau dann den Wert 0, wenn die Zeilen (bzw. Spalten) der Matrix °linear abhängig (über dem Körper K) sind.

Ist V ein endlich dimensionaler K-°Vektorraum und $B = (b_i)_{i \in I}$ eine Basis, f ein Endomorphismus von V und A die Matrix von f bzgl. der Basis B, so definiert man die Determinante von f, $\det f$, als $\det A$; dies ist sinnvoll, da die Matrix von f bzgl. einer anderen °Basis die Gestalt TAT^{-1} hat und nach dem Determinantenmultiplikationssatz gilt: $\det A = \det(TAT^{-1})$. Andererseits kann man für einen Endomorphismus $f: V \to V$ eines n-dimensionalen Vektorraums V die Determinante $\det f$ auch einführen, ohne eine Basis von V zu Hilfe zu nehmen ($\to$ äußere Algebra, $\to$ multilineare Abbildung).

Determinantenentwicklungssatz (von Laplace)

($\to$ Laplacescher Entwicklungssatz)

Dezimalsystem
decimal system; système décimal

($\to$ Zahlen)

diagonalisierbar
diagonalizable; diagonalisable

Sei V ein endlich-°dimensionaler K-°Vektorraum. Ein °Endomorphismus $f: V \to V$ heißt *diagonalisierbar*, wenn es eine aus Eigenvektoren von f bestehende °Basis von V gibt; bzgl. einer solchen Basis ist die °Matrix von f eine °Diagonalmatrix $\begin{pmatrix} \lambda_1 & \cdots & 0 \\ 0 & \cdots & \lambda_n \end{pmatrix}$, und in der Diagonalen stehen die °Eigenwerte, die zu den entsprechenden Eigenvektoren gehören.

Eine $n \times n$-Matrix A über K heißt *diagonalisierbar*, wenn sie zu einer Diagonalmatrix °ähnlich ist; das bedeutet, daß eine Matrix $X \in GL(n, K)$ existiert, so daß XAX^{-1} Diagonalmatrix ist.

Diagonalmatrix
diagonal matrix; matrice diagonale

Sei $A = (a_{ij})$ eine $n \times n$-°Matrix. Die Elemente mit gleichen Indizes $i = j$ heißen *Diagonalelemente*, die Folge $(a_{ii})_{i=1,\ldots,n}$ heißt *Hauptdiagonale*, und A heißt *Diagonalmatrix*, wenn alle Elemente außerhalb der Hauptdiagonalen gleich Null sind.

Im °Ring aller $n \times n$-Matrizen über einem °Körper K bilden die Diagonalmatrizen einen Unterring.

dicht
dense; dense

Sei X ein °topologischer Raum. Eine Teilmenge $U \subset X$ heißt *dicht* in X, wenn $\overline{U} = X$ gilt ($\to$ abgeschlossene Hülle).

Beispiel: Sowohl die Menge der rationalen °Zahlen als auch die Menge der irrationalen Zahlen ist dicht in $\mathbb{R}$: $\overline{\mathbb{Q}} = \overline{\mathbb{R} \setminus \mathbb{Q}} = \mathbb{R}$.

Dichte
density; densité

($\to$ Wahrscheinlichkeitsmaß)

Diedergruppe
dihedral group; groupe diédral

Sei $n \geq 1$ eine natürliche Zahl.
Sei $a \in O(2)$ eine °Drehung im $\mathbb{R}^2$ um $\dfrac{2\pi}{n}$ und $b \in O(2)$ eine Geradenspiegelung. Dann heißt die von a und b erzeugte °Untergruppe $D_n \subset O(2)$ *Diedergruppe*.

Sie hat die °Ordnung $2n$, und die Elemente a und b genügen den Relationen $a^n = e$, $b^2 = e$, $bab = a^{-1}$.

Diffeomorphismus
diffeomorphism; difféomorphisme

Eine °Abbildung $f: M \to N$ zwischen °differenzierbaren Mannigfaltigkeiten (speziell: offenen Mengen in $\mathbb{R}^n$) heißt *Diffeomorphismus*, wenn sie bijektiv ist und sowohl f als auch f^{-1} °differenzierbar sind.

Differential
differential; différentielle

($\to$ differenzierbar, $\to$ äußere Ableitung)

Differentialform
differential form; forme différentielle

Sei M eine °differenzierbare Mannigfaltigkeit und $T_p M$ für $p \in M$ der °Tangentialraum an M im Punkt p. Ist $(y_1, \ldots, y_n)$ ein lokales Koordinatensystem um p ($\to$ differenzierbare Mannigfaltigkeit), so bilden die Tangentialvektoren

$$\left. \frac{\partial}{\partial y_i} \right|_p : f \mapsto \frac{\partial f}{\partial y_i}(p) \quad (i = 1, \ldots, n) \text{ eine Basis von } T_p M.$$

Die dazu duale Basis im °dualen Vektorraum $(T_p(M))^*$ bezeichnet man mit $(dy_1, \ldots, dy_n)$ (wobei man zur Erleichterung in der Notation den Punkt p wegläßt). Eine alternierende r-Linearform $\omega_p: (T_p M)^r \to \mathbb{R}$ ($\to$ multilineare Abbildung) hat dann eine Darstellung

$$\omega_p = \sum_{1 \leq i_1 < \ldots < i_r \leq n} C_{i_1 \ldots i_r}(p)\, dy_{i_1} \wedge \ldots \wedge dy_{i_r} \quad (C_{i_1, \ldots, i_r} \in \mathbb{R})$$

($\to$ äußere Algebra).

Ist nun für jedes $p \in M$ eine alternierende r-Linearform $\omega_p: (T_p M)^r \to \mathbb{R}$ gegeben, so daß bzgl. einer Karte $(y_1, \ldots, y_n)$ um p in den Darstellungen $\omega_p = \sum C_{i_1 \ldots i_r}(p)\, dy_{i_1} \wedge \ldots \wedge dy_{i_r}$ die Koeffizienten $C_{i_1 \ldots i_r}(p)$ °differenzierbare Funktionen in einer Umgebung von p sind, so heißt $\omega = (\omega_p)_{p \in M}$ eine *differenzierbare alternierende Differentialform vom Grade r* (oder einfach *r-Form*) auf M. Die 1-Formen werden auch *Pfaffsche Formen* genannt.

Ist speziell M eine offene Teilmenge des $\mathbb{R}^n$, so hat man eine globale Karte, z. B. aus Koordinatenfunktionen $x_1, \ldots, x_n$ im $\mathbb{R}^n$, und somit für jede r-Form ω eine globale Darstellung

$$\omega = \sum_{1 \leq i_1 < \ldots < i_r \leq n} C_{i_1 \ldots i_r}(p)\, dx_{i_1} \wedge \ldots \wedge dx_{i_r}.$$

Differentialgleichungen (gewöhnliche)
ordinary differential equations; équations différentielles ordinaires

(I) Sei $G \subset \mathbb{R}^2$ °offen und $f: G \to \mathbb{R}$ °stetig. Dann nennt man $y' = f(x, y)$ eine *Differentialgleichung 1. Ordnung*. Eine °differenzierbare Funktion $\varphi: I \to \mathbb{R}$ ($I \subset \mathbb{R}$ ein °Intervall) heißt *Lösung in I* von $y' = f(x, y)$, wenn für alle $x \in I$ der Punkt $(x, \varphi(x))$ in G enthalten ist und $\varphi'(x) = f(x, \varphi(x))$ erfüllt ist. Geometrisch interpretiert man $y' = f(x, y)$ als *Richtungsfeld* auf $G \subset \mathbb{R}^2$ (dem Punkt $(x, y) \in G$ wird die „Steigung" $\tan \alpha = y' = f(x, y)$ zugeordnet) und eine Lösung φ als *Integralkurve* des Richtungsfeldes: Der Graph von φ ($\to$ Abbildung) hat in jedem Punkt $(x, \varphi(x)) \in G$ die geforderte Steigung $\varphi'(x) = f(x, \varphi(x))$.

(II) Sei $G \subset \mathbb{R} \times \mathbb{R}^n$ offen (Koordinaten $x \in \mathbb{R}$, $y = (y_1, \ldots, y_n) \in \mathbb{R}^n$) und $f: G \to \mathbb{R}^n$ eine stetige Abbildung. Dann stellt $y' = f(x, y)$ ein *System von n Differentialgleichungen 1. Ordnung* dar. Eine differenzierbare Abbildung $\varphi: I \to \mathbb{R}^n$ ($I \subset \mathbb{R}$ ein Intervall) heißt *Lösung in I* des Differentialgleichungssystems, wenn der Graph von φ in G enthalten ist und für alle $x \in I$ gilt: $\varphi'(x) = f(x, \varphi(x))$.

(Hier ist $y' = f(x, y)$ zu lesen als $y'_1 = f_1(x, y_1, \ldots, y_n)$
$$\vdots$$
$$y'_n = f_n(x, y_1, \ldots, y_n)).$$

(III) Sei $G \subset \mathbb{R} \times \mathbb{R}^n$ offen und $f: G \to \mathbb{R}$ eine stetige Funktion. Dann heißt $y^{(n)} = f(x, y, y', \ldots, y^{(n-1)})$ eine *Differentialgleichung n-ter Ordnung*. Eine n-mal differenzierbare Funktion $\varphi: I \to \mathbb{R}$ ($I \subset \mathbb{R}$ ein Intervall) heißt *Lösung in I*, wenn gilt: Die Menge $\{(x, \varphi(x), \varphi'(x), \ldots, \varphi^{(n-1)}(x)) \in I \times \mathbb{R}^n \mid x \in I\}$ ist in G enthalten, und für alle $x \in I$ gilt $\varphi^{(n)}(x) = f(x, \varphi(x), \varphi'(x), \ldots, \varphi^{(n-1)}(x))$. Indem man setzt $y_0 := y, y_1 := y', \ldots, y_{n-1} := y^{(n-1)}$ sowie

$$Y = \begin{pmatrix} y_0 \\ \vdots \\ y_{n-1} \end{pmatrix} \text{ und } F(x, Y) := \begin{pmatrix} y_1 \\ \vdots \\ y_{n-1} \\ f(x, y_0, y_1, \ldots, y_{n-1}) \end{pmatrix}, \text{ führt man die Diffe-}$$

rentialgleichung n-ter Ordnung in ein System von n Differentialgleichungen 1. Ordnung $Y' = F(x, Y)$ über. Für die allgemeine Theorie gewöhnlicher Differentialgleichungen genügt es also, den Fall (II) zu behandeln.

(IV) Ist $A: I \to M(n, \mathbb{R})$ eine stetige Abbildung von einem Intervall $I \subset \mathbb{R}$ in den Raum der $n \times n$-°Matrizen $M(n, \mathbb{R}) \cong \mathbb{R}^{n^2}$, und $b: I \to \mathbb{R}^n$ eine stetige Abbildung, so heißt $y' = A(x) y$ ein *homogenes* und $y' = A(x) y + b(x)$ ein *inhomogenes lineares Differentialgleichungssystem*. In einem solchen *linearen* System ist jede Lösung auf ganz I definiert (im Gegensatz zum allgemeinen Fall, → Existenz- und Eindeutigkeitssatz); die Gesamtheit aller Lösungen des homogenen Systems bildet einen n-dimensionalen reellen °Vektorraum und man erhält die Lösungsgesamtheit des inhomogenen Systems in der Form (spezielle Lösung des inhomogenen Systems) + (Lösungsgesamtheit des homogenen Systems). Jede °Basis des Vektorraums der Lösungen des homogenen Systems heißt *Lösungs-Fundamentalsystem*. (→ Wronski-Determinante).

(V) Im Spezialfall von (IV), daß A und b konstant sind, spricht man von einem (homogenen bzw. inhomogenen) *linearen Differentialgleichungssystem mit konstanten Koeffizienten*. Mit Hilfe der °Jordanschen Normalform von A lassen sich hier (wenigstens prinzipiell) die Lösungen explizit angeben; im homogenen Fall sind es Linearkombinationen von Funktionen der Gestalt $x^k e^{ax} \cos(bx)$ und $x^l e^{ax} \sin(bx)$, wo $\lambda := a + ib \in \mathbb{C}$ °Eigenwerte von A sind und $k, l \in \mathbb{N}$ höchstens gleich der Zeilenanzahl der °Jordanmatrix zum Eigenwert λ sind.

(→ Anfangswertproblem,   → Differenzenverfahren,   → Einschrittverfahren, → Finite-Elemente-Methode,   → Mehrschrittverfahren,   → Randwertproblem, → Schießverfahren, → Steife Differentialgleichung)

Differentialgleichungen (partielle)
partial differential equations (PDE); équations aux dérivées partielles

Seien $G \subset \mathbb{R}^n$ ein °Gebiet und P ein °Polynom in n Unbestimmten vom Grad m, dessen Koeffizienten (zumindest stetige) Funktionen auf G sind. Dann heißt

$$P\left(\frac{\partial}{\partial x_1}, \ldots, \frac{\partial}{\partial x_n}\right) f = 0 \text{ eine } \textit{lineare partielle Differentialgleichung der Ordnung } m.$$

Eine (hinreichend oft partiell °differenzierbare) Funktion $f: G \to \mathbb{R}$ heißt *Lösung*, wenn $P\left(\frac{\partial}{\partial x_1}, \ldots, \frac{\partial}{\partial x_n}\right) f \equiv 0$ auf G ist. In der Theorie der (linearen) partiellen Differentialgleichungen sucht man Aussagen über Existenz und Eigenschaften solcher Lösungen unter gewissen Voraussetzungen an das Polynom P zu gewinnen.

Von besonderer praktischer Bedeutung (und noch genügend schwierig) sind die Spezialfälle, bei denen P höchstens vom Grad 2 ist und die Koeffizienten konstant oder wenigstens analytisch sind. Wichtig für die Anwendungen sind aber auch nichtlineare partielle Differentialgleichungen, d.h. solche, in denen Funktionen von f wie z.B. f^2 oder $\exp(f)$ vorkommen.

(→ Potentialgleichung, → Wellengleichung, → Wärmeleitungsgleichung)

differentielle Fehleranalyse

(→ Fehleranalyse)

Differenzenschema
difference scheme; schema aux differences

Schema zur Berechnung der Koeffizienten des – eindeutig bestimmten – °Interpolationspolynoms in der Newtonschen Darstellung. Man unterscheidet in *Vorwärts- und Rückwärtsdifferenzen* (für äquidistante Stützstellen) und *zentrale Differenzen* (für beliebige Stützstellen). Das Schema der *inversen Differenzen* wird zur °rationalen Interpolation verwendet.

Differenzenverfahren
finite-difference-method; méthode des réseaux

Gegeben sei ein °Randwertproblem $y'' = f(x, y, y')$, $y = u(x)$, $f : [a, b] \times \mathbb{R} \times \mathbb{R} \to \mathbb{R}$ mit den linearen Randbedingungen $\alpha u(a) + \beta u'(a) = \gamma$, $\delta u(b) + \varepsilon u'(b) = \zeta$, wobei $\alpha, \beta, \gamma, \delta, \varepsilon, \zeta \in \mathbb{R}$ und $\alpha \neq 0$ oder $\beta \neq 0$ sowie $\delta \neq 0$ oder $\varepsilon \neq 0$ gelte. Eine Möglichkeit, hierfür eine numerische Lösung zu bestimmen, bieten die sogenannten *Differenzenverfahren*. Dabei geht man folgendermaßen vor:

Man zerlegt das Intervall $[a, b]$ durch sogenannte Gitterpunkte $x_j := a + jh$, $j = 0, 1, \ldots, n$, $h = \dfrac{b - a}{n}$, $n \in \mathbb{N}$. Dann betrachtet man die Differentialgleichung an den Gitterpunkten $x_1, \ldots, x_{n-1}$ und ersetzt die Ableitungen y'' und y' durch geeignete Differenzenquotienten. Entsprechend verfährt man für $\beta \neq 0$ oder $\varepsilon \neq 0$ in den jeweiligen Randpunkten. Dieses Vorgehen bezeichnet man auch als *Diskretisierung* der Differentialgleichung oder des Randwertproblems.

Auf diese Weise erhält man ein Gleichungssystem von $n + 1$ Gleichungen mit $n + 1$ Unbekannten $y_j := u(x_j)$, $j = 0, 1, \ldots, n$ wovon 2 Gleichungen durch die Randbedingungen gegeben sind. Die Lösung(en) dieses Gleichungssystems sind die vom jeweiligen Differenzenverfahren (mit der Schrittweite h) erzeugten °Näherungen für die Lösung des Randwertproblems.

Zur Lösung des Gleichungssystems verwendet man im allgemeinen Newton-ähnliche Verfahren ($\to$ Newton-Verfahren). Ist f linear in y und y', so erhält man ein lineares Gleichungssystem, das sich in der Regel mit dem °Cholesky- oder dem SOR-Verfahren ($\to$ Relaxation) lösen läßt.

Beispiel: Es seien $\alpha = \delta = 1$ und $\beta = \varepsilon = 0$. Ersetzt man y'' durch $\dfrac{y_{j-1} - 2y_j + y_{j+1}}{h^2}$ und y' durch $\dfrac{y_{j+1} - y_{j-1}}{2h}$, so hat man das Gleichungssystem

$$y_{j-1} - 2y_j + y_{j+1} = h^2 f\left(x_j, y_j, \frac{y_{j+1} - y_{j-1}}{2h}\right),$$

$j = 1, 2, \ldots, n - 1$, $y_0 = \gamma$, $y_n = \zeta$ zu lösen. Dieses spezielle Verfahren wird häufig *das gewöhnliche Differenzenverfahren* genannt. Es besitzt die °Konvergenzordnung 2, d.h. unter gewissen Voraussetzungen an f und eine Lösung u^* gilt $\max\limits_{j=0,1,\ldots,n} |u^*(x_j) - y_j| \leqslant Mh^2$ mit einer von h unabhängigen Konstanten $M \in \mathbb{R}_+^*$.

Differenzenverfahren können auch bei allgemeineren Randbedingungen sowie partiellen °Differentialgleichungen zur numerischen Lösung verwendet werden.

---

differenzierbar
differentiable, différentiable

(1) Sei $D \subset \mathbb{R}$ ein °Intervall und $f: D \to \mathbb{R}$ eine Funktion. f heißt in $x_0 \in D$ *differenzierbar*, wenn für $x \in D \setminus \{x_0\}$ der Grenzwert ($\to$ Grenzwert von Funktionen) $\lim\limits_{x \to x_0} \dfrac{f(x) - f(x_0)}{x - x_0}$ existiert. (Insbesondere ist f dann °stetig in x_0). Dieser Grenzwert wird mit $f'(x_0)$ oder $\dfrac{df}{dx}(x_0)$ bezeichnet und heißt *Differentialquotient* oder *Ableitung von f im Punkt x_0*. Die Funktion f heißt *differenzierbar (in D)*, falls f in jedem Punkt von D differenzierbar ist; dann wird durch die Zuordnung $x \mapsto f'(x)$ eine Funktion $f': D \to \mathbb{R}$ definiert, die man die *(erste) Ableitung* von f nennt.

Ist f' ebenfalls differenzierbar in D, so bezeichnet man die Ableitung von f' mit f'' und nennt f *zweimal differenzierbar* und f'' *zweite Ableitung von f*. Auf diese Weise läßt sich unter gegebenen Voraussetzungen die *k-te Ableitung von f*, $k \in \mathbb{N}$, die man auch mit $f^{(k)}$ bezeichnet, rekursiv ($\to$ Rekursionssatz) als Ableitung der $(k-1)$ten Ableitung von f definieren, d.h. $f^{(k)} := (f^{(k-1)})'$, wobei $f^{(0)} := f$. Existiert $f^{(k)}$, so heißt f k-mal *differenzierbar*. Ist die k-te Ableitung stetig in D, so heißt f *k-mal stetig differenzierbar*. Schließlich nennt man f *unendlich oft differenzierbar*, falls $f^{(k)}$ für alle $k \in \mathbb{N}$ existiert.

(2) Sei $U \subset \mathbb{R}^n$ offen, $x \in U$ und $f: U \to \mathbb{R}$ eine Funktion.

Existiert für ein $y \in \mathbb{R}^n$ der Grenzwert $\lim\limits_{t \to 0} \dfrac{f(x + ty) - f(x)}{t}$, so bezeichnet man ihn mit $D_y f(x)$ und nennt ihn die *Richtungsableitung von f im Punkt x bezüglich y*. Wählt man für y speziell den i-ten Einheitsvektor $e_i := {}^t(0, \ldots, 0, 1, 0, \ldots, 0) \in \mathbb{R}^n$, $i = 1, \ldots, n$, so schreibt man auch statt $D_{e_i} f(x)$ kurz $D_i f(x)$, $f_{x_i}(x)$ oder $\dfrac{\partial}{\partial x_i} f(x)$ und nennt $\dfrac{\partial}{\partial x_i} f(x)$ die *i-te partielle Ableitung von f im Punkt x*. Der Vektor $\left(\dfrac{\partial}{\partial x_1} f(x), \ldots, \dfrac{\partial}{\partial x_n} f(x) \right)$ heißt der *Gradient von f in x* und wird auch mit $\mathrm{grad}\, f(x)$ oder $\nabla f(x)$ bezeichnet. Existiert $\nabla f(x)$, so heißt f *in x partiell differenzierbar*.

f heißt *differenzierbar* oder *total differenzierbar in x*, falls alle partiellen Ableitungen von f in x existieren und für alle $h \in \mathbb{R}^n \setminus \{0\}$ gilt:

$$\lim_{h \to 0} \frac{1}{\|h\|} \left(f(x+h) - f(x) - \nabla f(x)h \right) = 0.$$

f heißt *differenzierbar* oder *total differenzierbar* (*in U*), falls f in jedem Punkt $x \in U$ differenzierbar ist. Sind sämtliche partiellen Ableitungen von f stetig in U, so heißt f *stetig (partiell) differenzierbar; f* ist dann auch total differenzierbar. Existieren die zweiten partiellen Ableitungen

$$\frac{\partial}{\partial x_j} \frac{\partial}{\partial x_i} f(x) =: \frac{\partial^2}{\partial x_j \, \partial x_i} f(x) \quad \text{für alle } i, j \in \{1, \dots, n\},$$

so heißt f *zweimal differenzierbar*. Die Matrix $(\mathrm{Hess} f)(x) = \left(\dfrac{\partial^2 f(x)}{\partial x_i \, \partial x_j} \right)$ nennt man die *Hessematrix* von f. Sind die zweiten partiellen Ableitungen von f stetig, so ist $(\mathrm{Hess} f)(x)$ symmetrisch, d.h. es gilt für alle $i, j = 1, \dots, n$:

$$\frac{\partial^2 f(x)}{\partial x_i \, \partial x_j} = \frac{\partial^2 f(x)}{\partial x_j \, \partial x_i}.$$

Analog zu (1) heißt f *k-mal (stetig) differenzierbar*, falls alle $(k-1)$ten partiellen Ableitungen von f (stetig) differenzierbar sind.

(3) Sei $U \subset \mathbb{R}^n$ offen und $f: U \to \mathbb{R}^m$ eine °Abbildung. Dann heißt f in $x \in U$ *differenzierbar* oder *total differenzierbar*, wenn es eine lineare Abbildung $A: \mathbb{R}^n \to \mathbb{R}^m$ gibt, so daß

$$\lim_{\|h\| \to 0} \frac{1}{\|h\|} \| f(x+h) - f(x) - A(h) \| = 0.$$

Die Matrix (a_{ij}) der linearen Abbildung A besteht aus den partiellen Ableitungen der „Komponentenfunktionen" $f_i: U \to \mathbb{R}$, $i = 1, \dots, m$ von f an der Stelle x: $a_{ij} = \dfrac{\partial}{\partial x_j} f_i(x)$. Man nennt A das *Differential* oder die *Funktionalmatrix* oder *Jacobimatrix von f in x* und schreibt $A = Df(x) = J_f(x) = \left(\dfrac{\partial}{\partial x_j} f_i(x) \right)_{1 \le, i,j \le n}$. Für den Fall $m = 1$ fällt A mit dem Gradienten von f zusammen. Die Abbildung f ist genau dann total differenzierbar, wenn alle Komponentenfunktionen f_i total differenzierbar sind. Analog zu (2) lassen sich höhere Ableitungen von f über die entsprechenden partiellen Ableitungen der Komponentenfunktionen von f erklären (siehe auch (4)).

(4) Seien X, Y °Banach-Räume über $\mathbb{R}$ oder $\mathbb{C}$ und $U \subset X$ offen. Eine Abbildung $F \colon U \to Y$ heißt *Gateaux-differenzierbar in* $x \in U$, falls es eine stetige lineare Abbildung $G_x \colon X \to Y$ gibt, so daß für alle $y \in X$:

$$\lim_{t \to 0} \frac{1}{t} \, \| F(x+ty) - F(x) - t\,G_x y \| = 0.$$

Die eindeutig bestimmte Abbildung G_x heißt *Gateaux-Ableitung* oder *schwache Ableitung von F in x*. Ist $X = \mathbb{R}^n$ und $Y = \mathbb{R}$, so fällt $G_x y$ mit der Richtungsableitung von F in x bezüglich y zusammen.

F heißt *Fréchet-differenzierbar* oder auch nur *differenzierbar in* $x \in U$, falls es eine stetige, lineare Abbildung $A \colon X \to Y$ gibt, so daß

$$\lim_{\|h\| \to 0} \frac{1}{\|h\|} \, \| F(x+h) - F(x) - A(h) \| = 0. \text{ Statt } A \text{ schreibt man auch } F'(x).$$

Die eindeutig bestimmte Abbildung $F'(x)$ heißt *Fréchet-Ableitung* oder *starke Ableitung von F in x*. Sind $X = \mathbb{R}^n$, $Y = \mathbb{R}^m$, so ist sie die durch die Jacobimatrix gegebene Abbildung. Ist F in x Fréchet-differenzierbar, so ist F sowohl stetig in x als auch Gateaux-differenzierbar in x, und es gilt $F'(x) = G_x$. F ist *Gateaux-* bzw. *Fréchet-differenzierbar (in U)*, falls F in jedem $x \in U$ Gateaux- bzw. Fréchet-differenzierbar ist. Dann lassen sich durch die Zuordnungen $x \to G_x$ und $x \to F'(x)$ Abbildungen G bzw. $F' \colon U \to L(X, Y)$ definieren und wiederum auf Differenzierbarkeit untersuchen. Hierdurch werden analog zu (1) und (2) k-te Ableitungen von F definiert. Existiert die k-te Gateaux- oder Fréchet-Ableitung, so läßt sich diese mit einer k-linearen Abbildung ($\to$ multilinear) von X^k nach Y identifizieren. Sind speziell $X = \mathbb{R}^n$, $Y = \mathbb{R}^m$, so erhält man z. B. durch die Identifizierung von $L(\mathbb{R}^n, L(\mathbb{R}^n, \mathbb{R}^m))$ mit $L(\mathbb{R}^n \times \mathbb{R}^n, \mathbb{R}^m)$ die zweite Ableitung $F''(x)$ als bilineare Abbildung von $\mathbb{R}^n \times \mathbb{R}^n$ nach $\mathbb{R}^m$.

---

differenzierbare Mannigfaltigkeit
differentiable manifold; variété différentiable

Ein °topologischer Raum M heißt (n-dimensionale) *topologische Mannigfaltigkeit*, wenn gilt:

 (i) M ist °hausdorffsch und besitzt eine °abzählbare °Basis der Topologie.

(ii) Zu jedem $p \in M$ gibt es eine °Umgebung $U \subset M$ und einen °Homöomorphismus $\varphi \colon U \to G$ auf ein °Gebiet $G \subset \mathbb{R}^n$ (φ heißt *Karte* oder *lokales Koordinatensystem bei p auf M*).

Eine °Familie $(U_i, \varphi_i)_{i \in I}$ von Karten auf M heißt *Atlas*, wenn die U_i ganz M überdecken, also $M = \bigcup_{i \in I} U_i$ gilt. Ein Atlas $(U_i, \varphi_i)_{i \in I}$ heißt *differenzierbar*, wenn je zwei Karten $\varphi_j\colon U_j \to G_j$ und $\varphi_k\colon U_k \to G_k$ $(j, k \in I)$ *differenzierbar verträglich* sind, d.h. die Abbildung $\varphi_k \circ \varphi_j^{-1}\,|\,\varphi_j(U_j \cap U_k)\colon \varphi_j(U_j \cap U_k) \to \varphi_k(U_j \cap U_k)$ ist differenzierbar (als Abbildung zwischen offenen Mengen im $\mathbb{R}^n$).

Unter einer *differenzierbaren Mannigfaltigkeit* versteht man eine Mannigfaltigkeit zusammen mit einem differenzierbaren Atlas.

Sind $(M, (U_i, \varphi_i))$ und $(N, (V_j, \psi_j))$ differenzierbare Mannigfaltigkeiten, so heißt eine Abbildung $f\colon M \to N$ *differenzierbar*, wenn für alle Karten φ_i und ψ_j mit $f(U_i) \cap V_j \neq \emptyset$ die eingeschränkte Abbildung $\psi_j \circ f \circ \varphi_i^{-1}\colon \varphi_i(U_i \cap f^{-1}(V_j)) \to \psi_j(V_j)$ differenzierbar ist. Zwei differenzierbare Atlanten (U_i, φ_i) und (V_j, ψ_j) auf der gleichen Mannigfaltigkeit M heißen äquivalent, wenn die Identität $id\colon (M, (U_i, \varphi_i)) \to (M, (V_j, \psi_j))$ ein °Diffeomorphismus ist. Eine Äquivalenzklasse differenzierbarer Atlanten auf einer Mannigfaltigkeit M nennt man auch eine *differenzierbare Struktur* auf M.

Ersetzt man in der Definition einer Karte $\mathbb{R}^n$ durch $\mathbb{C}^n$ und in der Definition der Verträglichkeit von Karten differenzierbar durch holomorph, so erhält man den Begriff der (komplex n-dimensionalen) *komplexen Mannigfaltigkeit*.

Digitalrechner

digital computer; calculateur numérique

Unter einem *Digitalrechner* versteht man ein Gerät, das Zahlen „direkt verarbeiten" kann. Hierzu werden die Ziffern, mit deren Hilfe die Zahlen dargestellt werden, durch diskrete physikalische Größen repräsentiert. Die Genauigkeit eines Digitalrechners hängt im Gegensatz zum °Analogrechner nicht von der physikalischen Meßgenauigkeit ab, sondern von der Anzahl von Ziffern, mit der eine Zahl dargestellt werden kann. Bei elektronischen Digitalrechnern erfolgt die (interne) Zahlendarstellung nicht im Dezimal-, sondern im Dualsystem ($\to$ Zahlen).

($\to$ Gleitkommadarstellung, $\to$ Maschinenzahl)

Dimension (eines Vektorraums)

Sei V ein K-°Vektorraum. Aus dem °Austauschsatz folgt, daß je zwei °Basen von V entweder endlich sind und aus gleich vielen Elementen bestehen oder beide unendlich sind. Man definiert die *Dimension* von V über K als

$$\dim_K V = \begin{cases} \infty & \text{falls } V \text{ keine Basis aus endlich vielen Elementen besitzt} \\ n & \text{falls } V \text{ eine Basis aus } n \text{ Elementen besitzt } (0 \leqslant n < \infty). \end{cases}$$

Beispiel: Die Menge $\mathbb{C}$ der komplexen Zahlen bildet einen $\mathbb{R}$-Vektorraum und natürlich auch einen $\mathbb{C}$-Vektorraum. Es gilt: $\dim_{\mathbb{R}} \mathbb{C} = 2$, $\dim_{\mathbb{C}} \mathbb{C} = 1$. Die $\mathbb{R}$-Vektorräume aller Polynome (z.B. in einer Unbestimmten) mit reellen Koeffizienten oder aller reellwertigen Funktionen $\mathbb{R} \to \mathbb{R}$ sind Beispiele unendlichdimensionaler Vektorräume.

Dimensionsformel

dimension formula; formule de dimension

Sind W, W' Untervektorräume eines endlich-dimensionalen K-Vektorraums V, so gilt

$$\dim(W + W') = \dim W + \dim W' - \dim(W \cap W').$$

(Hier ist $W + W' = \{w + w' \mid w \in W, w' \in W'\}$ der *Summenraum* von W und W', d.h. der kleinste Untervektorraum von V, der W und W' enthält.)

Dini (Satz von)

Sei X ein °kompakter topologischer Raum, und seien $f_n : X \to \mathbb{R}$, $n \in \mathbb{N}$, °stetige Funktionen, so daß die °Folge (f_n) punktweise gegen eine Funktion $f : X \to \mathbb{R}$ konvergiert. Ist (f_n) steigend [oder fallend] (d.h. die Folgen $(f_n(x))_{n \in \mathbb{N}}$ sind steigend [fallend] für alle $x \in X$ ($\to$ monoton)) und ist die Grenzfunktion f stetig, so konvergiert (f_n) gleichmäßig gegen f.
($\to$ Konvergenz von Funktionenfolgen)

Dirac-Funktional

($\to$ Distribution)

Dirac-Maß

Dirac measure, point mass; mesure de Dirac

Auf einem °Meßraum $(\Omega, \mathscr{A})$ definiert $\varepsilon_\omega(A) := 1_A(\omega)$ ($\to$ charakteristische Funktion) für jedes $\omega \in \Omega$ ein °Wahrscheinlichkeitsmaß, das sog. *Dirac-Maß* ε_ω im Punkt ω (auch als *Einpunktverteilung, Punktmasse, degenerierte Verteilung* o.ä. bezeichnet).

Ist X eine reelle °Zufallsvariable, so ist deren °Varianz Null genau dann, wenn die Verteilung von X degeneriert ist, d.h. wenn X mit Wahrscheinlichkeit 1 konstant ist.
($\to$ Distribution)

direktes Produkt

direct product; produit direct

Sind G_1 und G_2 °Gruppen (oder allgemeiner: ist $(G_i)_{i \in I}$ eine nicht leere Familie von Gruppen), so kann auf dem °kartesischen Produkt $G_1 \times G_2 \left(\prod\limits_{i \in I} G_i \right)$ genau eine Gruppenstruktur $\circ$ definiert werden, welche die kanonischen Projektionen zu °Homomorphismen macht:

$$(g_1, g_2) \circ (g_1', g_2') = (g_1 g_1', g_2 g_2').$$

Entsprechend ist das direkte Produkt von °Ringen, °Vektorräumen oder °Moduln definiert.

direkte Summe
direct sum; somme directe

a) Ein K-°Vektorraum V heißt *direkte Summe der Untervektorräume* W und W', in Zeichen $V = W \oplus W'$, falls gilt:

(i) $V = W + W' = \{w + w' \mid w \in W, w' \in W'\}$ und

(ii) $W \cap W' = \{0\}$.

Äquivalent: Jedes $v \in V$ läßt sich eindeutig darstellen in der Form $v = w + w'$ mit $w \in W$, $w' \in W'$.

Ist V endlich-dimensional, so ist nach der °Dimensionsformel hierzu auch äquivalent: $\dim V = \dim W + \dim W' = \dim(W + W')$.

b) Ist $(M_i)_{i \in I}$ eine nichtleere °Familie von R-°Moduln, so ist die Menge $\bigoplus_{i \in I} M_i = \{(x_i) \in \prod_{i \in I} M_i \mid \text{fast alle } x_i = O\}$ ein Untermodul des °direkten Produkts $\prod_{i \in I} M_i$ der M_i, $i \in I$; er wird *direkte Summe der* $M_i, i \in I$, genannt. Die Verknüpfungen auf $\bigoplus_{i \in I} M_i$ haben die folgende Gestalt: $(x_i) + (y_i) = (x_i + y_i)$, $r(x_i) = (rx_i)$ (im Falle von Linksmoduln).

disjunkt
disjoint; disjoint

($\rightarrow$ Mengenlehre)

diskret
discrete; discrète

($\rightarrow$ Topologie; $\rightarrow$ Metrik; $\rightarrow$ Maß; $\rightarrow$ Wahrscheinlichkeitsmaß)

Diskriminante (eines Polynoms)
discriminant; discriminant

Es sei R ein °Integritätsring, $f \in R[X]$ ein Polynom vom Grad $n > 1$, $x_1, \ldots, x_n$ seien die Nullstellen von f in einem °Zerfällungskörper. Dann heißt das Produkt $D(f) = \prod_{i < j} (x_i - x_j)^2$ die *Diskriminante von* f.

Beispiel: Ist $f = aX^2 + bX + c$ ein quadratisches Polynom, so ist $D(f) = b^2 - 4ac$.

Distanz
distance; distance

($\rightarrow$ Metrik)

Distribution

Sei $\mathscr{D}$ der $\mathbb{R}$-Vektorraum aller unendlich oft °differenzierbaren reellwertigen Funktionen auf dem $\mathbb{R}^n$ mit °kompaktem °Träger (*Testfunktionen*). Man versieht $\mathscr{D}$ mit einer °Topologie, in der eine °Folge (φ_n) genau dann gegen 0 °konvergiert, wenn es eine kompakte Menge gibt, die für jedes n den Träger von φ_n enthält, und wenn darauf alle °partiellen Ableitungen (beliebiger Ordnung) der Folge (φ_n) °gleichmäßig gegen Null konvergieren für $n \rightarrow \infty$. Damit wird $\mathscr{D}$ zu einem °topologischen Vektorraum. Eine *Distribution* T auf $\mathbb{R}^n$ ist nun eine °stetige °Linearform auf $\mathscr{D}$, also $T: \mathscr{D} \rightarrow \mathbb{R}$, $\varphi \mapsto T(\varphi) =: \langle T, \varphi \rangle$.

Beispiele: Jede Funktion f, die °Lebesgue-integrierbar über jeder Kugel im $\mathbb{R}^n$ ist, kann vermöge $\langle f, \varphi \rangle := \int\limits_{\mathbb{R}^n} f\varphi \, d\lambda^n$ als Distribution aufgefaßt werden.

Das Dirac-Funktional $\delta_a: \mathscr{D} \rightarrow \mathbb{R}$, $\varphi \mapsto \varphi(a)$ (für ein $a \in \mathbb{R}^n$) ist eine Distribution.

Distributionen sind von großer Bedeutung für die Analysis (partielle Differentialgleichungen, Fourier- und Laplace-Transformationen, mathematische Methoden der Physik).

distributiv
distributive; distributif

Sei M eine Menge mit zwei °Verknüpfungen $\perp: M \times M \rightarrow M$ und $\vartriangle: M \times M \rightarrow M$. Man sagt, $\vartriangle$ ist *distributiv* bzgl. $\perp$, wenn für alle $x, y, z \in M$ gilt:

$$x \vartriangle (y \perp z) = (x \vartriangle y) \perp (x \vartriangle z) \quad \text{und}$$
$$(x \perp y) \vartriangle z = (x \vartriangle z) \perp (y \vartriangle z)$$

(ist $\vartriangle$ °kommutativ, so genügt eine dieser Bedingungen).

Beispiele: In $M := \mathscr{P}(X)$ (Potenzmenge der Menge X) sind die Verknüpfungen $\cap$ und $\cup$ ($\rightarrow$ Mengenlehre) gegenseitig distributiv. In $M := \mathbb{N}$ ist die Multiplikation distributiv bzgl. der Addition, aber nicht umgekehrt.

Distributivität wird analog für äußere Verknüpfungen definiert: So ist z. B. in einem °Vektorraum die Multiplikation mit Skalaren distributiv bzgl. der Addition von Vektoren.

divergent

($\rightarrow$ konvergent)

Divergenz
divergence; divergence

($\rightarrow$ Vektoranalysis)

Division mit Rest
division with remainder; division avec reste

($\rightarrow$ euklidischer Algorithmus)

Divisionsalgebra
division algebra; algèbre à division

Eine K-°Algebra (über einem Körper K) heißt *Divisionsalgebra*, wenn jedes von 0 verschiedene Element invertierbar ist (d. h. wenn sie ein – i. allg. nicht-kommutativer – Körper ist).

Jede endlich dimensionale $\mathbb{R}$-Divisionsalgebra ist isomorph zu $\mathbb{R}$, $\mathbb{C}$ oder den °Quaternionen $\mathbb{H}$ (Satz von Frobenius).

dominierte(n) Konvergenz (Satz von der)
dominated convergence (theorem); théorème de convergence dominée

($\rightarrow$ Lebesgue (Konvergenzsatz von))

Doppelverhältnis
(double) cross ratio; birapport

Sind $p_k = (\lambda_k : \mu_k) \in \mathbb{P}_1(K)$ $(k = 0, 1, 2, 3)$ vier Punkte des 1-dimensionalen °projektiven Raums über einem °Körper K, wobei p_0, p_1, p_2 paarweise verschieden sind, so wird durch

$$\mathrm{DV}(p_0, p_1, p_2, p_3) := \frac{\det\begin{pmatrix} \lambda_3 & \lambda_1 \\ \mu_3 & \mu_1 \end{pmatrix}}{\det\begin{pmatrix} \lambda_3 & \lambda_0 \\ \mu_3 & \mu_0 \end{pmatrix}} : \frac{\det\begin{pmatrix} \lambda_2 & \lambda_1 \\ \mu_2 & \mu_1 \end{pmatrix}}{\det\begin{pmatrix} \lambda_2 & \lambda_0 \\ \mu_2 & \mu_0 \end{pmatrix}} \in K \cup \{\infty\}$$

das *Doppelverhältnis* der vier Punkte p_0, p_1, p_2, p_3 definiert. Eine bijektive °Abbildung $\mathbb{P}_1(K) \rightarrow \mathbb{P}_1(K)$ ist genau dann eine °Projektivität, wenn sie Doppelverhältnisse invariant läßt.

Drehstreckung
similarity transformation; similitude directe

Eine °lineare Abbildung $f: \mathbb{R}^n \rightarrow \mathbb{R}^n$ heißt *Drehstreckung*, wenn sie in der Form $f = g \circ h$ geschrieben werden kann mit einer °Drehung h und einer Homothetie

(Streckung) g. Die °Matrix von f bzgl. einer °Orthonormalbasis hat dann die Gestalt $r \cdot A$ mit $r \in \mathbb{R}^*_+$ und $A \in SO(n)$. ($\to$ klassische Gruppen)

Identifiziert man für $n = 2$ die komplexe Zahlenebene $\mathbb{C}$ mit $\mathbb{R}^2$, $z = x + iy \leftrightarrow (x, y)$, so sind die $\mathbb{R}$-linearen Abbildungen $\mathbb{C} \to \mathbb{C}$ genau dann Drehstreckungen, wenn sie der Multiplikation mit einer °komplexen Zahl $a \neq 0$ entsprechen. Die Matrix der linearen Abbildungen hat dann die Gestalt $r \cdot \begin{pmatrix} \cos\alpha & -\sin\alpha \\ \sin\alpha & \cos\alpha \end{pmatrix}$, wo r, α die °Polarkoordinaten der komplexen Zahl a sind.

Drehung
rotation; rotation

Ist $f \in SO(V)$ bzw. $SU(V)$, d.h. ist f ein °orthogonaler oder °unitärer Endomorphismus eines °euklidischen bzw. °unitären Vektorraumes mit $\det f = +1$, so heißt f *Drehung* von V. Im $\mathbb{R}^2$ und $\mathbb{R}^3$ stimmt diese Definition mit der Anschauung überein, so wird z. B. eine Drehung der Ebene $\mathbb{R}^2$ (Koordinaten x, y) um den Winkel α (entgegen dem Uhrzeigersinn) beschrieben durch

$$\begin{pmatrix} x \\ y \end{pmatrix} \mapsto \begin{pmatrix} \cos\alpha & -\sin\alpha \\ \sin\alpha & \cos\alpha \end{pmatrix} \begin{pmatrix} x \\ y \end{pmatrix} = \begin{pmatrix} x\cos\alpha - y\sin\alpha \\ x\sin\alpha + y\cos\alpha \end{pmatrix}.$$

In der Schreibweise mit °komplexen Zahlen $z = x + iy$ erhält man dieselbe Drehung durch Multiplikation mit der komplexen Zahl $e^{i\alpha} = \cos\alpha + i\sin\alpha$; insbesondere ist die *Drehgruppe* $SO(2)$ der reellen Ebene isomorph zur multiplikativen Gruppe der komplexen Zahlen vom Betrag 1, das ist die Menge $S^1 := \{z \in \mathbb{C} : |z|^2 = z\bar{z} = 1\} = \{(x, y) \in \mathbb{R}^2 : x^2 + y^2 = 1\}$.

Dreiecksmatrix
triangular matrix; matrice triangulaire

Eine $n \times n$-°Matrix $A = (a_{ij})$ über einem °Körper K (oder auch nur einem °Ring) heißt *obere (bzw. untere) Dreiecksmatrix,* wenn gilt: $a_{ij} = 0$ für alle (i, j) mit $i > j$ (bzw. $i < j$).

Dreiecksmatrizen sind besonders von Bedeutung bei der Lösung von °linearen Gleichungssystemen. ($\to$ Dreieckszerlegung)

Dreiecksungleichung
triangle inequality; inégalité du triangle

($\to$ Metrik)

Dreieckszerlegung
decomposition into triangular matrices; décomposition en matrices triangulaires

Ist eine Matrix $A \in M(n, \mathbb{R})$ gegeben, so versteht man unter einer *Dreieckszerlegung* von A die Bestimmung einer unteren °Dreiecksmatrix B und einer oberen °Dreiecksmatrix U, so daß $A = BU$. Für jedes $A \in GL(n, \mathbb{R})$ existiert eine Matrix P, die durch Spaltenpermutation aus der Einheitsmatrix hervorgeht, so daß PA eine Dreieckszerlegung besitzt. Eine solche wird durch verschiedene Varianten des °Gaußschen Eliminationsverfahrens berechnet. Die numerische Lösung linearer Gleichungssysteme wird dadurch computergerecht vereinfacht.

duale Basis
dual basis; base duale

($\rightarrow$ dualer Vektorraum)

dualer Modul
dual module; module dual

Sei R ein kommutativer °Ring mit Einselement und M ein R-°Modul. Wie im Fall des °dualen Vektorraumes trägt $M^* := \mathrm{Hom}_R(M, R)$ eine Struktur als R-Modul und heißt der zu M *duale Modul*.

Während für einen Vektorraum $V \neq 0$ auch V^* von Null verschieden ist, gilt jedoch z.B. für den $\mathbb{Z}$-Modul $\mathbb{Q}$, daß $\mathrm{Hom}_{\mathbb{Z}}(\mathbb{Q}, \mathbb{Z})$ nur aus der Nullabbildung besteht.

dualer Vektorraum
dual vector space; espace vectoriel dual

Sei V ein K-°Vektorraum. Die Menge $V^* = \mathrm{Hom}_K(V, K)$ der °Linearformen auf V bildet mit der Addition, definiert durch $(f+g)(v) := f(v) + g(v)$, und der Multiplikation mit Skalaren, $(\alpha f)(v) := \alpha \cdot f(v)$ ($f, g \in V, \alpha \in K$) wieder einen Vektorraum, den *dualen Vektorraum* (oder *Dualraum*) zu V.

Ist $f: V \rightarrow W$ K-linear, so wird durch $f^*(y) = y \circ f$ (für alle $y \in W^*$) eine K-lineare Abbildung $f^*: W^* \rightarrow V^*$, die zu f *duale Abbildung*, definiert.

Ist V endlich-dimensional, so auch V^*, und es ist $\dim V = \dim V^*$. Man erhält zu einer °Basis $v_1, \ldots, v_n$ von V die dazu *duale Basis* $v_1^*, \ldots, v_n^*$ von V^* durch

$$v_i^*(v_j) = \delta_{ij} = \begin{cases} 1 & \text{für } i = j \\ 0 & \text{für } i \neq j \end{cases}.$$ Der so gewonnene °Isomorphismus $V \rightarrow V^*$ hängt aber von der Wahl einer Basis ab und ist nicht °kanonisch. (Dagegen ist der bei °euklidischen oder °unitären Vektorräumen durch das °Skalarprodukt vermittelte Isomorphismus $V \rightarrow V^*$, $x \mapsto (y \mapsto \langle x, y \rangle)$ kanonisch!). Ist V unendlich-dimensional, so auch V^*, aber V und V^* sind in diesem Fall nicht isomorph. Beispiel: Sei $V := \mathbb{R}^{(\mathbb{N})}$ der $\mathbb{R}$-Vektorraum aller Folgen $x = (x_i)$ reeller Zahlen,

bei denen nur endlich viele verschieden von Null sind. Der Dualraum V^* enthält aber sicher den Vektorraum $\mathbb{R}^{\mathbb{N}}$ aller Folgen $\lambda = (\lambda_i)$, mit $\lambda(x) := (\lambda_i x_i)$.
($\rightarrow$ Bidual)

Dualitätsprinzip
principle of duality; principe de dualité

Jeder geometrischen Konfiguration (bestehend aus gewissen projektiven Unterräumen eines °projektiven Raumes) wird durch Anwendung einer °Korrelation eine neue, die dazu *duale* Konfiguration zugeordnet. Hat man nun einen Satz der projektiven Geometrie, der sich an einer Konfiguration mit Hilfe von „$\subset$, $\cap$, $\vee$, dim" ausdrücken läßt, so kann man dazu einen *dualen Satz* formulieren, indem man die dem Satz zugrundeliegende Konfiguration durch die dazu duale ersetzt sowie alle Inklusionen umdreht und Durchschnitt mit Verbindung vertauscht. Das *Dualitätsprinzip* besagt sodann: Ein Satz der projektiven Geometrie ist genau dann richtig, wenn der duale Satz richtig ist. Beispiel: Satz von °Pappos, Satz von Brianchon.

Dualraum (eines topologischen Vektorraumes)
dual space; espace dual

Sei X ein °topologischer Vektorraum über $\mathbb{K}$ ($= \mathbb{R}$ oder $\mathbb{C}$). Der *Dualraum* (*topologisches Dual*) besteht dann (im Gegensatz zum algebraischen Dualraum X^*) nur aus den *stetigen* Linearformen $X \rightarrow \mathbb{K}$, und wird mit X' bezeichnet; ist X ein normierter Raum, so ist X' mit $\|T\| := \sup\limits_{\|x\| = 1} \|T(x)\|$ für $T \in X'$ und $x \in X$ ein normierter Raum; weil $\mathbb{K}$ °vollständig ist, ist X' sogar ein °Banach-Raum; bilden wir nun den Dualraum von X', also $(X')'$ so nennen wir diesen Raum Bidual (topologisches) des normierten Raumes X.
($\rightarrow$ schwache Topologie, $\rightarrow$ schwach-*-Topologie, $\rightarrow$ Normtopologie)

Dualsystem
dual system; système dual

($\rightarrow$ Zahlen)

Durchschnitt
intersection; intersection

($\rightarrow$ Mengenlehre)

E

e

Die °Eulersche Zahl e.

Ebene
plane; plan

In einem °Vektorraum oder °affinen oder °projektiven Raum heißt ein 2-dimensionaler (linearer) Teilraum eine *Ebene*. Ebenen in einem n-dimensionalen K-Vektorraum V können dargestellt werden durch eine Parameterdarstellung $u_0 + K \cdot u_1 + K \cdot u_2 = \{u_0 + \alpha \cdot u_1 + \beta \cdot u_2 \mid \alpha, \beta \in K\}$, wo $u_0, u_1, u_2 \in V$ und u_1, u_2 °linear unabhängig sind; oder als Urbilder von Punkten bei einer °linearen Abbildung $f: V \to W$ vom °Rang $n-2$ (z. B. mit einer surjektiven linearen Abbildung auf einen Raum W der Dimension $n-2$), bzw. als Durchschnitt von $(n-2)$ °Hyperebenen.
($\to$ Hessesche Normalform)

effektiv
effective; effectif

($\to$ Operation)

Eigenraum
eigenspace; sous-espace propre

($\to$ Eigenwert)

eigentliche Abbildung
proper map; application propre

Eine °stetige Abbildung zwischen °lokalkompakten °topologischen Räumen heißt *eigentlich*, wenn das Urbild jeder °kompakten Menge kompakt ist.
X_1, X_2 seien °lokalkompakte Räume, $X_1' = X_1 \cup \{w_1\}$ und $X_2' = X_2 \cup \{w_2\}$ seien die zugehörigen °Alexandroff-Kompaktifizierungen und $f: X_1 \to X_2$ sei eine stetige Abbildung, dann gilt: $f': X_1' \to X_2'$ mit $f'(w_1) = w_2$ und $f'|_{X_1} = f$ ist genau dann stetig, wenn f eigentlich ist.

Eigenvektor
eigenvector; vecteur propre

($\to$ Eigenwert)

Eigenwert
eigenvalue; valeur propre

Sei f ein °Endomorphismus des K-°Vektorraums V. Ein $\lambda \in K$ heißt *Eigenwert* von f, wenn es einen Vektor $v \in V$, $v \neq 0$ gibt mit $f(v) = \lambda v$. Ein derartiger Vektor heißt *Eigenvektor* von f zum Eigenwert λ. Die Menge aller Eigenvektoren zum Eigenwert λ ergänzt um den Nullvektor bildet einen Untervektorraum von V, den *Eigenraum* zum Eigenwert λ. Wird f bzgl. einer °Basis von V durch eine °Matrix beschrieben, so spricht man auch von Eigenwert, Eigenvektor, Eigenraum der Matrix. Ist V endlich-dimensional, so sind die Eigenwerte genau die Nullstellen des °charakteristischen Polynoms $P_f(T) = \det(T \cdot id_V - f) = \det(T \cdot E - A)$, wo A die darstellende Matrix von f bzgl. einer Basis von V und E die Einheitsmatrix ist. Die Eigenvektoren x zu einem Eigenwert λ lassen sich berechnen aus dem °linearen Gleichungssystem $Ax = \lambda x$ oder $(A - \lambda E)x = 0$ $(x \in K^n \cong V)$.

($\rightarrow$ Gerschgorin, Satz von, $\rightarrow$ inverse Iteration nach Wielandt, $\rightarrow$ Jacobi-Verfahren, $\rightarrow$ QR-Verfahren, $\rightarrow$ Spektrum, $\rightarrow$ Vektoriteration)

Einbettungsmethode

($\rightarrow$ Fortsetzungsmethode)

einfach (Gruppe)
simple group; groupe simple

Eine Gruppe G heißt *einfach*, wenn sie nicht nur aus dem neutralen Element besteht und keine °Normalteiler außer den trivialen Untergruppen $\{e\}$ und G selbst enthält.

($\rightarrow$ Jordan-Hölder (Satz von))

einfach (Körpererweiterung)
simple field extension; extension simple

Eine °Körpererweiterung K/L heißt *einfach*, wenn ein $\alpha \in K$ existiert mit $K = L(\alpha)$. α wird °primitives Element genannt. Endliche °separable Erweiterungen sind stets einfach.

einfach (Modul)
simple module; module simple

Ein R-°Modul M $(\neq 0)$ über einem Ring R mit Einselement heißt *einfach*, wenn er nur die Untermoduln 0 und M besitzt, oder äquivalent: wenn er von jedem Element $x \neq 0$ in M erzeugt wird. Der Endomorphismenring eines einfachen Moduls ist ein Schiefkörper (*Schursches Lemma*).

Beispiele: Jeder 1-dimensionale K-Vektorraum ist als K-Modul einfach. Ein Restklassenmodul $\mathbb{Z}/n\mathbb{Z}$ ist als $\mathbb{Z}$-Modul genau dann einfach, wenn n eine °Primzahl ist.

einfach zusammenhängend
simply connected; simplement connexe

Ein °wegzusammenhängender °topologischer Raum X heißt *einfach zusammenhängend*, wenn eine der folgenden äquivalenten Bedingungen erfüllt ist:

(1) Die °Homotopiegruppe besteht nur aus dem neutralen Element.

(2) Jeder geschlossene °Weg ist °homotop zu einem Punktweg.

(3) Jede °stetige Abbildung von der Kreislinie $S^1 \to X$ läßt sich zu einer stetigen Abbildung der Kreisscheibe $D \to X$ fortsetzen.

Beispiele: Für jedes $n \in \mathbb{N}$ ist der $\mathbb{R}^n$ einfach zusammenhängend; für jedes $n \geqslant 2$ ist $S^n = \{x \in \mathbb{R}^{n+1}: \|x\| = 1\}$ einfach zusammenhängend; die Kreislinie S^1 ist nicht einfach zusammenhängend.

Einheit
unit; unité (élément inversible)

Sei R ein °Ring mit von 0 verschiedenem Einselement 1. Ein Element $a \in R$ heißt *Einheit* von R, wenn es *invertierbar* ist, d.h. wenn es ein $b \in R$ gibt mit $ab = ba = 1$. Die Menge der Einheiten von R wird oft mit R^* bezeichnet. Mit der Multiplikation ist R^* stets eine Gruppe.

Beispiele: $\mathbb{Z}^* = \{+1, -1\}$, $\mathbb{Q}^* = \mathbb{Q} \setminus \{0\}$; in einem °Polynomring $K[X]$ über einem °Körper K sind nur die Konstanten $\neq 0$ Einheiten; in einem °Potenzreihenring $K[[X]]$ ist $f = \sum a_n X^n$ genau dann Einheit, wenn $a_0 \neq 0$ ist.

Einheitsmatrix
unit matrix; matrice unité

($\to$ Matrix)

Einheitswurzel
root of unity; racine d'unité

Sei K ein °Körper und n eine positive ganze °Zahl. Ein Element $a \in K$ heißt *n-te Einheitswurzel* in K, wenn $a^n = 1$ ist, d.h. wenn a Nullstelle des °Polynoms $X^n - 1 \in K[X]$ ist. Für $K = \mathbb{C}$ sind die n-ten Einheitswurzeln gegeben durch $\left\{\exp\left(2\pi i\,\frac{\nu}{n}\right) \,\middle|\, \nu = 0, 1, \ldots, n-1\right\}$. Ist p eine Primzahl und K ein Körper mit p^n Elementen, so ist jedes Element von $K \setminus \{0\}$ eine $(p^n - 1)$-te Einheitswurzel in K.

Für einen beliebigen Körper der Charakteristik $p > 0$ stimmen für jedes $m \in \mathbb{N}$ die m-ten und mp-ten Einheitswurzeln überein.

($\rightarrow$ Kreisteilungspolynom, $\rightarrow$ Eulersche Funktion)

Einschrittverfahren
one-step-method; méthode à un pas

Unter einem *Einschrittverfahren* versteht man ein numerisches Verfahren zur Lösung von °Anfangswertproblemen der Form $y' = f(x, y)$, $y = u(x)$, $u(a) = \alpha$, $f: [a, b] \times \mathbb{R}^m \rightarrow \mathbb{R}^m$, $\alpha \in \mathbb{R}^m$, bei dem Näherungswerte y_j für die Werte $u(x_j)$ einer Lösung u an gewissen Stellen $x_j \in [a, b]$, $a = x_0 < x_1 < \ldots < x_n = b$, $n \in \mathbb{N}$ ausgehend von $y_0 = \alpha$ in der Weise berechnet werden, daß zur Bestimmung von y_j neben x_j und x_{j-1} nur der vorige Näherungswert y_{j-1} verwendet wird. Wählt man den Abstand $x_j - x_{j-1}$ für alle j konstant als $h = \dfrac{b-a}{n}$ und integriert man die Differentialgleichung (komponentenweise), so erhält man für $x \in \{x_0, \ldots, x_n\}$ nach Multiplikation mit $1/h$

$$\frac{1}{h} [u(x+h) - u(x)] = \frac{1}{h} \int_x^{x+h} f(t, u(t))\, dt.$$

Dann entspricht die linke Seite einer Approximation von $u'(x_j)$ durch den „vorwärtsgenommenen" Differenzenquotienten. Approximiert man das Integral auf der rechten Seite durch eine geeignete °Quadraturformel, so erhält man für die Differentialgleichung ein Näherungsverfahren der Gestalt

$$\frac{1}{h} [u(x+h) - u(x)] = f_h(x, u) + T_h(x),$$

wobei sich die genaue Gestalt von f_h aus der Quadraturformel ergibt, und das Restglied

$$T_h(x) = \frac{1}{h} \int_x^{x+h} f(t, u(t))\, dt - f_h(x, u(x))$$

der sogenannte *lokale Abschneidefehler* oder *Diskretisierungsfehler* ist. Die Näherungswerte y_j für $u(x_j)$ liefert die Lösung der Gleichungen

$$\frac{1}{h} (y_{j+1} - y_j) = f_h(x_j, x_{j+1}, y_j, y_{j+1}), \qquad y_0 = \alpha_h,$$

wobei α_h eine Näherung für den Startwert α ist. Hängt f_h nur von x_j und y_j ab, so spricht man von einem *expliziten Einschrittverfahren*

$$y_{j+1} = y_j + h f_h(x_j, y_j)$$

andernfalls von einem *impliziten Einschrittverfahren*.

Beispiele:

(1) Für $f_h(x, y) = f(x, y)$ erhält man das sogenannte *Eulersche Polygonzugverfahren* $y_{j+1} = y_j + hf(x_j, y_j)$, $y_0 = \alpha_h$. Es besitzt die °Konvergenzordnung 1, falls $|\alpha - \alpha_h| = o(h)$ ($\to$ Landausche Symbole) und f einer °Lipschitzbedingung genügt.

(2) Für $f_h(x, y) = f(x + h, y + h)$ erhält man das *implizite Eulerverfahren*. Dieses ist im Gegensatz zum Verfahren (1) absolut °stabil und daher auch zur Lösung °steifer Differentialgleichungen geeignet.

(3) Ist f m-mal °differenzierbar, so erhält man die sogenannten *Verfahren nach der Methode der Taylorentwicklung* durch $f_h(x, y) := f(x, y) + \dfrac{h}{2!} Df(x, y)$

$+ \ldots + \dfrac{h^{m-1}}{m!} D^{m-1} f(x, y)$ wobei für die („totale") Ableitung von f nach x gilt: $D^k f(x, u(x)) = u^{(k+1)}(x)$, wenn u die Lösung des Anfangswertproblems ist. Für $|\alpha_h - \alpha| = o(h^m)$ besitzen diese Verfahren die Konsistenz- und Konvergenzordnung m. Wegen der häufig sehr aufwendigen Berechnung der partiellen Ableitungen von f sind diese Verfahren nur dann gebräuchlich, wenn f von sehr einfacher Gestalt ist oder eine hohe Konsistenzordnung, z.B. für Startwerte bei °Mehrschrittverfahren, verlangt wird. ($\to$ Taylor-Reihe)

(4) Definiert man $k_1 := f(x, y)$,

$$k_2 := f\left(x + \frac{h}{2},\ y + \frac{h}{2} k_1\right), \quad k_3 := f\left(x + \frac{h}{2},\ y + \frac{h}{2} k_2\right), \quad k_4 := f(x + h, y + h k_3)$$

und $f_h(x, y) = \frac{1}{6}[k_1 + 2k_2 + 2k_3 + k_4]$, so spricht man vom *klassischen Runge-Kutta-Verfahren*. Für viermal stetig °differenzierbare Funktionen f besitzt es die °Konsistenz- und °Konvergenzordnung 4.

Allgemeiner bezeichnet man ein Einschrittverfahren als Runge-Kutta-Verfahren, wenn man zu einer vorgegebenen Zahl $m \in \mathbb{N}$ von f und h unabhängige Zahlen $\alpha_k, \beta_{kl}, \gamma_1, \ldots, \gamma_k$, $l = 1, \ldots, k-1$, $k = 2, 3, \ldots, m$ mit $0 \leqslant \alpha_k \leqslant 1$ finden kann, so daß man mit

$$f_h(x, y) = h \sum_{j=1}^{m} \gamma_j k_j(x, y), \quad \text{wobei}$$

$$k_1(x, y) = f(x, y)$$

$$k_2(x, y) = f(x + \alpha_2 h, y + h\beta_{21} k_1(x, y))$$

$$\vdots$$

$$k_m(x, y) = f\left(x + \alpha_m h, y + h \sum_{j=1}^{m-1} \beta_{mj} k_j(x, y)\right) \text{ ist,}$$

eine möglichst hohe Konsistenzordnung erhält. Dabei soll stets $\sum_{j=1}^{k-1} \beta_{kj} = \alpha_k$, $k = 2, 3, \ldots, m$ gelten. Spezialfälle hiervon sind für $n = 1$ das

Eulersche Polygonzugverfahren, für $m = 4$ das klassische Runge-Kutta-Verfahren. In der Praxis werden häufig zwei Verfahren zu sogenannten *Runge-Kutta-Fehlberg-Verfahren* kombiniert, um die Konsistenzordnung zu erhöhen. ($\to$ Stabilität, $\to$ Schrittweitensteuerung)

Einzelschrittverfahren
single-step-method; méthode à pas séparés

Es sei $A \in Gl(n, \mathbb{R})$. Zur Lösung °linearer Gleichungssysteme der Form $Ax = b$ zerlegt man (nach eventueller äquivalenter Umformung) beim *Einzelschritt-* oder *Gauß-Seidel-Verfahren* die Matrix A in $A = D - L - R$, wobei L eine untere und R eine obere °Dreiecksmatrix mit den Diagonalelementen $l_{ii} = r_{ii} = 0$, $i = 1, \ldots, n$ sowie D eine reguläre Diagonalmatrix ist. Man betrachtet statt $Ax = b$ das äquivalente Gleichungssystem $x = (D - L)^{-1} Rx + (D - L)^{-1} b$, dessen Lösung der °Fixpunkt der affinen °Abbildung $T: \mathbb{R}^n \to \mathbb{R}^n$, $T(x) := (D - L)^{-1} Rx + (D - L)^{-1} b$ ist. Das Verfahren der °sukzessiven Approximation läßt sich für jeden Startvektor $x_0 \in \mathbb{R}^n$ zur Lösung verwenden, falls der betragsmäßig größte °Eigenwert der Matrix $(D - L)^{-1} R$ dem Betrag nach kleiner als 1 ist. Hinreichend hierfür ist die Existenz einer mit der auf dem $\mathbb{R}^n$ zugrundegelegten Norm verträglichen °Matrixnorm $\| \cdot \|$, so daß gilt $\|(D - L)^{-1} R\| < 1$. Ein Iterationsschritt $x_n = (D - L)^{-1} Rx_{n-1} + (D - L)^{-1} b$ wird praktisch folgendermaßen ausgeführt:

$$x_n^{(1)} = \frac{1}{a_{11}} \left(- \sum_{j=2}^{n} a_{1j} x_{n-1}^{(j)} + b^{(1)} \right)$$

$$x_n^{(i)} = \frac{1}{a_{ii}} \left(- \sum_{j=1}^{i-1} a_{ij} x_n^{(j)} - \sum_{j=i+1}^{n} a_{ij} x_{n-1}^{(j)} + b^{(i)} \right) \qquad i = 2, \ldots, n-1$$

$$x_n^{(n)} = \frac{1}{a_{nn}} \left(- \sum_{j=1}^{n-1} a_{nj} x_n^{(j)} + b^{(n)} \right)$$

Hierbei enthalten die hochgestellten Klammern die jeweiligen Vektorkomponenten.

Eisensteinsches Irreduzibilitätskriterium

Sei R ein °Integritätsring und $f = \sum_{i=0}^{n} a_i X^i$ ein primitives °Polynom (d.h. mit teilerfremden Koeffizienten) aus $R[X]$ vom Grad $n > 0$. Gibt es dann ein Primelement p von R mit $p \mid a_i$ für $i = 0, \ldots, n-1$, $p \nmid a_n$ und $p^2 \nmid a_0$, so ist f irreduzibel in $R[X]$.
Ist R zusätzlich °faktoriell und K sein Quotientenkörper, so ist mit denselben Bedingungen das Polynom f sogar irreduzibel in $K[X]$.

Beispiel: Ist p eine °Primzahl, so ist für jedes $n \in \mathbb{N} \setminus \{0\}$ das Polynom $X^n - p$ irreduzibel in $\mathbb{Q}[X]$ und in $\mathbb{Z}[X]$; insbesondere ist die reelle °Zahl $\sqrt[n]{p}$ für jedes $n \in \mathbb{N}$, $n > 1$ irrational.

($\rightarrow$ Teilbarkeit in Integritätsringen)

Elementarfilter
elementary filter; filtre élémentaire

($\rightarrow$ Filterbasis)

Elementarmatrix

Sei E_i^j die $n \times n$-°Matrix über einem °Körper K, welche nur an der Stelle „i-te Zeile, j-te Spalte" eine 1 hat und sonst lauter Nullen; E sei die $n \times n$-Einheitsmatrix, und $\alpha \in K \setminus \{0\}$. Dann heißen Matrizen der Gestalt $S_i(\alpha) := E + (\alpha - 1) E_i^i$, $Q_i^j(\alpha) := E + \alpha E_i^j$, $P_i^j := E - E_i^i - E_j^j + E_i^j + E_j^i$ $(i \neq j)$ *Elementarmatrizen*. Multipliziert man sie von links (bzw. von rechts) an eine $n \times n$-Matrix A über K, so leisten sie *elementare Umformungen*, nämlich (in der obigen Reihenfolge):
- Multiplikation der i-ten Zeile (bzw. Spalte) mit α
- Addition des α-fachen der j-ten Zeile (bzw. Spalte) zur i-ten Zeile (bzw. Spalte)
- Vertauschung der i-ten und j-ten Zeile (bzw. Spalte).

Alle Elementarmatrizen sind invertierbar, und es ist $(S_i(\alpha))^{-1} = S_i(1/\alpha)$, $Q_i^j(\alpha)^{-1} = Q_i^j(-\alpha)$, $(P_i^j)^{-1} = (P_i^j)$.

Jede invertierbare $n \times n$-Matrix A ist Produkt von Elementarmatrizen (d.h. die Elementarmatrizen erzeugen $GL(n, K)$); zum Beweis führt man A durch elementare Umformungen in die Einheitsmatrix über. Dies ist allein durch elementare Zeilen- bzw. allein durch elementare Spaltenumformungen möglich.

elementarsymmetrisches Polynom
elementary symmetric polynomial; fonction symétrique élémentaire

($\rightarrow$ symmetrisches Polynom)

Ellipse

($\rightarrow$ Kegelschnitt)

empirische Erwartung, empirische Varianz
empirical expectation (variance); moyenne (variance) empirique

($\rightarrow$ arithmetisches Mittel)

endlich erzeugt
finitely generated; de type fini

(1) Eine °Gruppe G heißt *endlich erzeugt,* wenn ein endliches °Erzeugendensystem existiert, d.h. wenn es endlich viele $g_1, \ldots, g_n \in G$ gibt, so daß es außer G selbst keine Untergruppe von G gibt, welche $g_1, \ldots, g_n$ enthält.

(2) Ein °Vektorraum V heißt *endlich erzeugt,* wenn es endlich viele $v_1, \ldots, v_n \in V$ gibt, so daß sich jedes $v \in V$ als Linearkombination $v = \alpha_1 v_1 + \ldots + \alpha_n v_n$ (mit $\alpha_1, \ldots, \alpha_n \in K$) darstellen läßt. (Analoge Definition für °Moduln über einem Ring R).

(3) Ein °Ideal I in einem kommutativen Ring R heißt *endlich erzeugt,* wenn I als R-Modul endlich erzeugt ist.

Endomorphismus
endomorphism; endomorphisme

Ein °Homomorphismus einer °Gruppe (eines °Rings, °Körpers, °Vektorraums, °Moduls usw.) in sich heißt *Endomorphismus.* Besonders im Fall von Vektorräumen oder R-Moduln ist es vorteilhaft, die Endomorphismen selbst als Ring zu sehen (mit der Hintereinanderausführung als Multiplikation) und den Vektorraum bzw. R-Modul M auch als Modul über dem Endomorphismenring $\text{End}_R(M)$ aufzufassen. Ist V ein n-dimensionaler K-Vektorraum, so ist der Endomorphismenring $\text{End}_K(V)$ isomorph zum Ring der $n \times n$-Matrizen mit Koeffizienten aus K.

Epimorphismus
epimorphism; épimorphisme

Ein Morphismus („Pfeil") $f: X \to Y$ in einer °Kategorie heißt *Epimorphismus,* wenn für alle Objekte Z der Kategorie und alle Morphismen $g, h: Y \to Z$ gilt: $g \circ f = h \circ f \Rightarrow g = h$.

Liegen den Morphismen Mengenabbildungen zugrunde, so folgt aus der Surjektivität der °Abbildung, daß sie ein Epimorphismus ist; die Umkehrung davon gilt i.a. nicht; aber in den meisten praktischen Fällen, in denen Morphismen strukturerhaltende Abbildungen zwischen (vorwiegend algebraischen) Strukturen wie z.B. Vektorräumen, Moduln und Gruppen sind, ist die Bedingung gleichwertig mit der Surjektivität. Im Bereich der Ringe ist das allerdings nicht der Fall: die Einbettung $\mathbb{Z} \to Q$ ist epimorph aber nicht surjektiv.

Ergodensatz

ergodic theorem; théorème ergodique

Sei X ein °reflexiver °Banach-Raum und $T: X \to X$ eine °stetige °lineare Abbildung. Es gebe ein $C \in \mathbb{R}$, so daß die °Norm von T und aller Iterierten $T^n = T \circ \dots \circ T$ (n-mal) durch C beschränkt ist. Dann ist die Folge $(x_n)_{n \in \mathbb{N}}$ mit

$$x_n = \frac{1}{n} \cdot (Tx + T^2 x + \dots + T^n x)$$ in X bezüglich der °Normtopologie °konvergent.

Erwartung, Erwartungswert

expectation, expected value; espérance (mathématique)

Es sei X eine reelle °Zufallsvariable auf $(\Omega, \mathscr{A}, P)$. *In der Wahrscheinlichkeitstheorie* wird der *Erwartungswert von X* (bzgl. *P*) als $EX := \int X\, dP$ definiert, sofern X ‚P-integrierbar' ist. Diese Definition erfordert eine Integrationstheorie bzgl. beliebiger °Maße. Daher definiert man *in der elementaren Stochastik* den Erwartungswert nur für die folgenden Fälle:

(1) *Die Verteilung von X ist diskret* ($\to$ Wahrscheinlichkeitsmaß), also getragen von einer °abzählbaren Wertemenge $\{x_i \mid i \in I\}$ (d. h.: $P_X(\{x_i \mid i \in I\}) = 1$):
Falls die °Reihe $\sum_{i \in I} x_i \cdot P(X = x_i)$ °absolut konvergent ist, so sagt man, der
Erwartungswert EX von X existiert, und setzt $EX := \sum_{i \in I} x_i \cdot P(X = x_i)$. – Ist
insbesondere Ω selbst °abzählbar, so gilt: $\sum_{i \in I} x_i P(X = x_i) = \sum_{\omega \in \Omega} X(\omega)\, P(\{\omega\})$,
sofern eine der beiden Reihen absolut konvergent ist ($\to$ Umordnung); daher definiert man in diesem Fall auch $EX := \sum_{\omega \in \Omega} X(\omega) P(\{\omega\})$, falls diese Reihe absolut konvergiert.

(2) *Die Verteilung von X ist absolut stetig mit Dichte f* ($\to$ Wahrscheinlichkeitsmaß):
Falls die Funktion $x \mapsto x \cdot f(x)$ über $\mathbb{R}$ Lebesgue-integrierbar ist, so sagt man, der *Erwartungswert EX von X* existiert, und setzt $EX := \int x \cdot f(x)\, d\lambda^1(x)$ ($\to$ Lebesgue-Integral).

Die Bedingung, daß der Erwartungswert existiere, wird kurz als $E|X| < \infty$ ausgedrückt.

Ist ferner $G: \mathbb{R} \to \mathbb{R}$ eine °meßbare Funktion, dann ergibt sich für den *Erwartungswert der Zufallsvariablen $G \circ X$* (falls existent!):

unter (1) $E(G \circ X) = \sum_{i \in I} G(x_i) \cdot P(X = x_i)$ (durch °Umordnung),

unter (2) $E(G \circ X) = \int G \cdot f\, d\lambda^1$ (nicht elementar herleitbar).

Beides sind Spezialfälle eines allgemeinen Transformationssatzes der Wahrscheinlichkeitstheorie. –

Rechenregeln für Erwartungswerte (X, Y seien reelle Zufallsvariable mit $E|X| < \infty$, $E|Y| < \infty$ und $a, b, c \in \mathbb{R}$):

$E(c) = c$

$E(aX + bY) = a\,EX + b\,EY$

$X \leqslant Y \Rightarrow EX \leqslant EY$

D. h.: Auf dem °Vektorraum der reellen Zufallsvariablen auf $(\Omega, \mathscr{A}, P)$ mit existierendem Erwartungswert ist die Abbildung $E: X \mapsto EX$ eine positive °Linearform; diese wird als *Erwartung* bezeichnet. –

Sind $X_1, \ldots, X_n$ °stochastisch unabhängige reelle Zufallsvariable auf $(\Omega, \mathscr{A}, P)$ mit existierenden Erwartungswerten EX_i, so existiert auch der Erwartungswert

ihres Produktes, und es gilt: $E\left(\prod_{i=1}^{n} X_i \right) = \prod_{i=1}^{n} EX_i.$ ($\to$ Moment)

---

erwartungstreu
unbiased; sans biais

($\to$ Schätzung)

---

erzeugende Funktion
generating function; fonction génératrice

(1) Ist $(a_n)_{n \in \mathbb{N}_0}$ eine °Folge reeller Zahlen und besitzt die °Potenzreihe

$G: z \mapsto \sum_{n=0}^{\infty} a_n z^n$ einen positiven °Konvergenzradius, so nennt man G die

erzeugende Funktion der Folge (a_n).

(2) Ist X eine $\mathbb{N}_0$-wertige °Zufallsvariable auf $(\Omega, \mathscr{A}, P)$ und ist für $n \in \mathbb{N}_0$ $p_n := P(X = n)$, dann heißt die erzeugende Funktion G_X der Folge (p_n) die

erzeugende Funktion von X (bzw. P_X). (Wegen $\sum_{n=0}^{\infty} p_n = 1$ ist der °Konver-

genzradius R von G_X mindestens 1.) – G_X ist beliebig oft °differenzierbar in $(-R, R)$ mit Ableitungen

$$G_X^{(k)}(z) = \sum_{n=k}^{\infty} n(n-1) \cdot \ldots \cdot (n-k+1) p_n z^{n-k} \quad (k \in \mathbb{N}),$$

insbesondere ist $p_n = \dfrac{G_X^{(n)}(0)}{n!}$ $(n \in \mathbb{N}_0)$.

D. h.: Die Verteilung P_X von X ist durch G_X eindeutig bestimmt, und $G_X(z) = E(z^X)$ für $z \in (-R, R)$ ($\to$ Erwartungswert).

Ferner lassen sich die °Momente von X (falls existent) aus G_X bestimmen ($\to$ Abelscher Grenzwertsatz):

$$EX = \lim_{\substack{z \to 1 \\ z \in (-R,R)}} G'_X(z); \quad E(X(X-1)) = \lim_{\substack{z \to 1 \\ z \in (-R,R)}} G''_X(z), \text{ etc.};$$

insbesondere also

$$\operatorname{Var} X = \lim_{\substack{z \to 1 \\ z \in (-R,R)}} (G''_X(z) + G'_X(z) - (G'_X(z))^2).$$

Sind $X_1, \ldots, X_n$ °stochastisch unabhängige Zufallsvariable auf $(\Omega, \mathscr{A}, P)$ mit Werten in $\mathbb{N}_0$, dann ist die erzeugende Funktion G_X der Summe

$$X = \sum_{i=1}^{n} X_i \text{ gleich dem Produkt } \prod_{i=1}^{n} G_{X_i} \text{ der erzeugenden Funktionen der } X_i$$

(im Durchschnitt der Konvergenzkreise der G_{X_i}).

(3) Allgemeiner definiert man für reelle °Zufallsvariable X die *momenterzeugende Funktion* φ_X durch $\varphi_X(z) := E(e^{zX})$ für alle $z \in \mathbb{R}$, für die dieser Erwartungswert existiert. Es gelten ähnliche Aussagen wie unter (2), z. B. ist $E(X^k) = \varphi_X^{(k)}(0)$ (falls existent).

Erzeugendensystem
generating system; système générateur

Eine Teilmenge X einer °Gruppe G (bzw. eines °Vektorraumes V, eines °Moduls M) heißt *Erzeugendensystem* von G (von V, von M), wenn es keine echte Untergruppe (keinen echten Untervektorraum, Untermodul) gibt, die (der) X umfaßt.

---

euklidischer Algorithmus
euclidean division algorithm; division euclidienne

(1) Seien $a, b \in \mathbb{Z}$, $b > 0$. Dann gibt es eindeutig bestimmte $q, r \in \mathbb{Z}$ mit $a = bq + r$ und $0 \leqslant r < b$.

(2) Seien $F, G \in K[X]$ zwei °Polynome (K ein °kommutativer °Körper), $G \neq 0$. Dann gibt es eindeutig bestimmte Polynome $Q, R \in K[X]$ mit $F = GQ + R$ und $\operatorname{Grad}(R) < \operatorname{Grad}(G)$.

(3) In einem °euklidischen Ring R kann man mit Hilfe des *euklidischen Algorithmus* zu je zwei Elementen $a, b \in R \setminus \{0\}$ folgendermaßen einen größten gemeinsamen Teiler t und $x, y \in R$ mit $xa + yb = t$ berechnen:

Man schreibt $\quad a = q_1 b + r_1 \quad$ mit $r_1 \neq 0$ und $d(r_1) < d(b)$

$\qquad\qquad\quad b = q_2 r_1 + r_2 \quad$ mit $r_2 \neq 0$ und $d(r_2) < d(r_1)$

$\qquad\qquad\quad r_1 = q_3 r_2 + r_3 \quad$ mit $r_3 \neq 0$ und $d(r_3) < d(r_2)$

$$\vdots$$

$\qquad\qquad\quad r_{n-1} = q_{n+1} r_n \quad$ (ohne Rest).

Dann ist r_n der größte gemeinsame Teiler von a und b, und durch Einsetzen von $r_1 = a - q_1 b$ in die 2. Gleichung, $r_2 = $ Linearkombination von a und b in die 3. Gleichung usw. erhält man $r_n = t$ in der Form $xa + yb$ ($\to$ Algorithmus).

---

euklidischer (Punkt-)Raum

euclidean space; espace euclidien

Ist (X, V, φ) ein reeller °affiner Raum, ist d eine °Metrik auf X, die durch ein °Skalarprodukt s auf V induziert wird, d.h. für $P \in X$, $v \in V$ gelte $d(P, P+v) = \sqrt{s(v, v)}$, so heißt X *euklidischer Raum*.

euklidischer Ring

euclidean ring; anneau euclidien

Ein °Integritätsring R heißt *euklidisch,* wenn es eine Abbildung $d: R \setminus \{0\} \to \mathbb{N}$ gibt und zu je zwei Elementen $a, b \in R \setminus \{0\}$ eine Darstellung $a = qb + r$ mit $q, r \in R$ und $d(b) \leqslant d(a)$, falls $r = 0$, oder $d(r) < d(b)$, falls $r \neq 0$.

Beispiele:

a) $R = \mathbb{Z}$, $d(n) = |n|$
b) $R = K[X]$, $d(f) = $ Grad des Polynoms f
c) $\mathbb{Z}[i] = \{m + in \in \mathbb{C} \mid m, n \in \mathbb{Z}\}$ mit $i^2 = -1$, $d(m + in) = m^2 + n^2$ (Ring der *ganzen* °*Gaußschen Zahlen*).

Euklidische Ringe sind stets °Hauptidealringe und °faktoriell.

euklidischer Vektorraum

euclidean space; espace vectoriel euclidien

Ein *euklidischer Vektorraum* ist ein reeller °Vektorraum V mit einem *Skalarprodukt,* d.h. einer Abbildung $V \times V \to \mathbb{R}$, $(v, w) \mapsto \langle v, w \rangle$ mit den Eigenschaften:

$$\langle v, w \rangle = \langle w, v \rangle$$
$$\langle v + rv', w \rangle = \langle v, w \rangle + r \langle v', w \rangle \quad \text{symmetrisch und bilinear,}$$
$$\langle v, v \rangle > 0, \text{ falls } v \neq 0 \quad \text{positiv definit.}$$

Der reelle Vektorraum $\mathbb{R}^n$ mit dem *kanonischen Skalarprodukt* $\langle v, w \rangle = v \cdot w = v_1 w_1 + \ldots + v_n w_n$ $(v = (v_1, \ldots, v_n), w = (w_1, \ldots, w_n))$ ist euklidisch. Lineare Abbildungen zwischen euklidischen Räumen, die das jeweilige Skalarprodukt respektieren, heißen °orthogonale Abbildungen und sind stets injektiv.

Eulersche Formel

Die Beziehung $e^{iz} = \cos z + i \sin z$, $z \in \mathbb{C}$, wird oft *Eulersche Formel* genannt. Für $x \in \mathbb{R}$ liegt also die °komplexe Zahl e^{ix} in der komplexen Zahlenebene auf dem Einheitskreis, und $\cos x$ bzw. $\sin x$ sind die Projektionen dieses Punktes auf die reelle bzw. imaginäre Achse ($\to$ Exponentialfunktion, $\to$ trigonometrische Funktionen).

Eulersche Funktion

Die Abbildung $\varphi: \mathbb{N} \to \mathbb{N}_0$, definiert durch $\varphi(n) :=$ Anzahl der natürlichen Zahlen m mit $1 \leqslant m \leqslant n$, die zu n teilerfremd sind, heißt *Eulersche Funktion*.

Für alle teilerfremden $m, n \in \mathbb{N}$ gilt $\varphi(mn) = \varphi(m)\,\varphi(n)$.

Ist $n \in \mathbb{N}$, $n \geqslant 2$, und $n = p_1^{r_1} \cdot \ldots \cdot p_k^{r_k}$ die Primfaktorzerlegung von n, so gilt

$$\varphi(n) = n \cdot \left(1 - \frac{1}{p_1}\right) \cdot \ldots \cdot \left(1 - \frac{1}{p_k}\right).$$

Eulersches Polygonzugverfahren
Euler's method; méthode d'Euler

($\to$ Einschrittverfahren)

Eulersche Zahl *e*

Der Wert der konvergenten °Reihe $\displaystyle\sum_{n=0}^{\infty} \frac{1}{n!}$ wird mit e bezeichnet und *Eulersche Zahl* genannt (die Bezeichnung e geht auf Euler zurück).

Es ist $e = 2{,}718281828459\ldots$ auf zwölf Stellen genau. Aus der °Taylorreihe der °Exponentialfunktion ergibt sich die Abschätzung $\left|\displaystyle\sum_{k=0}^{n} \frac{1}{k!} - e\right| < \dfrac{3}{(n+1)!}$.

Die Zahl e ist °transzendent. Man erhält sie auch als Limes der Folge $\left(\left(1 + \dfrac{1}{n}\right)^n\right)_{n \in \mathbb{N}}$; allgemeiner gilt für jedes $x \in \mathbb{R}$: $\displaystyle\lim_{n \to \infty} \left(1 + \frac{x}{n}\right)^n = e^x$ ($\to$ Exponentialfunktion).

---

exakte Differentialform
exact differential form; forme différentielle exacte

Eine °Differentialform ω heißt *exakt,* wenn es eine Differentialform Ω gibt, deren °äußere Ableitung $d\Omega = \omega$ ist. Jede exakte Differentialform ist °geschlossen.

Im Lemma von °Poincaré wird erklärt, unter welchen Voraussetzungen die Umkehrung gilt.

Existenz- und Eindeutigkeitssatz für Differentialgleichungen (von Picard-Lindelöf)

Sei $G \subset \mathbb{R} \times \mathbb{R}^n$ °offen und $f: G \to \mathbb{R}^n$ eine °stetige Abbildung, die lokal einer °Lipschitz-Bedingung genügt. Dann gibt es zu jedem $(a, c) \in G$ ein $\varepsilon > 0$ und genau eine Lösung $\varphi: [a - \varepsilon, a + \varepsilon] \to \mathbb{R}^n$ der °Differentialgleichung $y' = f(x, y)$ mit der *Anfangsbedingung* $\varphi(a) = c$ (dabei ist $y = (y_1, \ldots, y_n)$).

Der Beweis beruht auf dem *Iterationsverfahren von Picard-Lindelöf:* Man definiert eine Folge von Abbildungen $\varphi_k: I \to \mathbb{R}^n$ (I ein genügend kleines Intervall um a) durch $\varphi_0 \equiv c$ und $\varphi_{k+1}(x) := c + \int_a^x f(t, \varphi_k(t))\, dt$. Es läßt sich zeigen, daß die Folge (φ_k) in einer Umgebung von a gleichmäßig gegen eine Lösung der Integralgleichung $\varphi(x) = c + \int_a^x f(t, \varphi(t))\, dt$ konvergiert ($\to$ Konvergenz von Funktionenfolgen).

Dabei ist $\varphi(a) = c$, und Differentiation der Integralgleichung ($\to$ Fundamentalsatz der Differential- und Integralgleichung) ergibt $\varphi'(x) = f(x, \varphi(x))$, also ist φ die gesuchte Lösung von $y' = f(x, y)$.

Exponentialfunktion
exponential function; exponentielle

Die durch die auf ganz $\mathbb{C}$ absolut konvergente °Potenzreihe $\sum\limits_{n=0}^{\infty} \dfrac{z^n}{n!} =: \exp(z)$

dargestellte °holomorphe Funktion $\exp: \mathbb{C} \to \mathbb{C} \setminus \{0\}$ bezeichnet man als *Exponentialfunktion* (oder *Exponentialreihe*); anstelle von $\exp(z)$ ist auch e^z gebräuchlich. Ist $x \in \mathbb{R}$, so ist $\exp(x) \in \mathbb{R}^*_+$, insbesondere ist $\exp(0) = 1$ und $\exp(1) = e$ ($\to$ Eulersche Zahl).

Die Exponentialfunktion genügt der *Funktionalgleichung* (auch *Additionstheorem* genannt) $\exp(z+w) = \exp(z) \cdot \exp(w)$ für $z, w \in \mathbb{C}$. Speziell erhält man hieraus induktiv $\exp(n) = e^n = e \cdot \ldots \cdot e$ (n-mal) für $n \in \mathbb{N}_0$ (dies ist der Grund für die Schreibweise e^z).

Die Exponentialfunktion ist °periodisch mit der Periode $2\pi i$; dies folgt aus der Funktionalgleichung zusammen mit der Tatsache, daß $\exp(2\pi i \cdot k) = 1$ ist für $k \in \mathbb{N}_0$ ($\to$ Eulersche Formel).

Des weiteren ist auf ganz $\mathbb{C}$ $\dfrac{d}{dz} \exp(z) = \exp(z)$ ($\to$ komplex differenzierbar).

Speziell für die *reelle Exponentialfunktion* $\exp: \mathbb{R} \to \mathbb{R}^*_+$ gilt: Sie ist überall auf $\mathbb{R}$ beliebig oft °differenzierbar und stimmt mit ihren Ableitungen überein: $\dfrac{d^n}{dx^n} \exp(x) = \dfrac{d}{dx} \exp(x) = \exp(x)$ für $n \in \mathbb{N}$; daher ist sie insbesondere auch °monoton wachsend. Ihre Umkehrfunktion ist die °Logarithmusfunktion $x \mapsto \ln x$.

Weitere Möglichkeiten, die (reelle) Exponentialfunktion einzuführen, sind:

(i) als eindeutige Lösung auf $\mathbb{R}$ der gewöhnlichen °Differentialgleichung $f' = f$ mit der Anfangsbedingung $f(0) = 1$ ($\to$ Existenz- und Eindeutigkeitssatz).

(ii) über die Funktionalgleichung, nämlich als die eindeutige Funktion $\varphi: \mathbb{R} \to \mathbb{R}^*_+$, die für alle $x, y \in \mathbb{R}$ $\varphi(x+y) = \varphi(x) \cdot \varphi(y)$ und die Bedingung

$\varphi(1) = e$ erfüllt; φ stellt also einen monotonen Gruppen- °Homomorphismus der Gruppe $(\mathbb{R}, +)$ auf die Gruppe $(\mathbb{R}^*_+, \cdot)$ dar.

Entsprechend läßt sich über die Funktionalgleichung die komplexe Exponentialfunktion einführen.

Allgemeiner gilt: Für jedes $a \in \mathbb{R}^*_+$ gibt es einen eindeutig bestimmten Gruppenhomomorphismus $\varphi: (\mathbb{C}, +) \to (\mathbb{C} \setminus \{0\}, \cdot)$ mit $\varphi(1) = a$. Dieser wird *Exponentialfunktion zur Basis a* genannt und mit $\exp_a$ bezeichnet (auch $a^z := \exp_a(z)$).

Die Beziehung $\exp_a(z) = \exp(z \cdot \ln a)$ führt diese Exponentialfunktion (zur Basis a) auf die Exponentialfunktion exp (zur Basis e) zurück. Z. B. zeigt man damit für $a > 0$: $\dfrac{d}{dz}(a^z) = \ln a \cdot a^z$.

Die allgemeine *Exponentialfunktion zur Basis* $a \in \mathbb{C} \setminus \{0\}$ läßt sich über $\mathbb{C}$ durch $\exp_a(z) := \exp(z \cdot \ln a)$ definieren, wenn man z. B. den Hauptwert des Logarithmus ($\to$ Riemannsche Fläche) wählt.

Exponentialverteilung
exponential distribution; loi exponentielle

($\to$ Gamma-Verteilung)

Extrapolation

Von einer Funktion $f: \mathbb{R} \to \mathbb{R}$ seien n Funktionswerte $f_i = f(x_i)$ bekannt, $x_i \in \mathbb{R}$, $i = 0, 1, \ldots, n$, $x_0 < x_1 < \ldots < x_n$. Ferner sei $\tilde{f}$ eine interpolierende Funktion ($\to$ Interpolation) zu den Stützstellen x_i mit den zugehörigen Werten f_i. Will man näherungsweise Funktionswerte von f an Stellen x außerhalb des Intervalls $[x_0, x_n]$ berechnen, so spricht man von Extrapolation, wenn man dazu die interpolierende Funktion $\tilde{f}$ über $[x_0, x_n]$ hinaus fortsetzt und jeweils $\tilde{f}(x)$ als °Näherung für $f(x)$ nimmt. Dabei erzielt man mit °rationaler Interpolation im allgemeinen die besten Resultate. Besondere Bedeutung hat die Extrapolation bei der numerischen Integration ($\to$ Rombergintegration) und der Lösung von °Anfangswertproblemen ($\to$ Mehrschrittverfahren, $\to$ Schrittweitensteuerung).

Extremum (lokales)
extremum; extrême

(I) (Eine Variable). Sei $I \subset \mathbb{R}$ ein °Intervall und $f: I \to \mathbb{R}$ eine Funktion. Ein Punkt $x \in I$ heißt *lokales Maximum (bzw. lokales Minimum)* von f, wenn es eine °Umgebung $U \subset I$ von x gibt mit $f(x) \geq f(y)$ (bzw. $f(x) \leq f(y)$) für alle $y \in U$, und *striktes* Extremum, wenn an jeder Stelle die strengen Ungleichungen stehen. Ist f °differenzierbar und x ein °innerer Punkt von I, so ist für das Bestehen eines Extremums in x die Bedingung $f'(x) = 0$ notwendig. Hinreichend ist folgende Bedingung: Es gibt ein $k \in \mathbb{N}$, so daß f noch

$2k$-mal stetig differenzierbar ist, alle Ableitungen $f^{(m)}(x)$ für $m = 1, \ldots, 2k-1$ verschwinden, und $f^{(2k)}(x) \neq 0$ ist. Dabei liegt ein Minimum vor bei $f^{(2k)}(x) > 0$ und ein Maximum bei $f^{(2k)}(x) < 0$.

(II) (Mehrere Variable). Für eine Funktion $f: G \to \mathbb{R}$ auf einer °offenen Teilmenge $G \subset \mathbb{R}^n$ gelten die analogen Definitionen; statt „striktes lokales Extremum" sagt man hier *isoliertes Maximum bzw. Minimum*. Eine notwendige Bedingung für das Vorliegen eines lokalen Extremums einer partiell °differenzierbaren Funktion f in $x \in G$ ist $\operatorname{grad} f(x) = 0$ ($\to$ Gradient, $\to$ Ausgleichsrechnung).

Hinreichend für ein isoliertes Maximum (bzw. Minimum) einer zweimal stetig differenzbaren Funktion ist $\operatorname{grad} f(x) = 0$ und die negative (bzw. positive) Definitheit der °Hesseschen Matrix von f im Punkt x. ($\to$ positiv definit, $\to$ Hurwitz (Satz von)). Ist die Hessesche Matrix von f in einem Punkt indefinit, so besitzt f in diesem Punkt kein lokales Extremum.

Extremum mit Nebenbedingungen

extremum with auxiliary conditions; extrême lié d'une fonction de plusieurs variables

Sei $B \subset \mathbb{R}^n$ offen und $f: B \to \mathbb{R}$ stetig °differenzierbar. Weiter seien $\varphi_1, \ldots, \varphi_k: B \to \mathbb{R}$ stetig differenzierbare Funktionen derart, daß der °Rang von $\left(\dfrac{\partial \varphi_i}{\partial x_j}(x) \right)$ auf B konstant gleich $k < n$ ist. Dann gilt:

Besitzt f in $p \in B$ ein *lokales Extremum unter den Nebenbedingungen* $\varphi_1 = \ldots = \varphi_k = 0$ (d.h. p liegt auf der durch $\varphi_1 = \ldots = \varphi_k = 0$ definierten $(n\text{-}k)$-dimensionalen Untermannigfaltigkeit M, und die Beschränkung von f auf M besitzt in p ein lokales °Extremum), so gibt es eindeutig bestimmte reelle Zahlen $c_1, \ldots, c_k$, so daß gilt:

$$\begin{pmatrix} \dfrac{\partial f}{\partial x_1} \\ \vdots \\ \dfrac{\partial f}{\partial x_n} \end{pmatrix} = c_1 \cdot \begin{pmatrix} \dfrac{\partial \varphi_1}{\partial x_1} \\ \vdots \\ \dfrac{\partial \varphi_1}{\partial x_n} \end{pmatrix} + \ldots + c_k \cdot \begin{pmatrix} \dfrac{\partial \varphi_k}{\partial x_1} \\ \vdots \\ \dfrac{\partial \varphi_k}{\partial x_n} \end{pmatrix} .$$

Die Zahlen $c_1, \ldots, c_k$ heißen *Lagrangesche Multiplikatoren*.

Um konkret Extrema unter Nebenbedingungen aufzusuchen, löst man die $n+k$ Gleichungen $\varphi_i(p) = 0$ ($i = 1, \ldots, k$) und $\dfrac{\partial}{\partial x_j}\left(f - \sum_{i=1}^{k} c_i \varphi_i \right)(p) = 0$ ($j = 1, \ldots, n$) nach den $n+k$ Unbekannten $p = (p_1, \ldots, p_n)$ und $c_1, \ldots, c_k$ auf. Man muß dann durch zusätzliche Überlegungen entscheiden, in welchen der so gefundenen Punkte p tatsächlich Extrema vorliegen.

F

Fahne
flag; drapeau

Sei V ein K-°Vektorraum der °Dimension $n < \infty$. Eine aufsteigende Folge von Untervektorräumen $\{0\} = V_0 \subset V_1 \subset \ldots \subset V_{n-1} = V$ heißt *Fahne*, wenn $\dim V_i = i$ gilt für alle $i = 0, 1, \ldots, n$.

Ist f ein °Endomorphismus von V, so heißt die Fahne *f-invariant*, wenn $f(V_i) \subset V_i$ gilt für alle $i = 0, 1, \ldots, n$. Der sog. *Fahnensatz* besagt, daß folgende Aussagen äquivalent sind:

(i) Es gibt eine *f*-invariante Fahne.

(ii) Es gibt eine °Basis, bzgl. der f durch eine (obere) °Dreiecksmatrix dargestellt wird.

(iii) Das °charakteristische Polynom von f zerfällt über K in Linearfaktoren, d.h. es gibt (nicht notwendig verschiedene) $a_1, \ldots, a_n \in K$, so daß

$$P_f = \prod_{i=1}^{n} (X - a_i) \text{ ist.}$$

Faktorgruppe
factor group; groupe quotient

Sei G eine °Gruppe, $N \subset G$ ein °Normalteiler von G, und G/N die Menge der °Nebenklassen von G nach N mit der kanonischen Abbildung $p: G \to G/N$, $a \mapsto aN$. Dann wird durch $(aN)(bN) := (ab)N$ eindeutig eine Verknüpfung auf G/N definiert, die G/N zu einer Gruppe, der *Faktorgruppe* von G nach N (auch: modulo N) macht, so daß $p: G \to G/N$ ein Gruppen-°Homomorphismus ist.

Beispiel: $G = \mathbb{Z}$ mit der Addition, $N = 2\mathbb{Z}$ (gerade Zahlen), $G/N = \{\underline{0}, \underline{1}\}$, wo $\underline{0} = 2\mathbb{Z}$ und $\underline{1} = 1 + 2\mathbb{Z}$. Es ist $\underline{1} + \underline{1} = \underline{0}$.

faktorieller Ring
unique factorization domain (UFD); anneau factoriel

Ein Integritätsring R heißt *faktoriell* (oder *ZPE-Ring*), wenn sich jedes $a \in R \setminus \{0\}$ das keine Einheit ist, als Produkt von Primelementen schreiben läßt. Diese Darstellung ist im wesentlichen eindeutig, d.h. ist $a = p_1 \cdots p_r = p'_1 \cdots p'_s$ mit p_i, p'_j prim, so gilt $r = s$, und es gibt eine Permutation $\pi \in S_r$, so daß p_i und $p'_{\pi(i)}$ für jedes $i = 1, \ldots, r$ assoziiert sind ($\to$ Teilbarkeit in Integritätsringen).

Faktormodul
factor module; module quotient

Sei M ein R-Modul und $A \subset M$ ein Untermodul. Dann wird die °Faktorgruppe M/A (der zugrundeliegenden additiven Gruppen) durch die Festsetzung $r(a+A)=(ra)+A$ falls M Linksmodul, bzw. $(a+A)r=ar+A$ falls M Rechtsmodul ($r \in R$, $a \in M$) zu einem R-Modul, dem *Faktormodul* (oder auch *Restklassenmodul*) von M nach A, so daß die kanonische Surjektion $M \to M/A$ R-linear ist.

($\to$ Quotientenraum).

Faktorring
factor ring; anneau quotient

Sei R ein Ring, $I \subset R$ ein zweiseitiges °Ideal. Die (additive) °Faktorgruppe R/I kann auf genau eine Weise zu einem Ring, dem *Faktorring* (oder *Restklassenring*) gemacht werden, so daß die kanonische Restklassenabbildung $R \to R/I$ zu einem (surjektiven) Ringhomomorphismus wird, nämlich durch $(r+I)(s+I)=(rs)+I$ ($r, s \in R$).

Beispiel: $R=\mathbb{Z}$, $I=m\mathbb{Z}$ mit $m \in \mathbb{N}$; $\mathbb{Z}/m\mathbb{Z}$ besteht aus den Kongruenzklassen modulo m ($\to$ kongruent). $\mathbb{Z}/m\mathbb{Z}$ ist genau dann ein °Körper, wenn m eine Primzahl ist.

Fakultät
factorial; factorielle

Zur Abkürzung für $1 \cdot 2 \cdot 3 \cdot \ldots \cdot n$ schreibt man $n! = \prod_{k=1}^{n} k$, gelesen: n Fakultät. Für $n=0$ vereinbart man $0!=1$.

Die Anzahl der möglichen Anordnungen einer n-elementigen Menge (d. h. die Anzahl aller bijektiven Abbildungen einer n-elementigen Menge auf sich) ist $n!$.

($\to$ Permutationen, $\to$ Gamma-Funktion).

fallend
decreasing; décroissant

($\to$ monoton)

Faltung (von Wahrscheinlichkeitsmaßen)
convolution; convolution

Es seien $P_1, \ldots, P_n$ °Wahrscheinlichkeitsmaße auf dem °Meßraum $(\mathbb{R}^k, \mathscr{B}^k)$, und $P := \bigotimes_{i=1}^{n} P_i$ sei das °Produktmaß der P_i auf $(\mathbb{R}^{nk}, \mathscr{B}^{nk})$. Dann heißt die Verteilung der °Zufallsvariablen $S: (\mathbb{R}^{nk}, \mathscr{B}^{nk}) \to (\mathbb{R}^k, \mathscr{B}^k)$ mit $S(x_1, \ldots, x_n) := x_1 + \ldots + x_n$ die *Faltung der Maße* P_i (Bezeichnung: $\overset{n}{\underset{i=1}{*}} P_i$).

Sind $X_1, \ldots, X_n$ °stochastisch unabhängige reelle Zufallsvariable auf einem Wahrscheinlichkeitsraum $(\Omega, \mathscr{A}, P)$, so ist also die Verteilung der Summenvariablen $\sum_{i=1}^{n} X_i$ die Faltung der Verteilungen der X_i.

Sind X_1, X_2 $\mathbb{N}_0$-wertige stochastisch unabhängige Zufallsvariable, so ergibt sich mittels des Satzes von der °totalen Wahrscheinlichkeit die *diskrete Faltungsformel* (in $\mathbb{N}_0$):

$$P(X_1 + X_2 = n) = \sum_{k=0}^{n} P(X_2 = n - k) \, P(X_1 = k) \qquad (n \in \mathbb{N}_0)$$

$$(\to \text{erzeugende Funktion}).$$

Sind X_1, X_2 $\mathbb{R}^k$-wertige absolut stetig verteilte stochastisch unabhängige Zufallsvariable mit Dichten f_1, f_2, so ist $X := X_1 + X_2$ absolut stetig verteilt mit Dichte f auf $(\mathbb{R}^k, \mathscr{B}^k)$, wobei gilt:

$$f: x \mapsto \int f_1(x - z) f_2(z) \, d\lambda^k(z) = \int f_2(x - z) f_1(z) \, d\lambda^k(z)$$

$$(\textit{Faltungsformel für Dichten}).$$

$(\to \text{Konvolution})$

Familie
family; famille

Seien I und X Mengen. Unter einer *Familie* von Elementen aus X versteht man eine Abbildung $I \to X$, $i \mapsto x_i$, schreibt sie aber in der Form $(x_i)_{i \in I}$ oder nur (x_i), und nennt I die *Indexmenge* der Familie. Im Falle, daß I die Menge der natürlichen Zahlen ist, spricht man von einer *Folge* $(x_i)_{i \in \mathbb{N}}$ von Elementen aus X. Ist I endlich, etwa $I = \{1, \ldots, n\}$, so schreibt man meist $(x_1, \ldots, x_n)$ für $(x_i)_{i \in I}$. Für jede Teilmenge $J \subset I$ nennt man die Einschränkung $(\to \text{Abbildung})$ $J \to X$ auch *Teilfamilie* und schreibt $(x_i)_{i \in J}$. ($J = \emptyset$ ist nicht ausgeschlossen, *leere Familie*). Im Spezialfall einer Folge $(I = \mathbb{N})$ spricht man dann von einer *Teilfolge*.

(Will man eine Familie $(X_i)_{i \in I}$ von Mengen X_i erklären, so ist bei dieser Definition also eine Menge $\mathscr{X}$ erforderlich, die alle X_i als Elemente enthält. In der Praxis ist dies kein Problem.)

Faser
fiber; fibre

($\rightarrow$ Abbildung)

Fatou (Lemma von)

Für jede Folge $(f_k)_{k \in \mathbb{N}}$ nicht neg. Lebesgue-°meßbarer reeller Funktionen auf $\mathbb{R}^n$ gilt: $\int \liminf\limits_{k \to \infty} f_k \, d\lambda^n \leqslant \liminf\limits_{k \to \infty} \int f_k \, d\lambda^n$ ($\rightarrow$ Lebesgue-Integral).

Fehler
error; erreur

($\rightarrow$ absoluter Fehler, $\rightarrow$ Fehleranalyse, $\rightarrow$ relativer Fehler, $\rightarrow$ Rundungsfehler)

Fehleranalyse
error analysis; analyse d'erreurs

Die *lineare Fehleranalyse* ist ein mathematisches Hilfsmittel zur Untersuchung des Einflusses von °Rundungsfehlern, die ein Rechner bei der Ausführung eines endlichen °Algorithmus macht, auf das Endergebnis. Verwendet man n Eingangsdaten x_j und werden m Ergebnisdaten berechnet, so wird der Algorithmus mathematisch durch eine °Abbildung $\varphi: D \subset \mathbb{R}^n \to \mathbb{R}^m$ beschrieben. Entsprechend der einzelnen Anweisungen des Algorithmus definiert man „elementare" Abbildungen $\varphi^{(i)}$, $i = 1, 2, \ldots, r$, so daß $\varphi = \varphi^{(r)} \circ \varphi^{(r-1)} \circ \ldots \circ \varphi^{(1)}$ ist. Man setzt voraus, daß die $\varphi^{(i)}$ °differenzierbar sind, und definiert sich die sogenannten *Restabbildungen* $\psi^{(i)} := \varphi^{(r)} \circ \varphi^{(r-1)} \circ \ldots \circ \varphi^{(i)}$. Dann gilt für die Jacobimatrix

$$D\psi^{(i)} = \prod_{j=i}^{r} D\varphi^{(j)}.$$ Der Einfluß der Rundungsfehler auf das Endergebnis y wird in linearer °Näherung ($\doteq$) durch die Formel

$$\tilde{y} - y \doteq D\psi(x)(\tilde{x} - x) + D\psi^{(1)}(x^{(1)}) E_1 x^{(1)} + \ldots + D\psi^{(r)}(x^{(r)}) E_r x^{(r)} + E_{r+1} y$$

dargestellt, wobei $\tilde{y}$ das vom Rechner gelieferte Endergebnis ist, $\tilde{x}$ ein Vektor, der als Komponenten die gerundeten Eingangsdaten enthält, ist und die Matrizen E_i quadratische Diagonalmatrizen der Dimension des Vektors $x^{(i)} := \varphi^{(i)}(x^{(i-1)})$, $x^{(0)} := {}^t(x_1, \ldots, x_n)$, sind, für deren Diagonalelemente $e_{ii}^{(i)}$ gilt: $|e_{ii}^{(i)}| \leqslant eps$ (Maschinengenauigkeit ($\rightarrow$ Maschinenzahl)). Der °absolute und der °relative Fehler lassen sich hieraus leicht (in linearer Näherung) bestimmen.

Fehler erster/zweiter Art
error of first/second kind; erreur de première/seconde espèce

($\rightarrow$ Test)

Fermat (kleiner Fermatscher Satz)

Ist G eine endliche °Gruppe mit n Elementen und $a \in G$, so ist $a^n = e$ ($=$ neutrales Element).

Fermatsche Vermutung

Die *Fermatsche Vermutung,* auch *großer Fermatscher Satz* genannt, besagt, daß für eine natürliche Zahl $n > 2$ die Gleichung $x^n + y^n = z^n$ keine Lösung mit positiven natürlichen Zahlen besitzt.

Aus dem Versuch sie zu lösen, entstand u. a. die algebraische Zahlentheorie. Ein Beweis der Fermatschen Vermutungen ist bis heute unbekannt.

Fermatsche Zahl

Für jedes $n \in \mathbb{N}$ heißt $F_n := 2^{2^n} + 1$ die n-te *Fermatsche Zahl.* Die Reihe beginnt 3, 5, 17, 257, 65 537, 4 294 967 297, ... Fermat vermutete, daß alle diese Zahlen Primzahlen sind, doch hat man bisher unter den Fermatschen Zahlen keine weiteren Primzahlen außer $F_0, \ldots, F_4$ gefunden; F_5 ist durch 641 teilbar.

Fermi-Dirac-Statistik

($\rightarrow$ Urnenmodelle)

Festkommadarstellung
fixed point representation; représentation en virgule fixe

Für die Darstellung von Zahlen in einem °Digitalrechner stehen nur endlich viele, sagen wir n, Stellen zur Verfügung. Bei der *Festkommadarstellung* wird hierbei die Lage des Dezimalpunktes eindeutig festgelegt, d. h. es stehen m Ziffern vor und $n - m$ Ziffern nach dem Dezimalpunkt zur Verfügung. Die Festkommadarstellung spielt hauptsächlich im kaufmännischen Bereich eine Rolle. Sie dient aber auch als Hilfsmittel bei der Konstruktion „maximal genauer" Computerarithmetiken.

Fibonacci-Zahlen

Die durch $a_1 := a_2 := 1$; $a_n := a_{n-1} + a_{n-2}$ $(n \geqslant 3)$ rekursiv ($\rightarrow$ Rekursionssatz) definierte Folge $(a_n)_{n \in \mathbb{N}} = (1, 1, 2, 3, 5, 8, \ldots)$ heißt *Fibonacci-Folge.* Lösen der Rekursionsgleichungen (z. B. mittels der Methode der °erzeugenden Funktionen) ergibt

$$a_n = \frac{1}{\sqrt{5}} \left[\left(\frac{1 + \sqrt{5}}{2} \right)^n - \left(\frac{1 - \sqrt{5}}{2} \right)^n \right] \quad (\text{für } n \geqslant 1).$$

Filter
filter; filtre

Ein nicht-leeres System $\mathscr{F}$ von Teilmengen einer Menge X heißt *Filter* (auf X), wenn es folgenden Bedingungen genügt:
(1) Ist $A \in \mathscr{F}$ und $B \supset A$, so ist auch $B \in \mathscr{F}$.
(2) Sind $A, B \in \mathscr{F}$, so ist auch $A \cap B \in \mathscr{F}$.
(3) Die leere Menge gehört nicht zu $\mathscr{F}$.

Beispiele: Die °Umgebungen eines Punktes p in einem °topologischen Raum bilden einen Filter, den *Umgebungsfilter* des Punktes. Die Obermengen einer nicht-leeren Teilmenge $A \subset X$ bilden einen Filter. Ist X eine unendliche Menge, so bilden die Komplemente der endlichen Teilmengen einen Filter.

Sind $\mathscr{F}_1$ und $\mathscr{F}_2$ zwei Filter auf X, so heißt $\mathscr{F}_1$ *feiner* als $\mathscr{F}_2$ (und $\mathscr{F}_2$ *gröber* als $\mathscr{F}_1$), wenn jede Menge von $\mathscr{F}_2$ auch zu $\mathscr{F}_1$ gehört.

Filter werden benötigt, um einen vernünftigen Begriff von Konvergenz in allgemeinen topologischen Räumen (in denen das 1. °Abzählbarkeitsaxiom nicht gilt) herzustellen.
($\rightarrow$ Konvergenz (von Filtern))

Filterbasis
filter basis; base d'un filtre

Ein nichtleeres System $\mathscr{B}$ von Teilmengen der Menge X heißt *Filterbasis* (auf X), wenn gilt:
(1) Zu je zwei Mengen $A, B \in \mathscr{B}$ gibt es ein $C \in \mathscr{B}$ mit $C \subset A \cap B$.
(2) Die leere Menge gehört nicht zu $\mathscr{B}$.
Jede Filterbasis $\mathscr{B}$ bestimmt eindeutig einen Filter, indem man zu den Mengen aus $\mathscr{B}$ alle Obermengen hinzunimmt.

Beispiele:
a) Ist $(x_n)_{n \in \mathbb{N}}$ eine °Folge in X und $A_k = \{x_i \mid i \geqslant k\}$ für alle $k \in \mathbb{N}$, so ist $B := \{A_k \mid k \in \mathbb{N}\}$ eine Filterbasis auf X; sie besteht aus den Endstücken der Folge; der durch sie bestimmte Filter heißt der zur Folge $(x_n)_{n \in \mathbb{N}}$ gehörige *Elementarfilter.*
b) Jede °Umgebungsbasis eines Punktes in einem °topologischen Raum ist eine Filterbasis des *Umgebungsfilters.*
c) Jede einpunktige Menge ist eine Filterbasis.

Finaltopologie
inductively generated topology; topologie finale

Sei $(X_i)_{i \in I}$ eine °Familie °topologischer Räume mit Abbildungen $f_i : X_i \rightarrow Y$ in eine Menge Y. Dann ist $\mathscr{T} := \bigcap_{i \in I} \mathscr{M}_i$ mit $\mathscr{M}_i = \{V \subset Y \mid f_i^{-1}(V) \text{ °offen in } X_i\}$

die feinste °Topologie auf Y, bei der alle f_i °stetig sind; sie heißt *Finaltopologie* auf Y bezüglich der $f_i\colon X_i \to Y$, $i \in I$. Sie ist charakterisiert durch die Eigenschaft: Eine Abbildung $g\colon Y \to Z$ (in einen topologischen Raum Z) ist genau dann stetig, wenn alle $g \circ f_i\colon X_i \to Z$ stetig sind.

($\to$ Identifizierungstopologie; $\to$ Quotiententopologie; $\to$ topologische Summe)

Finite-Elemente-Methode
finite-element method; méthode des éléments finis

Gegeben sei ein °Randwertproblem der Form $-y'' + cy = f$, $y = u(x)$, $c, f \in \mathscr{C}\,[a, b]$, $c(x) \geqslant 0$, $u(a) = u(b) = 0$. Die *Finite-Elemente-Methode* ist ein Spezialfall der sogenannten *Variationsmethoden* zur Lösung von Randwertaufgaben. Dabei konstruiert man sich zu dem jeweils gegebenen Problem ein Funktional, das über einem gewissen Funktionenraum, welcher die Lösung des Randwertproblems enthält, minimiert wird. In vielen Fällen ist dieses Minimum eindeutig bestimmt und (einzige) Lösung des Randwertproblems. Zur numerischen Berechnung einer °Näherung beschränkt man sich darauf, das Funktional auf einem endlichdimensionalen Teilraum zu minimieren.

Für das hier gegebene Randwertproblem wählt man das Funktional

$$F(v) := \int\limits_a^b [(v'(x))^2 + c(x)\,v^2(x) - 2f(x)\,v(x)]\,dx$$

und als Funktionenraum die Menge derjenigen Funktionen, die °absolutstetig in $[a, b]$ sind, deren erste Ableitungen ($\to$ differenzierbar) jeweils aus $L^2(a, b)$ ($\to L^P$-Räume) sind und die die Randbedingungen erfüllen. Zur numerischen Lösung unterteilt man nun das Intervall $[a, b]$ in n Teilintervalle $[x_i, x_{i+1}]$ mit $i = 0, 1, \ldots, n$ und wählt n sogenannte *Basisfunktionen*, φ_i die man auch als *„lineare finite Elemente"* bezeichnet, durch

$$\varphi_i(x) := \begin{cases} 0 & , \text{ falls } x \in [a, b] \setminus [x_{i-1}, x_{i+1}] \\[2mm] \dfrac{x - x_{i-1}}{x_i - x_{i-1}} & , \text{ falls } x \in [x_{i-1}, x_i] \\[2mm] \dfrac{x_{i+1} - x}{x_{i+1} - x_i} & , \text{ falls } x \in [x_i, x_{i+1}] \end{cases}$$

Dann setzt man die Näherungslösung an als $\tilde{u}(x) := \sum\limits_{j=1}^{n} a_j \varphi_j(x)$ und bestimmt die $a_j \in \mathbb{R}$ so, daß $F(\tilde{u})$ minimal wird, d.h. man minimiert F über dem von den Basisfunktionen aufgespannten Teilraum. Das in diesem Fall eindeutig bestimmte Minimum ist die Lösung des °linearen Gleichungssystems $Ax = b$ mit $A = (a_{ij})_{\,i,j=1,\ldots,n}$

$$a_{ij} = \int\limits_a^b [\varphi_i'(x)\,\varphi_j'(x) + c(x)\,\varphi_i(x)\,\varphi_j(x)]\,dx \quad \text{ und}$$

$$b = {}^t(b_1, \ldots, b_n) \quad \text{mit} \quad b_i = \int\limits_a^b f(x)\,\varphi_i(x)\,dx\,.$$

Finite-Elemente werden auch zur numerischen Lösung allgemeiner Randwertprobleme insbesondere bei partiellen °Differentialgleichungen verwendet. Häufig werden auch Basisfunktionen mit stärkeren Differenzierbarkeitsanforderungen gewählt, um die Genauigkeit zu verbessern.

Fixpunktsatz (von Banach)
fixed point theorem; théorème du point fix

Sei X ein °vollständiger °metrischer Raum und $f: X \to X$ eine °kontrahierende Abbildung. Dann gibt es genau einen *Fixpunkt* $a \in X$ von f, d.h. $f(a) = a$, und es gilt: Für jedes $x_0 \in X$ °konvergiert die °Folge (x_n), definiert rekursiv ($\to$ Rekursionssatz) durch $x_n = f(x_{n-1})$, gegen a.

Wegen der großen praktischen Bedeutung zur numerischen Berechnung von Lösungen sind zahlreiche Varianten und Verallgemeinerungen des Fixpunktsatzes entwickelt worden.

Fläche
surface; surface

Ähnlich wie der Begriff °Kurve wird auch der Begriff *Fläche* in verschiedenen Teilgebieten der Mathematik verschieden definiert.

In der elementaren Differentialgeometrie kann man mit folgender Definition arbeiten:

Eine Teilmenge $F \subset \mathbb{R}^3$ heißt *(reguläre) Fläche*, wenn es zu jedem Punkt $p \in F$ eine °differenzierbare Abbildung $\varphi: U \to V$ eines °Gebietes $U \subset \mathbb{R}^2$ in eine °Umgebung V von p in $\mathbb{R}^3$ gibt, so daß die °Jacobimatrix von φ in jedem Punkt von U maximalen °Rang 2 hat und φ einen °Homöomorphismus von U auf $F \cap V$ induziert („differenzierbar" wird meist verstanden im Sinne von „unendlich oft differenzierbar"). Die Abbildung φ heißt *Parametrisierung* (oder *lokales Koordinatensystem*) von F in der Umgebung von p. Die Umgebung $F \cap V$ von p in F heißt *Koordinatenumgebung*. Eine Fläche kann natürlich immer auf viele verschiedene Weisen parametrisiert werden.

Schreibt man u, v für die Koordinaten von $U \subset \mathbb{R}^2$ und $\varphi = (\varphi_1, \varphi_2, \varphi_3)$, so spannen die Vektoren $\dfrac{\partial \varphi}{\partial u} = \left(\dfrac{\partial \varphi_1}{\partial u}, \dfrac{\partial \varphi_2}{\partial u}, \dfrac{\partial \varphi_3}{\partial u} \right)$ und $\dfrac{\partial \varphi}{\partial v} = \left(\dfrac{\partial \varphi_1}{\partial v}, \dfrac{\partial \varphi_2}{\partial v}, \dfrac{\partial \varphi_3}{\partial v} \right)$ für jeden Punkt (u, v) von U die *Tangentialebene* an F im Punkt $p = \varphi(u, v) \in F$ auf, und der darauf senkrecht stehende auf Länge 1 normierte Vektor $\left(\left\| \dfrac{\partial \varphi}{\partial u} \times \dfrac{\partial \varphi}{\partial v} \right\| \right)^{-1} \cdot \dfrac{\partial \varphi}{\partial u} \times \dfrac{\partial \varphi}{\partial v}$ heißt *Normalenvektor* an F.

(Er ändert sein Vorzeichen, wenn man die Parameter u, v vertauscht.) Oft ist es nützlich, durch geeignete Wahl der Koordinaten u, v und x, y, z eine lokale Parametrisierung anzustreben in der Form $\varphi(u, v) = (u, v, \varphi_3(u, v))$.

In der Praxis wird eine Fläche $F \subset \mathbb{R}^3$ oft gegeben als Nullstellenmenge einer differenzierbaren Funktion $f: \mathbb{R}^3 \to \mathbb{R}$ mit $\mathrm{grad}\, f = \left(\dfrac{\partial f}{\partial x}, \dfrac{\partial f}{\partial y}, \dfrac{\partial f}{\partial z}\right) \neq 0$ in jedem Punkt von $f^{-1}(0)$. Dabei ist dann $(\|\mathrm{grad}\, f\|)^{-1} \cdot \mathrm{grad}\, f$ ein Normalenvektor, und die Tangentialebene an F in einem Punkt (x, y, z) ist gerade der Kern der linearen Abbildung $Df(x, y, z): \mathbb{R}^3 \to \mathbb{R}$, $(\xi, \eta, \zeta) \mapsto \dfrac{\partial f}{\partial x} \cdot \xi + \dfrac{\partial f}{\partial y} \cdot \eta + \dfrac{\partial f}{\partial z} \cdot \zeta$ (wobei $\dfrac{\partial f}{\partial x}, \dfrac{\partial f}{\partial y}, \dfrac{\partial f}{\partial z}$ an der Stelle (x, y, z) genommen sind).

Beispiele: $S^2 = \{(x, y, z) \in \mathbb{R}^3 : x^2 + y^2 + z^2 = 1\}$ und
$\mathbb{T}_2 = \{(x, y, z) \in \mathbb{R}^3 : z^2 + (\sqrt{x^2 + y^2} - 2)^2 = 1\}$ ($\to$ Torus) sind Flächen.

Flächenintegral
surface integral; intégrale sur une surface

Sei $n \in \mathbb{N}$ und $1 \leqslant r \leqslant n$. Eine Teilmenge $F \subset \mathbb{R}^n$ heißt *(parametrisiertes) r-dimensionales differenzierbares Flächenstück*, wenn ein °Gebiet $G \subset \mathbb{R}^r$ und eine injektive °differenzierbare Abbildung $f = (f_1, \ldots, f_n): G \to \mathbb{R}^n$ gegeben sind mit $F = f(G)$, so daß die °Jacobimatrix von f auf ganz G den maximalen Rang r hat und die Umkehrabbildung $f^{-1}|_F: F \to G$ stetig ist; f heißt dann *glatt*.
Ist dann $\omega = \displaystyle\sum_{i \leqslant i_1 < \ldots < i_r \leqslant n} c_{i_1 \ldots i_r}\, dy_{i_1} \wedge \ldots \wedge dy_{i_r}$ eine in einer °Umgebung von F definierte r-Form ($\to$ Differentialform), so erklärt man $\displaystyle\int_F \omega$ durch

$$\int_G \omega \circ f = \sum \int_G c_{i_1 \ldots i_r}(f(x))\, df_{i_1} \wedge \ldots \wedge df_{i_r},$$

wo $df_j = \displaystyle\sum_{k=1}^{n} \dfrac{\partial f_j}{\partial x_k}\, dx_k$ ist und die Rechenregeln der °äußeren Algebra zu beachten sind. Das Integral über G kann dann (prinzipiell) mit dem Satz von °Fubini ausgewertet werden. Bei Integralen über allgemeine Flächen muß die Fläche in parametrisierte Flächenstücke zerlegt werden; dabei ist stets die Orientierung der Parametrisierung zu beachten.
($\to$ Stokes (Satz von))

Folge
sequence; suite

Sei M eine Menge. Eine °Abbildung $\mathbb{N} \to M$ (oder $\mathbb{N}_0 \to M$) heißt *Folge* mit Werten in M; man schreibt dafür meist $(a_i)_{i \in \mathbb{N}}$ (mit $a_i \in M$ für alle i) oder $(a_1, a_2, \ldots)$.
($\to$ Familie, $\to$ konvergente Folge, $\to$ Reihe)

formale Potenzreihe
formal power series; série formelle

($\rightarrow$ Potenzreihe)

Fortsetzungsmethode
continuation method; méthode du prolongement

Es sei F eine stetige, nichtlineare °Abbildung von einer offenen Teilmenge D eines °Banachraumes X in einen Banachraum Y. Zur Lösung der Gleichung $F(x)=0$ wird dieses Problem in die folgende Problemklasse „eingebettet". Man wählt eine Homotopie ($\rightarrow$ homotop) $H: D \times [0, 1] \rightarrow Y$ zwischen F und einer stetigen Abbildung $G: D \rightarrow Y$, von der eine isolierte Nullstelle bekannt ist. Wegen $H(x, 0)=G(x)$ läßt sich eine Näherungslösung des ursprünglichen Problems berechnen, indem man das Intervall $[0, 1]$ in $0 < t_1 < \ldots < t_i < t_{i+1} < \ldots < t_n = 1$ unterteilt und jeweils das Problem $H(x, t_i)=0$ löst, z. B. falls H °differenzierbar in x ist, mit dem °Newton-Verfahren. Dabei wählt man als Startnäherung ($\rightarrow$ Näherung) jeweils die Näherungslösung des vorhergehenden Problems $H(x, t_{i-1})=0$ ($t_0:=0$). Diese sogenannten *Fortsetzungs-* oder *Einbettungsmethoden* haben sich in der Praxis vor allem zur Bestimmung von Startnäherungen für das Newton-Verfahren bewährt sowie bei Problemen, wo das Newton-Verfahren nicht direkt anwendbar ist.

Beispiel: Für den Fall $X=Y$ und $0 \in D$ wählt man $G=I$ (I sei die Identität auf X). Dann hat man mit $H(x, t):=(1-t) x + t F(x)$ die sogenannte Standardhomotopie zur Verfügung.

Fourier-Reihe

Sei $f: \mathbb{R} \rightarrow \mathbb{C}$ eine °periodische Funktion mit der Periode 2π (d. h. $f(x)=f(x+2\pi)$ für alle $x \in \mathbb{R}$). Die Funktion f sei über $[0, 2\pi]$ integrierbar ($\rightarrow$ Riemann-Integral, $\rightarrow$ Lebesgue-Integral). Dann heißen die Zahlen

$$c_k := \frac{1}{2\pi} \int_0^{2\pi} f(x) \, e^{-ikx} \, dx \qquad (k \in \mathbb{Z})$$

die *Fourier-Koeffizienten* von f und die Reihe $\sum_{k=-\infty}^{\infty} c_k e^{ikx}$ heißt *Fourier-Reihe* von f. Häufig, vor allem bei reellwertigen Funktionen, schreibt man die Fourier-Reihe auch in der Form

$$\frac{a_0}{2} + \sum_{k=1}^{\infty} (a_k \cos kx + b_k \sin kx), \quad \text{wobei}$$

$$a_k = \frac{1}{\pi} \int_0^{2\pi} f(x) \cos kx \, dx \quad \text{und} \quad b_k = \frac{1}{\pi} \int_0^{2\pi} f(x) \sin kx \, dx.$$

($\rightarrow$ Eulersche Formel).

Die Fourier-Reihe konvergiert im quadratischen Mittel gegen f, aber im allg. nicht punktweise. *Konvergenz im quadratischen Mittel* bedeutet: Zu jedem $\varepsilon > 0$ gibt es ein $N = N(\varepsilon) \in \mathbb{N}$, so daß für alle $n \geqslant N$

$$\frac{1}{2\pi} \int\limits_0^{2\pi} \left| \left(\sum_{k=-n}^{n} c_k e^{ikx} \right) - f(x) \right|^2 dx < \varepsilon \quad (\to Lp\text{-Räume}).$$

Ist f °stetig und stückweise °stetig differenzierbar, so konvergiert die Fourier-Reihe gleichmäßig gegen f ($\to$ Konvergenz von Funktionenfolgen).

Fourier-Transformation

Sei $f\colon \mathbb{R}^n \to \mathbb{C}$ Lebesgue-integrierbar. Dann ist für jedes $u \in \mathbb{R}^n$ auch die Funktion $x \mapsto f(x)\, e^{-2\pi i <u,x>}$ Lebesgue-integrierbar ($<u,x> = u_1 x_1 + \ldots + u_n x_n$ ($\to$ Skalarprodukt)), und die Funktion $\hat{f}\colon \mathbb{R}^n \to \mathbb{C}$, definiert durch

$$\hat{f}(u) = \int\limits_{\mathbb{R}^n} f(x)\, e^{-2\pi i <u,x>}\, dx,$$

heißt *Fourier-Transformierte* von f ($\to$ Lebesgue-Integral).

Die Fourier-Transformierte einer °Konvolution $f*g$ von zwei Funktionen ist das gewöhnliche (punktweise) Produkt ihrer Fourier-Transformierten: $\widehat{f*g} = \hat{f} \cdot \hat{g}$. Dies ist einer der Gründe für die große Bedeutung der Fourier-Transformation in der Analysis (besonders in der Theorie der partiellen °Differentialgleichungen).

Fraktil
fractile; fractile

($\to$ Quantil)

Fréchet-Ableitung

($\to$ differenzierbar)

Fredholm-Operator

Seien X, Y °Banach-Räume. Eine °stetige °lineare Abbildung $F\colon X \to Y$ heißt *Fredholm-Operator*, wenn gilt:

(i) $\operatorname{Ker} F = F^{-1}(0)$ ist endlich-dimensional

(ii) $\operatorname{Im}(F) = F(X)$ ist °abgeschlossen

(iii) Der °Quotientenraum $Y/F(X)$ ist endlich-dimensional.

Die ganze Zahl $\operatorname{ind}(F) := \dim F^{-1}(0) - \dim Y/F(X)$ heißt *Index* von F.

Die Menge aller Fredholm-Operatoren ist offen in $L(X, Y)$, dem Raum aller linearen stetigen Abbildungen von X nach Y. Ist $A: X \to X$ ein °kompakter Operator, so ist $id_X - A$ Fredholmsch mit Index 0.

Für einen Fredholm-Operator $F: X \to X$ mit Index $\mathrm{ind}(F) = 0$ gilt die *Fredholm-Alternative*:

Entweder ist die Gleichung $Fx = y$ für alle y lösbar (d.h. F ist surjektiv, also wegen $\mathrm{ind}(F) = 0$ auch injektiv und die Lösungen sind eindeutig)

oder sie ist nicht für alle y lösbar; ist sie dann für y_0 lösbar, so bilden die Lösungen einen endlich-dimensionalen °affinen Unterraum.

frei
free; libre

($\to$ linear unabhängig)

frei-abelsche Gruppe
free abelian group; groupe abélien libre

Sei X eine Menge und $FA(X) = \{\Phi: X \to \mathbb{Z} \mid \Phi(x) \neq 0$ nur für endlich viele $x\}$. Mit elementweiser Addition $(\Phi + \Phi')(x) := \Phi(x) + \Phi'(x)$ wird $FA(X)$ eine °abelsche Gruppe, die von X *erzeugte frei-abelsche Gruppe*. Durch $x \mapsto \Phi_x$, $\Phi_x(y) = 1$ für $x = y$ und $= 0$ sonst, wird eine injektive Abbildung $i: X \to FA(X)$ erklärt. Die Gruppe $FA(X)$ zusammen mit $i: X \to FA(X)$ ist durch folgende Eigenschaft charakterisiert: Zu jeder Abbildung $f: X \to G$ von X in eine abelsche Gruppe G gibt es genau einen Homomorphismus $\varphi: FA(X) \to G$ mit $\varphi \circ i = f$.

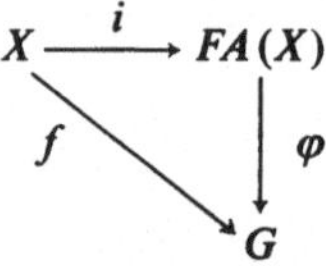

Allgemein heißt eine abelsche Gruppe G *frei abelsch*, wenn es eine Teilmenge X von G gibt, so daß der Homomorphismus $\varphi: FA(X) \to G$, der zur Inclusion $X \to G$ gehört, ein °Isomorphismus ist.

freie Gruppe
free group; groupe libre

Eine °Gruppe F heißt *frei über einer Teilmenge X* von F, wenn es zu jeder Gruppe G' und zu jeder Abbildung $f: X \to G'$ genau einen Gruppen-°Homomorphismus $g: F \to G'$ mit $g|_X = f$ gibt. Die Gruppe F heißt *frei*, wenn es eine Teilmenge $X \subset F$ gibt, so daß F frei über X ist.

Zu jeder Gruppe G gibt es eine freie Gruppe F und einen surjektiven Gruppenhomomorphismus $F \to G$.

Zu einer beliebigen Menge X gibt es stets eine Gruppe $F(X)$ und eine injektive Abbildung $i\colon X \to F(X)$, so daß $F(X)$ frei über $i(X)$ ist. $F(X)$ heißt die *von X erzeugte freie Gruppe*. Sie ist nur dann abelsch, wenn X leer ist oder nur ein Element enthält.

($\to$ Nielsen-Schreier (Satz von))

freier Modul
free module; module libre

Ein R-°Modul M heißt *frei*, wenn er eine *Basis* besitzt, d. h. wenn eine °Familie $(x_i)_{i \in I}$ von Elementen von M existiert, so daß sich jedes Element $m \in M$ *eindeutig* als *Linearkombination* $m = \sum_{i \in I} r_i x_i$ (nur endlich viele $r_i \in R$ sind $\neq 0$) (falls M Linksmodul) darstellen läßt.

Beispiel: Jeder R-Modul R^n ($n \geqslant 1$) ist frei; allgemein ist ein R-Modul genau dann frei, wenn er °direkte Summe von (evt. unendlich vielen) zu R isomorphen Moduln ist. Für jedes $n \in \mathbb{N}$, $n \geqslant 2$ ist der $\mathbb{Z}$-Modul $\mathbb{Z}/n\mathbb{Z}$ nicht frei.

Frenetsche Formeln

Für eine durch die Bogenlänge ($\to$ rektifizierbar) parametrisierte °Kurve $\gamma\colon I \to \mathbb{R}^3$ mit Tangentialvektor $t(s) = \gamma'(s)$ und $t'(s) = \gamma''(s) \neq 0$ (für alle $s \in I$) gelten zwischen den drei Vektoren t, n, b des °Frenetschen Dreibeins und ihren Ableitungen die (unabhängig von Frenet und Serret um 1850 gefundenen) Beziehungen:

$$
\begin{aligned}
t' &= \quad\quad \kappa n \\
n' &= -\kappa t \quad\quad + \tau b \\
b' &= \quad\quad -\tau n
\end{aligned}
\qquad \text{(Frenetsche Formeln)}.
$$

Dabei ist κ die °Krümmung und τ die °Torsion der Kurve γ (als Funktion der Bogenlänge s).

Mit Hilfe des °Existenz- und Eindeutigkeitssatzes für Differentialgleichungen folgt daraus, daß umgekehrt durch Vorgabe von differenzierbaren Funktionen $\kappa(s) \neq 0$ und $\tau(s)$, $s \in I$, die Kurve γ bis auf eine °orthogonale Abbildung des $\mathbb{R}^3$ in sich mit positiver °Determinante eindeutig bestimmt ist.

Frenetsches Dreibein
Frenet trihedron; trièdre de Frenet

Sei $\gamma\colon I \to \mathbb{R}^3$ eine durch die °Bogenlänge parametrisierte mehrfach differenzierbare °Kurve, für die $\gamma''(t) \neq 0$ für alle $t \in I$ gilt, dann bilden in jedem Kurvenpunkt $\gamma(s)$ der *Tangentialvektor* $\gamma'(s) =: t(s)$, der *Normalenvektor* $n(s)$ ($\to$ Krümmung einer Kurve) und der *Binormalvektor* $b(s) := t(s) \times n(s)$ ein orthonormiertes Dreibein (*begleitendes Dreibein; Frenetsches Dreibein*). Die von

t und n aufgespannte Ebene heißt *Schmiegebene,* die von

t und b aufgespannte Ebene heißt *rektifizierende Ebene,* und die von

n und b aufgespannte Ebene heißt *Normalenebene.*

Frobenius-Homomorphismus

Ist K ein °Körper der °Charakteristik $p > 0$, so ist die Abbildung $\varphi: K \to K$, $x \mapsto x^p$ ein °Monomorphismus, der sog. *Frobenius-Homomorphismus.*

Ist K endlich, so ist φ ein °Automorphismus; für $K = \mathbb{Z}/p\mathbb{Z}$ (p eine Primzahl) ist φ stets die Identität. Ein Körper K der Charakteristik $p > 0$ ist genau dann vollkommen ($\to$ separabel), wenn sein Frobenius-Homomorphismus surjektiv ist.

Fubini (Satz von)

Sei $\mathbb{R}^n = \mathbb{R}^p \times \mathbb{R}^q$. Dann gilt für eine (bzgl. λ^n) (Lebesgue-)integrierbare Funktion $f: \mathbb{R}^n \to \mathbb{R}$:

(i) Für alle x außerhalb einer λ^p-Nullmenge N in $\mathbb{R}^p$ ist die Funktion $f_x: \mathbb{R}^q \to \mathbb{R}$, $y \mapsto f(x, y)$, (Lebesgue-)meßbar und integrierbar bzgl. λ^q.

(ii) Die Funktion $F_1: \mathbb{R}^p \to \mathbb{R}$, $x \mapsto \int f_x \, d\lambda^q$ für $x \in \mathbb{R}^p \setminus N$ (und auf N beliebig definiert), ist meßbar und integrierbar bzgl. λ^p.

(iii) Es ist: $\int F_1 \, d\lambda^p = \int f \, d\lambda^n$.

($\to$ Lebesgue-Integral)

(Analog erhält man für entsprechend definierte f_y ($y \in \mathbb{R}^q$) und $F_2: y \mapsto \int f_y \, d\lambda^p$: $\int F_2 \, d\lambda^q = \int f \, d\lambda^n$.)

Dafür schreibt man z. B. $\displaystyle \int_{\mathbb{R}^p} \left(\int_{\mathbb{R}^q} f(x, y) \, d\lambda^q(y) \right) d\lambda^p(x) = \int_{\mathbb{R}^n} f(x, y) \, d\lambda^n(x, y) = \int_{\mathbb{R}^q} \left(\int_{\mathbb{R}^p} f(x, y) \, d\lambda^p(x) \right) d\lambda^q(y).$

Überdies gilt: Ist f meßbar und existiert eines der Integrale $\int |f| \, d\lambda^n$, $\int (\int |f| \, d\lambda^p) \, d\lambda^q$, $\int (\int |f| \, d\lambda^q) \, d\lambda^p$, so existieren alle und sind gleich.

Fundamentalform (erste)
first fundamental form; première forme fondamentale

Ist $F \subset \mathbb{R}^3$ eine °Fläche, $p \in F$ und $T_p F$ die Tangentialebene an F im Punkt p (aufgefaßt als Untervektorraum $T_p F \subset \mathbb{R}^3$) ($\to$ Fläche), so wird durch Beschränkung des üblichen °euklidischen °Skalarprodukts im $\mathbb{R}^3$ auf $T_p F$ ein Skalarprodukt definiert. Die davon induzierte °quadratische Form auf $T_p F$ heißt *1. Fundamentalform.* Ist F bei p gegeben durch eine Parametrisierung

$\varphi(u, v) = (\varphi_1, \varphi_2, \varphi_3)\ (u, v)$, so bilden $\dfrac{\partial \varphi}{\partial u} = \left(\dfrac{\partial \varphi_1}{\partial u}, \dfrac{\partial \varphi_2}{\partial u}, \dfrac{\partial \varphi_3}{\partial u}\right)$ und $\dfrac{\partial \varphi}{\partial v} =$

$\left(\dfrac{\partial \varphi_1}{\partial v}, \dfrac{\partial \varphi_2}{\partial v}, \dfrac{\partial \varphi_3}{\partial v}\right)$ (genommen im Punkt (u_0, v_0) mit $\varphi(u_0, v_0) = p$) eine °Basis

von $T_p F$ ($\rightarrow$ Fläche), und bezüglich dieser Basis ist die 1. Fundamentalform

gegeben durch die Matrix $g = \begin{pmatrix} g_{11} & g_{12} \\ g_{21} & g_{22} \end{pmatrix}$ $\left(\text{oder klassisch: } \begin{pmatrix} E & F \\ F & G \end{pmatrix}\right)$ mit

$g_{11} = E = \left\langle \dfrac{\partial \varphi}{\partial u}, \dfrac{\partial \varphi}{\partial u} \right\rangle$, $g_{12} = g_{21} = F = \left\langle \dfrac{\partial \varphi}{\partial u}, \dfrac{\partial \varphi}{\partial v} \right\rangle$ und $g_{22} = G \left\langle \dfrac{\partial \varphi}{\partial v}, \dfrac{\partial \varphi}{\partial v} \right\rangle$ (jeweils

genommen an der Stelle (u_0, v_0)).

Die 1. Fundamentalform erlaubt, auf der Fläche F Bogenlängen von Kurven, Winkel zwischen Tangentialvektoren, Flächeninhalte zu berechnen, ohne die Einbettung der Fläche F in den $\mathbb{R}^3$ explizit zu verwenden.

Fundamentalgruppe
fundamental group; groupe fondamental

($\rightarrow$ Homotopiegruppe)

Fundamentalsatz der Algebra
fundamental theorem of algebra; théorème de d'Alembert-Gauß

Jedes nichtkonstante °Polynom $P \in \mathbb{C}[T]$ hat in $\mathbb{C}$ mindestens eine Nullstelle. Es folgt: P zerfällt über $\mathbb{C}$ in Linearfaktoren, d. h. es gibt $x_1, \ldots, x_n \in \mathbb{C}$ mit

$$P = a_0 + a_1 T + \ldots + a_n T^n = a_n \cdot (T - x_1) \cdot \ldots \cdot (T - x_n),$$

wo $a_0, \ldots, a_n \in \mathbb{C}$, $n \geqslant 1$ und $a_n \neq 0$ ist.

Am einfachsten beweist man den *Fundamentalsatz der Algebra* in der Funktionentheorie mit dem Satz von °Liouville.

Fundamentalsatz der Differential- und Integralrechnung
fundamental theorem of calculus; formule fondamentale du calcul intégral

Sei $f: I \rightarrow \mathbb{R}$ eine °stetige Funktion auf einem °Intervall I, und $a \in I$. Man nennt

die Funktion $F: I \rightarrow \mathbb{R}$, $F(x) := \int\limits_a^x f(t)\, dt$ *unbestimmtes Integral* von f ($\rightarrow$ Riemann-Integral).

Eine Funktion $G: I \rightarrow \mathbb{R}$ heißt *Stammfunktion* von f, wenn G °differenzierbar ist und $G' = f$ gilt. Der *Fundamentalsatz der Differential- und Integralrechnung* besagt: Eine Stammfunktion von f unterscheidet sich von einem unbestimmten Integral von f nur durch eine additive Konstante. Insbesondere gilt $\int\limits_a^b f(t)\, dt = G(b) - G(a)$ mit einer beliebigen Stammfunktion G von f.

Fundamentalsystem von Lösungen eines linearen Differentialgleichungssystems

($\rightarrow$ Differentialgleichungen (gewöhnliche), (IV))

Funktion
function; fonction

($\rightarrow$ Abbildung)

Funktional
functional; fonctionelle

Eine °Linearform auf einem °Vektorraum wird manchmal (lineares) *Funktional* genannt, insbesondere, wenn der Vektorraum ein (unendlichdimensionaler) Raum von Funktionen ist.

Funktionalmatrix
jacobian; matrice jacobienne

($\rightarrow$ differenzierbar)

Funktionskeim
germ of a function; germe de fonction

Für lokale Betrachtungen in einer °Umgebung eines Punktes (wobei die „Größe" der Umgebung belanglos ist), verwendet man vorteilhaft den Begriff des *Keims*. Zur Definition von Funktionskeimen in einem Punkt einer Teilmenge $G \subset \mathbb{R}^n$ (zum Beispiel) nimmt man die Menge aller Funktionen, die auf irgendeiner Umgebung von p erklärt sind, und führt auf dieser Menge $\{f \,|\, f: U \rightarrow \mathbb{R},\ U$ Umgebung von p in $G\}$ folgende Äquivalenzrelation ein:
$f \sim g :\Leftrightarrow$ es gibt eine Umgebung V von p in G, so daß $f|_V = g|_V$.
Eine Äquivalenzklasse bzgl. dieser Relation heißt *Funktionskeim* in p.

Beispiel: Funktionskeime °holomorpher Funktionen im Punkt $0 \in \mathbb{C}$ entsprechen genau den konvergenten °Potenzreihen ($\rightarrow$ Identitätssatz).

Die Menge aller Funktionskeime in einem Punkt p bildet (mit der auf Repräsentanten punktweise erklärten Addition und Multiplikation) einen °Ring mit genau einem °maximalen °Ideal $\{f \,|\, f(p) = 0\}$ ($\rightarrow$ lokaler Ring).

Funktor
functor; foncteur

Seien $\mathscr{K}$ und $\mathscr{K}'$ °Kategorien. Ein (*kovarianter*) *Funktor* F ordnet jedem Objekt X von $\mathscr{K}$ ein Objekt $F(X)$ von $\mathscr{K}'$ und jedem °Morphismus $\varphi: X \rightarrow Y$ von

$\mathscr{K}$ einen Morphismus $F(\varphi)\colon F(X)\to F(Y)$ zu, so daß die folgenden Bedingungen erfüllt sind:

- $F(id_X)=id_{F(X)}$ für alle $X\in\mathrm{Ob}(\mathscr{K})$

- $F(\psi\circ\varphi)=F(\psi)\circ F(\varphi)$ für alle $\varphi\in\mathrm{Hom}(X,Y)$ und $\psi\in\mathrm{Hom}(Y,Z)$.

Ein *kontravarianter Funktor* G unterscheidet sich von einem kovarianten nur dadurch, daß „alle Pfeile umgedreht" werden: Für $\varphi\colon X\to Y$ ist dann $G(\varphi)\colon G(Y)\to G(X)$ und für φ,ψ wie oben ist $G(\psi\circ\varphi)=G(\varphi)\circ G(\psi)$.

Beispiele: Ist $\mathscr{K}$ die Kategorie der R-°Moduln (R kommutativer Ring), so ist der durch $M\mapsto M^*$, $(\varphi\colon M\to N)\mapsto(\varphi^*\colon N^*\to M^*)$ ($\to$ dualer Modul) definierte Funktor $\mathscr{K}\to\mathscr{K}$ kontravariant, der durch $M\mapsto M^{**}$, $(\varphi\colon M\to N)\mapsto(\varphi^{**}\colon M^{**}\to N^{**})$ ($\to$ Bidual) definierte Funktor $\mathscr{K}\to\mathscr{K}$ kovariant.

G

Galoisgruppe (einer Körpererweiterung)
Galois group; groupe de Galois

Für eine °Körpererweiterung K/k heißt die Automorphismengruppe $\mathrm{Aut}(K/k)=\{\sigma\in\mathrm{Aut}\,K\mid\sigma|_k=id_k\}$ *Galoisgruppe* von K über k.

Galoisgruppe (eines Polynoms)

Sei k ein °Körper und $f\in k[X]$ ein °Polynom. Ist K der °Zerfällungskörper von f über k, so heißt $\mathrm{Gal}(f,k):=\mathrm{Aut}(K/k)=\{\sigma\in\mathrm{Aut}\,K\mid\sigma|_k=id_k\}$ die *Galoisgruppe des Polynoms f*. Ist der Grad des Polynoms gleich n, und hat es $r\,(\leqslant n)$ paarweise verschiedene Nullstellen, so induziert $\sigma\in\mathrm{Gal}(f,k)$ eine Permutation der Nullstellen von f, man erhält dadurch einen injektiven Homomorphismus $\tau\colon\mathrm{Gal}(f,k)\to S_r$ ($\to$ symmetrische Gruppe). Häufig wird auch das Bild von τ als Galoisgruppe von f bezeichnet. ($\to$ symmetrische Gruppe; Permutationen der Nullstellen!).

Das *allgemeine Polynom* $X^n+u_{n-1}X^{n-1}+\ldots+u_1X+u_0\in k(u_0,\ldots,u_{n-1})[X]$ ($u_0,\ldots,u_{n-1}$ °algebraisch unabhängig über K) ist irreduzibel ($\to$ Teilbarkeit in Integritätsringen) und °separabel über $k(u_0,\ldots,u_{n-1})$, und seine Galoisgruppe ist isomorph zu S_n. Andere Beispiele:

- Der Zerfällungskörper $\mathbb{Q}(\varepsilon)$ von $X^n-1\in\mathbb{Q}[X]$ ist endlich-galoissch über $\mathbb{Q}$, die Galoisgruppe ist kommutativ und isomorph zur Gruppe der °Einheiten im °Restklassenring $\mathbb{Z}/n\mathbb{Z}$.
- Jede endliche Erweiterung über einem endlichen Körper k ist endlich-galoissch und die Galoisgruppe ist zyklisch.
- Ist $f=X^3+b_1X^2+b_2X+b_3\in\mathbb{Q}[X]$ irreduzibel mit Nullstellen x_1,x_2,x_3, so ist $\mathrm{Gal}(f,\mathbb{Q})=A_3$ ($\to$ alternierende Gruppe), falls $(x_1-x_2)(x_1-x_3)(x_2-x_3)\in\mathbb{Q}$, und $=S_3$ sonst.

($\to$ Galois-Theorie (Hauptsatz der))

Galois-Theorie (Hauptsatz der)
Galois theory (main theorem); théorie de Galois (théorème fondamental des extensions galoisiennes)

Sei (K/k) eine °Körpererweiterung. Man betrachtet die °*Galoisgruppe* $\mathrm{Aut}(K/k)$ der relativen Körper-Automorphismen von K über k (d. h. Körperautomorphismen $\sigma\colon K\to K$, deren Beschränkung $\sigma|_k$ gleich der Identität auf k ist). Ist $\mathrm{grad}(K/k)=n<\infty$ und ist $k=\{x\in K\mid\sigma(x)=x$ für alle $\sigma\in\mathrm{Aut}(K/k)\}$, so heißt die Erweiterung $k\subset K$ *(endlich-)galoissch* (dies ist gleichbedeutend damit, daß K Zerfällungskörper eines über k °separablen Polynoms ist). In diesem Fall gilt der sog. *Hauptsatz der Galois-Theorie*:

1) K ist auch endlich-galoissch über jedem Zwischenkörper L $(k \subset L \subset K)$ mit der °Galoisgruppe $\mathrm{Aut}(K/L)$ (d. h. $L = \{x \in K \mid \sigma(x) = x$ für alle $\sigma \in \mathrm{Aut}(K/L)\}$).

2) Jede Untergruppe U von $\mathrm{Aut}(K/k)$ ist Galoisgruppe zum Zwischenkörper $\mathrm{Fix}\, U := \{x \in K \mid \sigma(x) = x$ für alle $\sigma \in U\}$.

3) Für alle Körper L mit $k \subset L \subset K$ gilt: $\mathrm{ord}\,\mathrm{Aut}(K/L) = \mathrm{grad}(K/L)$.

4) Ein Zwischenkörper L ist galoissch über k genau dann, wenn $\mathrm{Aut}(K/L)$ Normalteiler in $\mathrm{Aut}(K/k)$ ist. In diesem Falle ist dann $\mathrm{Aut}(L/k) \cong \mathrm{Aut}(K/k)/\mathrm{Aut}(K/L)$.

Insbesondere ist die in (2) gegebene Abbildung $U \mapsto \mathrm{Fix}\, U$ von der Menge aller Untergruppen von $\mathrm{Aut}(K/k)$ in die Menge der Zwischenkörper von $k \subset K$ bijektiv und ordnungsumdrehend mit Umkehrabbildung $L \to \mathrm{Aut}(K/L)$, und wegen 3) gibt es in einer endlich-galoisschen Erweiterung nur endlich viele Zwischenkörper.

Die Galois-Theorie ist entsprungen aus dem Problem, eine Gleichung $f(x) = 0$ (mit einem Polynom $f \in k[x]$) „aufzulösen", d. h. „Ausdrücke" für ihre Wurzeln anzugeben. Im 16. Jahrhundert waren Formeln für die Gleichungen bis zum Grad vier bekannt (Cardano/ Tartaglia, Ferrari), und jahrhundertelang suchten die Mathematiker nach Auflösungen für Gleichungen höheren Grades. Im 19. Jahrhundert erkannten Niels Hendrik Abel und Evariste Galois die Nicht-Auflösbarkeit für allgemeine Polynome vom Grad $n \geqslant 5$; sie wird heute bewiesen durch Anwendung des Hauptsatzes auf °Radikalerweiterungen.

Gamma-Funktion
gamma function; fonction gamma

Für $x > 0$ konvergiert das °uneigentliche Integral $\int\limits_{0}^{\infty} t^{x-1} e^{-t} dt$ und definiert die *Gamma-Funktion* $\Gamma(x)$.

Es gilt:

a) $\Gamma(1) = 1$

b) $\Gamma(x+1) = x\,\Gamma(x)$ für alle $x > 0$

c) Γ ist logarithmisch konvex, d. h. $\ln \Gamma$ ist eine °konvexe Funktion.

Diese drei Eigenschaften charakterisieren die Γ-Funktion eindeutig. Aus a) und b) folgt insbesondere $\Gamma(n+1) = n!$ für alle $n \in \mathbb{N}$ ($\to$ Fakultät). Die Gamma-Funktion läßt sich forstsetzen zu einer °holomorphen Funktion auf $\mathbb{C} \setminus \{0, -1, -2, \ldots\}$ mit Polen ($\to$ Singularitäten) in $0, -1, -2, \ldots$. Die obige Integraldarstellung gilt für alle $z \in \mathbb{C}$ mit $Re(z) > 0$ (komplexe Zahlen). Für alle $z \in \mathbb{C} \setminus \{0, -1, -2, \ldots\}$ hat man die Darstellung $\Gamma(z) = \lim\limits_{n \to \infty} \dfrac{n!\, z^n}{z(z+1)\ldots(z+n)}$.

Für die vielen weiteren Eigenschaften der Gamma-Funktion (z. B. $\Gamma(\tfrac{1}{2}) = \sqrt{\pi}$ oder eine Produktdarstellung für $\Gamma(z)$) sei auf die Literatur verwiesen.

Gamma-Verteilung
gamma distribution; loi gamma

Auf $(\mathbb{R}, \mathscr{B})$ wird für $\alpha, \beta \in \mathbb{R}^*_+$ durch

$$f: x \mapsto \begin{cases} \dfrac{1}{\Gamma(\alpha)\,\beta^\alpha}\, x^{\alpha-1}\, e^{-x/\beta}, & \text{falls } x \in \mathbb{R}_+ \\[2ex] 0 & , \quad \text{sonst} \end{cases}$$

die Dichte eines absolut stetigen °Wahrscheinlichkeitsmaßes definiert (wobei Γ die °Gamma-Funktion bezeichnet). Dies heißt *Gamma-Verteilung* mit Parametern α und β (in Zeichen: $G(\alpha,\beta)$ oder $\Gamma(\alpha,\beta)$).

Speziell im Falle $\alpha = 1$ heißt $G(1,\beta)$ die *Exponentialverteilung mit Parameter β* (oder: *mit Parameter $1/\beta$*; Sprachgebrauch nicht einheitlich!) (in Zeichen: $\exp_\beta$ oder $\exp_{1/\beta}$); sie hat die Dichte $f: x \mapsto \dfrac{1}{\beta}\, e^{-1/\beta} \cdot 1_{\mathbb{R}_+}(x)$.

Speziell im Falle $\alpha = \dfrac{n}{2}$ und $\beta = 2$ $(n \in \mathbb{N})$ heißt $G\left(\dfrac{n}{2}, 2\right)$ die *(zentrale) Chi-Quadrat-Verteilung mit n Freiheitsgraden* (bezeichnet als χ^2_n); sie hat die Dichte $f: x \mapsto \dfrac{1}{\Gamma\left(\dfrac{n}{2}\right) 2^{n/2}}\, e^{-x/2}\, x^{n/2-1}\, 1_{\mathbb{R}_+}(x)$.

Ist eine reelle °Zufallsvariable X $G(\alpha,\beta)$-verteilt, so ist $EX = \alpha\beta$ und $\operatorname{Var} X = \alpha\beta^2$. – Sind die Zufallsvariablen X_i $(i = 1, \ldots, n)$ °stochastisch unabhängig und $G(\alpha_i,\beta)$-verteilt, so ist $\sum\limits_{i=1}^{n} X_i$ $G\left(\sum\limits_{i=1}^{n} \alpha_i, \beta\right)$-verteilt ($\rightarrow$ Faltung).

---

ganze Funktion
entire function; fonction entière

Eine auf ganz $\mathbb{C}$ definierte °holomorphe Funktion heißt *ganze Funktion* (im Gegensatz zu „gebrochenen", nämlich °meromorphen Funktionen).

---

ganze Zahlen
integers; nombres entiers

($\rightarrow$ Zahlen)

Gateaux-Ableitung

($\rightarrow$ differenzierbar)

Gauß (Integralsatz von)

($\to$ Stokes (Satz von))

Gauß (Satz von)

Jeder °Polynomring in endlich vielen Unbestimmten über einem °faktoriellen Ring ist faktoriell.

Gauß-Quadratur

Gaussian quadrature formula; formule de Gauss pour l'intégration numérique

Bei der sogenannten *Gaußquadratur* werden °Quadraturformeln konstruiert, die zu vorgegebenem $n \in \mathbb{N}$ und $\omega \in \mathscr{C}[a, b]$ mit $\omega(x) > 0$ für alle $x \in]a, b[$ das Integral $\int_a^b \omega(x) f(x)\, dx$ für °Polynome f von möglichst hohem Grad exakt berechnen. Es werden also eine Unterteilung $a = x_0 < x_1 < \ldots < x_n = b$ des °Intervalls $[a, b]$ und Gewichte $w_i \in \mathbb{R}_+^*$, $i = 0, 1, \ldots, n$ konstruiert, so daß für die Quadraturformel $\sum_{i=0}^n w_i f(x_i)$ der Fehler $\int_a^b \omega(x) f(x)\, dx - \sum_{i=0}^n {}_| w_i f(x_i) =: R_n^\omega(f)$ verschwindet. Es existiert für alle $n \in \mathbb{N}$ und alle „Gewichtsfunktionen" ω mit den oben genannten Eigenschaften stets eine Quadraturformel, die alle Polynome bis zum Grad $2n + 1$ exakt integriert; diese Formeln heißen *Gaußsche Quadraturformeln*. Zur Bestimmung der Unterteilung und der Gewichte betrachtet man das °Skalarprodukt

$$\langle h, g \rangle := \int_a^b h(x) g(x) \omega(x)\, dx$$

auf dem Raum $\mathscr{C}[a, b]$. Dann existiert ein eindeutig bestimmtes °Orthogonalsystem von normierten Polynomen p_j, $j \in \mathbb{N}_0$, jeweils vom Grad j, die nur einfache, reelle Nullstellen haben, die im offenen Intervall $]a, b[$ liegen. Die Nullstellen x_i, $i = 0, 1, \ldots, n$ von p_{n+1} und die Lösungen w_i des linearen Gleichungssystems

$$\sum_{i=0}^n p_0(x_i) w_i = \langle p_0, p_0 \rangle, \qquad \sum_{i=0}^n p_j(x_i) w_i = 0, \qquad j = 1, \ldots, n$$

sind die zu n und ω gehörenden Stützstellen und Gewichte. Ist $\omega(x) = 1$ für alle x und $a = -1$, $b = 1$, so sind die Orthogonalpolynome die sogenannten Legendrepolynome ($\to$ Legendresche Differentialgleichung).

Die Gaußschen Quadraturformeln konvergieren für $n \to \infty$ für jede stetige Funktion f, d.h. $\lim\limits_{n \to \infty} R_n^{\omega}(f) = 0$. Der Fehler ist, falls f $(2n+2)$-mal °differenzierbar ist

$$R_n^{\omega}(f) = \frac{f^{(2n+2)}(\xi)}{(2n+2)!} \langle p_{n+1}, p_{n+1} \rangle, \quad \xi \in]a, b[\, .$$

Gaußscher Algorithmus

Eine °Matrix A kann durch elementare Zeilenumformungen, also durch Linksmultiplikation mit °Elementarmatrizen, auf Zeilenstufenform gebracht werden.

Eine $m \times n$ Matrix $B = (b_{ij})$ $1 \leqslant i \leqslant m$, $1 \leqslant j \leqslant n$ hat *Zeilenstufenform*, wenn eine Folge $1 \leqslant j_1 < j_2 < \ldots < j_r \leqslant n$ existiert mit $b_{ij_i} \neq 0$, $b_{ik} = 0$ für $k < j_i$ bzw. für $i > r$. Dabei ist r der °Rang der Matrix B.

Hauptsächliche Anwendungsgebiete sind

(i) Bestimmung des Ranges einer Matrix bzw. Berechnung von A^{-1} falls $A \in GL(n)$

(ii) Vereinfachung von linearen Gleichungssystemen

Sei $Ax := b$ mit $A \in K^{m \times n}$ und $b \in K^m$ ein lineares Gleichungssystem, sei $\tilde{A} = (A \mid b) \in K^{m \times (n+1)}$. Bringt man $\tilde{A}$ auf Zeilenstufenform $\tilde{B} = (B \mid c)$, so hat das lineare Gleichungssystem $Bx = c$ die gleiche Lösungsmenge wie $Ax = b$, kann aber ohne weiteres gelöst werden. ($\to$ Gaußsches Eliminationsverfahren)

Gaußsches Eliminationsverfahren
Gaussian elimination; méthode d'élimination de Gauss

Zur direkten Auflösung °linearer Gleichungssysteme der Form $Ax = b$ mit $A \in Gl(n, \mathbb{R})$, $b \in \mathbb{R}^n$ verwendet man den °Gaußschen Algorithmus oder eine seiner Varianten, die als *Gaußsche Eliminationsverfahren* bezeichnet werden. Sie sind stets durchführbar, wenn zunächst geeignete Zeilentransformationen für A vorgenommen werden. Hierzu und zur Erhöhung der °numerischen Stabilität führt man eine *Spaltenpivotsuche* durch, d.h. man bestimmt bei jedem Eliminationsschritt das betragsmäßig größte Element der „Restspalte", das sogenannte *Pivotelement* und macht dieses gegebenenfalls durch eine Zeilenvertauschung zum Diagonalelement.

Dies ist bei der folgenden Variante, die im wesentlichen eine °Dreieckszerlegung von A berechnet, berücksichtigt:

(i) Für $i = 1, \ldots, n$ setze man $r_{ii} = 1$ und $z_i = i$. (ii) Setze $k = 1$. (iii) Für $i = k, k+1, \ldots, n$ berechne man $l_{z_i k} = a_{z_i k} - \sum\limits_{j=1}^{k-1} l_{z_i j} r_{jk} \cdot \left(\sum\limits_{j=M}^{N} \cdots := 0 \text{ für } M > N \right).$

(iv) Falls $l_{z_k k} = 0$, breche ab mit der Meldung „Matrix (numerisch) singulär", ansonsten **(v)** falls $k = n$, beende die Rechnung, ansonsten **(vi)** bestimme $m \in \{k, k+1, \ldots, n\}$, so daß $|l_{z_m k}| = \max\{|l_{z_k k}|, \ldots, |l_{z_n k}|\}$ und vertausche z_m mit z_k. **(vii)** Für $i = k+1, \ k+2, \ldots, n$ berechne $r_{ki} = l_{z_k k}^{-1} \left(a_{z_k i} - \sum_{j=1}^{k-1} l_{z_k j} r_{ji} \right)$.

(viii) Ersetze k durch $k+1$ und gehe nach (iii).

Es gilt dann $A = L \cdot R$, wobei R eine obere °Dreiecksmatrix und $L := (l_{z_i j})$ eine untere Dreiecksmatrix ist. Sodann löse man zunächst das Gleichungssystem $Lw = b$ wie folgt:

(ix) für $k = 1, \ldots, n$: $w_{z_k} = l_{z_k k}^{-1} \cdot \left(b_{z_k} - \sum_{j=1}^{k-1} l_{z_k j} w_{z_j} \right)$

und anschließend $Rx = w$ durch

(x) für $k = n, n-1, \ldots, 1$: $x_k = w_k - \sum_{j=k+1}^{n} r_{kj} w_j$.

Das Verfahren ist für große n anfällig für °Rundungsfehler, so daß man dann auf iterative Verfahren wie das °Gesamtschrittverfahren, das °Einzelschrittverfahren oder das SOR-Verfahren ($\to$ Relaxation) zurückgreift. Dies ist besonders dann zu empfehlen, wenn die °Kondition von A sehr groß ist.

Gaußsche Zahl

Gaussian integer; entier de Gauss

Eine °komplexe Zahl der Gestalt $a + ib$ mit °ganzen Zahlen $a, b \in \mathbb{Z}$ heißt (*ganze*) *Gaußsche Zahl*. Die Gaußschen Zahlen bilden einen Ring $\mathbb{Z}[i]$, der für zahlentheoretische Untersuchungen von Bedeutung ist.

($\to$ euklidischer Ring)

Gauß-Seidel-Verfahren

Gauss-Seidel-method; méthode itérative de Gauss-Seidel

($\to$ Einzelschrittverfahren)

Gauß-Test

Es seien $X_1, \ldots, X_n$ °stochastisch unabhängige $N(a, \sigma_0^2)$-verteilte °Zufallsvariable mit Parameter $a \in \mathbb{R}$ bei bekanntem $\sigma_0^2 > 0$; ferner seien $a_0 \in \mathbb{R}$ fest und $\alpha \in [0, 1]$.

Dann wird ein °optimaler °Test $\varphi : \mathbb{R}^n \to [0, 1]$ zum Niveau α für das einseitige Testproblem $H : a \leqslant a_0$ gegen $K : a > a_0$ ($\to$ Test) definiert durch

$$\varphi := 1_{]u_{1-\alpha}, \infty[} \circ T$$

mit der Test-Statistik $T:(x_1, \ldots, x_n) \mapsto \sqrt{n}\,\dfrac{\bar{x}-a_0}{\sigma_0}$ (wo $\bar{x} := \dfrac{1}{n}\sum\limits_{i=1}^{n} x_i$ das °arith-metische Mittel bezeichnet) und dem $(1-\alpha)$-°Quantil $u_{1-\alpha}$ der Standard-°Normalverteilung. – Dieser Test heißt *einseitiger Gauß-Test*.

Für das entsprechende zweiseitige Testproblem $H: a = a_0$ gegen $K: a \neq a_0$ ist der Test $\psi := 1_{]u_{1-\alpha/2},\,\infty[} \circ |T|$ (mit obiger Statistik T) optimal unter allen unverfälschten °Tests zum Niveau α. Dieser heißt *zweiseitiger Gauß-Test*.

Gauß-Verteilung
Gauss distribution; loi de Gauss

($\rightarrow$ Normalverteilung)

Gebiet
domain; domaine

Eine Teilmenge $\mathbb{R}^n$ oder $\mathbb{C}^n$ heißt *Gebiet*, wenn sie °offen und °zusammenhängend ist. Diese Voraussetzungen sind insbesondere in der Analysis und Funktionentheorie sinnvoll (und oft notwendig) für Definitionsbereiche von Funktionen.

gebrochen lineare Transformation
fractional linear transformation; transformation homographique

($\rightarrow$ Riemannsche Zahlenkugel)

geometrische Reihe
geometric series; série géométrique

Für jede komplexe Zahl $q \neq 1$ und jede natürliche Zahl n gilt $1 + q + q^2 + \ldots + q^n = \sum\limits_{k=0}^{n} q^k = \dfrac{1-q^{n+1}}{1-q}$. Ist $|q| < 1$, so konvergiert die *geometrische Reihe* $\sum\limits_{k=0}^{\infty} q^k$ gegen $\dfrac{1}{1-q}$; ist $|q| > 1$, so ist sie divergent.

($\rightarrow$ Konvergenz (von Folgen und Reihen))

geometrische Verteilung
geometric distribution; loi géométrique

($\rightarrow$ Negativ-Binomial-Verteilung)

geordnete Menge
ordered set; ensemble ordonné

($\rightarrow$ Halbordnung)

Gerade
line; droite

Ein 1-dimensionaler linearer Unterraum eines °Vektorraums oder °affinen Raums oder °projektiven Raums heißt *Gerade*. In diesem Sinn ist z. B. eine Gerade in einem Vektorraum oder affinen Raum über dem °Körper der °komplexen Zahlen zu identifizieren mit einer reellen Ebene ...
(→ projektiver Raum)

gerade (Funktion)
even function; fonction paire

Eine Funktion f auf $\mathbb{R}$ heißt *gerade*, wenn für alle $x \in \mathbb{R}$ gilt $f(x)=f(-x)$ (und *ungerade*, wenn $f(x)= -f(-x)$ ist).

Beispiel: $f(x) = \dfrac{x}{2} + \dfrac{x}{e^x - 1}$ ist eine gerade Funktion (→ Bernoulli-Zahlen).

gerade (Permutation)
even permutation; permutation paire

(→ Signum)

Gerschgorin (Satz von)

Es sei $A \in M(n, \mathbb{C})$, dann besagt der *Satz von Gerschgorin*, daß die Vereinigung der Kreisscheiben

$$K_i := \left\{ \lambda \in \mathbb{C} \,\middle|\, |\lambda - a_{ii}| \leqslant \sum_{\substack{k=1 \\ k \neq i}}^{n} |a_{ik}| \right\}$$

alle °Eigenwerte von A enthält.
Da A und ^tA dieselben Eigenwerte besitzen, gilt die Aussage entsprechend für die Kreisscheiben

$$\tilde{K}_i := \left\{ \lambda \in \mathbb{C} \,\middle|\, |\lambda - a_{ii}| \leqslant \sum_{\substack{j=1 \\ j \neq i}}^{n} |a_{ji}| \right\}.$$

Läßt sich die Vereinigung der K_i in disjunkte Vereinigungen $\bigcup\limits_{j=1}^{k} K_{i_j}$ und $\bigcup\limits_{j=k+1}^{n} K_{i_j}$ zerlegen, so enthält erstere k Eigenwerte und die zweite $n\text{-}k$ Eigenwerte (entsprechend der Vielfachheit gezählt) von A.

Gesamtschrittverfahren
total-step iteration; méthode des pas totaux

Es sei $A \in Gl(n, \mathbb{R})$. Zur iterativen Lösung eines °linearen Gleichungssystems der Form $Ax = b$ zerlegt man (nach eventueller äquivalenter Umformung) beim *Gesamtschrittverfahren*, das auch *Jacobiverfahren* genannt wird, die Matrix A in $A = D - L - R$, wobei L eine untere und R eine obere °Dreiecksmatrix mit den Diagonalelementen $l_{ii} = r_{ii} = 0$, $i = 1, \ldots, n$, sowie D eine °reguläre Diagonalmatrix ist. Anstelle des ursprünglichen betrachtet man das äquivalente Gleichungssystem $x = D^{-1}(R + L)x + D^{-1}b$, dessen Lösung der °Fixpunkt der °Abbildung $T: \mathbb{R}^n \to \mathbb{R}^n$, $T(x) = D^{-1}(L + R)x + D^{-1}b$ ist. Das Verfahren der °sukzessiven Approximation läßt sich für jeden Startvektor $x_0 \in \mathbb{R}^n$ zur Lösung verwenden, falls der betragsmäßig größte °Eigenwert der Matrix $D^{-1}(L + R)$ dem Betrag nach kleiner als 1 ist. Hinreichend hierfür ist die Existenz einer mit der auf dem $\mathbb{R}^n$ zugrundegelegten Norm verträglichen °Matrixnorm $\| \cdot \|$, so daß gilt: $\| D^{-1}(L + R) \| < 1$. Ein Iterationsschritt $x_{n+1} = D^{-1}(L + R)x_n + D^{-1}b$ wird praktisch folgendermaßen ausgeführt:

$$x_n^{(i)} = \frac{1}{a_{ii}} \left(b^{(i)} - \sum_{\substack{j=1 \\ j \neq i}}^{n} a_{ij} x_{n-1}^{(j)} \right) \quad i = 1(1)n$$

Hierbei enthalten die hochgestellten Klammern die jeweiligen Vektorkomponenten. Das Gesamtschrittverfahren konvergiert in der Regel langsamer als das °Einzelschrittverfahren.

---

geschlossen (Differentialform)
closed; fermé

Eine °Differentialform ω heißt *geschlossen*, wenn ihre °äußere Ableitung $d\omega$ identisch verschwindet.

Beispiel: Für ein °Vektorfeld $v = (v_1, v_2, v_3)$ im $\mathbb{R}^3$, geschrieben als Differentialform $\omega = v_1\, dx + v_2\, dy + v_3\, dz$, ist diese Bedingung gleichwertig mit der *Integrabilitätsbedingung* $\operatorname{rot} v = \left(\dfrac{\partial v_3}{\partial y} - \dfrac{\partial v_2}{\partial z}, \dfrac{\partial v_1}{\partial z} - \dfrac{\partial v_3}{\partial x}, \dfrac{\partial v_2}{\partial x} - \dfrac{\partial v_1}{\partial y} \right) = 0$ ($\to$ Vektoranalysis).

($\to$ Poincaré (Lemma von); $\to$ exakt (Differentialform))

Gesetze großer Zahlen
laws of large numbers; lois des grands nombres

Gesetze großer Zahlen sind wahrscheinlichkeitstheoretische Aussagen über Konvergenzen der arithmetischen Mittel von Folgen oder Schemata reeller Zufallsvariabler.

(1) Es sei $((X_{ni})_{i=1,\ldots,n})_{n\in\mathbb{N}}$ ein Schema reeller °Zufallsvariabler mit existierenden °Erwartungswerten, wobei $X_{n1},\ldots,X_{nn}$ jeweils definiert sind auf einem °Wahrscheinlichkeitsraum $(\Omega_n, \mathscr{A}_n, P_n)$.

Man sagt, das Schema genüge dem *schwachen Gesetz der großen Zahlen*, falls die zentrierten °arithmetischen Mittel $Z_{(n)} := \dfrac{1}{n}\sum\limits_{i=1}^{n}(X_{ni}-EX_{ni})$ „stochastisch gegen Null konvergieren", was bedeutet, daß für jedes $\varepsilon > 0$ die °Folge $(P_n(\{|Z_{(n)}|\geqslant\varepsilon\}))_{n\in\mathbb{N}}$ gegen Null konvergiert.

Hinreichend hierfür ist z. B., daß für $n\in\mathbb{N}$ die X_{ni} paarweise unkorreliert ($\to$ Kovarianz) sind mit existierenden °Varianzen, die die folgende Bedingung erfüllen: $\lim\limits_{n\to\infty}\dfrac{1}{n^2}\sum\limits_{i=1}^{n}\mathrm{Var}\,(X_{ni})=0$. Dies folgt direkt aus der °Tschebyscheff-Ungleichung.

Bei paarweise °stochastisch unabhängigen und identisch verteilten X_{ni} kann sogar auf die Forderung der Existenz der Varianz verzichtet werden.

Falls die X_{ni} $(i=1,\ldots,n)$ paarweise unkorreliert und identisch $B(1,p)$-verteilt sind, so besagt obige Aussage die stochastische (!) Konvergenz der °arithmetischen Mittel $\overline{X}_{(n)} := \dfrac{1}{n}\sum\limits_{i=1}^{n}X_{ni}$ (d.h. der relativen Häufigkeiten des Auftretens der „1") gegen den wahren Wert p der °Wahrscheinlichkeit für die „1".

(2) Es sei $(X_n)_{n\in\mathbb{N}}$ eine Folge reeller Zufallsvariabler mit existierenden °Erwartungswerten auf einem °Wahrscheinlichkeitsraum $(\Omega, \mathscr{A}, P)$. Man sagt $(X_n)_{n\in\mathbb{N}}$ genügt dem *starken Gesetz der großen Zahlen*, wenn die Folge der zentrierten arithmetischen Mittel $Z_{(n)} := \dfrac{1}{n}\sum\limits_{i=1}^{n}(X_i-EX_i)$ „*P-fast-sicher gegen Null konvergiert*", was bedeutet: $P\left(\left\{\lim\limits_{n}Z_{(n)}=0\right\}\right)=1$. Hinreichend hierfür ist z. B., daß die X_n °stochastisch unabhängig sind mit existierenden °Varianzen, die die folgende Bedingung erfüllen: $\sum\limits_{n=1}^{\infty}\dfrac{1}{n^2}\mathrm{Var}\,(X_n)<\infty$.

Bei identisch verteilten X_n kann sogar auf die Forderung der Existenz der Varianzen verzichtet werden.

Falls die X_n stochastisch unabhängig und identisch $B(1,p)$-verteilt sind, so erhält man die P-fast-sichere Konvergenz der °arithmetischen Mittel gegen p.

Genügt (X_n) dem starken Gesetz, so auch dem schwachen.

gleichgradig stetig
equicontinuous; équicontinu

X sei ein °topologischer Raum und (M, d) ein °metrischer Raum, $\mathscr{C}(X, M)$ bezeichne die Menge der stetigen Abbildungen von X nach M. Eine Menge $H \subset \mathscr{C}(X, M)$ heißt *gleichgradig stetig* in $x_0 \in X$, oder *gleichstetig* in $x_0 \in X$, wenn zu jeder reellen Zahl $\varepsilon > 0$ eine °Umgebung U von x_0 existiert, so daß U unter allen $f \in H$ in die °Kugel um $f(x_0)$ mit dem Radius ε abgebildet wird; d. h. $f(U) \subset K(f(x_0); \varepsilon) = \{x \in M \mid d(f(x_0), x) < \varepsilon\}$ für alle $f \in H$.

H heißt *gleichgradig stetig* oder *gleichstetig*, wenn H in jedem Punkt $x \in X$ gleichgradig stetig ist.

($\rightarrow$ Arzela-Ascoli, $\rightarrow$ Prinzip der gleichmäßigen Beschränktheit)

gleichmächtig
equipotent; équipotent

Zwei Mengen heißen *gleichmächtig*, wenn es eine bijektive °Abbildung zwischen ihnen gibt.

($\rightarrow$ Kardinalzahl)

gleichmäßig bester Test
uniformly most powerful (UMP-)test; test uniformément le plus puissant

($\rightarrow$ optimaler Test)

gleichmäßige Beschränktheit (Prinzip der)
principle of uniform boundedness; principe d'uniformément majoré

Als direkte Folgerung aus dem Baireschen Satz ($\rightarrow$ Bairescher Raum) erhält man: Es sei (X, d) ein °vollständiger metrischer Raum und $H \subset \mathscr{C}(X, \mathbb{R})$ eine Teilmenge der stetigen reellwertigen Funktionen von X nach $\mathbb{R}$ mit der folgenden Eigenschaft: für jedes $x \in X$ existiert eine Konstante K_x, so daß $f(x) \leqslant K_x$ gilt für alle $f \in H$, dann gibt es eine offene Kugel U in X und eine Konstante K, so daß $f(x) \leqslant K$ für alle $x \in U$ und alle $f \in H$ gilt.

Für Banach-Räume erhält man damit:

E sei ein °Banachraum und F ein normierter Raum und $L(E, F)$ seien die linearen stetigen Abbildungen von E nach F. Hat eine Teilmenge $H \subset L(E, F)$ die folgende Eigenschaft: $\{h(x) \mid h \in H\}$ ist für alle $x \in E$ beschränkt, so ist H °gleichgradig stetig, und H ist in dem normierten Raum $L(E, F)$ beschränkt, d. h. es existiert ein $M > 0$, so daß $\sup_{h \in H} \|h\| < M$ gilt.

gleichmäßige Konvergenz
uniform convergence; convergence uniforme

Zur Definition → Konvergenz von Funktionenfolgen.

Es gelten folgende Sätze:

- Die Grenzfunktion einer gleichmäßig konvergenten Folge °stetiger Funktionen ist stetig.
- Für eine gleichmäßig konvergente Folge (f_n) stetiger Funktionen auf einem Intervall $[a, b]$ gilt

$$\int_a^b \left(\lim_{n \to \infty} f_n(x) \right) dx = \lim_{n \to \infty} \left(\int_a^b f_n(x)\, dx \right).$$

- Konvergiert die Folge (f_n') der Ableitungen einer Folge (f_n) stetig °differenzierbarer Funktionen auf $[a, b]$ gleichmäßig und konvergiert (f_n) punktweise, so ist $\lim f_n$ °differenzierbar und es gilt $(\lim f_n)' = \lim (f_n')$.

---

gleichmäßig stetig
uniformly continuous; uniformement continu

Sei $D \subset \mathbb{R}$. Eine Funktion $f: D \to \mathbb{R}$ heißt in D *gleichmäßig stetig*, wenn gilt: Für alle $\varepsilon > 0$ gibt es ein $\delta > 0$, so daß

$$|f(x) - f(x')| < \varepsilon \quad \text{für alle } x, x' \in D \text{ mit } |x - x'| < \delta.$$

Jede auf einem °abgeschlossenen °beschränkten °Intervall °stetige Funktion ist gleichmäßig stetig; die Funktion $\mathbb{R} \to \mathbb{R}$, $x \mapsto x^2$ ist nicht gleichmäßig stetig.

Dieselbe Definition gilt allgemeiner für Funktionen auf °metrischen Räumen, wenn $|x - x'|$ durch $d(x, x')$ ersetzt wird; dann ist jede stetige Funktion auf einer °kompakten Menge gleichmäßig stetig.

Gleichverteilung
uniform distribution; loi uniforme

(1) Über einer endlichen Menge $\Omega = \{a_1, \ldots, a_n\}$ definiert $P(\{a_i\}) := \dfrac{1}{n}$

$(i = 1, \ldots, n)$ ein diskretes °Wahrscheinlichkeitsmaß auf $(\Omega, \mathfrak{P}(\Omega))$, die *diskrete Gleichverteilung* oder *Laplace-Verteilung*.

Für $A \subset \Omega$ ist $P(A) = \dfrac{\text{card}\, A}{\text{card}\, \Omega}$ (→ Kardinalzahl).

Ist eine reelle °Zufallsvariable X Laplace-verteilt über $\{a_1, \ldots, a_n\} \subset \mathbb{R}$, so ist

$$EX = \frac{1}{n} \sum_{i=1}^{n} a_i =: \bar{a} \quad \text{und} \quad \text{Var}\, X = \frac{1}{n} \sum_{i=1}^{n} (a_i - \bar{a})^2 \quad (\to \text{arithmetisches Mittel}).$$

(2) Auf $(\mathbb{R}, \mathcal{B})$ wird für $a, b \in \mathbb{R}$ mit $a < b$ durch

$$f : x \mapsto \begin{cases} \dfrac{1}{b-a}, & a \leqslant x \leqslant b \\[2mm] 0, & \text{sonst} \end{cases}$$

die Dichte eines absolut stetigen °Wahrscheinlichkeitsmaßes definiert. Dies heißt *Gleich-* oder *Rechteckverteilung über* $[a, b]$ (in Zeichen: $R[a, b]$ oder $U[a, b]$).

Ist eine reelle °Zufallsvariable X $R[a, b]$-verteilt, so ist $EX = \dfrac{a+b}{2}$ und $\operatorname{Var} X = \dfrac{(b-a)^2}{12}$.

Gleitkommadarstellung
floating point representation, représentation en virgule flottante

Zur Darstellung von Zahlen auf einem °Digitalrechner stehen nur endlich viele Stellen zur Verfügung. Bei der *Gleitkommadarstellung* wird eine °Maschinenzahl y durch eine m-stelligen Dezimalbruch x mit $0 \leq x < 1$, der *Mantisse von* y, und einem Exponenten mit höchstens k Stellen dargestellt.

Beispiel: 543,21 hat in der Gleichkommadarstellung (z. B. für $m = 8$) die Gestalt $0.543210 \cdot 10^3$.

Goldbachsche Vermutung

Die bis heute ungelöste *Goldbachsche Vermutung* aus dem Jahre 1742 besagt, daß jede gerade Zahl, die größer als 2 ist, Summe von zwei Primzahlen ist.

Goursat (Satz von)

($\rightarrow$ holomorph)

Grad (einer Körpererweiterung)
degree; degré

($\rightarrow$ Körpererweiterung)

Grad (eines Polynoms)

Ist $f \in K[X]$ ein °Polynom in einer Unbestimmten mit Koeffizienten in einem °Körper K, also $f = \sum_{i \in \mathbb{N}_0} a_i X^i$ (nur endlich viele $a_i \neq 0$), so heißt

$$\deg f := \max\{i \in \mathbb{N}_0 : a_i \neq 0\} \text{ der } Grad \text{ von } f.$$

Dem Nullpolynom ordnet man meist den Grad $-\infty$ zu. Für je zwei Polynome $f, g \in K[X]$ gilt: $\deg(fg) = \deg f + \deg g$ und $\deg(f+g) \leq \max\{\deg f, \deg g\}$.

Ist $F \in K[X_1, \ldots, X_n]$ ein Polynom in mehreren Unbestimmten, $F = \sum a_{i_1 \ldots i_n} X^{i_1} \ldots X^{i_n}$, so bezeichnet man $\max\{i_1 + \ldots + i_n \mid a_{i_1 \ldots i_n} \neq 0\}$ als *Totalgrad* (oder einfach auch als *Grad*) von F.

Gradient

Sei $U \subset \mathbb{R}^n$ offen und $f: U \to \mathbb{R}$ partiell °differenzierbar. Dann heißt der Vektor

$$(\operatorname{grad} f)(x) := \left(\frac{\partial f}{\partial x_1}(x), \ldots, \frac{\partial f}{\partial x_n}(x) \right)$$

Gradient von f im Punkt $x \in U$. Andere Schreibweise: $\operatorname{grad} f = \nabla f$ (gesprochen: *Nabla f*), wo $\nabla = \left(\dfrac{\partial}{\partial x_1}, \ldots, \dfrac{\partial}{\partial x_n} \right)$ als vektorwertiger Differentialoperator aufgefaßt wird.

($\to$ Vektoranalysis)

Graph
graph; graphe

($\to$ Abbildung)

Graßmann-Algebra

($\to$ äußere Algebra)

Green (Integralsatz von)

($\to$ Stokes (Satz von))

Grenzwert
limit; limite

($\to$ Konvergenz, $\to$ Grenzwert (bei Funktionen))

Grenzwert (bei Funktionen)

a) Sei $D \subset \mathbb{R}$ und $f: D \to \mathbb{R}$ eine Funktion. f hat in einem °Häufungspunkt x_0 von D den *Grenzwert (linksseitigen Grenzwert)* f_0, wenn es zu jedem $\varepsilon > 0$ ein $\delta > 0$ gibt, so daß für jedes $x \in D$ mit $x \neq x_0$ (für jedes $x \in D$ mit $x < x_0$) gilt: aus $|x - x_0| < \delta$ folgt $|f(x) - f_0| < \varepsilon$; man schreibt dann $\lim\limits_{x \to x_0} f(x) = f_0$ (bzw. $\lim\limits_{\substack{x < x_0 \\ x \to x_0}} f(x) = f_0$).

Die Definition für den *rechtsseitigen Grenzwert* ist damit klar.

Wenn f in $x_0 \in \mathbb{R}$ einen rechtsseitigen und linksseitigen Grenzwert hat und beide übereinstimmen, so ist dieser Wert *Grenzwert* von f in x_0.

Die gleichwertige Grenzwertdefinition unter Verwendung von Folgen lautet so:

f hat in einem °Häufungspunkt x_0 von D den Grenzwert f_0, wenn für jede Folge $(x_n)_{n \in \mathbb{N}}$ mit $x_n \in D$ für alle $n \in \mathbb{N}$ und $\lim x_n = x_0$ gilt, daß $(f(x_n))_{n \in \mathbb{N}}$ gegen f_0 konvergiert ($\to$ Konvergenz von Folgen). Rechts- bzw. linksseitige Grenzwerte sind auch in dieser Definition klar.

Der Wert $f(x_0)$ (falls er überhaupt existiert) ist für Grenzwertbetrachtungen im Punkt x_0 ohne Bedeutung. Falls allerdings $x_0 \in D$ und f in x_0 °stetig ist, so gilt $\lim\limits_{x \to x_0} f(x) = f(x_0)$, und umgekehrt wenn der Grenzwert $\lim\limits_{x \to x_0} f(x)$ existiert und gleich dem Funktionswert $f(x_0)$ ist, so ist f in x_0 stetig.

b) Nicht erfaßt durch a) sind die sogenannten *„uneigentlichen Grenzwerte“*. Mit der gleichen Bezeichnung wie unter a) gelte:

zu jedem $n \in \mathbb{N}$ gibt es ein $x \in D$ mit $x > n$. Man sagt dann, f hat in ∞ den Grenzwert f_0, wenn es zu jedem $\varepsilon > 0$ ein $\delta > 0$ gibt, so daß für jedes $x \in D$ gilt: aus $0 < \dfrac{1}{x} < \delta$ folgt $|f(x) - f_0| < \varepsilon$. Man schreibt dann $\lim\limits_{x \to \infty} f(x) = f_0$.

Analog definiert man $\lim\limits_{x \to -\infty} f(x) = f_0$.

Für $D = \mathbb{N}$ ordnet sich die °Konvergenz von Folgen unter.

Weiterhin wollen wir ∞ (bzw. $-\infty$) als Grenzwert zulassen; $\lim\limits_{x \to a} f(x) = \infty$ soll dann heißen: zu jedem $\varepsilon > 0$ gibt es ein $\delta > 0$, so daß für alle $x \in D$ gilt: aus $0 < |x - a| < \delta$ folgt $f(x) > \dfrac{1}{\varepsilon}$. Es soll dann $\lim\limits_{x \to a} f(x) = -\infty$ gelten, wenn $\lim\limits_{x \to a} -f(x) = \infty$ gilt. Es ist nach allem klar, was $\lim\limits_{x \to \infty} f(x) = \infty$ bedeutet: zu jedem $\varepsilon > 0$ gibt es ein $\delta > 0$, so daß für alle $x \in D$ gilt: aus $0 < \dfrac{1}{x} < \delta$ folgt $f(x) > \dfrac{1}{\varepsilon}$; entsprechend sind $\lim\limits_{x \to \infty} f(x) = -\infty$ bzw. $\lim\limits_{x \to -\infty} f(x) = -\infty$ definiert.

c) Sei $D \subset \mathbb{R}^n$, $n > 1$ und $f: D \to \mathbb{R}^m$, $m \in \mathbb{N}$ eine Abbildung. f hat in einem °Häufungspunkt x_0 von D den Grenzwert f_0, wenn es zu jedem $\varepsilon > 0$ ein $\delta > 0$ gibt, so daß für jedes $x \in D$ mit $x \ne x_0$ gilt: aus $\|x - x_0\| < \delta$ folgt $\|f(x) - f(x_0)\| < \varepsilon$; man schreibt wieder $\lim\limits_{x \to x_0} f(x) = f_0$.

Die Definition mit Folgen wird analog verallgemeinert.

Der Zusammenhang zwischen der Stetigkeit in x_0 und der Existenz des Grenzwertes in x_0 gilt analog zu a).

d) Die Verallgemeinerung für metrische Räume ist nach a) und c) klar.

Man beachte, daß der Punkt x_0, in dem ein Grenzwert existiert, nicht im Definitionsbereich von f liegen muß; er muß allerdings °Häufungspunkt des Definitionsbereiches sein.

Grenzwertsätze (wahrscheinlichkeitstheoretische)
limit theorems; théorèmes limites

Grenzwertsätze in der Wahrscheinlichkeitstheorie sind Aussagen über die Konvergenz von Verteilungen gegen Grenzverteilungen.

(1) *Poissonscher Grenzwertsatz:*

Es sei (p_n) eine °Folge in $[0, 1]$ so, daß die Folge $(np_n)_{n \in \mathbb{N}}$ gegen ein $\lambda > 0$ konvergiert. Dann gilt:

$$\lim_{n \to \infty} \binom{n}{k} p_n^k (1 - p_n)^{n-k} = e^{-\lambda} \frac{\lambda^k}{k!} \quad \text{(für } k \in \mathbb{N}_0\text{)}.$$

Dieser Sachverhalt wird genutzt, um die Wahrscheinlichkeiten der °Binomialverteilung $B(n, p)$ für große n und kleine p durch die Wahrscheinlichkeiten einer °Poissonverteilung π_λ mit $\lambda := p \cdot n$ zu approximieren.

(2) *Grenzwertsatz von De Moivre-Laplace:*

Es sei $(X_n)_{n \in \mathbb{N}}$ eine Folge °stochastisch unabhängiger $B(1, p)$-verteilter °Zufallsvariabler auf $(\Omega, \mathscr{A}, P)$. Dann gilt für die ($B(n, p)$-verteilte) Summenvariable $S_n := \sum\limits_{i=1}^{n} X_i$ (für welche $ES_n = np$ und $\mathrm{Var}\, S_n = np(1-p)$ ist):

$$\lim_{n \to \infty} P\left(\frac{S_n - np}{\sqrt{np(1-p)}} \leqslant x \right) = \Phi(x) \quad \text{für alle } x \in \mathbb{R},$$

mit der °Verteilungsfunktion Φ der Standard-°Normalverteilung.

Man nutzt diesen Sachverhalt aus, indem man die Wahrscheinlichkeiten der $B(n, p)$-Verteilung für große n durch Integrale bzgl. der Normalverteilung auf $\mathbb{R}$ mit Dichte f approximiert, d.h.: man setzt für $j, k \in \mathbb{N}_0$, $0 \leqslant j \leqslant k \leqslant n$:

$$P(j \leqslant S_n \leqslant k) = P(S_n \leqslant k) - P(S_n \leqslant j - 1)$$

$$\approx \Phi\left(\frac{k - np}{\sqrt{np(1-p)}} \right) - \Phi\left(\frac{j - 1 - np}{\sqrt{np(1-p)}} \right) = \int f \cdot 1_{[a, b]}\, d\lambda^1$$

(wo $a := \dfrac{j - 1 - np}{\sqrt{np(1-p)}}, \quad b := \dfrac{k - np}{\sqrt{np(1-p)}}$ ist).

Diese Approximation der diskreten Binomialverteilung durch die absolut stetige Normalverteilung wird verbessert durch die sogenannte *Stetigkeitskorrektur:*

$$P(j \leqslant S_n \leqslant k) \approx \Phi\left(\frac{k + \frac{1}{2} - np}{\sqrt{np(1-p)}} \right) - \Phi\left(\frac{j - \frac{1}{2} - np}{\sqrt{np(1-p)}} \right).$$

(3) *Zentraler Grenzwertsatz*

Allgemeiner als unter (2) gilt der folgende *zentrale Grenzwertsatz*, der ein ‚zentrales' Ergebnis der Wahrscheinlichkeitstheorie darstellt und die besondere Rolle der °Normalverteilung in der Stochastik begründet:

Es sei $(X_n)_{n \in \mathbb{N}}$ eine Folge °stochastisch unabhängiger identisch verteilter reeller °Zufallsvariabler auf $(\Omega, \mathscr{A}, P)$ mit existierender °Varianz $\sigma^2 := \operatorname{Var} X_n > 0$ und °Erwartungswert $a := E X_n \in \mathbb{R}$. Dann gilt für die Summenvariable $S_n := \sum_{i=1}^{n} X_i$:

$ES_n = n\,a$ und $\operatorname{Var} S_n = n\,\sigma^2$, und es ist (wie unter (2))

$$\lim_{n \to \infty} P\left(\frac{S_n - n\,a}{\sqrt{n\,\sigma^2}} \leqslant x \right) = \Phi(x) \quad \text{für alle } x \in \mathbb{R}.$$

---

größter gemeinsamer Teiler (ggT)

greatest common divisor (gcd); plus grand diviseur commun (pgdc)

($\rightarrow$ Teilbarkeit in Integritätsringen)

Gruppe

group; groupe

Eine Menge G mit einer °Verknüpfung $G \times G \to G$, $(a, b) \mapsto a\,b$, heißt *Gruppe*, wenn gilt:

a) Für alle $a, b, c \in G$ ist $(ab)c = a(bc)$ (*Assoziativität*).

b) Es gibt ein *neutrales Element* $e \in G$ mit folgenden Eigenschaften:
    i) $ea = a$ für alle $a \in G$
    ii) Zu jedem $a \in G$ gibt es ein *Inverses* $a' \in G$ mit $a'a = e$.

(Aus a), b) läßt sich sofort folgern, daß dann $ea = ae$ und $a'a = aa'$ gilt). Das Inverse zu a wird i. allg. mit a^{-1} bezeichnet. Die Gruppe heißt *abelsch* (oder *kommutativ*), falls zusätzlich gilt

c) $ab = ba$ für alle $a, b \in G$ (*Kommutativität*).

Eine Teilmenge $H \subset G$ heißt *Untergruppe* von G, wenn H mit der (auf H eingeschränkten) in G gegebenen Verknüpfung selbst Gruppe ist; dies ist genau dann der Fall, wenn gilt: $H \neq \emptyset$ und $(a, b \in H \Rightarrow ab^{-1} \in H)$.

Bei speziellen Gruppen wird die Verknüpfung oft anders notiert: $a \cdot b$, $a \circ b$, $a * b$, $a \times b$, usw.; in abelschen Gruppen schreibt man die Verknüpfung sehr oft additiv $(a + b)$ und nennt das neutrale Element „*Nullelement*" (im Gegensatz zum „*Einselement*" bei der multiplikativen Notation) sowie das Inverse *negatives Element*.

Beispiele: $\mathbb{Z}$ mit der Addition, $\mathbb{R} \setminus \{0\}$ mit der Multiplikation sind abelsche Gruppen; die invertierbaren $n \times n$-°Matrizen über einem Körper mit der Multiplikation, die Menge der °Permutationen von $\{1, \ldots, n\}$ mit der Hintereinanderausführung sind (im ersten Fall für $n \geqslant 2$, im zweiten Fall für $n \geqslant 3$) nicht-abelsche Gruppen. Für jede Zahl $n \in \mathbb{N}$ ist $\mathbb{Z}/n\mathbb{Z} = \{\underline{0}, \underline{1}, \ldots, \underline{n-1}\}$ eine Gruppe mit der *Addition modulo* n ($\rightarrow$ kongruent, $\rightarrow$ Faktorgruppe). Durch $G = \{e, a, b, c\}$, $e = $ neutrales Element, $a^2 = b^2 = c^2 = e$, $ab = c$, $ac = b$, $bc = a$ wird eine abelsche Gruppe mit vier Elementen definiert (*Kleinsche Vierergruppe*), die nicht isomorph zur Gruppe $\mathbb{Z}/4\mathbb{Z}$ ist.

($\rightarrow$ Homomorphismus, $\rightarrow$ Normalteiler)

Gütefunktion

power function; fonction puissance

($\rightarrow$ Test)

H

Hadamard (Formel von)

Cauchy-H. formula; règle de Cauchy

($\to$ Cauchy-Hadamard (Formel von))

Hahn-Banach-Sätze

Sei X ein $\mathbb{R}$-°Vektorraum und $p: X \to \mathbb{R}$ eine *sublineare Funktion* (d.h. es ist $p(x+y) \leqslant p(x) + p(y)$ und $p(\lambda x) = \lambda p(x)$ für alle $x, y \in X$ und alle $\lambda \in \mathbb{R}, \lambda > 0$). Es sei L ein Untervektorraum von X und $f: L \to \mathbb{R}$ eine °lineare Abbildung mit $f(x) \leqslant p(x)$ für alle $x \in L$. Dann gibt es eine lineare Abbildung $F: X \to \mathbb{R}$ mit $F|_L = f$ und $F(x) \leqslant p(x)$ für alle $x \in X$.

Folgerungen:

Fortsetzungssatz: Sei X ein °normierter $\mathbb{K}$-Vektorraum ($\mathbb{K} = \mathbb{R}$ oder $= \mathbb{C}$), L ein Untervektorraum und $f: L \to \mathbb{K}$ linear und stetig. Dann gibt es eine °stetige lineare Abbildung $F: X \to \mathbb{K}$ mit $F|_L = f$ und $\| F \| = \| f \|$.

Trennungssatz: Sei X ein reeller normierter Vektorraum und seien $A, B \subset X$ nichtleere °konvexe Teilmengen mit positivem Abstand, d.h. $d(A, B) = \inf \{ \| a - b \| \mid a \in A, b \in B \} > 0$. Dann gibt es eine stetige lineare Abbildung $f: X \to \mathbb{R}$ mit $f(A) \cap f(B) = \emptyset$.

halbeinfach (Modul, Ring)

semisimple; sémisimple

Ein R-°Modul M heißt *halbeinfach,* wenn M °direkte Summe von °einfachen Untermoduln ist. Ein R-Modul ist genau dann halbeinfach, wenn jeder Untermodul direkter Summand ist.

Ein Ring R mit Eins heißt *halbeinfach,* wenn er als Linksmodul oder, äquivalent dazu, als Rechtsmodul über sich selbst halbeinfach ist.

Beispiele: K-Vektorräume sind halbeinfache K-Moduln, der Matrizenring $M(n, K)$ ist ein halbeinfacher Ring.

Halbnorm

seminorm; séminorme

($\to$ Norm)

Halbordnung
partial order; ordre partiel

Sei M eine Menge. Eine °Relation $H \subset M \times M$ auf M heißt *Halbordnung* auf M (und man schreibt meist $a \leqslant b$ für $(a, b) \in H$ und $a < b$ für $a \leqslant b$ und $a \neq b$), wenn folgende Bedingungen erfüllt sind:

a) $a \leqslant a$ für alle $a \in M$.

b) Ist $a \leqslant b$ und $b \leqslant a$, so folgt $a = b$.

c) Ist $a \leqslant b$ und $b \leqslant c$, so folgt $a \leqslant c$.

Man sagt: M ist durch $\leqslant$ *teilweise geordnet* oder manchmal auch nur *geordnet*. Eine Halbordnung wird manchmal auch *Teilweiseordnung* oder sogar *Ordnung* genannt.

Gilt zusätzlich

d) Für je zwei $a, b \in M$ ist stets $a \leqslant b$ oder $b \leqslant a$,

so spricht man von einer *(totalen) Ordnung*, und M heißt mit „$\leqslant$" *(total) geordnet*. (Leider ist die Bezeichnung für Halbordnung, totale Ordnung nicht einheitlich. Es scheint, daß die hier angegebene Definition heute am verbreitetsten ist).

M sei mit $\leqslant$ geordnet. Ein Element $m \in M$ heißt *maximales Element* in M, wenn für alle $a \in M$ gilt: $m \leqslant a \Rightarrow m = a$.

$\emptyset \neq K \subset M$ sei eine Teilmenge (die Ordnung von M induziert eine Ordnung auf K). K besitzt eine *obere Schranke* in M, wenn es ein $s \in M$ gibt, so daß für alle $a \in K$ gilt $a \leqslant s$; s ist dann *eine obere Schranke* von K. K besitzt ein *Supremum* s, wenn s obere Schranke von K ist, und für jede weitere obere Schranke s' von K $s \leqslant s'$ gilt; eine nicht leere Menge kann höchstens ein Supremum haben. Falls das Supremum von K Element von K ist, nennt man es auch *Maximum von K*. Die Begriffe *untere Schranke, Infimum* und *Minimum* werden analog gebildet.

Eine Menge $M \neq \emptyset$ heißt *induktiv geordnet*, wenn M geordnet ist und jede total geordnete Teilmenge $K \subset M$ (man nennt das auch eine *Kette*) eine obere Schranke besitzt.

Eine Menge M heißt *wohlgeordnet*, wenn M geordnet ist und jede nicht leere Teilmenge $A \subset M$ ein minimales Element enthält, eine wohlgeordnete Menge ist totalgeordnet.

Eine Menge M mit einer Halbordnung heißt *Verband*, wenn jede zweielementige Teilmenge ein Supremum und ein Infimum hat; sie heißt *vollständiger Verband*, wenn jede nicht leere Teilmenge ein Supremum und ein Infimum hat.

Beispiele: Die übliche „kleiner-gleich"-Relation auf $\mathbb{R}$ (oder Teilmengen davon) ist eine Ordnung. – Ist X eine Menge mit mindestens zwei Elementen, so definiert die Mengeninklusion „$\subseteq$" eine Halbordnung auf der °Potenzmenge $M = \mathscr{P}(X)$ von X, die keine totale Ordnung ist, M ist ein vollständiger Verband.

Halbraum
half space; demi-espace

Sei V ein reeller °normierter Vektorraum. Eine Teilmenge $H \subset V$ heißt (*abgeschlossener bzw. offener*) *Halbraum*, wenn es eine °stetige °Linearform $f: V \to \mathbb{R}$ ($f \neq 0$) gibt und ein $\alpha \in \mathbb{R}$, so daß $H = \{v \in V: f(v) \geqslant \alpha$ (bzw. $f(v) > \alpha)\}$. (Ist $\dim_\mathbb{R} V < \infty$, so sind alle Linearformen stetig.)

halbstetig (nach oben, nach unten)
upper, lower semicontinuous; sémi-continue supérieurement, inférieurement

Eine Funktion $f: X \to \mathbb{R} \cup \{-\infty. +\infty\}$ auf einem °topologischen Raum X heißt *nach oben halbstetig* oder *oberhalb stetig* im Punkt x_0, wenn es für alle $b > f(x_0)$ eine Umgebung V von x_0 gibt, so daß $f(x) < b$ ist für alle $x \in V$. Zur Definition von *nach unten halbstetig* oder *unterhalb stetig* sind die Zeichen $<$ und $>$ umzudrehen.

f ist genau dann nach oben halbstetig in jedem Punkt, wenn für alle $\alpha \in \mathbb{R}$ gilt: $\{x \in X \mid f(x) < \alpha\}$ ist °offen in X.

°Stetigkeit ist gleichwertig mit gleichzeitiger Halbstetigkeit nach oben und nach unten.

Eine Teilmenge $B \subset X$ ist genau dann °abgeschlossen (bzw. offen), wenn ihre °charakteristische Funktion χ_B halbstetig nach oben (bzw. nach unten) ist.

Eine nach oben halbstetige Funktion nimmt auf einem °kompakten Teil ihr Supremum an.

Beispiel: Die Funktion $f: \mathbb{R} \to \mathbb{R}$, $f(x) = 1$ falls $x \in \mathbb{Q}$ und $= 0$ sonst, ist in jedem Punkt von $\mathbb{Q}$ nach oben halbstetig und in jedem Punkt von $\mathbb{R} \setminus \mathbb{Q}$ nach unten halbstetig.

Eine Bedeutung der halbstetigen Funktionen liegt in folgendem Satz:

Es sei X ein °Baire'scher Raum und $f: X \to \mathbb{R}$ eine nach unten (oder nach oben) halbstetige Funktion, dann gilt für jede nicht leere offene Menge $Q \subset X$: es gibt eine offene Menge $\emptyset \neq U \subset Q$ und ein $M \in \mathbb{R}$, $M > 0$, so daß $|f(x)| < M$ für alle $x \in U$ gilt ($\to$ gleichmäßige Beschränktheit).

harmonische Funktion
harmonic function; fonction harmonique

($\to$ Potentialgleichung)

harmonische Reihe
harmonic series; série harmonique

Die °Reihe $\sum\limits_{n=1}^{\infty} \dfrac{1}{n}$ wird als *harmonische Reihe* bezeichnet. Sie ist divergent ($\rightarrow$ Konvergenz (von Folgen und Reihen)).

Häufungspunkt (einer Menge)
cluster point, accumulation point; point d'accumulation

A sei eine nicht-leere Teilmenge eines topologischen Raumes X; $x \in X$ heißt *Häufungspunkt* von A, wenn jede Umgebung von x einen von x verschiedenen Punkt aus A enthält. Ein nicht zu A gehörender Häufungspunkt von A ist °Randpunkt von A. Ein Punkt $x \in A$, der nicht Häufungspunkt von A ist, heißt *isolierter Punkt* von A; ein isolierter Punkt x von A ist also ein Punkt, für den $\{x\}$ relativ °offen in A ist ($\rightarrow$ induzierte Topologie).

Häufungspunkt (eines Filters bzw. einer Folge)

$\mathscr{F}$ sei ein °Filter auf einem topologischen Raum X. Ein Punkt $x \in X$ heißt *Häufungspunkt* von $\mathscr{F}$, wenn $x \in \bigcap\limits_{F \in \mathscr{F}} \bar{F}$ gilt ($\bar{F}$ °abgeschlossene Hülle von F); der

Begriff Häufungspunkt einer Folge ordnet sich unter:

x ist Häufungspunkt von $(x_n)_{n \in \mathbb{N}}$

$\Leftrightarrow$ in jeder Umgebung von x liegt ein Element der Folge $(x_n)_{n \in \mathbb{N}}$

$\Leftrightarrow$ x ist Häufungspunkt des zu $(x_n)_{n \in \mathbb{N}}$ gehörigen Elementarfilters ($\rightarrow$ Filterbasis).

Man beachte: Ein Häufungspunkt einer Folge $(x_n)_{n \in \mathbb{N}}$ ist nicht notwendig °Häufungspunkt der zugrunde liegenden Menge $\{x_n \mid n \in \mathbb{N}\}$.

Hauptachsentransformation (affine $\sim$ von reellen Quadriken)
principal axis transformation; réduction de l'équation aux axes principaux

Sei $Q = \{x \in \mathbb{R}^n : {}^t x' A' x' = 0\}$ eine reelle nichtleere °Quadrik, wo

$$A' = \left(\begin{array}{c|ccc} a_{00} & a_{01} \dots a_{0n} \\ \hline a_{10} & \\ & A \\ a_{n0} & \end{array} \right)$$

eine symmetrische $(n+1)$-reihige Matrix, $x = {}^t(x_1, \dots, x_n)$ und $x' = {}^t(1, x_1, \dots, x_n)$ (Spaltenvektoren) sind.

Es sei $m = \mathrm{rang}\,A$ und $m' = \mathrm{rang}\,A'$. Dann gibt es eine °Affinität $f\colon \mathbb{R}^n \to \mathbb{R}^n$, so daß $f(Q)$ beschrieben wird durch eine der folgenden Gleichungen in *Hauptachsenform*, und zwar:

a) $y_1^2 + \ldots + y_k^2 - y_{k+1}^2 - \ldots - y_m^2 = 0$ falls $m = m'$

b) $y_1^2 + \ldots + y_k^2 - y_{k+1}^2 - \ldots - y_m^2 = 1$ falls $m + 1 = m'$

c) $y_1^2 + \ldots + y_k^2 - y_{k+1}^2 - \ldots - y_m^2 + 2y_{m+1} = 0$ falls $m + 2 = m'$

(für ein $k \in \{1, \ldots, m\}$).

Hauptachsentransformation (von Matrizen)
diagonalization of matrices; diagonalisation de matrices

Zu jeder reellen °symmetrischen (bzw. komplexen °hermiteschen) °Matrix A gibt es eine °orthogonale (bzw. °unitäre) Matrix S, so daß $^t\overline{S}AS = B$ eine °Diagonalmatrix ist (die Diagonalelemente von B sind die °Eigenwerte von A). Dies bedeutet geometrisch, daß es zu einer °Quadrik im $\mathbb{R}^n$ eine orthogonale Abbildung S des $\mathbb{R}^n$ gibt, so daß bzgl. der neuen Koordinaten die Quadrik ihre „Hauptachsen" in Richtung der Koordinatenachsen hat.

Wegen der Beziehung $^t\overline{S} = S^{-1}$ erhält man weiterhin, daß symmetrische bzw. hermitesche Matrizen °diagonalisierbar sind.

Hauptideal
principal ideal; idéal principal (ou monogène)

Ein °Ideal I eines °kommutativen °Ringes mit Eins R heißt *Hauptideal*, wenn es ein $a \in R$ mit $I = R \cdot a =: (a)$ gibt (d.h. wenn es von *einem* Element erzeugt wird).

Hauptidealring
principal ideal domain; anneau principal

Ein °Ring R heißt *Hauptidealring*, wenn er ein °Integritätsring ist und jedes °Ideal von R ein °Hauptideal ist.

Beispiel: $\mathbb{Z}$, $\mathbb{C}[X]$ sind Hauptidealringe; Polynomringe in mehreren Unbestimmten sind keine Hauptidealringe.

Hauptkrümmungen
principal curvatures; courbures principales

($\to$ Krümmung (einer Fläche))

Hauptraum

Sei V ein endlich dimensionaler °Vektorraum über einem °algebraisch abgeschlossenen Körper, sei $f \in \mathrm{End}(V)$ und $P_f(T) = \prod_{i \leq r} (T - \lambda_i)^{k_i}$, wobei $\lambda_1, \ldots, \lambda_r$ die °Eigenwerte von f sind, das °Minimalpolynom von f.

$H(\lambda_i) = \{x \mid (f - \lambda_i \, id)^{k_i}(x) = 0\}$ heißt der *Hauptraum* zum Eigenwert λ_i. Es gilt $V = \bigoplus\limits_{i \leq r} H(\lambda_i)$; man beweist dies mit Hilfe des Satzes von °Cayley Hamilton.

Hauptsatz der affinen Geometrie

Sei K ein °Körper mit mindestens drei Elementen und X ein °affiner Raum über K mit $\dim_K X \geq 2$. Dann ist jede °Kollineation eine Semiaffinität, und im Fall $K = \mathbb{R}$ sogar eine Affinität ($\rightarrow$ affiner Raum).

Hauptsatz der Differential- und Integralrechnung
fundamental theorem of calculus; formule fondamentale du calcul intégral

($\rightarrow$ Fundamentalsatz der Differential- und Integralrechnung)

Hauptsatz über endlich erzeugte abelsche Gruppen

Zu jeder °endlich erzeugten °abelschen °Gruppe G gibt es eindeutig bestimmte Primzahlpotenzen $q_1, \ldots, q_m$ und eine natürliche Zahl r, so daß G isomorph ist zu $\mathbb{Z}/q_1\mathbb{Z} \times \ldots \times \mathbb{Z}/q_m\mathbb{Z} \times \mathbb{Z}^r$. r heißt *Rang* von G, und $\mathbb{Z}^r$ ist °isomorph zu $G/T(G)$ wobei $T(G) \simeq \prod\limits_{i=1}^{m} \mathbb{Z}/q_i\mathbb{Z}$ die °*Torsionsuntergruppe* von G, d.h. die Untergruppe der Elemente mit endlicher °Ordnung ist.

Hauptteil
principal part; partie singulière

($\rightarrow$ Laurentreihe)

Hauptwert
principal value; valeur principale

Sei $f \colon \mathbb{R} \setminus \{a\} \rightarrow \mathbb{R}$ stetig, so daß für jedes $\delta > 0$ die Integrale $\int\limits_{-\infty}^{a-\delta} f(t)\, dt$ und $\int\limits_{a+\delta}^{\infty} f(t)\, dt$ existieren ($\rightarrow$ uneigentliches Integral). Falls dann der Grenzwert

$$\lim_{\delta \to 0} \left(\int\limits_{-\infty}^{a-\delta} f(t)\, dt + \int\limits_{a+\delta}^{\infty} f(t)\, dt \right) =: \mathrm{H.W.} \int\limits_{-\infty}^{\infty} f(t)\, dt$$

existiert, so heißt er der *Hauptwert* des Integrals (welches als °uneigentliches Integral nicht zu konvergieren braucht).

Beispiel:

$$\mathrm{H.W.} \int\limits_{-\infty}^{\infty} \frac{dx}{x} = 0; \quad \mathrm{H.W.} \int\limits_{a}^{b} \frac{dx}{x} = \log \left| \frac{b}{a} \right| \quad \text{für } a, b \neq 0$$

(insbesondere für $a < 0 < b$).

hausdorffscher Raum

Hausdorff space; espace de Hausdorff

Ein °topologischer Raum X heißt *hausdorffsch* (oder *Hausdorff-Raum*), wenn er T_2 erfüllt ($\rightarrow$ Trennungsaxiome). Manchmal wird ein Hausdorff-Raum auch *separierter* Raum genannt.

hebbare Singularität

removable singularity; point singulier isolé d'ordre zéro

($\rightarrow$ Singularität (isolierte $\sim$ einer holomorphen Funktion))

Heine-Borel (Satz von)

Eine Teilmenge von $\mathbb{R}^n$ (oder $\mathbb{C}^n$) ist genau dann °kompakt, wenn sie °beschränkt und °abgeschlossen ist.

Hermitesche Differentialgleichung

Die *Hermitesche Differentialgleichung* ist definiert durch

$$y'' - 2xy' + 2ny = 0 \quad (n \in \mathbb{N}).$$

Eine Lösung ist das *Hermitesche Polynom der Ordnung n*

$$H_n(x) := (-1)^n e^{x^2} \left(\frac{d}{dx}\right)^n e^{-x^2}.$$

hermitesche Form

Sei V ein $\mathbb{C}$-°Vektorraum. Eine Abbildung $s: V \times V \rightarrow \mathbb{C}$ heißt *hermitesche Form*, wenn gilt:

i) $s(v,\ ): V \rightarrow \mathbb{C}$, $w \mapsto s(v, w)$ ist $\mathbb{C}$-linear für alle $v \in V$

ii) $s(v, w) = \overline{s(w, v)}$ für alle $v, w \in V$.

(Aus ii) folgt, daß $s(v, v)$ reell ist für alle $v \in V$.)

s heißt *positiv definit*, falls $s(v, v) > 0$ für alle $v \neq 0$ ist.

Eine positiv definite hermitesche Form ist das komplexe Analogon zu einem (reellen) °Skalarprodukt („*hermitesches Skalarprodukt*"). Auf $V = \mathbb{C}^n$ hat man das *kanonische hermitesche Skalarprodukt*

$$\langle v, w \rangle := \sum_{i=1}^{n} \bar{v}_i w_i \quad (v = (v_1, \ldots, v_n),\ w = (w_1, \ldots, w_n)),$$

welches dieselben Werte wie das °euklidische Skalarprodukt auf $\mathbb{R}^{2n}$ (nach Zerlegung von v, w in Real- und Imaginärteil) liefert.

(Manche Autoren definieren eine hermitesche Form so, daß sie in i) im ersten und nicht im zweiten Argument $\mathbb{C}$-linear ist.)

hermitesche Matrix

Eine $n \times n$-°Matrix $A = (a_{ij})$ über $\mathbb{C}$ heißt *hermitesch*, wenn ${}^t A = \overline{A}$ ist, d.h. $a_{ij} = \overline{a_{ji}}$ für alle $i, j \in \{1, \ldots, n\}$. Die Diagonalelemente sind dann reell, ebenso alle °Eigenwerte und A ist °diagonalisierbar. Die Matrix einer °hermiteschen Form auf V bzgl. einer °Orthonormalbasis von V ist hermitesch.

hermitesche Norm

Sei $\langle x, y \rangle$ eine positiv definite °hermitesche Form auf einem $\mathbb{C}$-°Vektorraum V. Dann heißt $\|x\| := \sqrt{\langle x, x \rangle}$ *hermitesche Norm* (in Analogie zur euklidischen °Norm im Fall eines reellen Vektorraums mit °Skalarprodukt). Faßt man $\mathbb{C}^n$ (mit Punkten $z = (z_1, \ldots, z_n)$) als reellen Vektorraum $\mathbb{R}^{2n}$ auf (Zerlegung in Real- und Imaginärteil $z_\nu = x_\nu + i y_\nu$, $\nu = 1, \ldots, n$), so stimmen hermitesche Norm auf $\mathbb{C}^n$ und euklidische Norm auf $\mathbb{R}^{2n}$ überein.

hermitescher Operator

Ein linearer stetiger °Operator $A : H \to H$ auf einem komplexen °Hilbertraum H (mit °Skalarprodukt $\langle \ , \ \rangle$) heißt *hermitesch* (oder *selbstadjungiert*), wenn für alle $x, y \in H$ gilt: $\langle Ax, y \rangle = \langle x, Ay \rangle$. Dies ist genau dann der Fall, wenn $\langle Ax, x \rangle$ für alle $x \in H$ reell ist.

Hessematrix
hessian; hessienne

($\to$ differenzierbar)

Hessenbergmatrix

Eine Matrix $A \in M(n \times n, \mathbb{R})$ heißt *Hessenbergmatrix* genau dann, wenn für alle $i = 3(1)n$ und alle $j < i - 1$ gilt: $a_{ij} = 0$, z.B.:

$$\begin{pmatrix} 1 & 2 & 3 & \ldots & n \\ 1 & 2 & 3 & \ldots & n \\ 0 & 2 & 3 & \ldots & n \\ & 0 & 3 & & \\ \vdots & & \ddots & \ddots & \vdots \\ 0 & & \ldots & 0\,n-1 & n \end{pmatrix}$$

($\to QR$-Verfahren)

Hessesche Normalform
normal form; équation normale d'un plan

Ist H eine °Hyperebene in einem n-dimensionalen °euklidischen Raum, so läßt sich H beschreiben als Lösungsmenge der linearen Gleichung

$$(*) \quad \langle n, x \rangle = d,$$

wobei $d \geqslant 0$ der Abstand der °Hyperebene vom Ursprung 0 und n ein Normalenvektor von H ist. Die Gleichung (*) heißt *Hessesche Normalform* der Hyperebene, und für $d > 0$ ist n eindeutig bestimmt.
($\rightarrow$ Hyperebene)

Hilbert-Basis

Es sei H ein °Hilbertraum mit dem °Skalarprodukt $\langle \; , \; \rangle$, eine °orthogonale Familie $\{x_i \mid i \in I\}$ mit $\|x_i\| = 1$ für alle $i \in I$ heißt *vollständiges Orthonormalsystem* oder *Hilbert-Basis* von H, wenn sie die folgenden äquivalenten Bedingungen erfüllt:

(1) $\{x_i \mid i \in I\}$ ist *maximal* (oder *vollständig*), d.h. ist $\{y_j \mid j \in J\}$ ein orthonormales System mit $\{x_i \mid i \in I\} \subset \{y_j \mid j \in J\}$, so sind beide Mengen gleich.

(2) Gilt $\langle x, x_i \rangle = 0$ für alle $i \in I$, so folgt $x = 0$.

(3) Für alle $x \in H$ gilt: $x = \sum_{i \in I} \langle x, x_i \rangle x_i$ (*Fourierentwicklung*).

(4) Für alle $x, y \in H$ gilt: $\langle x, y \rangle = \sum_{i \in I} \langle x, x_i \rangle \langle x_i, y \rangle$.

(5) Für alle $x \in H$ gilt: $\|x\| = \sum_{i \in I} |\langle x, x_i \rangle|$ (*Parsevalsche Gleichung*).

(Das Symbol $\sum_{i \in I}$ ist für unendliche, auch überabzählbare Indexmengen I folgendermaßen definiert: $\sum_{i \in I} \alpha_i = \alpha$ genau dann, wenn es zu jedem $\varepsilon > 0$ eine endliche Teilmenge $J \subset I$ gibt mit $\left\| \alpha - \sum_{j \in J} \alpha_j \right\| < \varepsilon$.)

Falls $\dim H = \infty$ gilt, ist eine Hilbert-Basis keine Basis des Vektorraums im algebraischen Sinne; die x_i, $i \in I$ sind allerdings °linear unabhängig.

Hilbert-Raum

Ein °Vektorraum H über $\mathbb{R}$ oder $\mathbb{C}$ heißt *Prähilbert-Raum*, wenn eine positiv-definite °hermitesche Form $(x, y) \mapsto \langle x, y \rangle$ (im reellen Fall eine positiv-definite symmetrische °Bilinearform), ein sog. *Skalarprodukt* auf H erklärt ist. Er heißt *Hilbert-Raum*, wenn er bezüglich der °Norm $\|x\| := \langle x, x \rangle^{1/2}$ °vollständig ist.

Beispiele: Der $\mathbb{R}$-Vektorraum aller stetigen Funktionen $[0, 1] \to \mathbb{R}$ bildet mit $\langle f, g \rangle := \int_0^1 f(t)\, g(t)\, dt$ einen Prähilbert-Raum, aber keinen Hilbert-Raum. Mit demselben Skalarprodukt ist der $\mathbb{R}$-Vektorraum $L^2([0, 1])$ ($\to L^p$-Räume) ein Hilbertraum.

Der einfachste ∞-dimensionale Hilbertraum ist der *Hilbertsche Folgenraum* ℓ^2 ($\to \ell^p$-Räume).

Hilbertscher Basissatz

Ist R ein °kommutativer °noetherscher °Ring mit Einselement, so ist auch der °Polynomring $R[X]$ noethersch. Insbesondere sind also alle Polynomringe $K[X_1, \ldots, X_p]$ über einem (kommutativen) °Körper K noethersch.

Höldersche Ungleichung

Seien $p, q \in \mathbb{R}$, $1 < p, q < \infty$ mit $\dfrac{1}{p} + \dfrac{1}{q} = 1$. Dann gilt für alle $x, y \in \mathbb{R}^n$ (bzw. $\mathbb{C}^n$):

$$\langle x, y \rangle \leqslant \|x\|_p \cdot \|y\|_q \quad (\to \text{Skalarprodukt}, \to \text{hermitesche Form}),$$

wo $\|x\|_p = \left(\sum_{\nu=1}^{n} |x_\nu|^p \right)^{1/p}$ die p-°Norm von x ist und $\|y\|_q$ entsprechend die q-Norm von y.

In der Formulierung für $°\ell^p$- bzw. $°L^p$-Räume lauten die *Hölderschen Ungleichungen* (mit p, q wie oben):
Ist $f \in \ell^p(\mathbb{R}^n)$ und $g \in \ell^q(\mathbb{R}^n)$ (bzw. $f \in L^p(\mathbb{R}^n)$ und $g \in L^q(\mathbb{R}^n)$), so ist $f \cdot g \in \ell^1(\mathbb{R}^n)$ (bzw. $f \cdot g \in L^1(\mathbb{R}^n)$), und es gilt: $\|f \cdot g\|_1 \leqslant \|f\|_p \cdot \|g\|_q$.

holomorph
holomorphic; holomorphe

Sei $U \subset \mathbb{C}$ °offen. Eine Funktion $f: U \to \mathbb{C}$ heißt *holomorph*, wenn eine der folgenden äquivalenten Bedingungen erfüllt ist:
(1) f ist in jedem Punkt $z_0 \in U$ °komplex differenzierbar (der *Satz von Goursat* besagt, daß f dann stetig und sogar beliebig oft komplex differenzierbar ist).
(2) f ist reell einmal stetig partiell °differenzierbar, und Real- und Imaginärteil von f genügen den °*Cauchy-Riemannschen Differentialgleichungen* $\dfrac{\partial(\mathrm{Re}\, f)}{\partial x} = \dfrac{\partial(\mathrm{Im}\, f)}{\partial y}, \ \dfrac{\partial(\mathrm{Im}\, f)}{\partial x} = -\dfrac{\partial(\mathrm{Re}\, f)}{\partial y}$ (man identifiziert $z = x + iy \in \mathbb{C}$ und $(x, y) \in \mathbb{R}^2$).

(3) f ist *(komplex-)analytisch*, d.h. zu jedem Punkt $z_0 \in U$ gibt es eine konvergente °Potenzreihe $\sum\limits_{n=0}^{\infty} c_n Z^n \in \mathbb{C}\{Z\}$ und eine Umgebung V von z_0 in U, so daß für alle $z \in V$ gilt: $f(z) = \sum\limits_{n=0}^{\infty} c_n (z-z_0)^n$.

(4) f ist stetig und für jedes in U gelegene Dreieck $\triangle$ ist $\int\limits_{\partial\triangle} f(z)\,dz = 0$ *(Satz von Morera)*.

homogene Koordinaten
homogeneous coordinates; coordonnées homogènes

($\to$ projektiver Raum)

homogenes Gleichungssystem
homogeneous system; système d'équations linéaires homogènes

($\to$ lineares Gleichungssystem)

homogenes Polynom
homogeneous polynomial; polynôme homogène

Ein Polynom $\sum a_{i_1 \ldots i_n} X_1^{i_n} \ldots X_n^{i_n}$ in n Unbestimmten heißt *homogen vom Grad d*, wenn die Koeffizienten $a_{i_1 \ldots i_n}$ höchstens für $i_1 + \ldots + i_n = d$ verschieden von Null sind.

Für jedes $d \in \mathbb{N}$ bilden die homogenen Polynome vom Grad d in n Unbestimmten mit Koeffizienten in einem Körper K einen K-°Vektorraum der Dimension $\binom{n+d-1}{n-1}$.

Homomorphiesatz

Sei $f: G \to G'$ ein Gruppenhomomorphismus. Dann ist die Abbildung $\bar{f}: G/\mathrm{Ker}\,f \to G'$, $a \cdot \mathrm{Ker}\,f \mapsto f(a)$ ein injektiver Gruppenhomomorphismus. Insbesondere sind die Gruppen $G/\mathrm{Ker}\,f$ und $f(G)$ ($\to$ Faktorgruppe, $\to$ Isomorphismus) isomorph.

Die analoge Aussage gilt auch für Ringe und Moduln.

Homomorphismus
homomorphism; homomorphisme

Grob gesagt: Ein *Homomorphismus* ist eine „strukturverträgliche Abbildung". Dies könnte abstrakt präzisiert werden; wir wollen uns begnügen, einige wichtige Beispiele zu zitieren:

(1) Sind G und H °Gruppen, so ist eine Abbildung $f: G \to H$ ein *Gruppenhomomorphismus,* wenn für alle $a, b \in G$ gilt: $f(ab) = f(a)f(b)$. Daraus folgt: Ist $e \in G$ das neutrale Element, so auch $f(e) \in H$, und ist a^{-1} das Inverse zu $a \in G$, so ist $f(a^{-1})$ invers zu $f(a)$ in H.

(2) Bei Abbildungen zwischen °Ringen und zwischen °Körpern definiert man analog Ringhomomorphismen und Körperhomomorphismen; bei Ringen mit Einselement verlangt man meist, daß das Einselement in das Einselement abgebildet wird (*unitärer Homomorphismus*).

(3) Sind V und W °Vektorräume über K, so heißt ein Vektorraumhomomorphismus $f: V \to W$ (definiert als Gruppenhomomorphismus der zugrundeliegenden additiven Gruppen mit der Zusatzeigenschaft $f(\alpha v) = \alpha f(v)$ für alle $v \in V$ und alle $\alpha \in K$) einfach auch *K-lineare Abbildung*.

Bei einem bijektiven Homomorphismus zwischen Gruppen, Ringen, Vektorräumen usw. ist auch die Umkehrabbildung ($\to$ Abbildung) ein Homomorphismus; er heißt dann *Isomorphismus*. Homomorphismen eines Objekts in sich heißen *Endomorphismen* und, falls sie zusätzlich bijektiv (d. h. Isomorphismen) sind, *Automorphismen*.

Homöomorphismus
homeomorphism; homéomorphisme

X, Y seien zwei topologische Räume; eine bijektive Abbildung $f: X \to Y$ heißt *Homöomorphismus* (oder *topologische Abbildung*), wenn f und f^{-1} stetig sind; X und Y heißen dann *homöomorph* zueinander.

Beispiele: $]0, 1[$ ist homöomorph zu $\mathbb{R}$; $[0, 1]$ und $]0, 1[$ sind nicht homöomorph zueinander.

Eine bijektive stetige Abbildung ist nicht notwendig ein Homöomorphismus; man versehe eine Menge X, die mehr als einen Punkt hat, mit der °diskreten Topologie und bilde mit der identischen Abbildung in die Menge versehen mit der gröbsten °Topologie ab. Aber es gilt:

f °bijektiv, °stetig, °offen $\Rightarrow$ f ist ein Homöomorphismus,

f °bijektiv, °stetig, °abgeschlossen $\Rightarrow$ f ist ein Homöomorphismus.

Ist $f: X \to Y$ eine bijektive stetige Abbildung und X °kompakt und Y °hausdorffsch, so ist f ein Homöomorphismus.

Eine wesentliche Frage in der Topologie ist die: wann sind zwei Räume homöomorph. Hilfreich dabei sind Eigenschaften, die unter Homöomorphismen erhalten bleiben, z. B. °Kompaktheit, °Zusammenhang. Diese Eigenschaften nennt man auch topologische Eigenschaften, die °Vollständigkeit eines °metrischen Raumes ist keine topologische Eigenschaft, wie $\mathbb{R}$ und $]0, 1[$ zeigen.

homotop
homotopic; homotope

Zwei °stetige Abbildungen $f, g: Z \to X$ zwischen °topologischen Räumen heißen *homotop* (zueinander), wenn sie sich „stetig ineinander deformieren" lassen, d. h. wenn es eine stetige Abbildung $\Phi: Z \times [0, 1] \to X$ gibt mit $\Phi(z, 0) = f(z)$ und $\Phi(z, 1) = g(z)$ für alle $z \in Z$. Φ heißt *Homotopie* zwischen f und g. Hier heißt $t \in [0, 1]$ *Deformationsparameter*. Die Homotopie ist eine °Äquivalenzrelation auf der Menge aller stetigen Abbildungen von Z nach X.

Eine Abbildung, die zu einer konstanten Abildung homotop ist, heißt *nullhomotop* oder *unwesentlich*. Zwei topologische Räume X und Y heißen *homotopieäquivalent* oder *vom gleichen Homotopietyp*, wenn es stetige Abbildungen $f: X \to Y$ und $g: Y \to X$ gibt, so daß $g \circ f$ homotop zu id_X und $f \circ g$ homotop zu id_Y ist.

Beispiele: $\mathbb{R}^n$ und $\{0\}$, $\mathbb{R}^{n+1} \setminus \{0\}$ und $S^n = \{x \in \mathbb{R}^{n+1}: \|x\| = 1\}$ haben jeweils denselben Homotopietyp.

Häufig benötigt man *Homotopie relativ eines Teilraums:* $f, g: Z \to X$ heißen *homotop relativ* $A \subset Z$, wenn es eine Homotopie $\Phi: Z \times [0, 1] \to X$ von f nach g gibt mit der Eigenschaft: Für alle $a \in A$ und alle $t \in [0, 1]$ ist $\Phi(a, t) = f(a) = g(a)$.

Homotopiegruppe
homotopy group; groupe d'homotopie

Sei X ein °topologischer Raum. Auf der Menge aller geschlossenen °Wege in X mit festem Anfangs- und Endpunkt $p \in X$ (das sind stetige Abbildungen $w: [0, 1] \to X$ mit $w(0) = w(1) = p$) betrachtet man die Äquivalenzklassen $[w]$ bezüglich der °Äquivalenzrelation $w \sim w': \Leftrightarrow w$ und w' sind °homotop relativ $\{0, 1\}$. Man zeigt, daß das „Aneinandersetzen" von Wegen eine Verknüpfung auf der Menge aller Äquivalenzklassen induziert und sie zu einer °Gruppe macht. Die Äquivalenzklasse des „Punktweges" $[0, 1] \to X$, $t \mapsto p$ für alle $t \in [0, 1]$, ist das neutrale Element. Diese Gruppe heißt (*erste*) *Homotopiegruppe* oder *Fundamentalgruppe* von X mit Basispunkt p und wird mit $\pi_1(X, p)$ bezeichnet. Ist X °wegzusammenhängend, so sind Homotopiegruppen zu verschiedenen Basispunkten isomorph, und man läßt den Basispunkt meist weg und spricht dann von der *Fundamentalgruppe* von X; die auftretenden Isomorphismen sind nicht °kanonisch. Für °wegzusammenhängende Räume ist die Fundamentalgruppe eine Invariante des Homotopietyps.

Beispiele: Die Homotopiegruppe °zusammenziehbarer Räume besteht nur aus dem neutralen Element.

Es ist $\pi_1(S^1) \cong \mathbb{Z}$, $\pi_1(S^1 \times S^1) \cong \mathbb{Z} \times \mathbb{Z}$, $\pi_1(A) \cong$ °freie Gruppe mit 2 Erzeugenden, wenn A homöomorph zur Figur ∞ (zwei sich in einem Punkt berührende Kreise) in $\mathbb{R}^2$ ist.

Seien X, Y topologische Räume und $p \in X$, $q \in Y$ feste Punkte und $f: X \to Y$ eine stetige Abbildung mit $f(p) = q$; dann induziert f einen Gruppenhomomorphismus $\pi_1(f): \pi_1(X, p) \to \pi_1(Y, q)$ durch $\pi_1(f)[\omega] = [f \circ \omega]$ für $[\omega] \in \pi_1(X, p)$. π_1 liefert so einen °Funktor von der °Kategorie der topologischen Räume mit Grundpunkt in die Kategorie der Gruppen.

Horner-Schema
Horner's method; méthode de Horner

Zur Berechnung des Wertes eines °Polynoms $P(x) = a_0 x^n + a_1 x^{n-1} + \ldots + a_n$ an einer Stelle x_0 ist es günstig, folgendermaßen vorzugehen:

$$y_0 := a_0, \quad y_1 := a_0 x_0 + a_1 = y_0 x_0 + a_1,$$
$$y_2 := y_1 x_0 + a_2 = (a_0 x_0 + a_1) x_0 + a_2, \ldots, y_k := y_{k-1} x_0 + a_k \quad (k \leq n);$$
dann ist $y_n = P(x_0)$.

Dieses sogenannte *einfache Hornerschema* läßt sich folgendermaßen darstellen:

$$
\begin{array}{c|ccccc}
 & a_0 & a_1 & a_2 & \ldots & a_n \\
x_0 \cdot & & + a_0 x_0 & + & \ldots & \\
\hline
 & a_0 & a_1 + a_0 x_0 & & \ldots & P(x_0) \\
 & =: y_0 & =: y_1 & & =: y_{n-1} &
\end{array}
$$

Mit $\quad q(x) = \sum\limits_{j=0}^{n-1} y_{n-j-1} x^j \quad$ gilt dann $\quad P(x) = q(x)(x - x_0) + P(x_0) \quad$ und $P'(x_0) = q(x_0)$. Durch Anwendung des Hornerschemas auf q läßt sich also $P'(x_0)$ berechnen und analog jede weitere Ableitung. Man spricht dann vom *vollständigen Hornerschema*.

Die Berechnung von $P(x_0)$ nach dem Hornerschema erfordert nur etwa halb so viele Multiplikationen wie die Berechnung über die einzelnen Potenzen von x_0.

de l'Hospital (Regeln von)

$D \subset \mathbb{R}$ sei eine offene Menge und $f, g: D \to \mathbb{R}$ seien differenzierbare Funktionen.

1. Fall $\dfrac{0}{0}$:

Sei $a \in D$, und es gebe eine Umgebung U von a mit $U \subset D$, für die gilt: $g'(x) \neq 0$ für alle $x \in U \setminus \{a\}$; weiterhin gelte $\lim\limits_{x \to a} f(x) = \lim\limits_{x \to a} g(x) = 0$. ($\to$ Grenzwert bei Funktionen).

Existiert $\lim\limits_{x\to a}\dfrac{f'(x)}{g'(x)}$, so existiert auch $\lim\limits_{x\to a}\dfrac{f(x)}{g(x)}$, und es gilt

$$\lim_{x\to a}\frac{f(x)}{g(x)}=\lim_{x\to a}\frac{f'(x)}{g'(x)}.$$

Zu jedem $n\in\mathbb{N}$ existiere ein $x\in D$ mit $x>n$ bzw. $-x>n$, dann gilt eine entsprechende Aussage für den Fall $\lim\limits_{x\to\infty}f(x)=\lim\limits_{x\to\infty}g(x)=0$ bzw. $\lim\limits_{x\to-\infty}f(x)=\lim\limits_{x\to-\infty}g(x)=0$.

2. Fall $\dfrac{\infty}{\infty}$:

Sei $a\in D$, und es gelte $\lim\limits_{x\to a}g(x)=\infty$; existiert $\lim\limits_{x\to a}\dfrac{f'(x)}{g'(x)}$, so existiert auch $\lim\limits_{x\to a}\dfrac{f(x)}{g(x)}$, und es gilt $\lim\limits_{x\to a}\dfrac{f'(x)}{g'(x)}=\lim\limits_{x\to a}\dfrac{f(x)}{g(x)}$.

Falls zu jedem $n\in\mathbb{N}$ ein $x\in D$ existiert mit $x>n$ bzw. $-x>n$, dann gilt eine entsprechende Aussage auch für den Fall $\lim\limits_{x\to\infty}g(x)=\infty$ bzw. $\lim\limits_{x\to-\infty}g(x)=\infty$.

3. Fall $0\cdot\infty$:

Diese Fälle werden durch Umformung auf die vorangegangenen zurückgeführt; sei $\lim\limits_{x\to a}f(x)=0$ und $\lim\limits_{x\to a}g(x)=\infty$, so formen wir um: $f(x)\,g(x)=\dfrac{f(x)}{\dfrac{1}{g(x)}}$ oder

$f(x)\,g(x)=\dfrac{g(x)}{\dfrac{1}{f(x)}}$, wobei $f(x)\neq 0$ in einer geeigneten Umgebung von a sein muß; dadurch führen wir die Untersuchung von $\lim\limits_{x\to a}f(x)\cdot g(x)$ auf Fall 1 bzw. Fall 2 zurück, entsprechend für die Situation $\lim\limits_{x\to\infty}f(x)=0$, $\lim\limits_{x\to\infty}g(x)=\infty$ bzw. $\lim\limits_{x\to-\infty}f(x)=0$, $\lim\limits_{x\to-\infty}g(x)=\infty$.

Householder-Transformation

Die *Householder-Transformation* ist ein Verfahren zur Konstruktion einer °unitären Matrix P, so daß ein vorgegebener Vektor $x\in\mathbb{C}^n$ durch P in ein Vielfaches des Koordinatenvektors $e_1:={}^t(1,0,\ldots,0)$ transformiert wird. Hierzu berechnet man zunächst die °euklidische Norm $\sigma:=\left(\sum\limits_{i=1}^{n}|x_i|\right)^{1/2}$ von x, dann wählt man φ so, daß $x_1=e^{i\varphi}|x_1|$ und setzt $\tau=-\sigma e^{i\varphi}$ und definiert den Vektor $y\in\mathbb{C}^n$ durch $y:=x-\tau e_1$ sowie die Zahl $\gamma:=[\sigma(\sigma+|x_1|)]^{-1}$. Dann gilt für die Matrix $P:=E-\gamma y\,{}^t y$ (E ist die Einheitsmatrix): $Px=\tau e_1$.

Ist eine Matrix $A \in M(n \times m, \mathbb{C})$ gegeben, so kann man durch Householder-Transformationen A auf Zeilenstufenform ($\to$ Gaußscher Algorithmus) bringen oder für $m = n$ in eine °Hessenbergmatrix transformieren, indem man Anteile der Spaltenvektoren von A wie oben beschrieben transformiert, d.h. für jedes $j = 1, 2, \ldots m$ wählt man ein $k \in \{1, \ldots n-1\}$ und setzt $x = {}^t(a_{kj}, \ldots, a_{nj}) \in \mathbb{R}^{n-k+1}$. A wird dann mit der Matrix

$$\bar{P} := \left(\begin{array}{c|c} E & 0 \\ \hline 0 & P \end{array} \right) \in GL(n, \mathbb{C})$$

multipliziert, so daß die Elemente $a_{k+1j}, \ldots, a_{nj}$ bei der Transformation zu Null gemacht werden, und die bereits zu Null gemachten Spaltenanteile mit Index kleiner j unverändert bleiben.

Householder-Transformationen sind numerisch °stabil, da sie die °Kondition der transformierten Matrix unverändert lassen. Sie werden u. a. bei der °Ausgleichsrechnung und beim °QR-Verfahren benutzt.

Hurwitz (Satz von)

Eine reelle °symmetrische °Matrix $A = (a_{ij}) \in \mathbb{R}^{n \times n}$ ist genau dann °positiv definit (d. h. hat lauter positive °Eigenwerte), wenn alle *Hauptunterdeterminanten*

$$\det \begin{pmatrix} a_{11} & \cdots & a_{1k} \\ \vdots & & \\ a_{k1} & \cdots & a_{kk} \end{pmatrix} \qquad (k = 1, \ldots, n)$$

positiv sind.

($\to$ Extremum (lokales), II)

Hyperbel
hyperbola; hyperbole

($\to$ Kegelschnitt)

Hyperbel-Funktionen
hyperbolic functions; fonctions hyperboliques

Die Zerlegung der °Exponentialfunktion in eine °gerade Funktion und eine ungerade Funktion führt zum *hyperbolischen Cosinus*

$$\cosh x = \tfrac{1}{2}(e^x + e^{-x}) = \sum_{n=0}^{\infty} \frac{x^{2n}}{(2n)!} \quad \text{und zum } \textit{hyperbolischen Sinus}$$

$$\sinh x = \tfrac{1}{2}(e^x - e^{-x}) = \sum_{n=0}^{\infty} \frac{x^{2n+1}}{(2n+1)!}. \text{ (Wie bei den trigonometrischen Funktio-}$$

nen kann man damit den *hyperbolischen Tangens* $\tanh x = \dfrac{\sinh x}{\cosh x}$ und den *hy-perbolischen Cotangens* $\coth x = \dfrac{\cosh x}{\sinh x}$ definieren.) So wie die Kreisfunktionen Sinus und Cosinus durch $t \to (\cos t, \sin t)$ den Kreis $x^2 + y^2 = 1$ parametrisieren, so wird durch $t \to (\pm \cosh t, \sinh t)$ die Hyperbel $x^2 - y^2 = 1$ parametrisiert. Wie man an den Reihenentwicklungen ($\to$ trigonometrische Funktionen) abliest, gelten die Beziehungen

$$\cosh x = \cos ix, \qquad \sinh x = -i \sin ix$$
$$\frac{d}{dx} \cosh x = \sinh x, \qquad \frac{d}{dx} \sinh x = \cosh x.$$

Die *Additionstheoreme*

$$\cosh(x + y) = (\cosh x)(\cosh y) + (\sinh x)(\sinh y)$$
$$\sinh(x + y) = (\sinh x)(\cosh y) + (\cosh x)(\sinh y)$$

bestätigt man einfach durch Nachrechnen an der Definition. Der Graph des hyperbolischen Cosinus heißt *Kettenlinie,* denn er ist die Lösung zum Problem, die Kurve anzugeben, welche von einer an zwei Punkten aufgehängten (ideal geschmeidigen) Kette gebildet wird.

Auf jedem Intervall, auf dem eine Hyperbelfunktion injektiv ist, hat man ihre Umkehrfunktion; diese werden insgesamt *Areafunktionen* genannt. Im einzelnen erhält man:

Arsinh:	$\mathbb{R} \to \mathbb{R}$	(Area sinus hyperbolicus)
Arcosh:	$(1, \infty) \to \mathbb{R}$	(Area cosinus hyperbolicus)
Artanh:	$(-1, 1) \to \mathbb{R}$	(Area tangens hyperbolicus)
Arcoth:	$(1, \infty) \to \mathbb{R}$	(Area cotangens hyperbolicus)

Die Areafunktionen lassen sich auch mit Hilfe des °Logarithmus ausdrücken, z. B. gilt

$$\mathrm{Arsinh}(x) = \ln(x + \sqrt{x^2 + 1}).$$

Für diese Beziehungen und weitere Eigenschaften der Areafunktionen (z. B. ihre Ableitungen) sehe man in einschlägigen Formelsammlungen nach.

Hyperebene
hyperplane; hyperplan

In einem n-dimensionalen °Vektorraum oder °affinen Raum oder °projektiven Raum heißt ein $(n-1)$-dimensionaler linearer Teilraum eine *Hyperebene* (natürlich denkt man dabei vorwiegend an den Fall $n \geqslant 4$); für $n = 3$ hat man die landläufigen Ebenen, und „Hyperebenen" im Fall $n = 2$ (bzw. $n = 1$) reduzieren sich auf Geraden (bzw. Punkte).

Ist V ein °euklidischer oder °unitärer Raum und $H < V$ eine Hyperebene, so ist $H^\perp = \{x \in V \mid \langle h, x \rangle = 0$ für alle $h \in H\}$ eine Gerade. Ein $h \in H^\perp \setminus \{0\}$ mit $|h| = 1$ heißt *Normalenvektor* der Hyperebene H.

Hyperebenenspiegelung
hyperplane reflection; symétrie par rapport à un hyperplan

Sei V ein °euklidischer °Vektorraum, $v \in V$ und H_v die °Hyperebene $\langle v \rangle^\perp = \{x \in V : \langle x, v \rangle = 0\}$ (also $V = \mathbb{R} \cdot v \oplus H_v$). Der °Endomorphismus $f \in \mathrm{End}(V)$ heißt *Hyperebenenspiegelung* an der Hyperebene H_v, wenn für alle $x = y + w$ ($y \in H_v$, $w \in \mathbb{R} \cdot v$) gilt: $f(x) = y - v$; f ist °orthogonal.

Jede °Drehung der Ebene läßt sich darstellen als Komposition von zwei Spiegelungen an Geraden durch den Ursprung (also Hyperebenenspiegelungen); jede Drehung des Raumes ebenfalls als Komposition von zwei Spiegelungen an Ebenen. Allgemein gilt: Jede °orthogonale Abbildung $f \in O(V)$ läßt sich darstellen als Komposition von $r \leqslant \dim V$ Hyperebenenspiegelungen.

hypergeometrische Verteilung
hypergeometric distribution; loi hypergéométrique

Über der Menge $\{0, 1, \ldots, n\}$ definiert für $R, N \in \mathbb{N}_0$ mit $R \leqslant N$, $N \geqslant 1$, $n \leqslant N$

$$P(\{k\}) := \frac{\binom{R}{k} \binom{N-R}{n-k}}{\binom{N}{n}} \quad (k = 0, 1, \ldots, n) \text{ ein diskretes °Wahrscheinlichkeitsmaß,}$$

die *hypergeometrische Verteilung mit Parametern* N, R, n (in Zeichen: $H(N, R, n)$).

Ist eine reelle °Zufallsvariable X $H(N, R, n)$-verteilt, so ist $EX = n \dfrac{R}{N}$ und

$$\mathrm{Var}\, X = n \frac{R}{N} \left(1 - \frac{R}{N}\right) \frac{N-n}{N-1}.$$

Z. B. beim n-fachen zufälligen Ziehen ohne Zurücklegen aus einer Urne mit N Kugeln, darunter R roten, ist die Anzahl der gezogenen roten Kugeln $H(N, R, n)$-verteilt.

Ist dabei X_i die Indikatorvariable des Ereignisses „Ziehen einer roten Kugel im i-ten Zug", so ergibt sich für $i \neq j$, $N \geqslant 2$:

$$\mathrm{Cov}(X_i, X_j) = -\frac{\mathrm{Var}\, X_i}{N-1} = -\frac{1}{N-1} \cdot \frac{R}{N} \cdot \left(1 - \frac{R}{N}\right) \quad (\to \text{Varianz}, \to \text{Kovarianz})$$

(ohne Rechnung, wenn man $\displaystyle\sum_{i=1}^{N} X_i = R$ und die identische Verteilung der X_i benutzt). ($\to$ Urnenmodelle)

Ideal

Eine Teilmenge I eines °Ringes R heißt *Rechtsideal* (*Linksideal*), wenn gilt:
a) I ist Untergruppe der additiven Gruppe von R.
b) Für jedes $a \in I$ und jedes $x \in R$ ist $ax \in I$ (und $xa \in I$), d. h. I ist Untermodul
   des R-Rechtsmoduls R (des R-Linksmoduls R).
Ist I sowohl Linksideal als auch Rechtsideal von R, heißt I *Ideal*.

Beispiele: $\{0\}$ und R sind die *trivialen Ideale* eines jeden Ringes R. Ist $a \in R$, so ist $R \cdot a = \{xa \mid x \in R\}$ ein Linksideal von R. Jedes Ideal von $\mathbb{Z}$ hat die Form $m \cdot \mathbb{Z}$ mit einem $m \in \mathbb{N}$. Ist $X \neq \emptyset$ eine Menge und $\mathrm{Abb}(X, \mathbb{R})$ der Ring aller Abbildungen von X nach $\mathbb{R}$, so ist für jede Teilmenge $Y \subset X$ die Menge $I(Y) = \{f \in \mathrm{Abb}(X, \mathbb{R}) : f|_Y = 0\}$ ein Ideal in $\mathrm{Abb}(X, \mathbb{R})$.
Ist V ein K-Vektorraum und U ein nichttrivialer Unterraum, so ist $I = \{f \in \mathrm{End}_K(V) \mid f(V) \subset U\}$ ein Rechtsideal aber kein Ideal in $\mathrm{End}_K(V)$.

idempotent

Sei M eine Menge mit einer °Verknüpfung $M \times M \to M$, $(a, b) \mapsto a \vartriangle b$. Dann heißt ein Element $a \in M$ *idempotent* (bzgl. $\vartriangle$), wenn gilt: $a \vartriangle a = a$.

Beispiel: In $\mathbb{Z}/6\mathbb{Z}$ sind die Restklassen von 3 und 4 bzgl. der Multiplikation idempotent ($\to$ kongruent, $\to$ Faktorring).

Identifizierungstopologie
identification topology; topologie finale

Es sei X ein topologischer Raum und Y eine Menge und $f: X \to Y$ eine Abbildung; die feinste °Topologie auf Y, für die f °stetig ist, heißt *Identifizierungstopologie bezüglich f*; sie ist ein Spezialfall der °Finaltopologie. Eine Teilmenge $U \subset Y$ ist in dem Fall genau dann offen, wenn $f^{-1}(U)$ offen in X ist; f heißt in diesem Fall *identifizierend*. Speziell ist die °Quotiententopologie die Identifizierungstopologie bezüglich der kanonischen Projektion.

Identitätssatz (für holomorphe Funktionen)
identity theorem; principe des zéros isolés ou du prolongement analytique

Sei $G \subset \mathbb{C}$ ein Gebiet (d. h. offen und zusammenhängend) und seien $f, g: G \to \mathbb{C}$ zwei °holomorphe Funktionen, die auf einer Teilmenge von G, welche in G einen °Häufungspunkt besitzt, übereinstimmen. Dann gilt $f = g$ auf ganz G.

Im

($\rightarrow$ Abbildung; $\rightarrow$ komplexe Zahlen)

Imaginärteil
imaginary part; partie imaginaire

($\rightarrow$ komplexe Zahlen)

implizite Funktionen (Satz über)
implicit function theorem; théorème des fonctions implicites

a) Seien $I, J \subset \mathbb{R}$ °offen und $f: I \times J \rightarrow \mathbb{R}$ eine stetig °differenzierbare Abbildung. Dann gibt es zu jedem Punkt $(a, b) \in I \times J$, in dem $f(a, b) = 0$ und $\dfrac{\partial f}{\partial y}(a, b) \neq 0$ ist, eine offene Umgebung $I_1 \times J_1 \subset I \times J$ (d.h. $I_1 \subset I$ und $J_1 \subset J$ sind offen mit $a \in I_1$, $b \in J_1$) und genau eine stetig differenzierbare Abbildung $\varphi: I_1 \rightarrow J_1$ mit der Eigenschaft: Für alle $(x, y) \in I_1 \times J_1$ ist $f(x, y) = 0$ genau dann, wenn $y = \varphi(x)$ ist.

Die Menge $\{(x, y) \in I_1 \times J_1 \mid f(x, y) = 0\}$ ist also Graph der Funktion φ. Man sagt, φ entsteht durch „Auflösen der Gleichung $f(x, y) = 0$ nach y".

Die Ableitung von φ ist gegeben durch $\varphi'(x) = - \left(\dfrac{\partial f}{\partial x}\right) \Big/ \left(\dfrac{\partial f}{\partial y}\right)$.

b) Seien $U \subset \mathbb{R}^k$ und $V \subset \mathbb{R}^m$ °offene Mengen und $F: U \times V \rightarrow \mathbb{R}^m$, $(x, y) \mapsto F(x, y)$ eine stetig °differenzierbare Abbildung.

Dann gibt es zu jedem Punkt $(a, b) \in U \times V$ mit $F(a, b) = 0$ und in dem die $m \times m$-Matrix $D_y F(a, b) = \left(\dfrac{\partial F_i}{\partial y_j}(a, b)\right)_{\substack{1 \leqslant i \leqslant m \\ 1 \leqslant j \leqslant m}}$ invertierbar ist, eine offene Umgebung $U_1 \times V_1 \subset U \times V$ (d.h. $a \in U_1 \subset U$, $b \in V_1 \subset V$, U_1 und V_1 offen) und genau eine stetig differenzierbare Abbildung $\Phi: U_1 \rightarrow V_1$ mit der Eigenschaft: Für alle $(x, y) \in U_1 \times V_1$ ist $F(x, y) = 0$ genau dann, wenn $y = \Phi(x)$ ist.

Die Funktionalmatrix von Φ ist gegeben durch die $m \times k$-Matrix $D\Phi(x) = -(D_y F(x, y))^{-1} \cdot D_x F(x, y)$ ($\rightarrow$ differenzierbar).

Ist F r-mal stetig differenzierbar (bzw. unendlich oft differenzierbar bzw. °analytisch), so auch Φ.

Eine analoge Formulierung des Satzes über implizite Funktionen gilt auch für (reelle oder komplexe) °Banachräume.

indefinit
indefinit; indéfini

Sei V ein °Vektorraum über $\mathbb{K} = \mathbb{R}$ oder $\mathbb{C}$. Eine symmetrische °Bilinearform $s: V \times V \to \mathbb{K}$ oder eine °hermitesche Form $s: V \times V \to \mathbb{C}$ heißt *indefinit*, wenn es Vektoren $v, w \in V$ gibt mit $s(v, v) > 0$ und $s(w, w) < 0$. (Dann gibt es auch Vektoren $u \in V$, $u \neq 0$ mit $s(u, u) = 0$.)
($\to$ isotrop, $\to$ positiv definit)

Index (einer symmetrischen Bilinearform)

Sei V ein endlich-dimensionaler $\mathbb{K}$-°Vektorraum ($\mathbb{K} = \mathbb{R}$ oder $\mathbb{C}$), $s: V \times V \to \mathbb{K}$ eine symmetrische °Bilinearform bzw. eine °Hermitesche Form, A die °Matrix von s bzgl. einer °Basis von V. Die Anzahl der positiven °Eigenwerte von A heißt *Index* von s.
($\to$ Sylvesterscher Trägheitssatz)

Index (einer Untergruppe)

Sei H eine Untergruppe der °Gruppe G. Durch $x \sim_H y : \Leftrightarrow x^{-1} y \in H$ wird eine °Äquivalenzrelation auf G erklärt; ihre Äquivalenzklassen $\bar{x} = xH = \{y \mid$ es gibt $h \in H$ mit $y = xh\}$ heißen *Linksnebenklassen modulo H*, und die Anzahl dieser Linksnebenklassen (die gleich der Anzahl der analog definierten *Rechtsnebenklassen* ist) heißt *Index* von H in G und wird mit $[G:H]$ notiert.
($\to$ Lagrange (Satz von))

Indexmenge
index set; ensemble d'indices

($\to$ Familie)

Indikatorfunktion
indicator function; fonction indicatrice

($\to$ charakteristische Funktion)

induzierte Topologie
induced topology; topologie induite

Seien X eine Menge, Y ein °topologischer Raum und $f: X \to Y$ eine Abbildung. Dann ist $\mathcal{T} := \{U \subset X:$ es gibt $V \subset Y$ offen mit $U = f^{-1}(V)\}$ eine °Topologie auf X (und zwar die gröbste, bzgl. der f stetig ist), die von f *induzierte Topologie*; sie ist ein Spezialfall der °Initialtopologie.

Besonders wichtig ist der Spezialfall, daß X eine Teilmenge von Y und f die Inklusion ($\to$ Abbildung) ist. In diesem Fall heißt X, versehen mit der induzierten Topologie, *Teilraum* oder *Unterraum* von Y; die Topologie auf X nennt man auch *Teilraum-* oder *Unterraumtopologie*; eine Menge $A \subset X$ ist in dem Unterraum X genau dann offen, wenn es eine offene Menge $B \subset Y$ gibt, so daß $B \cap X = A$ gilt; man sagt dann: A ist *relativ X offen*.

Infimum

($\to$ Halbordnung)

Inhalt (eines Polynoms)

($\to$ primitives Polynom)

Initialtopologie
projectively generated topology; topologie initiale

Seien X eine Menge, $(Y_i)_{i \in I}$ eine °Familie °topologischer Räume, und $f_i : X \to Y_i$ Abbildungen. Dann ist $\mathcal{M} := \bigcup_{i \in I} \mathcal{M}_i$ mit $\mathcal{M}_i = \{f_i^{-1}(V) \mid V \subset Y_i \text{ offen}\}$ eine Subbasis ($\to$ Basis) der gröbsten °Topologie auf X, für die alle f_i stetig sind. Die von $\mathcal{M}$ erzeugte Topologie heißt *Initialtopologie* von X bzgl. der topologischen Räume Y_i und der Abbildungen $f_i (i \in I)$. Sie ist charakterisiert durch die Eigenschaft: für jeden topologischen Raum W und jede Abbildung $h : W \to X$ gilt: h ist genau dann stetig, wenn $f_i \circ h$ für alle $i \in I$ stetig ist.

Beispiel: Ist X das °kartesische Produkt der Mengen Y_i und $f_i : X \to Y_i$ die Projektion auf den i-ten Faktor (für jedes $i \in I$), so ist die Initialtopologie gleich der °Produkttopologie. Besteht I nur aus einem Element, so erhält man die °induzierte Topologie.

injektiv
injective (one-to-one into); injectif

($\to$ Abbildung)

inkongruent

Sei $m \in \mathbb{Z}$. Zwei ganze Zahlen x, y heißen *inkongruent* modulo m, wenn sie nicht °kongruent sind, d.h. wenn m nicht $(x - y)$ teilt.

innerer Automorphismus
inner automorphism; automorphisme intérieur

Sei G eine °Gruppe und $a \in G$. Dann ist $G \to G, x \mapsto axa^{-1}$ ein °Automorphismus von G, und jeder Automorphismus dieser Art heißt *innerer Automorphismus*. Die inneren Automorphismen bilden eine Untergruppe der Automorphismengruppe von G.

($\to$ konjugierte Untergruppen)

innerer Punkt
interior point; point intérieur

Ist A Teilmenge eines °topologischen Raumes X, so heißt $p \in A$ *innerer Punkt* von A, wenn A °Umgebung von p ist.

($\to$ offener Kern)

Integral

($\to$ Riemann-Integral, $\to$ Lebesgue-Integral, $\to$ Flächenintegral, $\to$ Kurvenintegral)

integrierbar
integrable; intégrable

($\to$ Riemann-Integral, $\to$ Lebesgue-Integral)

Integritätsring
domain; anneau intègre

Ein °Ring R heißt *Integritätsring*, wenn gilt:
a) R ist °nullteilerfrei,
b) R ist °kommutativ bezüglich der Multiplikation,
c) R besitzt ein vom Nullelement verschiedenes Einselement.

Beispiele: Die Ringe $\mathbb{Z}$, $K[X]$ (K ein Körper), $\mathcal{O}(G)$ (°holomorphe Funktionen auf einem Gebiet $G \subset \mathbb{C}$), $\mathbb{C}[X, Y]/(Y^2 - X^3)$ sind Integritätsringe; die Ringe $\mathbb{Z}/4\mathbb{Z}$, $\mathbb{C}[X, Y]/(Y^2 - X^2)$, $\mathscr{C}(\mathbb{R})$ (°stetige Funktionen auf $\mathbb{R}$) sind keine Integritätsringe.

Interpolation
interpolation polynomial; polynôme d'interpolation

Gegeben seien Stützstellen $x_j \in \mathbb{R}, j = 0, 1, \ldots, n$ mit $x_0 < x_1 < \ldots < x_n$ und zugehörige Werte f_j. Unter *Interpolation* versteht man die Bestimmung einer sogenannten *interpolierenden Funktion* $f: [x_0, x_n] \to \mathbb{R}$ mit $f(x_j) = f_j$. Die wichtigsten

Verfahren hierfür sind Polynominterpolation ($\rightarrow$ Interpolationspolynom), °rationale Interpolation und °Splineinterpolation.

Sind zu den f_j weitere Daten f_j' vorgegeben und soll die interpolierende Funktion f zusätzlich die Bedingungen $f'(x_j) = f_j'$ erfüllen, so spricht man von *Hermite-Interpolation*.

Interpolationspolynom

Zu $n+1$ Stützstellen x_i, $i = 0, 1, \ldots, n$ mit zugehörigen Werten f_i existiert genau ein °Polynom p_n vom Grad $\leqslant n$, das das Problem der °Interpolation löst. Seine Koeffizienten sind die Lösung des Gleichungssystems $p_n(x_i) = f_i$, $i = 0, 1, \ldots, n$.

Das Interpolationspolynom p_n läßt sich auf verschiedene Weisen einfach gewinnen, z. B. in der vor allem für theoretische Zwecke verwendeten Darstellung

nach Lagrange als $p_n(x) = \sum\limits_{i=0}^{n} f_i L_i(x)$, wobei

$$L_i(x) = \frac{(x-x_0)(x-x_1)\ldots(x-x_{i-1})(x-x_{i+1})\ldots(x-x_n)}{(x_i-x_0)(x_i-x_1)\ldots(x_i-x_{i-1})(x_i-x_{i+1})\ldots(x_i-x_n)}, \quad \text{oder auch nach}$$

Newton als $p_n(x) = a_0 + \sum\limits_{j=1}^{n} a_j \prod\limits_{i=1}^{j} (x-x_{i-1})$ wobei die Koeffizienten a_j

aus dem Schema der dividierten Differenzen wie folgt ermittelt werden:

$a_j = f[x_0 x_1 \ldots x_j]$, wobei $f[x_i] := f_i$, $i = 0, 1, \ldots, n$ und $f[x_i x_{i+1} \ldots x_{i+k}] :=$

$$\frac{f[x_{i+1} x_{i+2} \ldots x_{i+k}] - f[x_i x_{i+1} \ldots x_{i+k-1}]}{x_{i+k} - x_i}.$$

Die Reihenfolge der Stützstellen ist dabei beliebig. Konkrete Werte des Interpolationspolynoms lassen sich bequem mit dem °Nevillealgorithmus berechnen.

Ist eine Funktion $f: [x_0, x_n] \rightarrow \mathbb{R}$ mit $f(x_i) = f_i$ $(n+1)$-mal °differenzierbar, so existiert zu jedem $\bar{x} \in [x_0, x_n]$ ein $\xi \in [x_0, x_n]$, so daß

$$f(\bar{x}) - p_n(\bar{x}) = \frac{f^{(n+1)}(\xi)}{(n+1)!} \prod_{i=0}^{n} (\bar{x} - x_i),$$

womit sich eine Fehlerabschätzung für die Polynominterpolation $(n+1)$-mal stetig differenzierbarer Funktionen ergibt.

Verfeinert man die Intervallunterteilung, so konvergiert die Folge der zugehörigen Interpolationspolynome gleichmäßig für jede Funktion f mit $f(x_i) = f_i$, die eine Erweiterung auf $\mathbb{C}$ besitzt, welche also eine °ganze Funktion ist, jedoch nicht für beliebige °stetige Funktionen.

Intervall
interval; intervalle

Eine Teilmenge $I \subset \mathbb{R}$ heißt *Intervall*, wenn mit $x, y \in I$, $x < y$ auch alle $c \in \mathbb{R}$ mit $x < c < y$ zu I gehören.

Für $a \leqslant b$ unterscheidet man die *beschränkten* Intervalle

$$[a, b] = \{x \in \mathbb{R}: a \leqslant x \leqslant b\} \qquad (\textit{abgeschlossenes } \text{Intervall})$$
$$]a, b[= \{x \in \mathbb{R}: a < x < b\} \qquad (\textit{offenes } \text{Intervall})$$
$$[a, b[= \{x \in \mathbb{R}: a \leqslant x < b\} \qquad (\textit{halboffenes } \text{Intervall})$$
$$(\text{bzw. analog }]a, b])$$

sowie die *unbeschränkten* Intervalle $[a, \infty\, [= \{x \in \mathbb{R}: a \leqslant x\}$ (bzw. analog $]a, \infty[$, $]-\infty, b]$, $]-\infty, b[$).

Diese Definitionen lassen sich in einer beliebigen Menge mit einer °Halbordnung verwenden; insbesondere definiert man *n-dimensionale Intervalle* im $\mathbb{R}^n$, indem man die Halbordnung $(x_1, \ldots, x_n) < (y_1, \ldots, y_n) :\Leftrightarrow x_i < y_i$ für alle $i = 1, \ldots, n$ verwendet. (Verwendet man $\leqslant$ anstelle von $<$, so muß man auch im Fall $x \leqslant y$, $x \neq y$ „entartete", d.h. niedrigerdimensionale Intervalle zulassen.)

Intervallschachtelung
nested intervals; intervalles emboîtes

($\rightarrow$ Vollständigkeit von $\mathbb{R}$)

---

invarianter Unterraum
invariant subspace; sous-espace invariant

Sei V ein K-Vektorraum und $f: V \rightarrow V$ ein Endomorphismus. Ein Unterraum $U \subset V$ mit $f(U) \subset U$ heißt *f-invariant* oder *f-stabil*.

Beispiele: (1) Eigenvektorräume ($\rightarrow$ Eigenwert) sind f-stabil.
(2) °Haupträume sind stabile Unterräume.

---

inverse Iteration nach Wielandt
Wielandt's broken iteration; iteration de Wielandt

Kennt man eine Näherung λ für einen der °Eigenwerte λ_j, $j \in \{1, \ldots, n\}$ einer Matrix $A \in M(n \times n, \mathbb{C})$, so daß $|\lambda - \lambda_j| < |\lambda - \lambda_i|$ für $i \neq j$ ist, so entspricht die *Iteration nach Wielandt*, $(A - \lambda I)y_j = y_{j-1}$, der °Vektoriteration für die Matrix $(A - \lambda E)^{-1}$ mit den Eigenwerten $\tilde{\lambda}_i = \dfrac{1}{\lambda_i - \lambda}$, $i = 1, \ldots, n$; dabei ist die Startnäherung ($\rightarrow$ Näherung) $y_0 \in \mathbb{C}^n$ geeignet zu wählen. Sie liefert eine verbesserte Näherung μ_j für den betragsmäßig größten Eigenwert $\tilde{\lambda}_j$ und damit eine Näherung $\tilde{\lambda}'_j = \dfrac{1}{\mu_j} + \lambda$ für λ_j sowie einen zugehörigen Eigenvektor x_j.

---

inverse Matrix

inverse matrix; matrice inverse

Sei A eine $n \times n$-°Matrix über einem °Körper K. A ist genau dann *invertierbar* ($\to$ Einheit), wenn $\det A \neq 0$ (oder äquivalent °$\operatorname{rang} A = n$). Die *inverse Matrix* A^{-1}, d.h. die eindeutig bestimmte Matrix mit $A^{-1}A = AA^{-1} = E$ läßt sich z.B. mit Hilfe des °Gaußschen Algorithmus berechnen.

inversen Operator (Satz vom)

continuity of the inverse operator; continuité de l'opérateur inverse

Es seien X und Y °Banachräume, $T: X \to Y$ eine bijektive °stetige °lineare Abbildung. Dann ist auch T^{-1} stetig, also T ein °Homöomorphismus. (Beweis mit Hilfe des °Prinzips der offenen Abbildung).

invertierbar

invertible; inversible

Sei R ein °Ring mit Einselement 1. Ein Element $a \in R$ heißt *invertierbar*, wenn es ein $a' \in R$ gibt mit $aa' = a'a = 1$.

($\to$ Einheit)

invertierbar (Abbildung)

($\to$ Abbildung)

Involution

Eine °Abbildung $f: X \to X$ einer Menge X in sich heißt *Involution*, wenn $f \circ f = id_X$ ist.

Beispiele: Die komplexe Konjugation $\mathbb{C} \to \mathbb{C}$, $z = x + iy \mapsto \bar{z} = x - iy$ ist eine Involution (Spiegelung an der reellen Achse). Jede Drehung um 180° ist eine Involution. Die Vertauschung der Komponenten in einem kartesischen Produkt $X \times X$ ist eine Involution („Spiegelung an der Diagonalen").

irrational

irrational; irrationnel

Eine °reelle °Zahl heißt *irrational*, wenn sie nicht rational ist.

Beispiele: Ist $n \in \mathbb{N}$ und $\sqrt{n} \notin \mathbb{N}$, so ist $\sqrt{n}$ irrational. Die °Eulersche Zahl e und die Kreiszahl °π sind irrational. Der Wert der Reihe $\sum\limits_{n=1}^{\infty} \dfrac{1}{n^3}$ ist irrational (Apéry 1978).

irreduzibel
irreducible; irréductible

($\rightarrow$ Teilbarkeit in Integritätsringen)

Irrtumswahrscheinlichkeit
significance level; niveau de signification

($\rightarrow$ Test)

isolierter Punkt
isolated point; point isolé

($\rightarrow$ Häufungspunkt einer Menge)

isometrisch
isometric, isométrique

Eine Abbildung $f: X \rightarrow Y$ zwischen °metrischen Räumen (X, d_X) und (Y, d_Y) heißt *isometrisch* (oder *Isometrie*), wenn für alle $x, x' \in X$ gilt:
$$d_X(x, x') = d_Y(f(x), f(x')).$$
Eine Isometrie ist also immer °stetig, injektiv und erhält den Abstand zweier Punkte.

Isomorphiesätze

1. Isomorphiesatz: Sei G eine °Gruppe, H eine Untergruppe und N ein °Normalteiler von G. Dann gilt:
a) $HN = \{hn \mid h \in H, n \in N\}$ ist Untergruppe von G.
b) N ist Normalteiler von HN.
c) $H \cap N$ ist Normalteiler von H.
d) Die Abbildung $f: H/H \cap N \rightarrow HN/N$, $a(H \cap N) \mapsto aN$ ist ein Gruppenisomorphismus.

2. Isomorphiesatz: Sind M und N Normalteiler der Gruppe G und ist $M \subset N$, so gilt:
a) N/M ist Normalteiler von G/M.
b) Die Abbildung $g: (G/M)/(N/M) \rightarrow G/N$, $(aM)(N/M) \mapsto aN$ ist ein Gruppenisomorphismus.

Auf °Moduln und °Ringe übertragen sich die Isomorphiesätze sinngemäß.

Isomorphismus
isomorphism; isomorphisme

Ein °Homomorphismus $f: X \to Y$ heißt *Isomorphismus*, wenn es einen Homomorphismus $g: Y \to X$ gibt mit $g \circ f = id_X$ und $f \circ g = id_Y$.

Für °Gruppen, °Ringe, °Vektorräume (und viele andere Strukturen, aber nicht alle) gilt: Ein Homomorphismus ist schon Isomorphismus, wenn er nur bijektiv ist.

isotrop
isotropic; isotrope

Sei V ein $\mathbb{K}$-°Vektorraum ($\mathbb{K} = \mathbb{R}$ oder $\mathbb{C}$), $s: V \times V \to \mathbb{K}$ eine symmetrische °Bilinearform oder °hermitesche Form. Ein Vektor $v \in V$, $v \neq 0$ heißt *isotrop* (bzgl. s), wenn $s(v, v) = 0$ ist. Die isotropen Vektoren bilden einen Kegel (d.h. mit v ist auch αv isotrop für alle $\alpha \in \mathbb{K}$). s heißt isotrop, wenn ein bzgl. s isotroper Vektor existiert.

Beispiele: In $\mathbb{C}^2$ mit $s(z, w) = z_1 w_1 + z_2 w_2$ sind die Vektoren $(1, i)$ und $(1, -i)$ isotrop. In $\mathbb{R}^4$ mit Koordinaten $u = (x, y, z, t)$ und $s(u, u') = xx' + yy' + zz' - tt'$ sind für alle $(x, y, z) \in \mathbb{R}^3$ mit $x^2 + y^2 + z^2 = 1$ die Vektoren $(x, y, z, 1)$ und $(x, y, z, -1)$ isotrop. (Das sind „lichtartige Vektoren" in der Raum-Zeit der speziellen Relativitätstheorie.)

Isotropiegruppe
stabilizer; groupe d'isotropie ou *stabilisateur*

($\to$ Operation)

J

Jacobi-Identität

($\rightarrow$ Lie-Algebra)

Jacobimatrix

jacobian; matrice jacobienne

($\rightarrow$ differenzierbar)

Jacobiverfahren

a) *Jacobiverfahren* zur iterativen Lösung von linearen Gleichungssystemen ($\rightarrow$ Gesamtschrittverfahren).

b) *Jacobiverfahren* zur Bestimmung der °Eigenwerte einer °symmetrischen °Matrix $A \in M(n, \mathbb{R})$. Eine solche Matrix besitzt nur reelle Eigenwerte, und es existiert eine °unitäre Matrix U, so daß $^tUAU = D$ eine Diagonalmatrix ist, die in der Hauptdiagonalen die Eigenwerte von A stehen hat ($\rightarrow$ Hauptachsentransformation). Beim Jacobiverfahren werden mit Hilfe speziell konstruierter °unitärer Matrizen Ähnlichkeitstransformationen ($\rightarrow$ ähnliche Matrizen) von A durchgeführt. Die damit erhaltene Folge von Matrizen konvergiert gegen D. Dabei geht man folgendermaßen vor:

(i) $A^{(0)} := A$, $i = 0$ (ii) Suche ein Element $a_{jk}^{(0)} \neq 0$, $j < k$ und berechne

$$\theta = \frac{a_{jj} - a_{kk}}{2a_{jk}}, \quad t = \frac{s(\theta)}{|\theta| + \sqrt{1 + \theta^2}}, \quad \text{wobei} \quad s(\theta) = \begin{cases} 1, \theta \geqslant 0 \\ -1, \theta < 0 \end{cases}, \quad \text{und} \quad \text{weiter}$$

$c = (1 + t^2)^{-1/2}$, $\sigma = t \cdot c$ sowie $\tau = \dfrac{\sigma}{1 + c}$. (iii) Transformiere die Matrix $A^{(i)}$ wie folgt: $a_{rj}^{(i+1)} = a_{jr}^{(i+1)} = a_{rj}^{(i)} + \sigma(a_{rk}^{(i)} - \tau a_{rj}^{(i)})$, $a_{rk}^{(i+1)} = a_{kr}^{(i+1)} = a_{rk}^{(i)} - \sigma(a_{rj}^{(i)} + \tau a_{rk}^{(i)})$ für $r = 1, \ldots, n$ und $r \neq j, k$; $a_{jj}^{(i+1)} = a_{jj}^{(i)} + \tau a_{jk}$, $a_{kk}^{(i+1)} = a_{kk}^{(i)} - \tau a_{jk}$, $a_{jk}^{(i+1)} = a_{kj}^{(i+1)} = 0$ (iv) $a_{rs}^{(i+1)} = a_{rs}^{(i)}$ für $r, s \neq j, k$. (v) ersetze i durch $i + 1$, gehe nach (ii). Das Jacobiverfahren konvergiert quadratisch ($\rightarrow$ Konvergenzordnung), falls alle Eigenwerte einfach sind, und man die a_{jk} in Schritt (ii) zyklisch, d.h. $a_{12} \ldots a_{1n}$, $a_{23}, \ldots a_{2n}, \ldots, a_{n-1,n}$ und dann wieder von vorn beginnend verwendet. Als Abbruchkriterium und zur Fehlerabschätzung benutzt man den Satz von °Gerschgorin. Die zu den Eigenwerten gehörenden Näherungen für die Eigenvektoren erhält man als Spalten der Produktmatrix aus den unitären Transformationsmatrizen

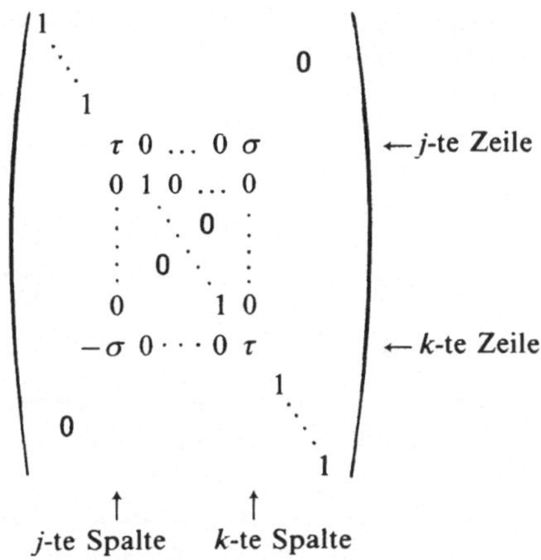

Jordan-Hölder (Satz von)

Sei G eine °Gruppe, und $G = G_0 \supsetneqq G_1 \supsetneqq G_2 \supsetneqq \ldots \supsetneqq G_n = \{e\}$ eine absteigende Folge von Untergruppen, so daß jedes G_i °Normalteiler in G_{i-1} ist und jede °Faktorgruppe G_{i-1}/G_i °einfach ist.

Ist dann $G = H_0 \supsetneqq H_1 \supsetneqq \ldots \supsetneqq H_m = \{e\}$ eine Folge mit denselben Eigenschaften, so ist $n = m$ und es gibt eine °Permutation σ von $\{0, 1, \ldots, n\}$, so daß die Faktorgruppen G_{i-1}/G_i und $H_{\sigma(i)-1}/H_{\sigma(i)}$ für alle $i = 1, \ldots, n$ isomorph sind.

Jordanmatrix

Eine $r \times r$-°Matrix über einem °Körper K heißt *Jordanmatrix*, wenn sie von der Gestalt $\lambda E + N$ ist mit $\lambda \in K$, $E = $ Einheitsmatrix, und $N = (n_{ij})$ mit $n_{ij} = 1$, falls $j = i + 1$, und $n_{ij} = 0$ sonst.

($\rightarrow$ Jordansche Normalform)

Jordansche Normalform
Jordan normal form; forme canonique de Jordan

Sei V ein endlich-dimensionaler K-°Vektorraum und f ein °Endomorphismus von V. Wenn das °charakteristische Polynom P_f über K in Linearfaktoren zerfällt ($\rightarrow$ Zerfällungskörper), gibt es eine °Basis von V, bzgl. der die Matrix von f von der untenstehenden Gestalt mit eindeutig bestimmten °Jordanmatrizen

$J_1, \ldots, J_k$ ist. Die Diagonalelemente sind die °Eigenwerte von f, doch können verschiedene Jordanmatrizen zum selben Eigenwert gehören.

$$\begin{pmatrix} J_1 & & & 0 \\ & J_2 & & \\ 0 & & & \\ & & & J_k \end{pmatrix}$$

Jordanscher Kurvensatz
Jordan curve theorem; théorème de Jordan

Eine Punktmenge K des $\mathbb{R}^2$ heißt *Jordan-Kurve* (*einfach geschlossene Kurve*), wenn sie homöomorph ($\to$ Homöomorphismus) zur Kreislinie $S^1 = \{(x, y) \in \mathbb{R}^2 : x^2 + y^2 = 1\}$ ist. Der *Jordansche Kurvensatz* besagt:

Ist $K \subset \mathbb{R}^2$ eine Jordankurve, so gibt es zwei °Gebiete G_1 und G_2, so daß $\mathbb{R}^2 = G_1 \cup K \cup G_2$ eine disjunkte Vereinigung ist. Genau eines der Gebiete ist °beschränkt; es heißt das *Innere* von K, und K ist °Rand von G_1 und von G_2.

K

kanonisch
canonical; canonique

Im mathematischen Sprachgebrauch bedeutet *kanonisch* soviel wie „natürlich", „besonders ausgezeichnet", „schöner als alle anderen", vor allem aber „unabhängig von der Willkür des Mathematikers" (der z.B. bei einer Konstruktion manchmal irgend etwas frei wählen kann).

Beispiele: kanonische °Quotientenabbildung (→ Äquivalenzrelation), kanonischer Isomorphismus (→ Bidualraum), kanonische Faktorisierung einer Abbildung, kanonische Projektion, kanonische Einbettung, kanonische Basis.
(→ natürliche Transformation)

Kardinalzahl
cardinal (number); (nombre) cardinal

Man kann (in der Mengenlehre) jeder Menge M einen mathematischen Begriff *Kardinalzahl* $\operatorname{card}(M)$ zuordnen, so daß zwei Mengen genau dann °gleichmächtig sind, wenn sie dieselbe Kardinalzahl haben. Für endliche Mengen ist $\operatorname{card}(M)$ einfach die Anzahl der Elemente. Die Kardinalzahl einer unendlichen abzählbaren Menge wie $\mathbb{N}$ wird mit $\aleph_0$ (Aleph Null) bezeichnet. Die Kardinalzahl von $\mathbb{R}$ ist gleich der Kardinalzahl der °Potenzmenge von $\mathbb{N}$. – Es ist wichtig zu wissen, daß es keine Menge gibt, welche „alle" Kardinalzahlen enthält!

Karte
chart; carte

(→ differenzierbare Mannigfaltigkeit)

kartesisches Produkt (von Mengen)
cartesian product; produit cartésien

Sei $(X_i)_{i \in I}$ eine °Familie von Mengen. Das kartesische Produkt von $(X_i)_{i \in I}$ besteht aus allen Familien $(x_i)_{i \in I}$, wo $x_i \in X_i$ ist für alle $i \in I$, und wird notiert als $\prod_{i \in I} X_i$. Ist die Indexmenge endlich, etwa $I = \{1, \ldots, n\}$, so schreibt man auch

$$\prod_{i=1}^{n} X_i = X_1 \times \ldots \times X_n.$$

Allgemein gibt es zu jedem $j \in I$ eine *kanonische Projektion*

$$pr_j : \prod_{i \in I} X_i \to X_j,$$

welche einer Familie $(x_i)_{i \in I}$ die j-te Komponente x_j zuordnet.

Eine °Abbildung f von einer Menge W nach $\prod_{i \in I} X_i$ ist dadurch eindeutig festgelegt, daß für jedes $i \in I$ eine Abbildung $f_i (= pr_i \circ f)$: $W \to X_i$ vorgegeben wird.

Ein kartesisches Produkt ist gleich der leeren Menge, falls ein Faktor leer ist. Daß $\prod_{i \in I} X_i$ nicht leer ist, wenn alle $X_i \neq \emptyset$ sind (insbesondere bei unendlichem I), ist Inhalt des °Auswahlaxioms.

Für den Fall $I = \{1, 2\}$ erhalten wir das kartesische Produkt zweier Mengen ($\to$ Mengenlehre) A_1 und A_2; dieser Spezialfall mußte gesondert definiert werden, da er für die Definition der °Abbildung und somit der °Familie benötigt wird, und dieser gestattet es erst, das allgemeine kartesische Produkt über eine Familie von Mengen zu definieren.

Kategorie
category; catégorie

Eine Kategorie $\mathscr{K}$ besteht aus folgenden Daten:

a) Einer Klasse $\mathrm{Ob}(\mathscr{K})$ von Objekten $X, Y, Z, \ldots$

b) Mengen von Morphismen (oder „Pfeilen") $\mathrm{Mor}(X, Y)$ zu jedem geordneten Paar (X, Y) von Objekten und für alle Objekte X, X', Y, Y' gilt: $\mathrm{Mor}(X, Y) \cap \mathrm{Mor}(X', Y') \neq \emptyset \Rightarrow X = X', Y = Y'$.

c) Verknüpfungen $\mathrm{Mor}(X, Y) \times \mathrm{Mor}(Y, Z) \to \mathrm{Mor}(X, Z)$, $(f, g) \mapsto gf = g \circ f$ zu jedem Tripel (X, Y, Z) von Objekten, wobei gilt:

   i) Zu jedem $X \in \mathrm{Ob}(\mathscr{K})$ gibt es ein Element $id_X \in \mathrm{Mor}(X, X)$ mit $id_X \circ f = f$, $g \circ id_X = g$ für alle $f \in \mathrm{Mor}(Z, X)$, $g \in \mathrm{Mor}(X, Y)$ (Z, Y beliebige Objekte).

   ii) $f \circ (g \circ h) = (f \circ g) \circ h$ für alle Morphismen f, g, h, für die diese Verknüpfungen definiert sind.

Beispiele: Mengen mit °Abbildungen; °Gruppen mit °Homomorphismen von Gruppen; °Vektorräume mit °linearen Abbildungen; °topologische Räume mit °stetigen Abbildungen; topologische Räume mit Grundpunkt, das sind die topologischen Räume mit einem ausgezeichneten Punkt, und als Morphismen stetige Abbildungen, die den ausgezeichneten Punkt respektieren.

Die Sprechweise von Kategorien und °Funktoren und °natürlicher Transformation hat sich vor allem in den algebraischen Methoden (der homologischen Algebra) der algebraischen Topologie und algebraischen Geometrie nicht nur als bequem und förderlich, sondern stellenweise als unentbehrlich erwiesen. In anderen Bereichen hat sie sich durch begriffliche Vereinheitlichungen und Vereinfachungen bewährt.

Kegel
cone; cône

Eine Teilmenge $C \neq \emptyset$ eines °Vektorraums V über einem Körper K heißt *Kegel*, wenn gilt: $C = K \cdot C = \{\lambda v \mid \lambda \in K, v \in C\}$.

Insbesondere ist $0 \in C$ und mit jedem $v \in C \setminus \{0\}$ ist die ganze Gerade $K \cdot v$ in C enthalten.

Bei manchen Gelegenheiten ist es angemessen, im reellen Fall $K = \mathbb{R}$ nur zu verlangen: $v \in C, \lambda > 0 \Rightarrow \lambda v \in C$.

In der Elementargeometrie denkt man oft nur an den *geraden Kreiskegel* $\{(x, y, z) \in \mathbb{R}^3 : z^2 = x^2 + y^2\}$ (oder nur an den Teil mit $z \geq 0$ bzw. $z \leq 0$).

Im übrigen ist die Nullstellenmenge eines °Polynoms $P \in K[x_1, \ldots, x_n]$ genau dann ein Kegel in K^n ($K = \mathbb{R}$ oder $\mathbb{C}$ oder jedenfalls char $K = 0$; $\rightarrow$ Charakteristik), wenn das Polynom °homogen ist.

Kegelschnitt
conic; conique

Es kommt vor, daß Leute den Satz über die °Hauptachsentransformation von reellen °Quadriken lernen, aber nie etwas über *Ellipsen, Parabeln* und *Hyperbeln* erfahren. Deshalb schneiden wir hier z. B. den geraden Kreiskegel $\{(x, y, z) \in \mathbb{R}^3 : x^2 + y^2 = z^2\}$ mit einer °Ebene $\{(x, y, z) \in \mathbb{R}^3 : ax + by + cz = d; (a, b, c) \neq (0, 0, 0)\}$ und betrachten das Resultat. Nehmen wir z. B. an $c \neq 0$, so ergibt die Substitution $z = \dfrac{d}{c} - \dfrac{a}{c} x - \dfrac{b}{c} y$ in $z^2 = x^2 + y^2$ eine Gleichung

$$a_{00} + a_{10} x + a_{01} y + (x, y) \begin{pmatrix} a_{20} & a_{11} \\ a_{11} & a_{02} \end{pmatrix} \begin{pmatrix} x \\ y \end{pmatrix} = 0,$$

wo die Matrix $\begin{pmatrix} a_{20} & a_{11} \\ a_{11} & a_{02} \end{pmatrix}$ jedenfalls verschieden von der Nullmatrix ist.

Der Satz über die °Hauptachsentransformation von symmetrischen Matrizen liefert eine Drehung $\begin{pmatrix} x \\ y \end{pmatrix} \mapsto S \cdot \begin{pmatrix} x \\ y \end{pmatrix} = \begin{pmatrix} u' \\ v' \end{pmatrix}$ (mit einer °orthogonalen 2×2-Matrix S), so daß in den neuen Koordinaten u', v' der Kegelschnitt eine Gleichung der Form

$$b_{00} + b_{10} u' + b_{01} v' + b_{20} u'^2 + b_{02} v'^2 = 0 \quad \text{hat.}$$

Falls b_{20} und b_{02} beide $\neq 0$ sind, kann man offenbar $u' = u + u_0$ und $v' = v + v_0$ so setzen (Translation des Koordinatenursprungs), daß die linearen Terme verschwinden (quadratische Ergänzung!) und in den Koordinaten u, v die Gleichung für den Kegelschnitt auf $c_{00} + c_{20} u^2 + c_{02} v^2 = 0$ ($c_{20} \neq 0$ und $c_{02} \neq 0$) vereinfacht worden ist. Wenn z. B. $b_{02} = 0$ ist (daraus folgt $b_{20} \neq 0$), so erreicht man stattdessen die Form $c_{01}v + c_{20}u^2 = 0$ mit $c_{20} \neq 0$. Schließlich kann man die Gleichungen noch durch Konstanten $\neq 0$ dividieren und erhält folgende Fälle:

Standardgleichung   Gestalt

$u^2 + dv^2 = 0$

$d > 0:$ Nullpunkt

$d = 0:$ Doppelgerade

$d < 0:$ zwei sich schneidende Geraden

(Dies sind die sog. *entarteten Kegelschnitte*, wo die Ebene durch die Kegelspitze geht.)

$$\frac{u^2}{a^2} + \frac{v^2}{b^2} = 1$$

Ellipse mit Halbachsen a, b (für $a = b$ Kreis)

$$u^2 = cv \ (c \neq 0)$$

Parabel

$$\frac{u^2}{a^2} - \frac{v^2}{b^2} = 1$$

Hyperbel mit Halbachsen a, b.

(Durch affine Koordinatentransformationen können alle Konstanten $\neq 0$ zu 1 gemacht werden: vgl. affine °Hauptachsentransformation von Quadriken.)

Keim
germ; germe

($\rightarrow$ Funktionskeim)

Kern (eines Homomorphismus)
kernel; noyau

a) Sei $f: G \rightarrow H$ ein °Gruppenhomomorphismus, e' das neutrale Element von H. Dann ist $f^{-1}(e') = \{a \in G : f(a) = e'\} =: \mathrm{Ker} f$ der *Kern* von f. Er ist ein °Normalteiler in G, und $G/\mathrm{Ker} f$ ist isomorph zur Untergruppe $f(G) \subset H$ ($\rightarrow$ Homomorphiesatz).

b) Der *Kern* eines Ringhomomorphismus (Vektorraumhomomorphismus, Modulhomomorphismus) ist das Urbild der 0 (des neutralen Elements der zugrundeliegenden additiven Gruppe) im °Ring bzw. °Vektorraum bzw. °Modul. Es ist ein °Ideal bzw. Untervektorraum bzw. Untermodul.

Kettenbruch
continued fraction; fraction continue

Sind $\{a_n\}_{n \in \mathbb{N}} \subset \mathbb{C}$, $\{b_n\}_{n \in \mathbb{N}} \subset \mathbb{C} \setminus \{0\}$ zwei Folgen, so definiert man auf folgende Weise rekursiv ($\rightarrow$ Rekursionssatz) Kettenbrüche Q_n, $n \in \mathbb{N}$, sofern diese jeweils wohldefiniert sind:

$$Q_0 := b_0, \qquad Q_1 := b_0 + \frac{a_1}{b_1}, \qquad Q_2 = b_0 + \cfrac{a_1}{b_1 + \cfrac{a_2}{b_2}} \qquad \text{usw.}$$

Man erhält also Q_n, indem man in Q_{n-1} jeweils b_{n-1} durch $b_{n-1} + \frac{a_n}{b_n}$ ersetzt. Falls der Grenzwert $Q = \lim\limits_{n \to \infty} Q_n$ existiert, so heißt Q *unendlicher Kettenbruch*. Hierfür sind auch die Schreibweisen

$$Q = b_0 + a_1 \underline{} b_1 + a_2 \underline{} b_2 + \ldots + a_m \underline{} b_m + \ldots \quad \text{bzw.} \quad Q = b_0 + \sum_{k=1}^{\infty} \frac{a_k |}{| b_k}$$

üblich. Kettenbrüche lassen sich z. B. zur °rationalen Interpolation verwenden.

Kettenregel
chain rule; règle pour la dérivée de la composition de deux fonctions

a) Seien $D \subset \mathbb{R}$, $E \subset \mathbb{R}$ °offen und $f: D \to \mathbb{R}$, $g: E \to \mathbb{R}$ Funktionen mit $f(D) \subset E$. Die Funktion f sei in $x \in D$, und g in $y = f(x) \in E$ °differenzierbar. Dann ist $g \circ f: D \to \mathbb{R}$ in x differenzierbar, und es gilt $(g \circ f)'(x) = g'(f(x)) \cdot f'(x)$.

b) Seien $U \subset \mathbb{R}^n$ und $V \subset \mathbb{R}^m$ offen und $f: U \to \mathbb{R}^m$, $g: V \to \mathbb{R}^k$ Abbildungen mit $f(U) \subset V$. Die Abbildung f sei im Punkt $x \in U$, und g im Punkt $y = f(x) \in V$ (total) °differenzierbar. Dann ist $g \circ f: U \to \mathbb{R}^k$ in x differenzierbar, und für ihr Differential ($\to$ differenzierbar) gilt $D(g \circ f)(x) = Dg(f(x)) \cdot Df(x)$.

---

klassische Gruppen
classical linear groups; groupes classiques

Die °allgemeinen linearen Gruppen $GL(n, K)$ ($n \in \mathbb{N}$, K ein °Körper) und ihre °Untergruppen heißen *klassische Gruppen* (oder *lineare Gruppen*). Besonders wichtig sind die Fälle $K = \mathbb{R}$ oder $\mathbb{C}$; dann trägt $GL(n, K)$ die Struktur einer °Liegruppe. Die wichtigsten Untergruppen, wie

$$SL(n, K) = \{A \in GL(n, K) \mid \det A = 1\} \qquad \text{(spezielle lineare Gruppe)}$$
$$O(n, K) = \{A \in GL(n, K) \mid {}^t A = A^{-1}\} \qquad \text{(°orthogonale Gruppe)}$$
$$SO(n, K) = \{A \in O(n, K) \mid \det A = 1\} \qquad \text{(spezielle orthogonale Gruppe)}$$
$$U(n) = \{A \in GL(n, \mathbb{C}) \mid {}^t \overline{A} = A^{-1}\} \qquad \text{(°unitäre Gruppe)}$$
$$SU(n) = \{A \in U(n) \mid \det A = 1\} \qquad \text{(spezielle unitäre Gruppe)}$$

sind °abgeschlossene Teilmengen von $GL(n, K)$ und ebenfalls Liegruppen mit der induzierten differenzierbaren Struktur.

Im Spezialfall $K = \mathbb{R}$ setzt man $O(n) = O(n, \mathbb{R})$, $SO(n) = SO(n, \mathbb{R})$.

Kleinsche Vierergruppe
Kleinian group; groupe de Klein

($\rightarrow$ Gruppe)

kleinstes gemeinsames Vielfaches (kgV)
least common multiple (lcm); plus petit multiple commun (ppmc)

($\rightarrow$ Teilbarkeit in Integritätsringen)

Kodimension
codimension; codimension

Sei V ein K-°Vektorraum. Die Kodimension $\mathrm{codim}_V W$ eines Unterraumes $W \subset V$ ist definiert als °Dimension des °Quotientenraumes $\dim_K V/W$.

Ist V endlich-dimensional, so gilt für alle Untervektorräume $W \subset V$ die *Dimensionsformel* $\dim V = \dim W + \mathrm{codim}_V W$. Unterräume der Kodimension 1 heißen auch °Hyperebenen.

Kokern
cokernel; conoyau

Sei $f: V \rightarrow W$ eine °lineare Abbildung zwischen °Vektorräumen. Der °Quotientenraum $W/f(V) = W/\mathrm{Im}(f)$ heißt *Kokern* von f und wird mit $\mathrm{coker} f$ bezeichnet. Dual zu „f injektiv $\Leftrightarrow$ $\ker f = 0$" gilt „f surjektiv $\Leftrightarrow$ $\mathrm{coker} f = 0$".

Kollineation
collineation; collinéation

Drei Punkte p_1, p_2, p_3 eines °affinen Raumes X heißen *kollinear*, wenn sie auf einer °Geraden $Y \subset X$ liegen. Eine bijektive Abbildung $f: X \rightarrow X$ heißt *Kollineation*, wenn mit je drei kollinearen Punkten p_1, p_2, p_3 auch $f(p_1), f(p_2), f(p_3)$ kollinear sind oder äquivalent: wenn Bilder von Geraden Geraden sind ($\rightarrow$ Hauptsatz der affinen Geometrie).

Eine Kollineation f eines °euklidischen Raumes E heißt auch *Kongruenz*, wenn f längentreu ist, d.h. den Abstand von Punkten erhält.

kommutativ
commutative; commutatif

Eine °Verknüpfung $M \times M$, $(a, b) \mapsto ab$ auf einer Menge M heißt *kommutativ*, wenn $ab = ba$ gilt für alle $a, b \in M$. Beispiele für nicht-kommutative Verknüpfungen: Multiplikation von $n \times n$-°Matrizen für $n \geqslant 2$; Multiplikation von °Quaternionen; Hintereinanderausführung von Abbildungen einer Menge X in sich (falls X mehr als zwei Elemente hat), insbesondere die Hintereinanderausführung von °Permutationen.

Kommutator
commutator; commutateur

Ist G eine °Gruppe und $a, b \in G$, so heißt $aba^{-1}b^{-1} =: [a, b]$ der *Kommutator* von a und b.

Die von der Menge $\{[a, b] \mid a, b \in G\}$ erzeugte Untergruppe $K(G) \subset G$ (das ist hier die Menge aller endlichen Produkte von Kommutatoren) heißt die *Kommutatorgruppe* von G; sie ist °Normalteiler in G, und zwar der eindeutig bestimmte kleinste Normalteiler in G, für den die °Faktorgruppe $G/K(G)$ abelsch ist. Insbesondere gilt:

G abelsch $\iff$ $K(G) = \{e\}$. Allgemein heißt $G/K(G)$ die „*abelsch gemachte Gruppe G*".

($\to$ Faktorgruppe, $\to$ auflösbar)

kompakt
compact; compact

Ein °topologischer Raum X heißt *kompakt*, wenn er °hausdorffsch ist und eine der folgenden äquivalenten Bedingungen erfüllt:

(1) Jede offene °Überdeckung enthält eine endliche Teilüberdeckung.

(2) In jeder °Familie °abgeschlossener Mengen von X mit leerem Durchschnitt gibt es endlich viele Mengen, deren Durchschnitt leer ist.

(3) Jeder °Filter auf X hat einen °Häufungspunkt in X.

(4) Jeder °Ultrafilter auf X konvergiert.

Eine Teilmenge eines topologischen Raumes heißt *kompakt*, wenn sie als Unterraum ein kompakter Raum ist. In einem kompakten Raum ist ein Unterraum genau dann kompakt, wenn er abgeschlossen ist.

Im $\mathbb{R}^n$ ist eine Teilmenge genau dann kompakt, wenn sie °beschränkt und °abgeschlossen ist. Wie in jedem Raum, der dem 1. °Abzählbarkeitsaxiom genügt, lassen sich hier die Bedingungen (3) und (4) abschwächen zu

(3') Jede Folge in X besitzt einen Häufungspunkt in X.

Läßt man die Bedingung „hausdorffsch" fallen, so spricht man oft von *quasikompakt* (der Sprachgebrauch ist jedoch nicht einheitlich, und oft wird bei der Definition von *kompakt* gar nicht hausdorffsch verlangt).

Eine Teilmenge A eines topologischen Raumes X heißt *relativkompakt*, wenn die °abgeschlossene Hülle als Teilraum $\overline{A} \subset X$ kompakt ist. Ein Teilraum A eines metrischen Raumes X ist genau dann relativkompakt, wenn A °präkompakt und $\overline{A}$ °vollständig ist.

kompakte Konvergenz
compact convergence; convergence compacte

Eine °Folge von Funktionen auf einer Menge $X \subset \mathbb{R}^n$ (oder einem °topologischen Raum X) heißt *kompakt konvergent,* wenn sie auf jeder °kompakten Teilmenge von X °gleichmäßig konvergiert ($\rightarrow$ Konvergenz von Funktionenfolgen). Dieser Begriff ist in der °Funktionentheorie von besonderer Bedeutung: ist dort $X = G \subset \mathbb{C}$ ein °Gebiet (z. B. eine offene Kreisscheibe) und besteht die Funktionenfolge aus °holomorphen Funktionen, dann gilt der *Weierstraßsche Konvergenzsatz:* Die Grenzfunktion einer kompakt konvergenten Folge holomorpher Funktionen ist wieder holomorph.

kompakter Operator
compact operator; opérateur compact

Seien X, Y °Banachräume. Eine °lineare Abbildung $T: X \rightarrow Y$ heißt *kompakt* oder *kompakter Operator,* wenn die folgenden äquivalenten Bedingungen erfüllt sind:

(1) Das Bild jeder °beschränkten Menge ist (bzgl. der °Normtopologie) relativkompakt ($\rightarrow$ kompakt).

(2) Das Bild der °offenen Einheitskugel ist relativkompakt ($\rightarrow$ kompakt).

(3) Ist (x_n) eine °beschränkte Folge in X, so enthält (Tx_n) eine konvergente Teilfolge.

Sei X ein komplexer °Banachraum und $T: X \rightarrow X$ ein kompakter Operator; für das °Spektrum $S(T)$ gilt: $S(T)$ ist °kompakt in $\mathbb{C}$; $S(T)$ ist höchstens abzählbar; $S(T) \setminus \{0\}$ besteht nur aus °Eigenwerten, und die °Eigenräume sind endlich-dimensional.

Beispiel: Ist T stetig und $T(X)$ endlich-dimensional, so ist T kompakt. Die identische Abbildung id_X ist genau dann kompakt, wenn X endlich-dimensional ist. Ist $I = [a, b]$ ein abgeschlossenes Intervall und $X = Y = L^2(I)$ ($\rightarrow L^p$-Räume), und ist $K \in L^2(I \times I)$, so wird durch $L^2(I) \rightarrow L^2(I)$, $f \mapsto \int_I K(\cdot, y) f(y)\, dy$ ein kompakter Operator definiert; die Integralgleichung $\lambda f(x) = \int_I K(x, y)\, f(y)\, dy$ hat für jedes $\lambda \neq 0$ höchstens endlich viele linear unabhängige Lösungen. Historisch gesehen, gingen von der Untersuchung solcher Integralgleichungen wesentliche Impulse zur Entwicklung der Funktionalanalysis aus.

Kompaktifizierung
compactification; compactifié

($\rightarrow$ Alexandroff-Kompaktifizierung)

Komplement
complement; complémentaire

(→ Mengenlehre)

komplementäre Matrix
complementary matrix; matrice complémentaire

(→ adjungierte Matrix)

komplex differenzierbar
differentiable (with respect to a complex variable); différentiable (par rapport à une variable complexe)

Eine Funktion $f\colon U \to \mathbb{C}$ ($U \subset \mathbb{C}$ offen) heißt *komplex differenzierbar* an der Stelle $z_0 \in U$, wenn $\lim\limits_{z \to z_0} \dfrac{f(z) - f(z_0)}{z - z_0} =: f'(z_0)$ existiert. Dies ist äquivalent damit, daß f aufgefaßt als Abbildung $U \to \mathbb{R}^2$ (mit $U \subset \mathbb{R}^2$) (total) °differenzierbar im Sinn der Differentialrechnung mehrerer Veränderlicher ist und die Funktionalmatrix $Df(z)$ als °lineare Abbildung $\mathbb{R}^2 \to \mathbb{R}^2$ eine °Drehstreckung beschreibt, d.h. der Multiplikation mit einer komplexen Zahl (nämlich $f'(z_0)$) entspricht.
(→ holomorph)

komplexe Mannigfaltigkeit, komplexe Struktur
complex manifold, ~ structure; variété analytique (complexe), structure de variété analytique (complexe)

(→ differenzierbare Mannigfaltigkeit, → Riemannsche Fläche)

komplexe Zahlen
complex numbers; nombres complexes

Im °Körper $\mathbb{R}$ der °reellen Zahlen ist die Gleichung $X^2 + 1 = 0$ nicht lösbar. Durch Einführung der *imaginären Einheit* i mit $i \cdot i = i^2 = -1$ und Erweiterung von $\mathbb{R}$ zu $\mathbb{R} + i \cdot \mathbb{R} = \mathbb{R}[i] = \mathbb{C} := \{a + ib \mid a, b \in \mathbb{R}\}$ (Menge der *komplexen Zahlen*) mit den Rechenregeln $(a + ib) + (c + id) = (a + c) + i(b + d)$ und $(a + ib) \cdot (c + id) = (ac - bd) + i(ad + bc)$ erhält man den Körper $\mathbb{C}$, in dem sogar jedes beliebige nichtkonstante °Polynom $P \in \mathbb{C}[X]$ eine Nullstelle hat (→ Fundamentalsatz der Algebra). – Die komplexen Zahlen können in der *Gaußschen Zahlenebene* veranschaulicht werden, indem man in rechtwinkligen Koordinaten die komplexe Zahl $z = x + iy$ als Punkt mit Koordinaten $(x, y) \in \mathbb{R}^2$ deutet. Die Addition komplexer Zahlen ist gleich der Addition von Vektoren im $\mathbb{R}^2$, und der Multiplikation mit einer festen komplexen Zahl $z = x + iy$ entspricht eine °Drehstreckung der Ebene um den Winkel $\operatorname{arctg}(y/x)$ mit dem Streckungsfaktor $\sqrt{x^2+y^2}$. Dies sieht man an der Darstellung einer (von 0 verschiedenen) komplexen Zahl in *Polarkoordinaten:*

$$z = x + iy = r \cdot (\cos\varphi + i\sin\varphi),$$

wobei $r = \sqrt{x^2+y^2}$ der *Betrag* und $\varphi = \arctan\dfrac{y}{x}$ das *Argument* von z heißt.

Man kann die komplexen Zahlen auch gleich als Drehstreckungen einführen und durch die entsprechenden Matrizen der Gestalt $\begin{pmatrix} x & -y \\ y & x \end{pmatrix}$, $x, y \in \mathbb{R}$ darstellen. – In der Algebra findet man für $\mathbb{C}$ die Darstellung als °Restklassenring $\mathbb{R}[X]/(X^2+1)$.

Man nennt in der Darstellung $z = x + iy$ einer komplexen Zahl z mit reellen Zahlen x, y die Zahl x den *Realteil* und y den *Imaginärteil* von z und schreibt $x = \operatorname{Re} z$, $y = \operatorname{Im} z$. Die zu z *konjugiert komplexe Zahl* ist definiert durch $\bar{z} := x - iy$, damit ergibt sich der Betrag von z zu $|z| := \sqrt{z\bar{z}} = \sqrt{x^2+y^2}$.

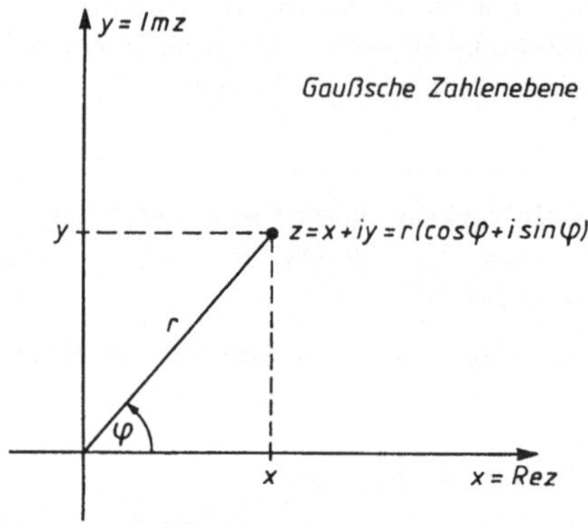

Komplexifizierung eines reellen Vektorraums
complexification of a real vector space; complexifié d'un espace vectoriel réel

Sei V ein $\mathbb{R}$-°Vektorraum. Man setzt $\tilde{V} := V \times V$ (mit komponentenweiser Addition) und definiert eine Skalarmultiplikation mit komplexen Zahlen durch $\mathbb{C} \times \tilde{V} \to \tilde{V}$, $(\alpha + i\beta) \cdot (v_1, v_2) := (\alpha v_1 - \beta v_2, \alpha v_2 + \beta v_1)$ $(\alpha, \beta \in \mathbb{R}, v_1, v_2 \in V)$. Damit wird $\tilde{V}$ ein komplexer Vektorraum, die *Komplexifizierung* von V. Die Abbildung $V \to \tilde{V}$ ist $\mathbb{R}$-linear und injektiv; es gilt $i \cdot (v, 0) = (0, v)$, d.h. man kann $\tilde{V}$ auch darstellen in der Form $V \oplus i \cdot V$.

Hat V die reelle Dimension n, so hat $\tilde{V}$ als Vektorraum über $\mathbb{C}$ ebenfalls die Dimension n (als $\mathbb{R}$-Vektorraum ist $\tilde{V}$ natürlich $2n$-dimensional).

Jede $\mathbb{R}$-lineare Abbildung $f: V \to W$ zwischen $\mathbb{R}$-Vektorräumen läßt sich eindeutig zu einer $\mathbb{C}$-linearen Abbildung $\tilde{f}: \tilde{V} \to \tilde{W}$ der Komplexifizierungen fortsetzen, durch $\tilde{f}: ((v_1, v_2)) = (f(v_1, f(v_2))$.

(Die Komplexifizierung eines reellen Vektorraums ist ein Spezialfall von *Ringerweiterung eines Moduls*: Ist M ein R-Modul, $R \to S$ ein Ringhomomorphismus, so wird $S \otimes_R M =: \tilde{M}$ in natürlicher Weise ein S-Modul. Mit $R = \mathbb{R}$, $S = \mathbb{C}$ und $M = V$ ist also $\tilde{V} = \mathbb{C} \otimes_{\mathbb{R}} V (\to$ Tensorprodukt).)

Komposition (von Abbildungen)

($\to$ Abbildung)

Kondition

Es sei eine °Norm $\|\cdot\|$ auf dem $\mathbb{R}^n$ gegeben und $\|\cdot\|_M$ eine damit verträgliche °Matrixnorm, die zusätzlich submultiplikativ sei, d. h. es gelte für alle Matrizen $A, B \in M(n, \mathbb{R})$: $\|A \cdot B\|_M \leqslant \|A\|_M \|B\|_M$. Dann versteht man unter der *Kondition* einer Matrix $A \in GL(n, \mathbb{R})$, (bzgl. $\|\cdot\|_M$) die Zahl $\mathrm{cond}(A) :=$ $\|A\|_M \|A^{-1}\|_M$. Es gilt stets $\mathrm{cond}(A) \geqslant 1$.

Ist $\tilde{x}$ °Näherung für die Lösung x eines °linearen Gleichungssystems $Ax = b$ mit $A \in GL(n, \mathbb{R})$, $b \in \mathbb{R}^n$, so gilt für den °relativen Fehler die Abschätzung $\dfrac{\|x - \tilde{x}\|}{\|x\|} \leqslant \mathrm{cond}(A) \dfrac{\|A\tilde{x} - b\|}{\|b\|}$. Durch äquivalente Umformungen des Gleichungssystems möchte man erreichen, daß die Matrix des umgeformten Systems eine möglichst kleine Kondition hat; diesen Vorgang nennt man *Skalierung* des Systems.

Unter *Skalierung* einer Matrix $A \in GL(n, \mathbb{R})$ versteht man die Multiplikation von A mit einer Matrix $B \in GL(n, \mathbb{R})$, so daß die Kondition von $B \cdot A$ oder $A \cdot B$ kleiner als die von A wird. Zur Bestimmung von B sind im allgemeinen nur heuristische Methoden bekannt, z. B.

$$b_{ii} = \sum_{j=1}^{n} |c_{ij}| \quad \text{mit } c_{ij} = \begin{cases} a_{ij}^{-1} & \text{für } a_{ij} \neq 0 \\ 0 & \text{für } a_{ij} = 0 \end{cases}, \quad i = 1(1)n, \text{ und } b_{ij} = 0, i \neq j.$$

Damit wird, sofern $\|\cdot\| = \|\cdot\|_\infty$ und $\|\cdot\|_M$ die Zeilenbetragsummennorm ($\to$ Matrixnorm) ist, $\|B \cdot A\|_M = 1$. Diese Skalierung hat sich in vielen Fällen bewährt, um die °relativen Fehler beim °Gaußschen Eliminationsverfahren mit Spaltenpivotsuche möglichst gering zu halten.

Konfidenzbereich, Konfidenzniveau
confidence region (level); région (niveau) de confiance

($\rightarrow$ Schätzung)

kongruent
congruent; congru

(1) Ist a eine °ganze Zahl, so heißen $m, n \in \mathbb{Z}$ *kongruent modulo* a (in Zeichen: $m \equiv n \pmod{a}$), wenn $m - n$ durch a teilbar ist; nicht kongruente Zahlen heißen auch *inkongruent*. Allgemeiner heißen zwei Elemente x, y einer (multiplikativ geschriebenen) Gruppe G *kongruent modulo* einer Untergruppe $H \subset G$, wenn $xy^{-1} \in H$ gilt (oder äquivalent: wenn die °Nebenklassen $xH = yH$ übereinstimmen, und dies ist äquivalent mit $y \in xH$). Die Relation „kongruent modulo H" ist eine °Äquivalenzrelation; die Äquivalenzklassen (nämlich die Nebenklassen von G nach H) heißen auch *Kongruenzklassen*.

(2) Ist E ein °euklidischer Punktraum, sind X und Y Teilmengen von E, ist f eine *Kongruenz* von E, also eine längentreue °Kollineation mit $f(X) = Y$, so heißen X und Y *kongruent*.

Kongruenz (lineare)
congruence; congruence

Sind a, m, n ganze Zahlen, so heißt die Gleichung $xm \equiv n \pmod{a}$ ($\rightarrow$ kongruent) eine *lineare Kongruenz*.

Sie ist nach x auflösbar (in $\mathbb{Z}$), wenn $(m, a) | n$, und eindeutig lösbar, wenn $(m, a) = 1$. Dabei soll eindeutig lösbar bedeuten, daß je zwei Lösungen °kongruent modulo a sind.

Ist ein System von Kongruenzen gegeben, so sagt der °Chinesische Restsatz, wann dieses System simultan lösbar ist.

Ist $f \in \mathbb{Z}[X]$, so heißt die Gleichung $f \equiv n \pmod{a}$ *polynomiale Kongruenz*.

Konjugation in $\mathbb{C}$
conjugation; conjugation

Die *Konjugation* $\mathbb{C} \rightarrow \mathbb{C}$, $z = x + iy \mapsto \bar{z} = x - iy$ ist ein °Körper-°Automorphismus, d.h. es gilt $\overline{z + z'} = \bar{z} + \bar{z}'$, $\overline{z \cdot z'} = \bar{z} \cdot \bar{z}'$, $\overline{z^{-1}} = (\bar{z})^{-1}$ für alle $z, z' \in \mathbb{C}$. Sie ist eine °Involution, d.h. $\bar{\bar{z}} = z$ für alle $z \in \mathbb{C}$. Man nennt $\bar{z}$ die zu z *konjugiert komplexe Zahl*.

Man überträgt die Konjugation koeffizienten- bzw. punktweise auf °Polynome oder °Potenzreihen über $\mathbb{C}$ bzw. auf komplexwertige Funktionen auf einer Menge X: Für $f: X \rightarrow \mathbb{C}$ ist $\bar{f}: X \rightarrow \mathbb{C}$ definiert durch $\bar{f}(p) := \overline{f(p)}$ für alle $p \in X$.

konjugierte Untergruppe

conjugated subgroup; sous-groupe conjugué

Ist G eine °Gruppe, so ist für jedes $a \in G$ die Abbildung $G \to G$, $x \mapsto a x a^{-1}$ ein °innerer Automorphismus von G. Zwei Elemente $x, y \in G$ bzw. zwei Untergruppen H_1, H_2 von G heißen *konjugiert*, wenn sie durch einen inneren Automorphismus aufeinander abgebildet werden, d.h. wenn es ein $a \in G$ gibt mit $y = a x a^{-1}$ bzw. $H_2 = a H_1 a^{-1}$.

Eine Untergruppe ist genau dann °Normalteiler, wenn sie mit jeder ihrer konjugierten übereinstimmt.

konjugiert komplex

conjugated complex; complexe conjugué

($\to$ Konjugation)

konkav

concave; concave

($\to$ konvexe Funktion)

Konsistenz

consistency; consistance

Ein °Einschrittverfahren zur Lösung von °Anfangswertproblemen heißt *konsistent*, wenn der lokale Abschneidefehler $T_h(x) = \dfrac{1}{h} \displaystyle\int_x^{x+h} f(t, u(t))\, dt - f_h(x, u(x))$ für $h \to 0$ gleichmäßig in x gegen 0 konvergiert. Wird der Anfangswert α durch α_h approximiert, so verlangt man zusätzlich, daß gilt: $\lim_{h \to 0} \| \alpha_h - \alpha \| = 0$. Existieren darüberhinaus Konstanten $K \in \mathbb{R}_+$ und $p \in \mathbb{N}$, so daß $\| \alpha_h - \alpha \| + \max_{x \in I_h} |T_h(x)| \leqslant K h^p$, so besitzt das Einschrittverfahren die *Konsistenzordnung p*. Analog definiert man Konsistenz und Konsistenzordnung für °Mehrschrittverfahren.

Konsistenzordnung

($\to$ Konsistenz)

kontrahierende Abbildung
contracting map; application contractante

Eine Abbildung $f: X \to Y$ zwischen metrischen Räumen (X, d) und (Y, d') heißt *kontrahierend* (oder *Kontraktion*), wenn es eine Konstante $K \in \,]0, 1[$ gibt, so daß für alle $x, x' \in X$ gilt $d'(f(x), f(x')) \leqslant K\, d(x, x')$.

($\to$ Fixpunktsatz)

kontravarianter Funktor
contravariant functor; foncteur contravariant

($\to$ Funktor)

Konvergenz (von Filtern)
convergence; convergence

Ein °Filter F auf einem °topologischen Raum X heißt *konvergent* gegen den Punkt $x \in X$, wenn F feiner ist als der Umgebungsfilter von x ($\to$ Filter). Eine Folge konvergiert genau dann gegen $x \in X$, wenn der zugehörige Elementarfilter ($\to$ Filterbasis) gegen x konvergiert.

Konvergenz (von Folgen und Reihen)

Eine °Folge $(a_n)_{n \in \mathbb{N}}$ reeller Zahlen heißt *konvergent gegen* $a \in \mathbb{R}$ (in Zeichen: $\lim\limits_{n \to \infty} a_n = a$ oder einfach $a_n \to a$), und a heißt *Grenzwert* oder *Limes* der Folge (a_n), wenn es zu jedem $\varepsilon > 0$ ein $N(\varepsilon) \in \mathbb{N}$ gibt mit $|a_n - a| < \varepsilon$ für alle $n \geqslant N(\varepsilon)$. Die Folge $(a_n)_{n \in \mathbb{N}}$ heißt *divergent*, wenn sie gegen keine reelle Zahl konvergiert. Die °Reihe $\sum\limits_{n=1}^{\infty} a_n$ heißt *konvergent* gegen den Wert s, falls die Folge der *Partialsummen* $s_n = \sum\limits_{i=1}^{n} a_i$ gegen s konvergiert; man schreibt dann $s = \sum\limits_{n=1}^{\infty} a_n$.

Beispiele: Die Folge $\left(\dfrac{1}{n}\right)_{n \in \mathbb{N}}$ konvergiert gegen 0; die Folge $\left(\left(1 + \dfrac{1}{n}\right)^n\right)_{n \in \mathbb{N}}$ konvergiert gegen e ($\to$ Eulersche Zahl e); die Folgen $(n)_{n \in \mathbb{N}}$ und $((-1)^n)_{n \in \mathbb{N}}$ und die *harmonische Reihe* $\left(\sum\limits_{k=1}^{n} \dfrac{1}{k}\right)_{n \in \mathbb{N}}$ divergieren. Weiteres Beispiel siehe °geometrische Reihe. Jede °Cauchy-Folge in $\mathbb{R}$ konvergiert. Jede konvergente Folge ist °beschränkt.

Die Definition läßt sich unmittelbar auf Folgen in einem beliebigen °metrischen Raum (M, d) verallgemeinern, wenn man $|x - y|$ durch $d(x, y)$ ersetzt.

Konvergenz (von Funktionenfolgen)

Sei K eine Menge und seien $f_n\colon K \to \mathbb{R}$ ($n \in \mathbb{N}$) Funktionen. Die Folge $(f_n)_{n \in \mathbb{N}}$ *konvergiert punktweise* gegen eine Funktion $f\colon K \to \mathbb{R}$, und f heißt *Grenzfunktion* oder *Limes* der Funktionenfolge (f_n), falls für jedes $x \in K$ die Folge $(f_n(x))_{n \in \mathbb{N}}$ gegen $f(x)$ konvergiert. Sie konvergiert *gleichmäßig* gegen $f\colon K \to \mathbb{R}$, falls zu jedem $\varepsilon > 0$ ein $N = N(\varepsilon) \in \mathbb{N}$ existiert mit $\|f_n - f\|_K = \sup\limits_{x \in K} |f_n(x) - f(x)| < \varepsilon$ für alle $n > N(\varepsilon)$ ($\to$ Supremumsnorm).

Beispiel: Die Funktionenfolge $f_n(x) := x^n$ konvergiert auf jedem Intervall $[0, b]$ mit $0 < b < 1$ gleichmäßig gegen die konstante Funktion $f \equiv 0$; auf $[0, 1]$ konvergiert sie punktweise (nicht gleichmäßig) gegen die Funktion $f(x) = 0$ für $x < 1$ und $f(1) = 1$. Es gilt nämlich: Der Limes einer gleichmäßig konvergenten Folge stetiger Funktionen ist wieder stetig!

(Analoge Definitionen für Funktionen mit Werten in $\mathbb{C}$ oder für Abbildungen mit Werten in einem °Banachraum oder °metrischen Raum).

Konvergenzkriterien (für Reihen in $\mathbb{R}$ bzw. $\mathbb{C}$)
convergence criteria; critères de convergence

(1) Allgemeines Cauchysches Konvergenzkriterium:

Die Reihe $\sum\limits_{n=1}^{\infty} a_n$ konvergiert genau dann, wenn gilt: Zu jedem $\varepsilon > 0$ gibt es ein $N \in \mathbb{N}$, so daß $\left| \sum\limits_{k=m}^{n} a_k \right| < \varepsilon$ ist für alle $n > m \geqslant N$ (d.h. die Folge der Partialsummen $s_n := \sum\limits_{k=1}^{n} a_k$ ist eine °Cauchy-Folge) ($\to$ Cauchy-Kriterium).

(2) Wenn die Reihe $\sum\limits_{n=0}^{\infty} a_n$ konvergiert, so ist $\lim a_n = 0$ (Gegenbeispiel für die Umkehrung: $\lim \dfrac{1}{n} = 0$, aber $\sum\limits_{n=1}^{\infty} \dfrac{1}{n}$ divergiert).

(3) Ist $a_n > 0$ für alle n, so konvergiert $\sum a_n$ genau dann, wenn die Folge der Partialsummen beschränkt ist.

(4) *Leibniz-Kriterium:* Ist $(a_n)_{n \in \mathbb{N}}$ monoton fallend mit $\lim a_n = 0$, so konvergiert $\sum (-1)^n a_n$. (Beispiel $\sum (-1)^n \dfrac{1}{n}$ konvergiert!) Es gilt die Abschätzung $\left| \sum\limits_{n=1}^{\infty} (-1)^n a_n - \sum\limits_{n=1}^{m} (-1)^n a_n \right| \leqslant a_{m+1}$.

(5) *Majorantenkriterium:* Sei $\sum c_n$ eine konvergente Reihe mit $c_n \geqslant 0$ für alle $n \in \mathbb{N}$, und $(a_n)_{n \in \mathbb{N}}$ eine Folge mit $|a_n| \leqslant c_n$ für alle $n \in \mathbb{N}$. Dann konvergieren die Reihen $\sum a_n$ und $\sum |a_n|$ (d.h. $\sum a_n$ konvergiert °absolut).

(6) *Quotientenkriterium:* Gibt es zu der Reihe $\sum a_n$ ein $n_0 \in \mathbb{N}$ und eine reelle Zahl r mit $0 < r < 1$, so daß $a_n \neq 0$ und $\left| \dfrac{a_{n+1}}{a_n} \right| \leqslant r$ für alle $n \geqslant n_0$, so konvergiert $\sum a_n$ °absolut.

(7) *Wurzelkriterium:* Gibt es zu der Reihe $\sum a_n$ ein $n_0 \in \mathbb{N}$ und eine reelle Zahl r mit $0 < r < 1$, so daß $\sqrt[n]{|a_n|} \leqslant r$ für alle $n \geqslant n_0$, so konvergiert $\sum a_n$ °absolut.

Konvergenzkriterium von Weierstraß

Seien $f_n : K \to \mathbb{C}$ $(n \in \mathbb{N})$ Funktionen auf einer Menge K. Es gelte $\sum\limits_{n=1}^{\infty} \|f_n\|_K < \infty$ ($\to$ Supremumsnorm). Dann konvergiert die Reihe $\sum\limits_{n=1}^{\infty} f_n$ °absolut und gleichmäßig auf K gegen eine Funktion $F : K \to \mathbb{C}$.

($\to$ Konvergenz von Funktionenfolgen, $\to$ Potenzreihen)

Konvergenzordnung
order (rate) of convergence; ordre de convergence

a) Es sei $(x_n)_{n \in \mathbb{N}} \subset X$ eine gegen $x^* \in X$ konvergente Folge im normierten Raum X. Existieren Konstanten $C, \alpha \in \mathbb{R}_+^*$ und ein $n_0 \in \mathbb{N}$, so daß für alle $n \geqslant n_0$ gilt: $\|x^* - x_{n+1}\| \leqslant C \|x^* - x_n\|^{\alpha}$, so besitzt die Folge die *Konvergenzordnung* α. Für $\alpha = 1$ spricht man von *linearer*, für $\alpha \in (1, 2)$ von *superlinearer*, für $\alpha = 2$ von *quadratischer Konvergenz* usw.

b) Erfüllt die Verfahrensfunktion eines °Einschrittverfahrens zur Lösung eines °Anfangswertproblems eine Lipschitzbedingung, d.h. existieren Konstanten $K, \bar{h} \in \mathbb{R}_+^*$, so daß für alle Paare $(x', y''), (x', y') \in M_m = \{(x, y) \mid x = a + jh,$ $j = 0, 1, \ldots, m,\ h = \dfrac{b-a}{m},\ \|y - u(x)\| < \rho\}$ gilt $(m \in \mathbb{N})$: $\|f_h(x', y'') - f_h(x', y')\| \leqslant$ $K\|y'' - y'\|$ gleichmäßig für alle $h \in {]}0, \bar{h}]$, d.h. $m \geqslant \dfrac{b-a}{\bar{h}}$, so ist die °Konsistenz des Verfahrens äquivalent zur *Konvergenz* $\forall x \in [a, b]$: $\lim\limits_{h \to 0} \|u_h(x) - u(x)\| = 0$, $\lim\limits_{h \to 0} \left\| \dfrac{u_h(x+h) - u_h(x)}{h} - u'(x) \right\| = 0$, und die *Konvergenzordnung* ist gleich der Konsistenzordnung. Dies ist beim °Eulerschen Polygonzugverfahren ebenso wie beim klassischen °Runge-Kutta-Verfahren der Fall, wenn f einer °Lipschitzbedingung genügt.

Hinreichend für die Konvergenz ist ferner die Konsistenz zusammen mit der °Stabilität eines Einschrittverfahrens. Auch dann ist die Konvergenzordnung gleich der Konsistenzordnung.

Diese Aussagen gelten analog auch für °Mehrschrittverfahren.

c) Ein °Differenzenverfahren zur Lösung eines °Randwertproblems besitzt die *Konvergenzordnung* p, wenn für alle $x_j = a + jh$, $j = 0, 1, \ldots, n$, $h = \dfrac{b-a}{n}$, $n \in \mathbb{N}$ einer Zerlegung von $[a, b]$, die Näherungslösungen y_j und die Lösung u gilt: $\| y_j - u(x_j) \| \leqslant K h^p$, $K \in \mathbb{R}^*_+$.

Konvergenzradius
radius of convergence; rayon de convergence

Sei $f(z) = \sum\limits_{n=0}^{\infty} c_n (z-a)^n$ eine °Potenzreihe in $\mathbb{C}$. Dann heißt

$$r = \sup \left\{ s \in \mathbb{R} : \sum_{n=0}^{\infty} c_n s^n \text{ konvergiert} \right\}$$

Konvergenzradius der Potenzreihe. Sie konvergiert dann für alle $z \in \mathbb{C}$ mit $|z-a| < r$ °absolut, und für alle s mit $0 < s < r$ konvergiert sie gleichmäßig auf $\{z \in \mathbb{C} : |z-a| \leqslant s\}$. Über die Konvergenz in den Punkten z mit $|z-a| = r$ kann man i. allg. nichts aussagen.

($\rightarrow$ Cauchy-Hadamard (Formel von), $\rightarrow$ Konvergenz (von Funktionenfolgen))

konvexe Funktion
convex function; fonction convexe

Eine Funktion $f: I \rightarrow \mathbb{R}$ ($I \subset \mathbb{R}$ ein Intervall) heißt *konvex*, wenn für alle $x_1, x_2 \in I$ und alle λ mit $0 \leqslant \lambda \leqslant 1$ gilt: $f(\lambda x_1 + (1-\lambda) x_2) \leqslant \lambda f(x_1) + (1-\lambda) f(x_2)$.

(f heißt *konkav*, falls $-f$ konvex ist). Die Funktion f ist genau dann konvex, wenn die Menge $\{(x, y) \in I \times \mathbb{R} : y \geqslant f(x)\}$ °konvex in $\mathbb{R}^2$ ist.

Ist f zweimal differenzierbar, so ist f genau dann konvex, wenn $f''(x) \geqslant 0$ für alle $x \in I$.

konvexe Hülle
convex hull; enveloppe convexe

($\rightarrow$ konvexe Menge)

konvexe Menge
convex set; ensemble convexe

Sei X ein °affiner Raum über $\mathbb{R}$ (jeder $\mathbb{C}$-Vektorraum kann auch als $\mathbb{R}$-Vektorraum aufgefaßt werden!). Eine Teilmenge $K \subset X$ heißt *konvex*, wenn für alle $x, y \in K$ gilt: $\{\lambda x + (1-\lambda) y \mid 0 \leqslant \lambda \leqslant 1\} \subset K$ (d. h. mit zwei Punkten gehört auch deren Verbindungsstrecke zu K). Der Durchschnitt einer Familie konvexer Mengen ist konvex. Zu einer beliebigen Teilmenge $A \subset X$ heißt der Durchschnitt aller konvexen Obermengen von A die *konvexe Hülle* von A; sie ist die kleinste A enthaltende konvexe Menge.

Sei Y ein weiterer affiner Raum über $\mathbb{R}$ und $f\colon X \to Y$ sei eine affine Abbildung; ist $K \subset X$ konvex, so ist $f(K)$ konvex; ist $L \subset Y$ konvex, so ist $f^{-1}(L)$ konvex. Ist X ein °normierter $\mathbb{R}$-Vektorraum und $K \subset X$ konvex, so ist die °abgeschlossene Hülle $\overline{K}$ konvex. Die konvexe Hülle einer °offenen Menge ist offen, die konvexe Hülle einer abgeschlossenen Menge ist i. a. nicht abgeschlossen. (Beispiel: $X = \mathbb{R}^2$, $A = (\{0\} \times \mathbb{R}) \cup ([0, 1] \times \{0\})$.)

Konvexkombination

($\to$ baryzentrische Koordinaten)

Konvolution
convolution; convolution

Die *Konvolution* (oder *Faltung*) zweier Funktionen f, g auf dem $\mathbb{R}^n$ ist definiert durch $(f*g)(x) := \int_{\mathbb{R}^n} f(x-u)\, g(u)\, du$, falls dieses Integral existiert ($\to$ Lebesgue-Integral), zumindest für alle x außerhalb einer Nullmenge ($\to$ Lebesgue-Maß). Der Vektorraum $L^1(\mathbb{R}^n)$ ($\to L^p$-Räume) wird mit dem von $f*g$ induzierten Produkt und der °Norm $\|f\|_1$ eine °Banachalgebra. Ist nur eine der beiden Funktionen °differenzierbar, so ist es auch das Konvolutionsprodukt $f*g$.
($\to$ Fourier-Transformation)

Koordinaten
coordinates; coordonnées

Seien V ein n-dimensionaler K-°Vektorraum und $(v_1, \ldots, v_n)$ eine °Basis von V. Zu jedem $v \in V$ heißen dann die eindeutig bestimmten $\alpha_1, \ldots, \alpha_n \in K$ mit $v = \alpha_1 v_1 + \ldots + \alpha_n v_n$ die *Koordinaten* von v bzgl. der Basis $(v_1, \ldots, v_n)$. Man faßt die Koordinaten zusammen zum *Koordinatenvektor* $(\alpha_1, \ldots, \alpha_n) \in K^n$ und nennt die Abbildung $V \to K^n$, $\alpha_1 v_1 + \ldots + \alpha_n v_n \mapsto (\alpha_1, \ldots, \alpha_n)$ den *Koordinatenisomorphismus* zur Basis $(v_1, \ldots, v_n)$. Für $i \in \{1, \ldots, n\}$ heißt die lineare Abbildung $V \to K$, $\alpha_1 v_1 + \ldots + \alpha_n v_n \mapsto \alpha_i$ die *i-te Koordinatenfunktion*.

Koordinatentransformation

($\to$ Basiswechsel)

Körper
field; corps

Eine Menge K zusammen mit zwei Verknüpfungen $(a, b) \mapsto a + b$ (*Addition*) und $(a, b) \mapsto a b$ (*Multiplikation*) heißt *Körper*, wenn gilt:

(1) K mit der Addition ist eine °abelsche Gruppe (neutrales Element 0).
(2) $K \setminus \{0\}$ mit der Multiplikation ist eine °Gruppe.
(3) Es gelten die *Distributivgesetze* $a(b+c) = ab + ac$ und $(a+b)c = ac + bc$ für alle $a, b, c \in K$.

Meist (wie auch in diesem Buch) versteht man unter einem Körper gleich einen *kommutativen Körper*, d.h. die Multiplikation ist kommutativ (es genügt dann, nur ein Distributivgesetz zu fordern). Nichtkommutative Körper heißen *Schiefkörper* oder *Divisionsalgebren*.

Beispiele: $\mathbb{Q}$, $\mathbb{R}$, $\mathbb{C}$ sind die am häufigsten auftretenden Körper; $\mathbb{F}_p = \mathbb{Z}/p\,\mathbb{Z}$ (mit einer Primzahl p) sind endliche Körper; die °Quaternionen $\mathbb{H}$ bilden einen Schiefkörper. Mit jedem Körper K ist auch $K(X)$ ($=$ Menge aller $\dfrac{P}{Q}$ mit $P, Q \in K[X]$, $Q \neq 0$) mit den üblichen Rechenregeln ein Körper, der sog. *rationale Funktionenkörper über K*.

Körpererweiterung
field extension; extension de corps

Sind k und K Körper und gilt $k \subset K$, so heißt K *Körpererweiterung* über k (in Zeichen: K/k). Ein Körper L mit $k \subset L \subset K$ heißt *Zwischenkörper*. Die Dimension von K als k-Vektorraum wird *Grad* der Körpererweiterung genannt und $\mathrm{grad}(K/k)$ notiert. Ist die Körpererweiterung *endlich* (d.h. $\mathrm{grad}(K/k) < \infty$), so gilt für jeden Zwischenkörper L der *Gradsatz:* $\mathrm{grad}(K/k) = \mathrm{grad}(K/L) \cdot \mathrm{grad}(L/k)$.
Sind $\alpha_1, \ldots, \alpha_l \in K$, so bezeichnet $k(\alpha_1, \ldots, \alpha_l)$ den kleinsten Körper der alle α_i, $i \leqslant n$, und k enthält.

Beispiele: $k = \mathbb{R}$, $K = \mathbb{C}$: $\mathrm{grad}(\mathbb{C}/\mathbb{R}) = 2$.
$k = \mathbb{Q}$, $L = \mathbb{Q}(\sqrt{2}) = \{a + b\sqrt{2} \mid a, b \in \mathbb{Q}\}$, $K = \mathbb{Q}(\sqrt{2}, \sqrt{3}) = \{a + b\sqrt{2} + c\sqrt{3} + d\sqrt{6} \mid a, b, c, d \in \mathbb{Q}\}$, $k \subset L \subset K$, $\mathrm{grad}(K/k) = 4 = 2 \cdot 2 = \mathrm{grad}(K/L) \cdot \mathrm{grad}(L/k)$.
– Die Körpererweiterung $\mathbb{Q} \subset \mathbb{R}$ ist nicht endlich.
($\rightarrow$ Galois-Theorie)

Korrelation (in projektiven Räumen)
correlation; correlation

Sei $\mathcal{U}$ die Menge der projektiven Unterräume eines °projektiven Raumes $\mathbb{P}(V)$. Eine bijektive Abbildung $\sigma: \mathcal{U} \to \mathcal{U}$ heißt *Korrelation* in $\mathbb{P}(V)$, wenn für alle $Z, Z' \in \mathcal{U}$ gilt: $Z \subset Z' \Leftrightarrow \sigma(Z') \subset \sigma(Z)$.

Beispiel: Ist V ein n-dimensionaler °euklidischer Raum und ordnet man jedem °Unterraum $U \subset V$ den Orthogonalraum $U^\perp = \{x \mid \langle x, u \rangle = 0$ für alle $u \in U\}$ zu, so wird dadurch eine Korrelation auf $\mathbb{P}(V)$ definiert.

Korrelation (von Zufallsvariablen)

($\to$ Kovarianz)

kovarianter Funktor
covariant functor; foncteur covariant

($\to$ Funktor)

Kovarianz
covariance; covariance

Es seien X und Y reelle °Zufallsvariable auf $(\Omega, \mathcal{A}, P)$ mit existierenden zweiten °Momenten (d. h. $E(X^2) < \infty$ und $E(Y^2) < \infty$). Dann existieren auch die °Erwartungswerte $E(X)$, $E(Y)$ und $E((X - EX)(Y - EY)) =: \mathrm{Cov}(X, Y)$, und letzterer heißt die *Kovarianz von X und Y.* –

Es ist $\mathrm{Var}\, X = \mathrm{Cov}(X, X)$ ($\to$ Varianz). Mittels der Rechenregeln für °Erwartungswerte erhält man $\mathrm{Cov}(X, Y) = E(X \cdot Y) - EX \cdot EY$ sowie, daß die Kovarianz eine symmetrische °Bilinearform auf dem $\mathbb{R}$-°Vektorraum der reellen Zufallsvariablen auf $(\Omega, \mathcal{A}, P)$ mit existierenden zweiten °Momenten bildet. [Zu diesem Vektorraum kann man, analog wie bei den °L^p-Räumen $L^p(\mathbb{R}^n)$, durch Quotientenbildung einen Vektorraum „$L^2(\Omega, \mathcal{A}, P)$" definieren, welcher bzgl. der von dem °Skalarprodukt $\langle X, Y \rangle := E(XY)$ induzierten °Norm °vollständig, also ein °Hilbertraum ist.] –

X und Y heißen *unkorreliert,* falls $\mathrm{Cov}(X, Y) = 0$ ist. Sind X und Y °stochastisch unabhängig, so auch unkorreliert; die Umkehrung ist i. a. falsch (man betrachte z. B. X und X^2, wo X $N(0, 1)$-verteilt ist).

Sind $\mathrm{Var}\, X$ und $\mathrm{Var}\, Y$ strikt positiv, so ist der *Korrelationskoeffizient*
$$\rho(X, Y) := \frac{\mathrm{Cov}(X, Y)}{\sqrt{\mathrm{Var}\, X \cdot \mathrm{Var}\, Y}}$$
definiert. Es gilt $|\rho| \leqslant 1$, und $|\rho| = 1$ genau dann, wenn $a, b \in \mathbb{R}$ existieren, so daß $P(Y = aX + b) = 1$ gilt (Beweis: °Schwarzsche Ungleichung).

Kreiskettenverfahren

($\to$ analytische Fortsetzung)

Kreisteilungspolynom

cyclotomic polynomial; polynôme cyclotomique

Sei K ein °Körper und n eine natürliche Zahl, die nicht durch die °Charakteristik von K teilbar ist. Sind $\zeta_1, \ldots, \zeta_{\varphi(n)}$ ($\to$ Eulersche Funktion) die primitiven n-ten Einheitswurzeln im °Zerfällungskörper K_n von $X^n - 1$ über K, so heißt $\Phi_n(X) := (X - \zeta_1) \cdot \ldots \cdot (X - \zeta_{\varphi(n)}) \in K[X]$ das n-te *Kreisteilungspolynom* von K.

Es gilt: $X^n - 1 = \prod \Phi_d$, wo das Produkt über alle Teiler d von n erstreckt wird.

Beispiel: Für $n = 1, \ldots, 6$ ist Φ_n der Reihe nach gleich $X - 1$, $X + 1$, $X^2 + X + 1$, $X^2 + 1$, $X^4 + X^3 + X^2 + X + 1$, $X^2 - X + 1$.

In $\mathbb{Q}[X]$ sind die Kreisteilungspolynome irreduzibel ($\to$ Teilbarkeit in Integritätsringen).

Kreuzprodukt

cross product, vector product; produit vectoriel

($\to$ Vektorprodukt)

Kronecker-Symbol

Das Zeichen $\delta_{ij} := 1$ falls $i = j$, und $= 0$ falls $i \neq j$ (wobei i, j irgendeine Indexmenge durchlaufen) heißt *Kronecker-Symbol*. Manchmal (besonders im Tensorkalkül) wird es auch δ_j^i geschrieben. Durchlaufen i, j die Indexmenge $\{1, \ldots, n\}$, so ist die $n \times n$-°Matrix $(\delta_{ij})_{i, j = 1, \ldots, n}$ gerade die Einheitsmatrix.

Krümmung (einer Fläche)

curvature of a surface; courbure d'une surface

Sei $\varphi : U \to \mathbb{R}^3$ Parametrisierung einer regulären °Fläche $F \subset \mathbb{R}^3$ und $\varphi(u_0, v_0) = p$ ein Punkt von F, $n(p) = \left\| \dfrac{\partial \varphi}{\partial u} \times \dfrac{\partial \varphi}{\partial v} \right\|^{-1} \left(\dfrac{\partial \varphi}{\partial u} \times \dfrac{\partial \varphi}{\partial v} \right) (u_0, v_0)$ der Normalenvektor in p und $T_p F$ die Tangentialebene an F in p ($\to$ Fläche). Um das Krümmungsverhalten von F in p zu beschreiben, betrachtet man die °Normalkrümmungen aller °Kurven durch p (mit Spur in F). Es stellt sich heraus, daß die Extremwerte κ_1 und κ_2 dieser Normalkrümmungen (sie stimmen überein, falls alle Normalkrümmungen denselben Wert haben), die sog. *Hauptkrümmungen* zu aufeinander senkrecht stehenden *Hauptkrümmungsrichtungen* in $T_p F$ gehören. Ihr Mittelwert $H := \frac{1}{2}(\kappa_1 + \kappa_2)$ heißt *mittlere Krümmung* im Punkt p, ihr Produkt $K := \kappa_1 \kappa_2$ *Gaußsche Krümmung* oder *Totalkrümmung* im Punkt p.

Krümmung (einer Kurve)
curvature of a curve; courbure d'une courbe

Sei $\gamma=(\gamma_1,\gamma_2,\gamma_3)\colon I\to\mathbb{R}^3$ eine nach der Bogenlänge parametrisierte ($\to$ rektifizierbar) genügend oft differenzierbare °Kurve (es ist also $\|\gamma'(t)\|=\sqrt{\gamma_1'(t)^2+\gamma_2'(t)^2+\gamma_3'(t)^2}=1$ für alle $t\in I$). Dann heißt $\|\gamma''(t)\|=:\kappa(t)$ die *Krümmung* der Kurve bei t. Die Kurve γ beschreibt genau dann ein Geradenstück, wenn $\kappa(t)\equiv0$ ist. Ist $\kappa(t)\neq0$, so heißt $R(t):=\dfrac{1}{\kappa(t)}$ der *Krümmungsradius* im Punkt $\gamma(t)$. In Punkten, in denen $\kappa(t)\neq0$ ist, wird durch $\gamma''(t)=\kappa(t)\,n(t)$ ein Vektor $n(t)$ definiert, der auf dem Tangentialvektor $\gamma'(t)$ senkrecht steht. Er heißt *Normalenvektor* an γ im Punkt $\gamma(t)$. Die von $\gamma'(t)$ und $n(t)$ aufgespannte Ebene heißt *Schmiegebene*. Der darauf senkrecht stehende Vektor $b(t):=\gamma'(t)\times n(t)$ ($\to$ Vektorprodukt) heißt *Binormalenvektor*. Im Fall $\kappa(t)=\gamma''(t)=0$ ist der Normalenvektor in $\gamma(t)$ und damit auch die Schmiegebene nicht definiert.

($\to$ Torsion, $\to$ Frenetsche Formeln)

Krümmungsradius
radius of curvature; rayon de courbure

($\to$ Krümmung (einer Kurve))

Kugel
ball; boule

Sei (X,d) ein °metrischer Raum, $p\in X$ und $r\in\mathbb{R}$, $r>0$. Dann heißt $\{x\in X\,|\,d(x,p)<r\}$ die *offene* und $\{x\in X\,|\,d(x,p)\leqslant r\}$ die *abgeschlossene Kugel* um p vom Radius r. Nur im Fall $X=\mathbb{R}^3$ mit der °euklidischen Metrik erhält man die übliche Kugel der Anschauung; ansonsten kann man auch im $\mathbb{R}^3$ leicht Metriken angeben, deren „Kugeln" ziemlich abartig wirken. Die offenen Kugeln in einem metrischen Raum sind eine °Basis der von der Metrik induzierten °Topologie ($\to$ metrischer Raum; $\to$ offene Teilmenge eines metrischen Raumes).

Kugelkoordinaten
spherical coordinates; coordonnés sphériques

Ist $(x,y,z)\in\mathbb{R}^3\setminus\{(0,0,z)\,|\,z\in\mathbb{R}\}$, so gibt es eindeutig bestimmte $r\in\mathbb{R}^*_+$, $\varphi\in[0,2\pi[$ und $\theta\in\,]0,\pi[$, so daß $(x,y,z)=(r\cos\varphi\sin\theta,\,r\sin\varphi\sin\theta,\,r\cos\theta)$. (r,φ,θ) heißen die Kugelkoordinaten des Punktes (x,y,z). Die Funktion $h\colon\mathbb{R}^*_+\times[0,2\pi[\,\times\,]0,\pi[\,\to\mathbb{R}^3\setminus\{(0,0,z)\}$, $h(r,\varphi,\theta)=(r\cos\varphi\sin\theta,\,r\sin\varphi\sin\theta,\,r\cos\theta)$ ist °differenzierbar mit Jacobideterminante $-r^2\sin\theta$.

Kurve
curve; courbe

Die Definition dieses geometrischen Begriffs ist nicht einheitlich für alle Gebiete der Mathematik, in denen er auftritt; je nach dem Verwendungszweck in der Analysis, Differentialgeometrie, algebraischen Geometrie, Topologie usw. (und je nach dem Autor) fällt sie verschieden aus.

In der Analysis und der elementaren Differentialgeometrie ist die folgende Definition üblich:

Eine °differenzierbare (stetig-differenzierbare, k-fach differenzierbare, beliebig oft differenzierbare) Abbildung $\gamma\colon I \to \mathbb{R}^n$, wobei $I \subset \mathbb{R}$ ein Intervall ist, heißt *differenzierbare (stetig-differenzierbare, k-fach differenzierbare, unendlich oft differenzierbare) parametrisierte Kurve im* $\mathbb{R}^n$, die Variable $t \in I$ nennt man den *Parameter* der Kurve γ. (Viele Autoren verlangen von vornherein unendlich oft differenzierbar und sprechen nur von einer Kurve.) Die Bildmenge ($\to$ Abbildung) $\gamma(I) \subset \mathbb{R}^n$ nennt man auch die *Spur* der Kurve γ. Bei einer differenzierbaren Kurve $\gamma\colon I \to \mathbb{R}^n$ nennt man $\gamma'(t) = \lim\limits_{h \to 0} \dfrac{\gamma(t+h) - \gamma(t)}{h}$ den *Tangentenvektor* der Kurve γ an der Stelle t; einen Punkt $t_0 \in I$, für den $\gamma'(t_0) = 0$ gilt, nennt man *singulären* Punkt der Kurve; ein Punkt $t_1 \in I$, für den $\gamma'(t_1) \neq 0$ gilt, heißt *regulär;* die Kurve heißt *regulär* oder *glatt,* wenn sie keinen singulären Punkt hat.

Jeder stetig differenzierbaren parametrisierten Kurve kann man eine „Bogenlänge" zuordnen und im regulären Fall nach der Bogenlänge parametrisieren ($\to$ rektifizierbar). Unter einer (differenzierbaren) *orientierten Kurve* versteht man dann eine Äquivalenzklasse von parametrisierten Kurven, die durch (differenzierbare) *Umparametrisierungen* der Gestalt $\alpha\colon J \to I$, $\alpha'(s) > 0$ für alle $s \in J$, auseinander hervorgehen.

Für jede Kurve gibt es zwei Orientierungen, jede Umparametrisierung $\alpha\colon J \to I$ mit $\alpha'(s) > 0$ erhält die Orientierung, und jede Umparametrisierung $\alpha\colon J \to I$ mit $\alpha'(s) < 0$ liefert eine Umorientierung, d. h. einen Wechsel in die andere Äquivalenzklasse.

Es ist von Bedeutung, beim Studium von Kurven zu beachten, welche Größen einer Kurve sich bei Umorientierung ändern (z. B. der Tangentenvektor in einem Punkt der Kurve) und welche invariant gegen Umorientierung sind (z. B. die Krümmung).

Kurvenintegral
line integral; intégrale curvilignes

Ist $\gamma: [0, 1] \to \mathbb{R}^n$ ein °stückweise stetig °differenzierbarer °Weg in $\mathbb{R}^n$ und f eine stetige Funktion auf $\gamma([0, 1])$, so definiert man das *Kurvenintegral von f über* γ

$$\int_\gamma f(x)\, dx := \int_0^1 f(\gamma(t)) \cdot \gamma'(t)\, dt \quad (\to \text{Riemann Integral}, \to \text{Lebesgue-Integral}).$$

Die Definition ist so, daß sich der Wert des Kurvenintegrals bei einer (differenzierbaren) Umparametrisierung ($\to$ Kurve) des Weges γ nicht ändert. Der Begriff des Kurvenintegrals ist von fundamentaler Bedeutung in der Funktionentheorie ($\to$ Cauchyscher Integralsatz, $\to$ Residuensatz).

L

Lagrange (Satz von)

Sei G eine endliche °Gruppe, $H \subset G$ eine Untergruppe. Dann gilt:

$$|G| = |H| \cdot [G:H].$$

Hier bedeuten $|G|$ (bzw. $|H|$) die Anzahl der Elemente von G (bzw. H) und $[G:H]$ ist der °Index von H in G.

Lagrangesche Multiplikatoren
Lagrange multipliers; multiplicateurs de Lagrange

($\rightarrow$ Extremum mit Nebenbedingungen)

Lagrangesches Interpolationspolynom

($\rightarrow$ Interpolationspolynom)

Laguerresche Differentialgleichung
Laguerre equation; équation différentielle de Laguerre

Die *Laguerresche Differentialgleichung* ist definiert durch

$$xy'' + (1-x)\,y' + ny = 0 \quad (n \in \mathbb{N}_0).$$

Eine Lösung ist das *Laguerresche Polynom der Ordnung n*

$$L_n(x) := \frac{1}{n!}\, e^x \left(\frac{d}{dx}\right)^n (x^n e^{-x}).$$

Landausche Symbole

Sei S eine Teilmenge von $\mathbb{R}$ und $a \in \mathbb{R} \cup \{-\infty, \infty\}$ ein Häufungspunkt von S. Ferner seien f und g Funktionen von S nach $\mathbb{R}$. Falls $a \in \mathbb{R}$, gebe es eine °Umgebung U von a, so daß für alle $x \in S \cap U$ gilt: $g(x) \neq 0$; falls $a = \infty$ $(-\infty)$, so existiere eine Zahl $C \in \mathbb{R}_*^+$, so daß für alle $x \in S$ mit $x \geq C$ $(x \leq -C)$ gilt: $g(x) \neq 0$. Dann haben die *Landauschen Symbole o, O* folgende Bedeutung:

$f(x) = o(g(x))$ für a, $\quad$ falls $\displaystyle\lim_{x \to a} \frac{f(x)}{g(x)} = 0$ $\qquad$ ($\rightarrow$ Grenzwert bei Funktionen)

$f(x) = O(g(x))$ für a, $\quad$ falls ein $K \in \mathbb{R}_*^+$ existiert, so daß für den Fall $a \in \mathbb{R}$ für alle $x \in S \cap U$ und für den Fall $a = \infty$ $(-\infty)$ für alle $x \in S$ mit $x \geq C$ $(x \leq -C)$ gilt: $\left| \dfrac{f(x)}{g(x)} \right| < K.$

Beispiele:

$$\sin x - x = o(x^2) \quad \text{für } a = 0$$
$$\sin x - x = O(x^3) \quad \text{für } a = 0 \text{ mit } K = \tfrac{1}{6}$$
$$e^x = o(x^k) \quad \text{für } a = -\infty \text{ und } k \in \mathbb{N}_0$$
$$f(a+h) - f(a) = o(1) \quad \text{für } a \text{ für jede in } a \text{ °stetige Funktion } f$$
$$f(a+h) - f(a) = O(h) \quad \text{für } a \text{ für jede in } a \text{ °differenzierbare Funktion } f$$

Länge
length; longueur

a) In einem °euklidischen oder °unitären °Vektorraum (mit °Skalarprodukt $\langle\,,\,\rangle$) bezeichnet man die °Norm $\|v\| = \sqrt{\langle v, v\rangle}$ oft als *Länge* des Vektors.

b) Die Anzahl der Glieder in einer endlichen Folge (a_i) heißt oft auch *Länge* der Folge.

c) Die *Länge* eines °artinschen R-Moduls M ist die größte Zahl n, zu der es eine echt absteigende Folge von Untermoduln gibt: $M = M_0 \supset M_1 \supset \ldots \supset M_n = 0$. (Im Spezialfall eines endlich-dimensionalen °Vektorraums ist die Länge gleich der Dimension.)

Laplace-Operator
Laplace operator, laplacian; opérateur de Laplace, laplacien

Sei $U \subset \mathbb{R}^n$ °offen und $f: U \to \mathbb{R}$ eine zweimal partiell °differenzierbare Funktion. Man setzt

$$\Delta f := \frac{\partial^2 f}{\partial x_1^2} + \ldots + \frac{\partial^2 f}{\partial x_n^2}$$

und nennt $\Delta = \dfrac{\partial^2}{\partial x_1^2} + \ldots + \dfrac{\partial^2}{\partial x_n^2}$ den *Laplace-Operator;* dieser reduziert sich für den Fall, daß f nur von $r = \|x\|$ abhängt, auf $\Delta = \dfrac{\partial^2}{\partial r^2} + \dfrac{n-1}{r}\,\dfrac{\partial}{\partial r}$.

($\to$ Wellengleichung, $\to$ Wärmeleitungsgleichung, $\to$ Potentialgleichung)

Laplacescher Entwicklungssatz
L. expansion of a determinant along a row or a column; développement suivant les éléments d'une ligne ou d'une colonne

Sei $A = (a_{ij})$ eine $n \times n$-°Matrix über einem °Körper (oder auch nur einem °kommutativen °Ring). Der *Laplacesche Entwicklungssatz* führt die Berechnung der °Determinante von A auf die Berechnung von Determinanten $(n-1)$-reihiger Untermatrizen von A zurück: Sei A_{rs} die $(n-1) \times (n-1)$-Matrix, die aus A durch Streichen der r-ten Zeile und s-ten Spalte entsteht ($1 \leqslant r \leqslant n$, $1 \leqslant s \leqslant n$).

Dann gilt für jedes $s \in \{1, \ldots, n\}$

$$\det A = \sum_{r=1}^{n} (-1)^{r+s} a_{rs} \cdot \det(A_{rs}) \qquad \textit{(Entwicklung nach der s-ten Spalte)}$$

und für jedes $r \in \{1, \ldots, n\}$

$$\det A = \sum_{s=1}^{n} (-1)^{r+s} a_{rs} \cdot \det(A_{rs}) \qquad \textit{(Entwicklung nach der r-ten Zeile)}.$$

($\rightarrow$ adjungierte Matrix, b))

Laplace-Verteilung
Laplace distribution; loi de Laplace

($\rightarrow$ Gleichverteilung)

Laurentreihe
Laurent series; série de Laurent

Eine in einem Kreisring $\{z \in \mathbb{C} \mid 0 \leqslant r < |z - z_0| < R\}$ °holomorphe Funktion f läßt sich dort darstellen durch eine *Laurentreihe*

$$f(z) = \sum_{n=-\infty}^{+\infty} c_n (z - z_0)^n \quad \text{mit}$$

$$c_n = \frac{1}{2\pi i} \int\limits_{|z-z_0|=\rho} \frac{f(z)\, dz}{(z-z_0)^{n+1}} \quad \text{für } r < \rho < R.$$

Das bedeutet:

Im Ausdruck $\displaystyle\sum_{n=-\infty}^{\infty} c_n (z-z_0)^n = \sum_{m=1}^{\infty} c_{-m} (z-z_0)^{-m} + \sum_{n=0}^{\infty} c_n (z-z_0)^n$ sind beide °Reihen für $r < |z - z_0| < R$ °konvergent, und die Summe ihrer Grenzwerte ist gleich dem Funktionswert. Die Summe über alle negativen Exponenten $-\infty < n < 0$ heißt *Hauptteil* der Laurentreihe. Im Fall $r = 0$ (dann ist z_0 eine isolierte °Singularität) ist z_0 *hebbar* bzw. *Pol* bzw. *wesentliche Singularität*, je nachdem ob der Hauptteil verschwindet bzw. nur aus endlich vielen bzw. aus unendlich vielen von 0 verschiedenen Summanden besteht.

Lebesgue (Konvergenzsatz von)

Die Folge $(f_k)_{k \in \mathbb{N}}$ von (Lebesgue-)integrierbaren Funktionen $f_k \colon \mathbb{R}^n \to \mathbb{R}$ ($\rightarrow$ Lebesgue-Integral) konvergiere fast überall (d.h. außerhalb einer Menge vom °Lebesgue-Maß Null) gegen eine Funktion f. Es gebe eine reelle integrierbare Funktion g, so daß fast überall $\sup_k |f_k| \leqslant g$ ist (d.h. g ist integrierbare ‚Majorante' für die f_k). Dann ist auch f integrierbar, und es gilt: $\lim\limits_{k \to \infty} \int |f - f_k| \, d\lambda^n = 0$, d.h. (f_k) konvergiert gegen f in der L^1-Norm ($\to L^p$-Räume). Insbesondere folgt dann auch: $\lim\limits_{k \to \infty} \int f_k \, d\lambda^n = \int f \, d\lambda^n$ („Vertauschbarkeit von Integration und Grenzwertbildung").

Lebesgue-Integral

Sei $f : \mathbb{R}^n \to \mathbb{R}$ eine nicht negative Lebesgue-$^\circ$meßbare Funktion, die nur endlich viele Werte $c_1, \ldots, c_m$ annimmt, also von der Form $f = \sum\limits_{j=1}^{m} c_j 1_{A_j}$ ist, wobei $c_j \in \mathbb{R}_+$ ist, A_j Lebesgue-meßbare Mengen ($\to$ Lebesgue-Maß) sind und 1_{A_j} die $^\circ$charakteristische Funktion von A_j bezeichnet. Solche Funktionen f heißen auch *Elementarfunktionen*. Dann definiert man $\int f \, d\lambda^n := \sum\limits_{j=1}^{m} c_j \lambda^n (A_j)$ als das *Lebesgue-Integral* von f, wobei λ^n das $^\circ$Lebesgue-Maß in $\mathbb{R}^n$ bezeichnet. (Diese Definition ist unabhängig von der Darstellung für f!)

Man zeigt, daß zu jeder nicht negativen Lebesgue-meßbaren Funktion $f : \mathbb{R}^n \to \mathbb{R}_+$ eine Folge $(f_k)_{k \in \mathbb{N}}$ von Elementarfunktionen existiert, die monoton steigend gegen f konvergiert, und setzt $\int f d\lambda^n := \sup\limits_{k} \int f_k \, d\lambda^n \in \mathbb{R}_+ \cup \{\infty\}$ (unabhängig von der speziellen Folge (f_k)!).

Sei nun M die Menge aller nicht negativen reellen Lebesgue-meßbaren Funktionen f, für die $\int f d\lambda^n < \infty$ ist. Der von M erzeugte Untervektorraum des $^\circ$Vektorraums aller reellen Funktionen auf $\mathbb{R}^n$ ist gleich $\mathcal{L} := \{g \mid$ *es gibt* $f_1, f_2 \in M$ mit $g = f_1 - f_2\}$; man definiert das *Lebesgue-Integral* von $g \in \mathcal{L}$ als $\int g \, d\lambda^n := \int f_1 \, d\lambda^n - \int f_2 \, d\lambda^n$ (unabhängig von der speziellen Darstellung $g = f_1 - f_2$!).

Die Funktionen in $\mathcal{L}$ heißen *(Lebesgue-)integrierbar* oder *-summierbar*. (Schreibweisen für $\int f d\lambda^n$ auch: $\int f(x) \, d\lambda^n(x)$ oder $\int f(x_1, \ldots, x_n) \, d\lambda^n (x_1, \ldots, x_n)$ oder auch kurz $\int f(x) \, dx$).

Eine $^\circ$meßbare reelle Funktion $g : \mathbb{R}^n \to \mathbb{R}$ ist somit genau dann Lebesgue-integrierbar, wenn $\int |g| \, d\lambda^n < \infty$ ist.

Definiert man noch für eine Lebesgue-meßbare Menge $A \in \mathcal{B}_\lambda^n$ und für $f \in \mathcal{L}$: $\int\limits_A f d\lambda^n := \int 1_A \cdot f d\lambda^n$ ($\to$ charakteristische Funktion), so erhält man das *Lebesgue-Integral von f über A* (d.h. bzgl. des auf A eingeschränkten Lebesgue-Maßes). Der wesentliche Unterschied zum Begriff des $^\circ$Riemann-Integrals besteht in der Summierung gemäß einer Zerlegung des Bildbereiches anstelle des Urbildbereiches. Z.B. ist die Funktion $1_{\mathbb{Q}}$ Lebesgue-integrierbar über $[0, 1]$ mit $\int\limits_{[0,\,1]} f d\lambda^1 = 0$, aber nicht Riemann-integrierbar. Es gilt folgender Zusammenhang:

Ist $f: [a, b] \to \mathbb{R}$ Riemann-integrierbar, so auch Lebesgue-integrierbar, und die Integrale stimmen überein. Eine nicht negative Lebesgue-meßbare Funktion $f: \mathbb{R} \to \mathbb{R}_+$, die über jedem °kompakten Intervall Riemann-integrierbar ist, ist genau dann Lebesgue-integrierbar, wenn das °uneigentliche (Riemann-)Integral existiert; in diesem Fall stimmen die Integrale überein.

Im allgemeinen folgt aber aus der Existenz des uneigentlichen Riemann-Integrals nicht die Lebesgue-Integrierbarkeit (*Beispiel:* $f: \mathbb{R}_+ \to \mathbb{R}, \ x \mapsto \dfrac{\sin x}{x}$).

($\to L^p$-Räume)

Lebesgue-Maß

Lebesgue measure; mesure de Lebesgue

Zur Volumenmessung von Punktmengen des $\mathbb{R}^n$ kann man folgendermaßen vorgehen: Man setzt zunächst für nichtleere beschränkte n-dimensionale halboffene °Intervalle $[a, b[= [a_1, b_1[\times \ldots \times [a_n, b_n[$

$$\lambda([a, b[) := \prod_{i=1}^{n} (b_i - a_i)$$

und nennt dies das *Volumen des Intervalls*. Einer beliebigen Teilmenge $A \subset \mathbb{R}^n$ ordnet man dann das *äußere Maß*

$$\lambda^*(A) := \inf \left\{ \sum_{I \in \mathscr{A}} \lambda(I) \ \middle| \ \begin{array}{l} \mathscr{A} \text{ ist abzählbare Überdeckung von } A \text{ durch} \\ n\text{-dimensionale halboffene Intervalle } I \end{array} \right\}$$

zu ($\lambda^*(A)$ kann den Wert ∞ annehmen).

Eine Teilmenge $N \subset \mathbb{R}^n$ heißt *vom Lebesgue-Maß Null* (oder *(Lebesgue-)Nullmenge*), wenn $\lambda^*(N) = 0$ ist (äquivalent: zu jedem $\varepsilon > 0$ gibt es Intervalle I_ν ($\nu \in \mathbb{N}$) mit $N \subset \bigcup_{\nu \in \mathbb{N}} I_\nu$ und $\sum_{\nu \in \mathbb{N}} \lambda(I_\nu) < \varepsilon$).

Beispiele: $\mathbb{Q}$ ist Nullmenge in $\mathbb{R}$; Punkte im $\mathbb{R}^n$ sind Nullmengen, abzählbare Vereinigungen von Nullmengen sind wieder Nullmengen. Es gibt aber auch überabzählbare Nullmengen ($\to$ Cantorsches Diskontinuum).

Eine Teilmenge $M \subset \mathbb{R}^n$ heißt *Lebesgue-meßbar*, wenn gilt: Für alle $\varepsilon > 0$ gibt es eine offene Umgebung U von M mit $\lambda^*(U \setminus M) < \varepsilon$ (äquivalent: für alle $A \subset \mathbb{R}^n$ ist $\lambda^*(A) = \lambda^*(A \cap M) + \lambda^*(A \setminus M)$).

Alle Borel-Mengen ($\to \sigma$-Algebra) und alle Lebesgue-Nullmengen sind Lebesgue-meßbar. Unter Zuhilfenahme des °Auswahlaxioms lassen sich auch nicht Lebesgue-meßbare Mengen in $\mathbb{R}^n$ angeben sowie nicht Borel-meßbare Nullmengen. Die Menge $\mathscr{B}_\lambda^n$ der Lebesgue-meßbaren Mengen bildet eine °σ-Algebra in $\mathbb{R}^n$, und die Restriktion von λ^* auf $\mathscr{B}_\lambda^n$ definiert ein °Maß, das *Lebesgue-Maß λ^n*, auf $(\mathbb{R}^n, \mathscr{B}_\lambda^n)$.

Für $M \in \mathscr{B}^n_\lambda$ nennt man die Zahl $\lambda^n(M) \in \mathbb{R}_+ \cup \{\infty\}$ auch das (*n-dimensionale*) *Volumen* von *M*. Speziell für *n*-dimensionale Intervalle gilt:

$$\lambda^n(]a, b[) = \lambda^n(]a, b]) = \lambda^n([a, b[) = \lambda^n([a, b]) = \prod_{i=1}^n (b_i - a_i).$$

Die Restriktion des Lebesgue-Maßes auf die Borel-$^\circ\sigma$-Algebra $\mathscr{B}^n$ heißt *Lebesgue-Borel-Maß*.

Lebesguesche Zahl

Sei *X* ein $^\circ$kompakter $^\circ$metrischer Raum. Dann gibt es zu jeder offenen $^\circ$Überdeckung $\{U_i\}_{i \in I}$ von *X* eine positive reelle Zahl δ (*Lebesguesche Zahl*) mit der Eigenschaft, daß für jedes $x \in X$ die δ-Umgebung $U_\delta(x) = \{y \in X \mid d(x, y) < \delta\}$ in mindestens einem U_i ganz enthalten ist.

leere Menge
empty set; ensemble vide

($\rightarrow$ Mengenlehre)

Legendresche Differentialgleichung
Legendre equation; équation différentielle de Legendre

Die *Legendresche Differentialgleichung* ist definiert durch

$$(1 - x^2)\, y'' - 2xy' + n(n+1)\, y = 0 \quad (n \in \mathbb{N}_0).$$

Eine Lösung ist das *Legendre-Polynom n-ter Ordnung*

$$P_n(x) = \frac{1}{2^n\, n!}\, \frac{d^n}{dx^n}\, [(x^2 - 1)^n].$$

Es hat genau *n* paarweise verschiedene Nullstellen im offenen Intervall $]-1, 1[$. (Normierung so gewählt, daß $P_n(1) = 1$.)

Legendre-Symbol

($\rightarrow$ quadratischer Rest)

Leibniz-Kriterium

($\rightarrow$ Konvergenzkriterium für Reihen)

Leibnizreihe

($\rightarrow$ bedingt konvergent)

Levi (Satz von Beppo)

Es sei $(f_k)_{k \in \mathbb{N}}$ eine Folge nicht negativer (Lebesgue-)°meßbarer reeller Funktionen auf $\mathbb{R}^n$, welche fast überall (d. h. außerhalb einer Menge vom °Lebesgue-Maß Null) monoton gegen eine reelle Funktion f aufsteigt. Dann gilt ($\to$ Lebesgue-Integral):

$$\sup_k \int f_k \, d\lambda^n = \lim_{k \to \infty} \int f_k \, d\lambda^n = \int f \, d\lambda^n \, .$$

lexikographische Ordnung
lexicographic order; ordre lecixographique

Sei M eine total geordnete Menge ($\to$ Halbordnung). Dann ist auf $M \times M$ die *lexikographische Ordnung* erklärt durch: für alle (x, x'), $(y, y') \in M \times M$ gilt

$$(x, x') < (y, y') \; :\Longleftrightarrow \; x < y \quad \text{oder} \quad x = y \; \text{und} \; x' < y'.$$

Entsprechend definiert man die *lexikographische Ordnung* auf $M^n = M \times \ldots \times M$ oder $M^{\mathbb{N}} = \{(x_i)_{i \in \mathbb{N}} \mid x_i \in M \text{ für alle } i\}$ durch

$$(x_i) < (y_i) \; :\Longleftrightarrow \; \begin{cases} \text{es gibt ein } i_0 \geqslant 1, \text{ so daß } x_i = y_i \text{ für alle} \\ i \leqslant i_0 \text{ und } x_{i_0+1} < y_{i_0+1}. \end{cases}$$

Lie-Algebra
Lie algebra; algèbre de Lie

Ein K-°Vektorraum A, auf dem ein (i. allg. nicht assoziatives) Produkt $A \times A \to A$, $(x, y) \mapsto [x, y]$ erklärt ist mit den Eigenschaften $[x, x] = 0$ und $[x, [y, z]] + [y, [z, x]] + [z, [x, y]] = 0$ (*Jacobi-Identität*), heißt *Lie-Algebra*.

Beispiele: $\mathbb{R}^3$ mit dem °Vektorprodukt; der K-Vektorraum aller $n \times n$-°Matrizen über K mit dem Produkt $[A, B] := AB - BA$.

Lie-Gruppe

Eine °Gruppe G heißt *Lie-Gruppe*, wenn sie °differenzierbare Mannigfaltigkeit ist, so daß die Gruppenmultiplikation als Abbildung $G \times G \to G$ differenzierbar ist. (Dann ist auch die Abbildung $G \to G$, $x \mapsto x^{-1}$ differenzierbar.)

Beispiele: $GL(n, \mathbb{R})$, $GL(n, \mathbb{C})$ (differenzierbare Mannigfaltigkeiten als offene Teilmengen von $\mathbb{R}^{n^2}$ bzw. $\mathbb{C}^{n^2}$) mit der Matrizenmultiplikation sowie ihre „wichtigen" Untergruppen ($\to$ klassische Gruppen).

Likelihood-Funktion
likelihood function; fonction de vraisemblance

Es sei $(P_\vartheta)_{\vartheta \in \Theta}$ eine Familie von °Wahrscheinlichkeitsmaßen auf $(\mathbb{R}^n, \mathscr{B}^n)$, die entweder sämtlich diskret oder sämtlich absolut stetig mit Dichten f_ϑ sind. Ferner seien $X_1, \ldots, X_n$ reelle °Zufallsvariable mit gemeinsamer Verteilung P_ϑ für ein $\vartheta \in \Theta$, d.h.: für $X := (X_1, \ldots, X_n)$ ist $P_X = P_\vartheta$. Dann heißt die Funktion

$$L: \Theta \times \mathbb{R}^n \to [0,1] \quad \text{mit} \quad (\vartheta, x) \mapsto \begin{cases} P_\vartheta(X=x) & \text{im diskreten Fall} \\ f_\vartheta(x) & \text{im Dichte-Fall} \end{cases} \quad \textit{Likelihood-Funktion von } X.$$

Insbesondere wenn $X_1, \ldots, X_n$ °stochastisch unabhängige identisch verteilte °Zufallsvariable sind mit diskreter Verteilung Q_ϑ in $\mathbb{R}$ (bzw. mit Dichte g_ϑ in $\mathbb{R}$), so ist $L(\vartheta, (x_1, \ldots, x_n)) = \prod_{i=1}^{n} Q_\vartheta(x_i)$ (bzw. $= \prod_{i=1}^{n} g_\vartheta(x_i)$).

Limes

($\to$ Konvergenz (von Folgen und Reihen), $\to$ Konvergenz (von Funktionenfolgen), $\to$ Grenzwert bei Funktionen)

Limes superior (bzw. inferior)
limit superior (resp. inferior); limite supérieure (resp. inférieure)

Sei $(a_n)_{n \in \mathbb{N}}$ eine °Folge °reeller °Zahlen. Dann heißt

$$\limsup_{n \to \infty} a_n := \lim_{n \to \infty} (\sup\{a_k \mid k \geqslant n\}) =: \overline{\lim} \, a_n$$

$$(\text{bzw. } \liminf_{n \to \infty} a_n := \lim_{n \to \infty} (\inf\{a_k \mid k \geqslant n\}) =: \underline{\lim} \, a_n)$$

der *limes superior* (bzw. *inferior*) der Folge (a_n); er ist der größte (bzw. kleinste) °Häufungspunkt der Folge (a_n).

Die Folge (a_n) °konvergiert genau dann gegen $a \in \mathbb{R}$, wenn $\limsup a_n = \liminf a_n = a$ ist.

Lindelöf-Raum

Ein °topologischer Raum X heißt *Lindelöf-Raum*, wenn jede offene °Überdeckung von X eine abzählbare °Überdeckung enthält.

Diese Bedingung ist insbesondere erfüllt, wenn X eine abzählbare °Basis besitzt (2. °Abzählbarkeitsaxiom).

linear abhängig
linearly dependent; linéairement dépendant, lié

($\to$ linear unabhängig)

lineare Abbildung
linear map; application linéaire

Eine Abbildung $f: V \to W$ zwischen K-°Vektorräumen (oder auch R-°Moduln) heißt *linear*, wenn für alle $v_1, v_2 \in V$ und alle $\alpha_1, \alpha_2 \in K$ (bzw. R) gilt: $f(\alpha_1 v_1 + \alpha_2 v_2) = \alpha_1 f(v_1) + \alpha_2 f(v_2)$.

Diese Bedingung kann man aufspalten in die *Additivität* $f(v_1 + v_2) = f(v_1) + f(v_2)$ und die *Homogenität* $f(\alpha v) = \alpha f(v)$ (für alle $v \in V$, $\alpha \in K$).

Kann V als Vektorraum über verschiedenen °Körpern aufgefaßt werden (wie z. B. ein $\mathbb{C}$-Vektorraum stets auch als $\mathbb{R}$-Vektorraum aufgefaßt werden kann), so ist es manchmal nötig, bei einer linearen Abbildung den Körper zu benennen: *K-linear.* (Analog bei linearen Abbildungen zwischen Moduln über verschiedenen Ringen.)

Lineare Abbildungen heißen auch *Vektorraum-* (bzw. *Modul-)Homomorphismen.* Die Menge der linearen Abbildungen von V nach W wird mit $\mathrm{Hom}_K(V, W)$ bezeichnet; das ist selbst wieder ein Vektorraum (bzw. ein Modul falls R kommutativ ist).

---

lineare Gruppe
linear group; groupe linéaire

($\to$ allgemeine lineare Gruppe)

---

lineare Hülle
span; (direkte Übers. nicht üblich)

Sei V ein °Vektorraum und X eine Teilmenge von V. Der (eindeutig bestimmte) kleinste Untervektorraum von V, der X umfaßt, heißt *lineare Hülle* von X.

Lineare Optimierung
linear programming; programmation linéaire

Es sei $A \in M(m \times n, \mathbb{R})$ und $b \in \mathbb{R}^m$, $c \in \mathbb{R}^n$. Unter einem *linearen Optimierungsproblem* versteht man die Aufgabe ein °Funktional $f(x) = {}^t c \cdot x$, $x \in \mathbb{R}^n$, das im folgenden auch *Zielfunktion* genannt wird, unter den sogenannten *Nebenbedingungen* $Ax \leqslant b$, $x \geqslant 0$ (für $y, z \in \mathbb{R}^n$ bedeutet $y \leqslant z$ hier, daß der Vektor $z - y$ nur nichtnegative Komponenten besitzt) minimal bzw. maximal „zu machen". Hierzu wird durch das Einführen von je einer sogenannten *Schlupfvariablen* pro Ungleichung das Ungleichungssystem $Ax \leqslant b$ zu einem Gleichungssystem $\overline{Ax} = b$ erweitert, indem man den Vektor $x = {}^t(x_1, \ldots, x_n)$ zu einem Vektor $\bar{x} = {}^t(x_1, \ldots, x_n, x_{n+1}, \ldots, x_{n+m}) \in \mathbb{R}^{n+m}$ „auffüllt" und die Matrix A durch Anfügen der $m \times m$-Einheitsmatrix zu $\bar{A} \in M(m \times n + m, \mathbb{R})$ ergänzt. Ebenso erweitert man c durch „Auffüllen" mit Nullen zu einem Vektor $\bar{c} \in \mathbb{R}^{n+m}$ und erhält so die erweiterte Zielfunktion $\bar{f}(\bar{x}) = {}^t \overline{cx}$. Das (so erweiterte) lineare Optimierungsproblem behandeln wir o.B.d.A. (wegen $\max \bar{f}(\bar{x}) = \min - \bar{f}(\bar{x})$) im folgenden als Minimierungsproblem. Es ist vom sogenannten *einfachen Typ*, falls $b \geqslant 0$ gilt. Ist die Menge $M := \{\bar{x} \in \mathbb{R}^{n+m} \mid \overline{A}\,\bar{x} = b, \bar{x} \geqslant 0\} = \emptyset$, so existiert keine Lösung, ist $M \neq \emptyset$ und beschränkt, so ist M °kompakt, und es existiert mindestens eine Lösung des linearen Optimierungsproblems; ist $M \neq \emptyset$ und M unbeschränkt, so existiert ebenfalls mindestens eine Lösung, falls $\inf_{\bar{x} \in M} {}^t\!\overline{cx} > -\infty$ gilt. Ein Vektor $\bar{x} \in M$ heißt *Ecke von* M, falls für alle Konvexkombinationen

$$(\rightarrow \text{baryzentrische Koordinaten}) \quad \bar{x} = \sum_{i=1}^{n+m} \lambda_i x^{(i)} \quad \text{mit} \quad x^{(i)} \in M \quad \text{gilt:}$$

$\exists j \in \{1, \dots, n+m\} : \lambda_j = 1$. Ein Element $\bar{x} \in M$ ist genau dann eine Ecke, wenn diejenigen Spaltenvektoren $a_j \in \mathbb{R}^m$ von $\overline{A}$, für die die j-te Komponente $x_j > 0$ ist, linear unabhängig sind. Ist die Anzahl dieser Vektoren kleiner als m, so heißt die Ecke *entartet*. Eine Menge $B(\bar{x})$ von m linear unabhängigen Spaltenvektoren von A, die alle a_j mit $x_j > 0$ enthält, heißt *Basis der Ecke* $\bar{x}$. Ist $\bar{x}$ eine nicht entartete Ecke, so ist $\bar{x}$ eine (nicht-entartete) *zulässige Basislösung* von $\overline{A}x = b$, wenn $x_i = 0$ für alle i mit $a_i \notin B(\bar{x})$.

Jedes lösbare lineare Optimierungsproblem besitzt mindestens eine Ecke als Lösung, die mit dem *Simplexverfahren* auf folgende Weise berechnet werden kann. Man startet das Verfahren mit einer zulässigen Basislösung $x^{(0)} \in M$ (für ein Problem vom einfachen Typ erhält man durch $x_\nu^{(0)} = 0$ für $\nu = 1, \dots, n$, $x_\mu^{(0)} = b_{\mu-n}$ für $\mu = n+1, \dots, n+m$ eine solche), indem man die m Variablen x_μ, die zu den von 0 verschiedenen Komponenten von $x^{(0)}$ gehören (o.B.d.A. seien dies im folgenden die letzten m Komponenten von $\bar{x}$), als sogenannte *Basisvariable* durch die übrigen Nichtbasisvariablen ausdrückt, d. h.

$$x_\mu = \sum_{\nu=1}^{n} a_{\mu\nu} x_\nu + x_\mu^{(0)}, \quad \mu = n+1, \dots, n+m.$$

Für Probleme vom einfachen Typ gilt dabei $a_{\mu\nu} = -a_{\mu-n,\nu}$. Ebenso verfährt man mit der erweiterten Zielfunktion und erhält

$$z := \bar{f}(\bar{x}) = {}^t\!\bar{c}\,x^{(0)} + \sum_{\nu=1}^{n} \gamma_\nu x_\nu$$

wobei $\gamma_\nu = c_\nu + \sum_{\mu=n+1}^{n+m} a_{\mu\nu} c_\mu$; für den Fall des einfachen Typs ist ${}^t\!\bar{c}\,x^{(0)} = 0$ und $\gamma_\nu = c_\nu$, $\nu = 1, \dots, n$. Dies läßt sich in folgendem Schema zusammenfassen (in der Literatur wird das Schema oft transponiert angegeben):

	$x_1 \ldots x_n$	
x_{n+1}		$x_{n+1}^{(0)}$
$\vdots$	$\alpha_{\mu\nu}$	$\vdots$
x_{n+m}		$x_{n+m}^{(0)}$
z	$\gamma_1 \ldots \gamma_\nu$	$^{t}cx^{(0)}$

Sind die $\gamma_\nu \geqslant 0$, so gilt $z \geqslant {}^{t}cx^{(0)}$ und $x^{(0)}$ ist Lösung des linearen Optimierungsproblems. Gibt es ein ν_0, so daß $\gamma_{\nu_0} < 0$ und alle $\alpha_{\mu\nu_0} \geqslant 0$ sind, existiert keine Lösung. Existiert mindestens ein μ_0 mit $\alpha_{\mu_0\nu_0} < 0$, so tausche man x_{ν_0} gegen x_{μ_0}, wobei μ_0 durch die Bedingungen $\alpha_{\mu_0\nu_0} < 0$, $\dfrac{x_{\nu_0}^{(0)}}{\alpha_{\mu_0\nu_0}} = \max_{\alpha_{\mu\nu_0} < 0} \dfrac{x_\nu^{(0)}}{\alpha_{\mu\nu_0}}$ festgelegt wird. $\alpha_{\mu_0\nu_0}$ ist das *Pivotelement* für den Austauschschritt, wobei $\alpha_{\mu_0\nu_0}$ in $\alpha_{\mu_0\nu_0}^{-1}$ übergeht, die Pivotspalte (die ν_0-te Spalte) ansonsten durch das Pivotelement und die Pivotzeile (die μ_0-te Zeile) durch das negative Pivotelement geteilt wird. Im übrigen wird $\alpha_{\mu\nu}$ ersetzt durch $\alpha_{\mu\nu} - \alpha_{\mu\nu_0} \dfrac{\alpha_{\mu_0\nu}}{\alpha_{\mu_0\nu_0}}$ und analog $x_\mu^{(0)}$ und γ_ν.

Ein solcher Austauschschritt entspricht einem Basistausch ($a_{\nu_0} \in B(x^{(0)})$ wird durch ein a_{μ_0} ersetzt) und damit einem Eckentausch $x^{(0)}$ gegen eine neue Ecke $x^{(1)}$. Man ersetzt $x^{(0)}$ durch $x^{(1)}$ und führt diesen Austauschalgorithmus solange fort, bis für alle $\nu = 1, \ldots, n$ gilt: $\gamma_\nu \geqslant 0$ oder der Algorithmus abbricht, weil keine Lösung existiert. Im ersten Fall kann die Zielfunktion nicht weiter abnehmen. Die Lösung ist dann in der rechten Spalte des Schemas abzulesen, die Variablen aus der ersten Zeile werden gleich 0 gesetzt und unten rechts steht der Minimalwert der Zielfunktion.

lineares Gleichungssystem
system of linear equations; système d'équations linéaires

Ein *lineares Gleichungssystem* ist von der Gestalt

$$a_{11}x_1 + \ldots + a_{1n}x_n = b_1$$
$$\vdots \qquad\qquad \vdots$$
$$a_{m1}x_1 + \ldots + a_{mn}x_n = b_m \,,$$

wo a_{ij}, b_j $(i = 1, \ldots, n; j = 1, \ldots, m)$ Elemente aus einem °Körper K und $x_1, \ldots, x_n$ Unbekannte sind. Vorteilhaft verwendet man die Matrizenschreibweise mit der $m \times n$-°Matrix $A = (a_{ij})$ und Spaltenvektoren $x = {}^{t}(x_1, \ldots, x_n)$ und $b = {}^{t}(b_1, \ldots, b_m)$; dann lautet das obige lineare Gleichungssystem einfach

$$Ax = b \,.$$

Ist $b = 0$, so heißt das Gleichungssystem *homogen,* sonst *inhomogen.* Man fragt nach Existenz und Anzahl von Lösungen $x \in K^n$ des Systems, und danach, wie man sie berechnet.

Lösungen existieren genau dann, wenn die *Rangbedingung* ($\rightarrow$ Rang einer Matrix) $\mathrm{rg}\, A = \mathrm{rg}\,(A \,|\, b)$ erfüllt ist; es gibt genau dann eine eindeutige Lösung, wenn $\mathrm{rg}\, A = \mathrm{rg}\,(A \,|\, b) = n$ ($=$ Anzahl der Unbekannten) ist. (Die Bezeichnung $(A \,|\, b)$ steht für die $m \times (n + 1)$-Matrix, die sich durch Anfügen der Spalte b an A ergibt.)

Die Lösungsgesamtheit eines homogenen Gleichungssystems bildet einen Untervektorraum von K^n; die eines inhomogenen Gleichungssystems einen °affinen Unterraum von K^n der Gestalt $\emptyset$ oder $c + U$, wo c irgendeine spezielle Lösung und U die Lösungsgesamtheit des zugehörigen homogenen Systems $Ax = 0$ ist. Allgemein spricht man vom *Lösungsraum* des linearen Gleichungssystems.

Die Berechnung der Lösungen läuft bisweilen auf die Berechnung der °Inversen einer Matrix hinaus: Ist z. B. $n = m$ und $Ax = b$, so ist für invertierbares A die eindeutige Lösung gegeben durch $x = A^{-1} b$. In der Praxis verwendet man im allgemeinen das °Gaußsche Eliminationsverfahren oder eine seiner Varianten zur direkten Auflösung des Gleichungssystems. Ist die Matrix A °positiv definit, so berechnet man die Lösung mit dem °Cholesky-Verfahren. Ist die °Kondition der Matrix A sehr groß (dies ist häufig bei sehr großen Gleichungssystemen, d. h. $n \geqslant 10\,000$, der Fall), so sind die direkten Lösungsverfahren anfällig für °Rundungsfehler, und man benutzt dann iterative Verfahren ($\rightarrow$ Gesamtschrittverfahren, $\rightarrow$ Einzelschrittverfahren, $\rightarrow$ Relaxation).

Linearform
linear form; forme linéaire

Sei V ein K-°Vektorraum. Eine Abbildung $f\colon V \rightarrow K$ heißt *Linearform* (auf V), wenn für alle $v_1, v_2 \in V$, $\alpha_1, \alpha_2 \in K$ gilt: $f(\alpha_1 v_1 + \alpha_2 v_2) = \alpha_1 f(v_1) + \alpha_2 f(v_2)$ (f ist also eine lineare Abbildung von V in den K-Vektorraum K). Die Menge der Linearformen auf V bildet wieder einen Vektorraum, den °Dualraum zu V.

Beispiel: Ist $(e_i)_{i \in I}$ eine °Basis von V, so gibt es zu jedem $j \in I$ genau eine Linearform e_j^* mit der Eigenschaft $e_j^*(e_i) = \delta_{ij}$ ($\rightarrow$ Kroneckersymbol). Damit läßt sich jedes $x \in V$ schreiben in der Form $x = \sum_{i \in I} e_i^*(x) \cdot e_i$. (Die Summe ist in jedem Fall endlich!)

Linearkombination
linear combination; combinaison linéaire

Sind $v_1, \ldots, v_n$ Vektoren in einem K-°Vektorraum und $\alpha_1, \ldots, \alpha_n \in K$, so heißt der Vektor $v = \alpha_1 v_1 + \ldots + \alpha_n v_n$ *Linearkombination* der Vektoren $v_1, \ldots, v_n$ mit Koeffizienten $\alpha_1, \ldots, \alpha_n$ aus K.

linear unabhängig
linearly independent; linéairement indépendant, libre

Vektoren $v_1, \ldots, v_n$ in einem K-°Vektorraum heißen *linear unabhängig* oder *frei*, wenn jede nicht-triviale °Linearkombination $\sum \alpha_i v_i \neq 0$ ist. („Nicht-trivial" heißt: nicht alle α_i sind $=0$). Eine Teilmenge $X \subset V$ heißt *linear unabhängig* oder *frei*, wenn je endlich viele Vektoren aus X linear unabhängig sind.

Beispiel: Im $\mathbb{R}$-Vektorraum aller stetigen Funktionen auf $\mathbb{R}$ ist die Menge der Funktionen $x \mapsto x^n$ ($n \in \mathbb{N}$) linear unabhängig.

Liouville (Satz von)

Jede °beschränkte °ganze Funktion ist konstant.

(Beweis: Ist $f(z) = \sum\limits_{n=0}^{\infty} c_n z^n$ und $|f(z)| \leqslant M$ für alle $z \in \mathbb{C}$, so folgt aus den °Cauchyschen Ungleichungen, daß $|c_n| \leqslant \dfrac{M}{r^n}$ für alle $r > 0$, also ist $c_n = 0$ für alle $n > 0$.)

Üblicherweise wird als unmittelbare Anwendung der °Fundamentalsatz der Algebra bewiesen: Hätte ein nichtkonstantes Polynom $P(z)$ keine Nullstelle, so wäre $\dfrac{1}{P(z)}$ eine beschränkte (!) ganze Funktion, also konstant.

Lipschitz-Bedingung

Sei $G \subset \mathbb{R} \times \mathbb{R}^n$. Eine Abbildung $f \colon G \to \mathbb{R}^n$ genügt in G (*global*) einer *Lipschitz-Bedingung* mit der *Lipschitz-Konstanten* $L \geqslant 0$, wenn für alle $(x, y_1), (x, y_2) \in G$ gilt:

$$\| f(x, y_1) - f(x, y_2) \| \leqslant L \cdot \| y_1 - y_2 \| .$$

(Hier ist $\| \ \|$ irgendeine °Norm auf $\mathbb{R}^n$). Man sagt, f genügt in G *lokal* einer *Lipschitz-Bedingung*, wenn es zu jedem Punkt $(a, b) \in G$ eine Umgebung U gibt, so daß f in $G \cap U$ einer Lipschitz-Bedingung mit einer (von U abhängigen) Lipschitz-Konstanten $L \geqslant 0$ genügt.

Ist f bezüglich der Variablen $y = (y_1, \ldots, y_n)$ stetig partiell °differenzierbar, so genügt f in G lokal einer Lipschitz-Bedingung.

Die lokale Lipschitz-Bedingung für die Abbildung f ist (zusammen mit der Forderung der Stetigkeit von f, die aus der Lipschitz-Bedingung nicht folgt!) Voraussetzung im °Existenz- und Eindeutigkeitssatz für Differentialgleichungen.

Lipschitz-stetig

Seien (M_1, d_1), (M_2, d_2) °metrische Räume und $E \subset M_1$ offen; eine Abbildung $f: E \to M_2$ heißt *(global) Lipschitz-stetig* oder *dehnungsbeschränkt* in E, wenn es eine Konstante $L \geqslant 0$ *(Lipschitz-Konstante)* gibt, so daß für alle $x, y \in E$ gilt: $d_2(f(x), f(y)) \leqslant L d_1(x, y)$.

Logarithmus
logarithm; logarithme

Sei a eine reelle Zahl, $a > 0$ und $a \neq 1$. Dann ist die °Exponentialfunktion $\mathbb{R} \to \mathbb{R}_+^*$, $x \mapsto a^x$ bijektiv (für $a > 1$ monoton steigend, für $0 < a < 1$ monoton fallend). Die Umkehrabbildung $\mathbb{R}_+^* \to \mathbb{R}$ heißt *Logarithmus* zur Basis a und wird mit $y \to \log_a y$ bezeichnet. Für $a = e$ ($\to$ Eulersche Zahl e) schreibt man oft $\ln y$ *(natürlicher Logarithmus)* oder $\log y$. Allgemein gilt $\log_a x = \dfrac{\ln x}{\ln a}$ wegen $a^{\log_a x} = x \iff \ln(a^{\log_a x}) = (\log_a x) \ln a = \ln x$.

Die *Funktionalgleichung* $\log_a(xy) = \log_a x + \log_a y$ für alle $x, y \in \mathbb{R}_+^*$ drückt aus, daß die Abbildung $\log_a$ ein Gruppenhomomorphismus der multiplikativen Gruppe $(\mathbb{R}_+^*, \cdot)$ in die additive Gruppe $(\mathbb{R}, +)$ ist.

Aus der °Taylorreihe erhält man die *Reihenentwicklung*

$$\ln(1 + x) = x - \frac{x^2}{2} + \frac{x^3}{3} \mp \ldots = \sum_{n=1}^{\infty} \frac{(-1)^{n+1}}{n} x^n,$$

die für alle $x \in \mathbb{R}$ (bzw. $x \in \mathbb{C}$) mit $|x| < 1$ gültig ist.
($\to$ Riemannsche Fläche)

lokalendlich
locally finite; localement fini

Eine Familie $(U_i)_{i \in I}$ von Teilmengen eines °topologischen Raumes X heißt *lokalendlich*, wenn jeder Punkt $x \in X$ eine °Umgebung $U(x)$ hat, so daß $U(x) \cap U_i \neq \emptyset$ für höchstens endlich viele Indizes $i \in I$ gilt.

Ist $(U_i)_{i \in I}$ ein lokalendliches System von °abgeschlossenen Mengen, so ist $\bigcap\limits_{i \in I} U_i$ abgeschlossen.

lokaler Ring
local ring; anneau local

Ein kommutativer °Ring R mit Einselement heißt *lokal*, wenn er nur ein einziges °maximales Ideal $m \subset R$ besitzt. Dann ist jedes Element in $R \setminus m$ invertierbar.

Beispiel: °Potenzreihenringe sind lokal, °Polynomringe nicht.

lokales Extremum
local extremum; extrême local

($\to$ Extremum (lokales))

lokales Koordinatensystem
local coordinates; coordonnées locales

($\to$ differenzierbare Mannigfaltigkeit, $\to$ Fläche, $\to$ Differentialformen)

lokalkompakt
locally compact; localement compact

Ein °hausdorffscher °topologischer Raum heißt *lokalkompakt*, wenn jeder Punkt von X eine °kompakte °Umgebung besitzt. Dann besitzt jeder Punkt sogar eine °Umgebungsbasis aus kompakten Umgebungen.

Jeder °kompakte Raum ist lokalkompakt; ein Raum ist genau dann lokalkompakt, wenn er offener Unterraum eines °kompakten Raumes ist. Ein lokalkompakter Raum ist °vollständig regulär.

Ein °Unterraum eines lokalkompakten Raumes ist genau dann lokalkompakt, wenn er Durchschnitt einer °offenen und einer °abgeschlossenen Menge ist. Ein endliches topologisches Produkt ($\to$ Produkttopologie) von lokalkompakten Räumen ist lokalkompakt.

$\mathbb{R}$ ist lokalkompakt, aber nicht kompakt; jeder Raum versehen mit der °diskreten Topologie ist lokalkompakt. Ein °hausdorffscher °topologischer Vektorraum ist genau dann lokalkompakt, wenn er endlich-dimensional ist.

($\to$ Alexandroff-Kompaktifizierung)

lokalkonvexer Vektorraum
locally convex vector space; espace vectoriel localement convexe

Ein °topologischer Vektorraum über $\mathbb{R}$ oder $\mathbb{C}$ heißt *lokalkonvex*, wenn jeder Punkt eine °Umgebungsbasis aus °konvexen Mengen besitzt. Alle endlich-dimensionalen Vektorräume sind lokalkonvex; weitaus die meisten in der Analysis vorkommenden topologischen Vektorräume (Funktionenräume mit geeigneten Topologien) sind lokalkonvex.

lokal wegzusammenhängend
locally pathwise (or arcwise) connected; localement connexe par arcs

Ein °topologischer Raum heißt *lokal wegzusammenhängend*, wenn jeder Punkt eine °Umgebungsbasis aus °wegzusammenhängenden Umgebungen besitzt. Ist diese Bedingung erfüllt, so ist der Raum genau dann °zusammenhängend, wenn er wegzusammenhängend ist. Ein lokal wegzusammenhängender Raum ist die °topologische Summe seiner °Zusammenhangskomponenten.

Beispiel: Die Vereinigung (im $\mathbb{R}^2$) von $\{0\} \times [0, 1]$ mit allen Verbindungsstrecken der Punkte $(\frac{1}{n}, 0)$ mit $(0, 1)$ $(n \in \mathbb{N}, n \geqslant 1)$ ergibt als Teilraum des $\mathbb{R}^2$ einen wegzusammenhängenden, aber nicht lokal wegzusammenhängenden topologischen Raum.

lokal zusammenhängend
locally connected; localement connexe

Ein °topologischer Raum heißt *lokal zusammenhängend*, wenn jeder Punkt eine °Umgebungsbasis aus °zusammenhängenden Umgebungen besitzt. Ein lokal zusammenhängender Raum ist °topologische Summe seiner Zusammenhangskomponenten. Das endliche Produkt ($\rightarrow$ Produkttopologie) von lokal zusammenhängenden Räumen ist lokal zusammenhängend.

Das bei „lokal wegzusammenhängend" angegebene Beispiel ist zusammenhängend, aber nicht lokal zusammenhängend.

Lösungsraum
space of solutions; espace des solutions

($\rightarrow$ lineares Gleichungssystem)

L^p-Räume
L^p-spaces; espaces L^p

Sei $p \geqslant 1$ und $\mathscr{L}^p(\mathbb{R}^n) = \{f: \mathbb{R}^n \rightarrow \mathbb{R} \mid f$ °meßbar, $|f|^p$ summierbar$\}$ ($\rightarrow$ Lebesgue-Integral). Dies ist ein Vektorraum mit einer °Halbnorm $\|f\|_p := (\int |f|^p \, d\lambda^n)^{1/p}$. Sei $\mathscr{N}$ der Untervektorraum aller $f \in \mathscr{L}^p(\mathbb{R}^n)$, die außerhalb einer Menge vom Maß Null ($\rightarrow$ Lebesgue-Maß) identisch verschwinden (d.h. für die $\int |f|^p d\lambda^n = 0$ ist). Dann induziert die Halbnorm $\| \, \|_p$ auf dem Quotientenvektorraum $\mathscr{L}^p / \mathscr{N} =: L^p(\mathbb{R}^n)$ eine Norm. Die Dreiecksungleichung $\|f + g\|_p \leqslant \|f\|_p + \|g\|_p$ heißt hier *Minkowskische Ungleichung*.
Man definiert noch für $p = \infty$ den Raum $L^\infty := \mathscr{L}^\infty / \mathscr{N}$, wo $\mathscr{L}^\infty(\mathbb{R}^n)$ den Raum aller meßbaren und außerhalb einer Nullmenge beschränkten Funktionen bezeichnet, mit der Norm (bzw. Halbnorm) $\|f\|_\infty := \inf\{c \in \mathbb{R} \mid$ außerhalb einer Nullmenge ist $|f| < c\}$.
Der Satz von *Riesz-Fischer* besagt, daß die L^p-Räume für $p \geqslant 1$ und auch $p = \infty$ °Banachräume sind.
$L^2(\mathbb{R}^n)$ ist ein °Hilbertraum mit dem °Skalarprodukt $\langle f, g \rangle := \int fg \, d\lambda^n$.
Die Definitionen übertragen sich unmittelbar auf komplexwertige Funktionen sowie auf Räume von Funktionen, die nur auf einer festen meßbaren Teilmenge B des $\mathbb{R}^n$ definiert sind (indem man die °Lebesgue-Integrale über B betrachtet).

ℓ^p-Räume (Folgenräume)
ℓ^p-spaces; espaces ℓ^p

Sei $p \geqslant 1$ und ℓ^p der $\mathbb{R}$- (bzw. $\mathbb{C}$-)°Vektorraum aller reellen (bzw. komplexen) °Folgen $(x_i)_{i \in \mathbb{N}}$, bei denen $\sum\limits_{i \in \mathbb{N}} |x_i|^p$ °konvergiert. Mit der *p-Norm*

$$\|(x_i)\|_p := \left(\sum\limits_{i \in \mathbb{N}} |x_i|^p \right)^{1/p}$$

wird ℓ^p ein °Banachraum. Die Dreiecksungleichung heißt hier *Minkowski-Ungleichung*. Entsprechend definiert man ℓ^∞ als Vektorraum aller beschränkten Folgen mit der Norm $\|(x_i)\|_\infty := \sup\limits_{i \in \mathbb{N}} |x_i|$.

Die Definitionen übertragen sich unmittelbar auf Folgen von Elementen eines beliebigen Banachraums.

M

Mächtigkeit
cardinality; puissance

($\rightarrow$ Kardinalzahl)

mager
set of the first category; maigre

($\rightarrow$ nirgends dicht)

Majorantenkriterium
comparison test; principe de comparaison

($\rightarrow$ Konvergenzkriterien für Reihen)

Mannigfaltigkeit
manifold; variété

($\rightarrow$ differenzierbare Mannigfaltigkeit)

Mannigfaltigkeit (lineare)

($\rightarrow$ affiner Unterraum (eines Vektorraums))

Maschinenzahl
machine number; nombre représenté en machine

Die Teilmenge M der reellen Zahlen, die auf einem Rechner exakt dargestellt werden können, ist endlich. Ihre Elemente heißen *Maschinenzahlen*. Ist $x \in \mathbb{R} \setminus M$, so verlangt man von einem Rechner, daß er x durch eine gerundete Zahl $\mathrm{rd}(x) \in M$ so darstellt, daß für alle $y \in M$ gilt: $|x - \mathrm{rd}(x)| \leq |x - y|$. Es sei nun ε_x die relative Abweichung von x von der Maschinenzahl $\mathrm{rd}(x) \neq 0$, d. h.

$$\varepsilon_x = \frac{|x - \mathrm{rd}(x)|}{|\mathrm{rd}(x)|} \quad \text{oder} \quad x = \mathrm{rd}(x) \cdot (1 + \varepsilon_x), \quad \bar{y} := \max\{y \in M\} \quad \text{und} \quad \underline{y} := \min\{y \in M\},$$

dann bezeichnet man die Zahl $\mathrm{eps} := \max\{\varepsilon_x \mid x \in [\underline{y}, \bar{y}]\}$ als *Maschinengenauigkeit*. Die Mächtigkeit ($\rightarrow$ Kardinalzahl) von M und die Maschinengenauigkeit eps hängen von der Art der Zahlendarstellung und der Anzahl der hierfür zur Verfügung stehenden Stellen ab ($\rightarrow$ Festkommadarstellung; $\rightarrow$ Gleitkommadarstellung).

Maß, Maßraum
measure, measure space; mesure, espace mesuré

Sei $(\Omega, \mathscr{A})$ ein °Meßraum.

Eine Abbildung $\mu: \mathscr{A} \to \mathbb{R}_+ \cup \{\infty\}$ heißt ein (positives) *Maß* auf $(\Omega, \mathscr{A})$, falls $\mu(\emptyset) = 0$ ist und falls μ *σ-additiv* ist, d.h. für jede Folge $(A_n)_{n \in \mathbb{N}}$ paarweise disjunkter Mengen in $\mathscr{A}$ gilt $\mu\left(\bigcup_n A_n\right) = \sum_n \mu(A_n)$. Das Tripel $(\Omega, \mathscr{A}, \mu)$ heißt

Maßraum. Enthält $\mathscr{A}$ die einelementigen Teilmengen von Ω, so heißt μ *diskret*, falls es eine höchstens abzählbare Menge $\Omega' \in \mathscr{A}$ gibt mit $\mu(\Omega \setminus \Omega') = 0$. – Eine Menge $N \in \mathscr{A}$ mit $\mu(N) = 0$ heißt *(μ-)Nullmenge*.

Ein Maß ν auf $(\Omega, \mathscr{A})$ heißt *absolut stetig* bzgl. μ (in Zeichen: $\nu \ll \mu$), falls alle μ-Nullmengen auch ν-Nullmengen sind.

Eigenschaften von Maßen $(A, B \in \mathscr{A}, A_i \in \mathscr{A})$:
(1) falls $A \subset B$, so ist $\mu(A) \leqslant \mu(B)$ und $\mu(B \setminus A) = \mu(B) - \mu(A)$;
(2) $\mu(A \cup B) = \mu(A) + \mu(B) - \mu(A \cap B)$;
(3) falls $(A_n)_{n \in \mathbb{N}}$ aufsteigt gegen A (oder: falls $(A_n)_{n \in \mathbb{N}}$ absteigt gegen A und $\mu(A_n) < \infty$ ist für ein $n \in \mathbb{N}$), so ist $\mu(A) = \lim_n \mu(A_n)$.

(„(A_n) *steigt auf* (bzw. *ab*) *gegen* A" bedeutet: für $n \in \mathbb{N}$ ist $A_n \subset A_{n+1}$ (bzw. $A_n \supset A_{n+1}$), und $A = \bigcup_n A_n$ (bzw. $A = \bigcap_n A_n$).)

Beispiele: °Lebesgue-Maß, °Dirac-Maß, °Zählmaß, °Wahrscheinlichkeitsmaße ($\to$ Wahrscheinlichkeitsraum).

Matrix
matrix; matrice

Ein rechteckiges Schema $A = \begin{pmatrix} a_{11} & a_{12} & \dots & a_{1n} \\ a_{21} & a_{22} & \dots & a_{2n} \\ \vdots & \vdots & & \vdots \\ a_{m1} & a_{m2} & \dots & a_{mn} \end{pmatrix}$ von Elementen a_{ij} einer

Menge K (d.h. eine Abbildung $A: \{1, 2, \dots, m\} \times \{1, \dots, n\} \to K$) ($K$ ist meist ein °Körper) heißt *$m \times n$-Matrix über K*; die Elemente a_{ij} heißen *Komponenten* der Matrix. Man schreibt auch $A = (a_{ij})_{i=1,\dots,m;\, j=1,\dots,n} = (a_{ij})$ und bezeichnet i als *Zeilenindex* und j als *Spaltenindex*. A besteht demnach aus m *Zeilenvektoren*

$(a_{i1}, a_{i2}, \dots, a_{in})$ oder auch aus n *Spaltenvektoren* $\begin{pmatrix} a_{1j} \\ a_{2j} \\ \vdots \\ a_{mj} \end{pmatrix}$.

Ist $m = 1$ (bzw. $n = 1$), so bezeichnet man die Matrix selbst als *Zeilen-* (bzw. *Spalten-)Vektor*. Im Fall $m = n$ nennt man A eine *quadratische Matrix*.

Für die Menge aller $m \times n$-Matrizen über K sind die Bezeichnungen $K^{m \times n}$, $M_{m,n}(K)$, $M(m \times n; K)$ oder ähnliche üblich.

Addition von Matrizen: Ist K ein Körper oder kommutativer Ring, sind $A = (a_{ij})$, $B = (b_{ij}) \in M(m \times n; K)$, $\alpha \in K$, so definiert man:

$A + B = (c_{ke}) \in M(m \times n; K)$ $(c_{ke} = a_{ke} + b_{ke})$ $\quad \alpha A = (\alpha a_{ij})$.

Damit trägt $M(m \times n; K)$, falls K ein Körper ist, eine Struktur als K-°Vektorraum der Dimension $m \cdot n$.

Produkt von Matrizen. Ist $A = (a_{ij})$ eine $m \times n$-Matrix und $B = (b_{rs})$ eine $n \times p$-Matrix über einem Körper oder einem °Ring, so ist das *Produkt* von A und B

definiert durch $C = A \cdot B = (c_{uv})$ mit $c_{uv} = \sum_{j=1}^{n} a_{uj} b_{jv}$ für $u = 1, \ldots, m$ und $v = 1, \ldots, p$.

Insbesondere wird damit die Menge aller quadratischen Matrizen zu einem Ring. Die Multiplikation von $n \times n$-Matrizen ist für $n \geqslant 2$ nicht °kommutativ.

Das Einselement im Ring der $n \times n$-Matrizen heißt *Einheitsmatrix* und ist die Matrix $E = (\delta_{ij})$, wobei $\delta_{ij} = 1$ für $i = j$, $\delta_{ij} = 0$ für $i \neq j$.

Matrix einer linearen Abbildung. Ist $f: V \to W$ eine °lineare Abbildung zwischen endlich-dimensionalen K-°Vektorräumen V und W, und sind $B := (b_1, \ldots, b_n)$ und $C := (c_1, \ldots, c_m)$ °Basen von V bzw. W, so ist f festgelegt durch die Werte $f(b_j)$ $(j = 1, \ldots, n)$ auf den Basisvektoren von V. Schreibt man $f(b_j) = a_{1j} c_1 + \ldots + a_{mj} c_m$, so erhält man eine Matrix

$$M_{B,C}(f) = (a_{ij}) \quad (i = 1, \ldots, m; j = 1, \ldots, n)$$

welche die lineare Abbildung f bezüglich der Basen B, C beschreibt. Insbesondere kann man jeder Matrix $M \in M(m \times n; K)$ eine lineare Abbildung $L(M): K^n \to K^m$ zuordnen, indem man $L(M)(x) = M \cdot x$ (Matrizenprodukt mit dem Spaltenvektor x) setzt. Für das Kompositum gilt dann: $L(M) \circ L(N) = L(M \cdot N)$.

Matrix einer Bilinearform. Ist $s: V \times V \to K$ eine °Bilinearform auf dem n-dimensionalen K-Vektorraum V mit einer Basis $e_1, \ldots, e_n$, so ist s festgelegt durch die Werte auf allen Paaren von Basisvektoren (e_i, e_j). Die $n \times n$-Matrix $(s(e_i, e_j))$ heißt dann *Matrix der Bilinearform s bezüglich der Basis $(e_1, \ldots, e_n)$*.

Matrixnorm

matrix norm; norme matricielle

Eine °Norm, die auf dem Raum $M(m \times n, \mathbb{K})$ definiert ist, heißt *Matrixnorm*. Gibt es zu zwei Normen $\| \cdot \|_I$ auf $\mathbb{K}^m$ und $\| \cdot \|_{II}$ auf $\mathbb{K}^n$ eine Matrixnorm $\| \cdot \|_{I, II}$, so daß für alle $x \in \mathbb{K}^n$ und alle $A \in M(m \times n, \mathbb{K})$ gilt: $\|A x\|_I \leqslant \|A\|_{I, II} \|x\|_{II}$, so heißt $\| \cdot \|_{I, II}$ *verträglich* mit $\| \cdot \|_I$, $\| \cdot \|_{II}$. Für $m = n$ und $\| \cdot \|_I = \| \cdot \|_{II} =: \| \cdot \|$ ist die Matrixnorm $\|A\|_M := \sup_{x \neq 0} \dfrac{\|A x\|}{\|x\|}$ die zur Norm

$\|\cdot\|$ *zugehörige* Matrixnorm. Sie ist die kleinste aller mit $\|\cdot\|$ (in Urbild- und Bildraum) verträglichen Matrixnormen von A.

Beispiele:

Zur °Supremumsnorm $\|\cdot\|_\infty$ ist die *Zeilenbetragsummennorm* $\|A\|_\infty :=$

$$\max_{i=1,\dots,n} \sum_{k=1}^{n} |a_{ik}|$$ die zugehörige Matrixnorm, zur Norm $\|\cdot\|_1$ mit $\|x\|_1 :=$

$$\sum_{i=1}^{n} |x^{(i)}|$$ die *Spaltenbetragssummennorm* $\|A\|_1 := \max_{k} \sum_{i=1}^{n} |a_{ik}|$, zur °euklidi-

schen Norm –

$$\|x\|_e = \left(\sum_{i=1}^{n} |x^{(i)}|^2 \right)^{1/2}$$ die Norm $\|A\|_e := [\lambda_{\max}({}^t AA)]^{1/2}$

wobei $\lambda_{\max}$ der größte °Eigenwert der Produktmatrix ${}^t AA$ ist. In der Praxis verwendet man statt dieser Matrixnorm meist die mit der euklidischen Norm verträgliche *Quadratsummennorm*

$$\|A\|_2 := \left(\sum_{i,\,k=1}^{n} |a_{ik}|^2 \right)^{1/2}.$$

maximales Ideal
maximal ideal; idéal maximal

Ein °Ideal m in einem °Ring R heißt *maximal*, wenn es verschieden von R ist, und es kein Ideal I in R gibt mit $m \subsetneqq I \subsetneqq R$. Entsprechend heißt ein Linksideal bzw. Rechtsideal maximal, wenn es bzgl. „$\subset$" maximales Element in der Menge der von R verschiedenen Linksideale bzw. Rechtsideale ist.

Ist R °kommutativ mit Einselement, so ist ein Ideal $m \subset R$ genau dann maximal, wenn der Restklassenring ($\to$ Faktorring) R/m ein °Körper ist. Mit Hilfe des °Zornschen Lemmas zeigt man: In einem Ring R mit Einselement ($\neq 0$) gibt es zu jedem Ideal $I \subsetneqq R$ ein maximales Ideal, welches I enthält.

Maximum

($\to$ Extremum, $\to$ Halbordnung)

Maximum-Likelihood-Schätzung
maximum likelihood estimation; estimation du maximum de vraisemblance

Es sei $(P_\vartheta)_{\vartheta \in \Theta}$ eine Familie von °Wahrscheinlichkeitsmaßen auf $(\mathbb{R}^n, \mathscr{B}^n)$, die entweder sämtlich diskret oder sämtlich absolut stetig ($\to$ Wahrsch.-Maß) sind. Ferner seien $X_1, \dots, X_n$ reelle °Zufallsvariable mit gemeinsamer Verteilung P_ϑ für ein $\vartheta \in \Theta$. Es bezeichne $L : \Theta \times \mathbb{R}^n \to \mathbb{R}$ die °Likelihood-Funktion von $X := (X_1, \dots, X_n)$.

Eine Punkt-°Schätzung $d: \mathbb{R}^n \to \Theta' \supset \Theta$ für den Parameter $\vartheta \in \Theta$ heißt *eine Maximum-Likelihood-Schätzung* (MLS) für ϑ, wenn für fast alle $x \in \mathbb{R}^n$ (d. h. außerhalb einer P_ϑ-Nullmenge für alle $\vartheta \in \Theta$) gilt: $d(x) \in \Theta$ und $L(d(x), x) = \sup_{\vartheta \in \Theta} L(\vartheta, x)$.

Die dieser Definition zugrundeliegende Idee ist die, bei gegebener „Beobachtung" x einen Schätzwert $d(x)$ so zu bestimmen, daß die zugehörige Wahrscheinlichkeit für das Eintreten von x (im diskreten Fall) (bzw. die zugehörige Dichte im Punkte x (im absolut stetigen Fall)) maximal ist. (*Maximum-Likelihood-Prinzip*).

Die Existenz einer MLS ist gleichbedeutend mit der Existenz globaler (!) Maxima von $L(\ , x)$ für „fast alle" x. Sind diese überdies eindeutig, so spricht man von „*der* MLS". – Eine rechentechnische Vereinfachung bildet oft die Betrachtung der Funktion $\log L(\ , x)$ anstelle $L(\ , x)$. – Die in der Definition der MLS auftretende Nullmenge besteht beim Schätzen der °Varianz absolut stetig verteilter °Zufallsvariabler z. B. aus der Diagonalen im $\mathbb{R}^n$ d. h.: $\{(x_1, \ldots, x_n) \in \mathbb{R}^n \,|\, x_1 = x_2 = \ldots = x_n\}$. – MLS'en sind nicht notwendig auch erwartungstreue Punkt-°Schätzungen.

Maximumprinzip (für holomorphe Funktionen)
maximum modulus principle; principe du maximum

Eine nichtkonstante °holomorphe Funktion auf einem °Gebiet G kann ihr Betragsmaximum nicht in G annehmen.

Maxwell-Boltzmann-Statistik

($\to$ Urnenmodelle)

Median
median; médiane

($\to$ Quantil)

Mehrschrittverfahren
multi-step method; méthodes multi-pas

Unter einem *Mehrschrittverfahren* versteht man ein numerisches Verfahren zur Lösung von °Anfangswertproblemen der Form $y' = f(x, y)$, $y = u(x)$, $u(a) = \alpha$, $f: [a, b] \times \mathbb{R}^n \to \mathbb{R}^n$, $\alpha \in \mathbb{R}^n$, bei dem Näherungswerte y_j für die Werte $u(x_j)$ einer Lösung u an gewissen Stellen $x_j \in [a, b]$, $a = x_0 < x_1 < \ldots < x_j < \ldots < x_n = b$, $n \in \mathbb{N}$ ausgehend von $y_0 = \alpha$ in der Weise berechnet werden, daß zur Bestimmung von y_j eine festgelegte Zahl von vorherberechneten Werten $y_{j-s}, \ldots, y_{j-1}$ verwendet werden. s heißt die *Schrittzahl* des Verfahrens. Um dieses durchführen zu können, müssen also zunächst Startwerte $y_0, \ldots, y_{s-1}$ in einer sogenannten *Vorlaufrechnung*, z. B. mit einem °Einschrittverfahren berechnet werden.

Wählt man den Abstand $x_j - x_{j-1}$ für alle j konstant als $h = \dfrac{b-a}{n}$, so hat ein Mehrschrittverfahren die Form

$$\frac{1}{h} \sum_{r=0}^{s} \beta_r \, y_{j+r} = f_h(x_j, y_j, \ldots, y_{j+s}), \quad j = 0, 1, \ldots, n-s$$

wobei die linke Seite eine Approximation für y' ist und f_h die rechte Seite der gegebenen Differentialgleichung approximiert, z. B. durch eine Quadraturformel für $\int\limits_{x}^{x+sh} f(t, u(t))\, dt$. Hängt f_h nicht von y_{j+s} ab, so heißt das Verfahren explizit, ansonsten implizit. Der *lokale Abschneide-* oder *Diskretisierungsfehler* wird definiert als

$$T_h(x) = \frac{1}{h} \sum_{r=0}^{s} \beta_r \, u(x+rh) - f_h(x, u(x), \ldots, u(x+sh))$$

wobei u Lösung des gegebenen Anfangswertproblems sei. Das zur Vorlaufrechnung benutzte Verfahren sollte eine mindestens um 1 höhere Konsistenzordnung ($\rightarrow$ Konsistenz) als das anschließend verwendete Mehrschrittverfahren haben.

Bestimmt man nun die Verfahrensfunktion f_h durch eine Interpolationsquadratur ($\rightarrow$ Quadraturformel), d. h. durch Integration des °Interpolationspolynoms durch die Punkte (x_{j+r}, y_{j+r}), $r = 0, 1, \ldots, s-1$ und setzt dieses noch durch °Extrapolation in den Punkt (x_{j+s}, y_{j+s}) fort, so erhält man ein spezielles explizites Mehrschrittverfahren, ein sogenanntes *Extrapolationsverfahren*. Legt man das Interpolationspolynom hingegen durch die Stützstellen (x_{j+r}, y_{j+r}), $r = 0, 1, \ldots, s$, so erhält man ein implizites Verfahren, ein sogenanntes *Interpolationsverfahren*. Beide lassen sich auf folgende Weise zu einem sogenannten *Prediktor-Korrektor-Verfahren* kombinieren: Man berechne $\bar{y}_{j+s}$ mit einem Extrapolationsverfahren der °Konsistenzordnung p (*Prediktorschritt*) und ersetze y_{j+s} bei einem Interpolationsverfahren der Konsistenzordnung $p+1$ auf der rechten Seite durch $\bar{y}_{j+s}$ (*Korrektorschritt*), so daß man insgesamt ein explizites Verfahren der Schrittzahl s und der Konsistenzordnung $p+1$ erhält, z. B. für $s=3$ das *Adams-Bashforth-Verfahren* der Konsistenzordnung 4. Sind y_0, y_1 und y_2 durch eine Vorlaufrechnung bestimmt, so lautet es

$$\bar{y}_j = y_{j-1} + \frac{h}{12}\left(23 f(x_{j-1}, y_{j-1}) - 16 f(x_{j-2}, y_{j-2}) + 5 f(x_{j-3}, y_{j-3})\right)$$

$$y_j = y_{j-1} + \frac{h}{24}\left(9 f(x_j, \bar{y}_j) + 19 f(x_{j-1}, y_{j-1}) - 5 f(x_{j-2}, y_{j-2}) + f(x_{j-3}, y_{j-3})\right)$$

Mehrzielmethode
multiple shooting method, multiple shooting méthode

($\rightarrow$ Schießverfahren)

Mengenlehre
set theory; théorie des ensembles

In der Mathematischen Praxis genügt es in den meisten Fällen, den Mengenbegriff „naiv" etwa im folgenden Sinn zu verwenden: Eine Menge ist eine Zusammenfassung von Elementen zu einem Ganzen, so daß (prinzipiell) für jedes mögliche Objekt entschieden werden kann, ob es Element der Menge ist oder nicht. Diese Interpretationshilfe ist allerdings als Definition unbrauchbar; sie schließt Paradoxien, wie z. B. die Menge aller natürlichen Zahlen, die sich mit weniger als sechszehn deutschen Worten definieren lassen, nicht aus (was ist mit „die kleinste Zahl, die sich nicht mit weniger als sechszehn deutschen Worten definieren läßt"? In den Anführungszeichen stehen 15 Worte!).

Nach der Erschaffung der Mengenlehre von Georg Cantor (etwa ab 1872, zur Behandlung zahlentheoretischer Probleme) wurde durch derartige Paradoxien zu Beginn dieses Jahrhunderts eine Grundlagenkrise heraufbeschworen, und trotz verschiedener Axiomatisierungen der Mengenlehre (Zermelo 1908, Fraenkel/Skolem 1922/23, Neumann/Bernays 1937) scheint bis heute nicht ganz klar zu sein, inwiefern die mathematische Logik diese Krise gebändigt hat.

Als abkürzende und präzisierende Sprechweise ist der Umgang mit Mengen und ihren Elementen in den letzten Jahrzehnten jedenfalls unentbehrlich geworden.

Die wichtigsten Symbole beim Umgang mit Mengen sind:

$\{x_1, x_2, \ldots, x_n\} =$ Menge bestehend aus den (verschiedenen) Elementen $x_1, \ldots, x_n$

$x \in M :$ x ist Element der Menge M

$\{x \in M \mid E(x)\}$ = Menge aller Elemente einer vorgegebenen Menge M, welche die Eigenschaft $E(x)$ besitzen

$\emptyset =$ *leere Menge*, enthält kein Element

$M \subset N:$ M ist *Teilmenge* der Menge N (d.h. jedes Element von M ist auch in N enthalten); man sagt auch: N ist *Obermenge* von M

$M = N:$ die Mengen M und N sind *gleich*, d.h. es ist $M \subset N$ und $N \subset M$

$M \cap N:$ *Durchschnitt* der Mengen M und N; das ist die Menge der $x \in M$, die auch in N enthalten sind; M und N heißen *disjunkt*, wenn $M \cap N = \emptyset$ gilt

$M \cup N$: *Vereinigung* der Mengen M und N; das ist die Menge der x, die Element von M oder (oder auch) Element von N sind

$M \times N$: *kartesisches Produkt* der Mengen M und N; das ist die Menge aller geordneten Paare (x, y) mit $x \in M$ und $y \in N$

$\complement_X M$: *Komplement von M in X*. Dies ist nur definiert, wenn M eine Teilmenge von X ist; dann ist es die Menge der $x \in X$, welche nicht in M enthalten sind

$M \setminus N$: *Mengendifferenz (Differenzmenge)*; das ist die Menge aller $x \in M$, die nicht in N enthalten sind.

---

meromorph
meromorphic; méromorphe

Sei $U \subset \mathbb{C}$ °offen. Eine Funktion $f : U \to \mathbb{C} \cup \{\infty\}$ heißt *meromorph*, wenn $f^{-1}(\infty)$ in U °diskret, die Einschränkung $f_{|U \setminus f^{-1}(\infty)}$ °holomorph ist und f in jedem $z_0 \in f^{-1}(\infty)$ einen Pol hat ($\to$ Singularitäten (isolierte $\sim$ einer holomorphen Funktion)).

Besser ist es, wenn man $\mathbb{C} \cup \{\infty\}$ als $\mathbb{P}_1(\mathbb{C}) \simeq S_2$ (°Riemannsche Zahlenkugel) begreift; dann sind die meromorphen Funktionen auf U genau die holomorphen Abbildungen nach $\mathbb{P}_1(\mathbb{C})$, die nicht identisch ∞ sind.

Sind g und h auf U holomorph und hat h nur isolierte ($\to$ Häufigkeitspunkt einer Menge) Nullstellen, so ist die Funktion $\dfrac{g(z)}{h(z)}$ (definiert auf $U \setminus h^{-1}(0)$) nach Fortsetzung über alle hebbaren Singularitäten hinweg und $= \infty$ in den übrigen Punkten von $h^{-1}(0)$ eine meromorphe Funktion. Ist U °zusammenhängend (d. h. ein °Gebiet), so bildet die Menge aller auf U meromorphen Funktionen in naheliegender Weise einen °Körper.

---

meßbar
measurable; mesurable

(1) Menge ($\to$ Meßraum)

(2) Eine *Abbildung* $f : \Omega \to \Omega'$ zwischen zwei °Meßräumen $(\Omega, \mathscr{A})$ und $(\Omega', \mathscr{A}')$ heißt $(\mathscr{A} - \mathscr{A}'\text{-})$*meßbar*, wenn für alle $A' \in \mathscr{A}'$ die Urbilder $f^{-1}(A') \in \mathscr{A}$ sind. Sind Ω und Ω' °topologische Räume und $\mathscr{A}, \mathscr{A}'$ die zugehörigen Borel-°σ-Algebren, so ist jede °stetige Abbildung $\Omega \to \Omega'$ meßbar.

Speziell im Fall $\Omega' = \mathbb{K}$ (wo $\mathbb{K} = \mathbb{R}$ oder $\mathbb{K} = \mathbb{C}$) und $\mathscr{A}' =$ Borel-σ-Algebra in $\mathbb{K}$ heißt eine meßbare Abbildung $f : \Omega \to \Omega'$ *meßbare Funktion*. Falls überdies $\Omega = \mathbb{R}^n$ und $\mathscr{A} = \mathscr{B}_\lambda^n$ (Lebesgue-meßbare Mengen, ($\to$ Lebesgue-Maß)) sind, so spricht man von *Lebesgue-meßbaren Funktionen*. Die meßbaren Funktionen bilden eine $\mathbb{K}$-°Algebra. Ist – im Fall $\mathbb{K} = \mathbb{R}$ – $(f_k)_{k \in \mathbb{N}}$ eine Folge meßbarer Funktionen, so sind auch $\liminf\limits_{k \to \infty} f_k$ und $\limsup\limits_{k \to \infty} f_k$ meßbar.

Eine Teilmenge $A \subset \Omega$ ist genau dann meßbar, wenn die °charakteristische Funktion 1_A von A meßbar ist.

Meßraum
measurable space; espace mesurable

Sei Ω eine Menge und $\mathscr{A}$ eine °σ-Algebra in Ω. Dann heißt das Paar $(\Omega, \mathscr{A})$ *Meßraum*, die Elemente von $\mathscr{A}$ heißen $(\mathscr{A}\text{-})$*meßbare Mengen* (von $(\Omega, \mathscr{A})$).

Beispiele: $(\Omega, \{\emptyset, \Omega\})$, $(\Omega, \mathscr{P}(\Omega))$, $(\mathbb{R}^n, \mathscr{B}^n)$, $(\mathbb{R}^n, \mathscr{B}^n_\lambda)$ ($\to \sigma$-Algebra).

Methode der Taylorentwicklung

($\to$ Einschrittverfahren)

Metrik
metric; métrique

Eine *Metrik* (oder *Distanzfunktion*) auf einer Menge M ist eine Abbildung $d: M \times M \to \mathbb{R}$ mit folgenden Eigenschaften, die für alle $x, y, z \in M$ gelten:
a) $d(x, y) = 0 \Leftrightarrow x = y$
b) $d(x, y) = d(y, x)$
c) $d(x, z) \leqslant d(x, y) + d(y, z)$ (Dreiecksungleichung).
(Aus a), b), c) folgt sofort $d(x, y) \geqslant 0$ für alle $x, y \in M$.)

Beispiele: Die *euklidische Metrik* im $\mathbb{R}^n$, $d(x, y) = \left(\sum_{i=1}^{n} (x_i - y_i)^2 \right)^{1/2}$; allgemeiner die in einem °euklidischen Vektorraum mit Skalarprodukt $\langle \ , \ \rangle$ davon induzierte Metrik $d(x, y) = (\langle x - y, x - y \rangle)^{1/2}$ oder die in einem °normierten Raum von der °Norm induzierte Metrik $d(x, y) = \| x - y \|$. Auf jeder Menge M läßt sich durch $d(x, x) := 0$ und $d(x, y) = 1$ für alle $x, y \in M$, $x \neq y$ die *diskrete Metrik* definieren.

Die diskrete Metrik induziert die diskrete Topologie ($\to$ Topologie).

metrischer Raum
metric space; espace métrique

Eine Menge M zusammen mit einer °Metrik d heißt *metrischer Raum*. Oft wird ein metrischer Raum gleichzeitig als °topologischer Raum (mit der von der Metrik induzierten Topologie) angesehen.
($\to$ Topologie)

metrisierbar

metrizable; métrisable

Ein °topologischer Raum X heißt *metrisierbar*, wenn auf X eine °Metrik erklärt werden kann, welche die vorhandene °Topologie induziert.

Es gilt: Abzählbare topologische Produkte $X = \prod_{n \in \mathbb{N}} X_n$ metrisierbarer Räume X_n sind metrisierbar. Hat X eine abzählbare Basis, so sind folgende Bedingungen äquivalent: metrisierbar – °normal – °vollständig regulär (*Satz von Urysohn*).

Ein topologischer Raum ist genau dann metrisierbar, wenn er °regulär ist und seine °Topologie eine °Basis besitzt, die sich als abzählbare Vereinigung °lokalendlicher Teilsysteme schreiben läßt (Bing-Nagata-Smirnow).

Ein topologischer Raum heißt *vollständig metrisierbar*, wenn er so metrisiert werden kann, daß er als metrischer Raum °vollständig ist.

Nicht metrisierbare Räume treten oft bei °topologischen Vektorräumen auf.

Minimalpolynom

minimal polynomial; polynôme minimal

a) Sei K/k eine °Körpererweiterung und $a \in K$ °algebraisch über k. Dann gibt es genau ein °normiertes Polynom $f_a \in k[X]$ mit $f_a(a) = 0$, welches jedes andere Polynom $f \in k[X]$ mit $f(a) = 0$ teilt. Dieses f_a heißt *Minimalpolynom* von a über k.

b) Sei V ein endlich dimensionaler K-Vektorraum und $\alpha \in \mathrm{End}_K(V)$. Dann gibt es genau ein normiertes Polynom $m_\alpha \in K[X]$ mit $m_\alpha(\alpha) = 0$, welches jedes Polynom $h \in K[X]$ mit $h(\alpha) = 0$ teilt. m_α heißt Minimalpolynom von α und teilt das °charakteristische Polynom ($\rightarrow$ Cayley Hamilton).

Minimum

($\rightarrow$ Extremum, $\rightarrow$ Halbordnung)

Minkowskische Ungleichung

Sei $p \in \mathbb{R}$, $1 \leqslant p < \infty$. Dann gilt für alle $x, y \in \mathbb{R}^n$ (oder $\mathbb{C}^n$)

$\|x + y\|_p \leqslant \|x\|_p + \|y\|_p$, die *Minkowskische Ungleichung*,

wo $\|x\|_p = \left(\sum_{\nu=1}^{n} |x_\nu|^p \right)^{1/p}$ die *p-Norm* ist. „*Minkowskische Ungleichung*" ist also nur ein eigener Name für die Dreiecksungleichung der p-Norm ($\rightarrow$ Norm).

($\rightarrow \ell^p$-Räume, $\rightarrow L^p$-Räume)

von Mises-Verfahren

($\rightarrow$ Vektoriteration)

Mittag-Leffler (Satz von)

Sei (a_n) eine Folge paarweise verschiedener Punkte in $\mathbb{C}$, die keinen $^\circ$Häufungspunkt hat. Zu jedem a_n sei ein endlicher „*Hauptteil*"

$$H_n(z) := \sum_{v=1}^{p_n} \frac{c_v^{(n)}}{(z-a_n)^v} \quad (p_n \geq 1,\ c_v^{(n)} \in \mathbb{C})$$

gegeben. Dann gibt es eine auf $\mathbb{C}$ $^\circ$meromorphe Funktion, die genau an den Stellen a_n Pole mit Hauptteilen $H_n(z)$ hat.
($\rightarrow$ Laurentreihe, $\rightarrow$ Singularität (isolierte $\sim$ einer holomorphen Funktion))

Mittelwert
mean (average) value; valeur moyenne

($\rightarrow$ arithmetisches Mittel)

Mittelwertsatz
mean value theorem; théorème des accroissements finis

a) Sei $a < b$ und $f\colon [a, b] \to \mathbb{R}$ eine Funktion, die in $[a, b]$ $^\circ$stetig und im offenen $^\circ$Intervall $]a, b[$ $^\circ$differenzierbar ist.

Dann gibt es ein $x \in]a, b[$ mit $f'(x) = \dfrac{f(b) - f(a)}{b - a}$

(Folgerung aus dem Satz von $^\circ$Rolle).

b) (Verallgemeinerter Mittelwertsatz)
Sei $a < b$ und seien $f, g\colon [a, b] \to \mathbb{R}$ Funktionen, die in $[a, b]$ stetig und im offenen Intervall $]a, b[$ differenzierbar sind. Dann gibt es ein $x \in]a, b[$ mit

$$(f(b) - f(a))\, g'(x) = (g(b) - g(a))\, f'(x).$$

c) (Mittelwertsatz für vektorwertige Funktionen)
Sei $U \subset \mathbb{R}^n$ offen und $f\colon U \to \mathbb{R}^m$ eine stetig $^\circ$differenzierbare Abbildung. Sei $x \in U$ und $\xi \in \mathbb{R}^n$ ein Vektor derart, daß die ganze Strecke $\{x + t\xi \,|\, 0 \leq t \leq 1\}$ in U liegt. Dann gilt:

$$f(x + \xi) - f(x) = \left(\int_0^1 Df(x + t\xi)\, dt \right) \cdot \xi,$$

wo das Integral über die Jacobimatrix $Df(x + t\xi)$ komponentenweise genommen wird.

Mittelwertsatz (für holomorphe Funktionen)
mean value theorem (for holomorphic functions); loi de la moyenne

Sei $U \subset \mathbb{C}$ °offen, $f\colon U \to \mathbb{C}$ °holomorph und $\{z \in \mathbb{C}\colon |z - z_0| \leqslant r\} \subset U$. Dann ist der Wert von f an der Stelle z_0 gleich dem Mittelwert der Funktionswerte auf dem Rande des Kreises mit Radius r um z_0:

$$f(z_0) = \frac{1}{2\pi} \int\limits_0^{2\pi} f(z_0 + re^{it})\, dt$$

Dies folgt sofort aus der °Cauchyschen Integralformel für den °Weg $\gamma\colon [0, 2\pi] \to \mathbb{C}$, $\gamma(t) := z_0 + re^{it}$.

Mittelwertsatz der Integralrechnung
mean value theorem for integrals; théorème de la moyenne (du calcul intégral)

Seien $f, \varphi\colon [a, b] \to \mathbb{R}$ °stetige Funktionen, und es sei $\varphi(x) \geqslant 0$ für alle $x \in [a, b]$. Dann gibt es ein $x_0 \in [a, b]$ mit

$$\int\limits_a^b f(x)\, \varphi(x)\, dx = f(x_0) \cdot \int\limits_a^b \varphi(x)\, dx.$$

Meist wird nur der Spezialfall $\varphi \equiv 1$ benötigt:

$$\int\limits_a^b f(x)\, dx = f(x_0)(b - a) \quad \text{für ein } x_0 \in [a, b].$$

(Beweis mit dem °Zwischenwertsatz für stetige Funktionen.)

mittlere Krümmung
mean curvature; courbure moyenne

($\to$ Krümmung (einer Fläche))

mittlere quadratische Abweichung
mean square deviation; écart quadratique moyen

($\to$ arithmetisches Mittel)

Möbiustransformation

($\to$ Riemannsche Zahlenkugel)

Modul
module; module

Sei R ein °Ring. Eine additiv geschriebene °abelsche °Gruppe M ist ein R-*Modul*, genauer ein R-*Linksmodul,* wenn eine Abbildung („Multiplikation mit Skalaren") $R \times M \to M$, $(r, x) \mapsto rx$ mit folgenden Eigenschaften gegeben ist:

(1) Es gelten die Distributivgesetze $r(x + y) = rx + ry$, $(r + s)\, x = rx + sx$ und

(2) das Assoziativgesetz $(rs)\, x = r(sx)$ für alle $r, s \in R$, $x, y \in M$.

Hat der Ring ein Einselement 1, so soll zusätzlich gelten $1x = x$ für alle $x \in M$. Bei entsprechender Abbildung $M \times R \to M$ heißt M R-*Rechtsmodul.*

Beispiele: Ist R ein °Körper, so ist R-Modul dasselbe wie R-°Vektorraum. – Ist $I \subset R$ ein Linksideal, so sind I und R/I in natürlicher Weise R-Moduln. – Ist $J \neq \emptyset$ eine Indexmenge und $(M_j)_{j \in J}$ eine °Familie von R-Moduln, so sind die Mengen

$$\prod_{j \in J} M_j := \{(x_j)_{j \in J} : x_j \in M_j \text{ für alle } j \in J\}$$

(*direktes Produkt*) und

$$\bigoplus_{j \in J} M_j \left(\text{oder } \coprod_{j \in J} M_j\right) := \{(x_j)_{j \in J} : x_j \in M_j \text{ für alle } j \in J, \text{ und } x_j \neq 0 \text{ nur für endlich viele } j\}$$

(*direkte Summe*) mit komponentenweiser Addition und Skalarmultiplikation wieder R-Moduln. – Ist R kommutativer Ring und sind M und N zwei R-Moduln, so wird die Menge aller R-Modul-°Homomorphismen $\mathrm{Hom}_R(M, N)$ ebenfalls ein R-Modul, wenn man für $r \in R$ und $f, g \in \mathrm{Hom}_R(M, N)$ setzt: $(rf)(x) := r \cdot f(x)$ und $(f + g)(x) := f(x) + g(x)$ für alle $x \in M$. Für $N = R$ heißt $\mathrm{Hom}_R(M, R) =: M^*$ der zu M °*duale Modul.*

Eine Teilmenge $N \subset M$ eines R-Moduls M heißt *Untermodul,* wenn die Einschränkung der Abbildung $R \times M \to M$ auf $R \times N \to N$ definiert ist und N zu einem R-Modul macht. Ist $M = R$ als R-Linksmodul, so sind die Untermoduln von R gerade die Linksideale von R. ($\to$ Ideal)

Moment

Es sei X eine reelle °Zufallsvariable auf einem °Wahrscheinlichkeitsraum $(\Omega, \mathscr{A}, P)$. Als *n-tes Moment* von X $(n \in \mathbb{N})$ wird der °Erwartungswert $E(X^n)$ der n-ten Potenz von X bezeichnet, sofern $E(|X^n|) < \infty$ ist. Die n-ten Momente von $X - EX$ (falls existent) heißen *n-te zentrale Momente.*

Bei Zufallsvektoren $X = (X_1, \ldots, X_k)$ bezeichnet man die Erwartungswerte von gemischten Potenzen der X_i als *gemischte Momente.*

Beispiele: °Erwartungswert, °Varianz, °Kovarianz.

Die Momente hängen nur ab von den Verteilungen der Zufallsvariablen, d.h.: identisch verteilte °Zufallsvariable haben gleiche Momente. Daher spricht man genauer von den *Momenten der Verteilung.*

Als *Momentenproblem* wird die Frage nach Existenz und Eindeutigkeit einer Verteilung zu einer vorgegebenen Folge von „Momenten" bezeichnet.

momenterzeugende Funktion
moment generating function; fonction génératrice des moments

($\to$ erzeugende Funktion)

Monodromiesatz
monodromy theorem; théorème de monodromie

In $\mathbb{C}$ seien zwei °*homotope* °Wege $w_0, w_1 : [0, 1] \to \mathbb{C}$ gegeben mit $w_0(0) = w_1(0) = z_0 \neq z_1 = w_0(1) = w_1(1)$. Auf einer offenen Kreisscheibe K um z_0 sei eine °holomorphe Funktion f_0 gegeben, die sich längs eines jeden Weges von z_0 nach z_1 °analytisch fortsetzen läßt. Dann gilt: Ist K' eine offene Kreisscheibe um z_1 und sind f_1 bzw. $\tilde{f}_1 : K' \to \mathbb{C}$ holomorphe Funktionen, die aus f_0 durch analytische Fortsetzung längs w_0 bzw. w_1 entstanden sind, so gilt $f_1 = \tilde{f}_1$.

Kürzer ausgedrückt: Die analytische Fortsetzung von z_0 nach z_1 längs verschiedener, aber homotoper Wege führt zur gleichen °Potenzreihe in z_1.

Monoid
monoid; monoïde

Eine Menge M mit einer °Verknüpfung $M \times M \to M$, $(a, b) \mapsto ab$ heißt *Monoid,* wenn die Verknüpfung °assoziativ ist und ein *neutrales Element* $e \in M$ existiert mit $ae = ea = a$ für alle $a \in M$.

Ein Monoid M heißt *regulär,* wenn für $a, x, y \in M$ $ax = ay$ bzw. $xa = ya$ schon $x = y$ impliziert.

Beispiele: $\mathbb{N}_0 = \{0, 1, 2, \ldots\}$ mit der Addition; $\mathbb{N} = \{1, 2, 3, \ldots\}$ oder $\mathbb{Z} \setminus \{0\}$ mit der Multiplikation; die Menge aller °Abbildungen einer Menge X in sich mit der Hintereinanderausführung als Verknüpfung.

Monomorphismus
monomorphism; monomorphisme

Ein Morphismus („Pfeil") $f : X \to Y$ in einer °Kategorie heißt *Monomorphismus,* wenn für alle Objekte Z und alle Morphismen $g, h : Z \to X$ gilt: $f \circ g = f \circ h \Rightarrow g = h$. Liegen den Morphismen Mengenabbildungen zugrunde, so folgt aus der Injektivität der °Abbildung, daß sie ein Monomorphismus ist; die Umkehrung davon gilt i. a. nicht; aber in fast allen praktischen Fällen, wo Morphismen strukturerhaltende Abbildungen zwischen (vorwiegend algebraischen) Strukturen, wie °Vektorräumen, °Moduln usw. sind, ist diese Bedingung gleichbedeutend mit der Injektivität von f.

monoton
monotone; monotone

Eine °Abbildung $f: X \to Y$ zwischen zwei geordneten Mengen $(X, \leqslant)$ und $(Y, \leqslant)$ ($\to$ Halbordnung) heißt *monoton,* wenn sie entweder steigend oder fallend ist. Dabei heißt f *steigend* (oder *wachsend*), wenn gilt: $x \leqslant x' \Rightarrow f(x) \leqslant f(x')$ für alle $x, x' \in X$, und *fallend,* wenn $x \leqslant x'$ stets $f(x) \geqslant f(x')$ impliziert; injektive monotone Abbildungen heißen auch *streng monoton.*
Speziell erhält man für $X = \mathbb{N}$ und $Y = \mathbb{R}$ (mit der üblichen $\leqslant$-Relation) den Begriff der steigenden bzw. fallenden °Folge, und für $X = Y = \mathbb{R}$ (oder Teilmengen davon) den der steigenden bzw. fallenden Funktion.

Montel (Satz von)

Jede lokal beschränkte Folge °holomorpher Funktionen auf einem °Gebiet $G \subset \mathbb{C}$ besitzt eine °kompakt konvergente Teilfolge.
Dabei heißt eine Folge (f_n) auf G *lokal beschränkt,* wenn es zu jedem $z_0 \in G$ eine Umgebung U von z_0 und ein $C \in \mathbb{R}$ gibt mit $|f_n(z)| \leqslant C$ für alle $n \in \mathbb{N}$ und alle $z \in U$.

Morera (Satz von)

Sei $U \subset \mathbb{C}$ °offen und $f: U \to \mathbb{C}$ °stetig. Ist dann für jedes in U gelegene Dreieck $\triangle$ das Integral $\int_{\partial \triangle} f(z)\, dz$ ($\to$ Kurvenintegral) über den °Rand $\partial \triangle$ von $\triangle$ gleich Null, so ist f °holomorph.

Morphismus
morphism; morphisme
($\to$ Kategorie)

Multiindex
multi-index; multi-indice

Besonders in der Differentialrechnung mehrerer Veränderlicher benötigt man mehrfach indizierte Größen. Um Formeln lesbar und übersichtlich zu halten, faßt man n Indizes $\alpha_1, \ldots, \alpha_n$ in ein n-Tupel

$$\alpha = (\alpha_1, \ldots, \alpha_n) \quad (\text{meist } \in \mathbb{N}^n \text{ oder } \in \mathbb{Z}^n)$$

zusammen, das man dann einen *Multiindex* nennt.

Für einen Multiindex $\alpha = (\alpha_1, \ldots, \alpha_n) \in \mathbb{N}^n$ definiert man zur Abkürzung häufig benötigter Ausdrücke

$$|\alpha| := \alpha_1 + \ldots + \alpha_n,$$

$$\alpha! := \alpha_1! \cdot \ldots \cdot \alpha_n!,$$

und für $x = (x_1, \ldots, x_n) \in \mathbb{R}^n$ noch $x^\alpha := x_1^{\alpha_1} \cdot \ldots \cdot x_n^{\alpha_n}$.
($\rightarrow$ Taylor-Reihe b))

multilineare Abbildung
multilinear mapping; application multilinéaire

Seien $V_1, \ldots, V_r$ und W °Vektorräume über einem °Körper K. Eine Abbildung $f \colon V_1 \times \ldots \times V_r \rightarrow W$ heißt *r-linear* (*multilinear*), wenn für alle $i = 1, \ldots, r$ und jede Wahl von $v_j \in V_j$ ($j = 1, \ldots, r$; $j \neq i$) die partielle Abbildung $V_i \rightarrow W$, $x_i \mapsto f(v_1, \ldots, v_{i-1}, x_i, v_{i+1}, \ldots, v_r)$ linear ist. Anstelle von 2-linear sagt man *bilinear*. Ist $W = K$, so spricht man von einer *r-Linearform* (*Multilinearform*).

Sind alle V_i gleich ein und demselben Vektorraum V, so heißt eine r-lineare Abbildung $f \colon V^r \rightarrow W$ *alternierend*, wenn $f(x_1, \ldots, x_r) = 0$ ist, sobald für zwei Indizes $i \neq j$ gilt $x_i = x_j$. Es folgt, daß dann für jede °Permutation π von $\{1, \ldots, r\}$ die Beziehung $f(x_{\pi(1)}, \ldots, x_{\pi(r)}) = \varepsilon(\pi) \cdot f(x_1, \ldots, x_r)$ besteht, wo $\varepsilon(\pi)$ das °Signum von π ist. Ein $f \colon V^r \rightarrow W$, welches dieser Beziehung genügt, heißt *antisymmetrisch*; ist die °Charakteristik des Körpers K ungleich zwei, so ist auch jede antisymmetrische Abbildung alternierend.

Hat der Vektorraum V die °Dimension n, und ist $b_1, \ldots, b_n$ eine Basis von V, so ist eine multilineare Abbildung $f \colon V^r \rightarrow W$ eindeutig festgelegt durch n^r Vektoren $f(b_{i_1}, \ldots, b_{i_r}) \in W$, wo $(i_1, \ldots, i_r)$ die Menge $\{1, \ldots, n\}^r$ durchläuft. Ist f zusätzlich alternierend, so genügen $\binom{n}{r}$ Vektoren $f(b_{i_1}, \ldots, b_{i_r})$ mit $1 \leq i_1 < \ldots < i_r \leq n$ zur Festlegung von f. Insbesondere sind für $r = n$ alle alternierenden n-Linearformen skalare Vielfache einer einzelnen ($\neq 0$) unter ihnen. Daraus ergibt sich eine koordinatenfreie Definition der °*Determinante* eines Vektorraum-Endomorphismus $u \colon V \rightarrow V$; denn es folgt: Es gibt genau ein $\det(u) \in K$, so daß für alle alternierenden n-Linearformen $f \colon V^n \rightarrow K$ gilt $f(u(x_1), \ldots, u(x_n)) = \det(u) \cdot f(x_1, \ldots, x_n)$ ($\rightarrow$ äußere Algebra).

Multinomialverteilung

multinomial (polynomial) distribution; loi polynomiale (multinomiale)

Über dem °kartesischen Produkt $\{0, 1, \ldots, n\}^k$ $(k \in \mathbb{N})$ definiert für Zahlen $p_i \in [0, 1]$ $(i = 1, \ldots, k)$ mit $\sum\limits_{i=1}^{k} p_i = 1$

$$
P(\{(x_1, \ldots, x_k)\}) := \begin{cases} \dfrac{n!}{x_1! x_2! \ldots x_k!} \prod\limits_{i=1}^{k} p_i^{x_i}, & \text{falls } \sum\limits_{i=1}^{k} x_i = n \\[2ex] \qquad 0 & , \quad \text{sonst} \end{cases}
$$

ein diskretes °Wahrscheinlichkeitsmaß, die *Multi-* oder auch *Polynomialverteilung mit Parametern n und* $(p_i)_{i=1,\ldots,k}$ (in Zeichen: $M(n; p_1, \ldots, p_k)$).

Ist der Zufallsvektor $X = (X_1, \ldots, X_k)$ $M(n; p_1, \ldots, p_k)$-verteilt, so sind die °Projektionen $pr_i \circ X = X_i$ $B(n, p_i)$-verteilt für $i = 1, \ldots, k$.

N

Nabla ∇
nabla operator; nabla

($\to$ Gradient, $\to$ Vektoranalysis)

Näherung
approximation, approximation

a) Es sei X ein °metrischer Raum und $x \in X$ ein gewisses Element, z. B. die Lösung einer Gleichung. Dann ist jedes Element $\bar{x} \in X$ im Prinzip eine *Näherung* oder *Approximation* für x. Man ist aber natürlich bestrebt, eine „möglichst gute" Näherung für x zu bekommen, d. h. der Abstand $d(x, \bar{x})$ ($\to$ Metrik) soll möglichst klein werden. Bei der Berechnung von x mit Hilfe eines numerischen Verfahrens will man stets Näherungen bestimmen, die in diesem Sinn möglichst gut sind, ohne daß dies in jedem Einzelfall explizit gesagt wird.

Ist x direkt, d. h. durch einen endlichen °Algorithmus aus den vorgegebenen Problemgrößen berechenbar, z. B. als Lösung eines °linearen Gleichungssystems $Ax = b$ aus der Matrix A und der rechten Seite b durch das °Gaußsche Eliminationsverfahren, so ist allein der Einfluß der °Rundungsfehler entscheidend dafür, wie gut eine berechnete Näherung $\bar{x}$ ist. Ist x jedoch nicht direkt zugänglich, so sind zusätzlich Verfahrensfehler für die Güte der berechneten Näherung verantwortlich, die man mit Hilfe der Anfangsdaten abzuschätzen versucht. Außer den vorgegebenen Problemgrößen gehört zu den Anfangsdaten bei vielen Verfahren eine sogenannte *Startnäherung* für x. Erzeugt ein Verfahren eine Folge von Näherungen, wobei die Startnäherung das erste Folgeglied ist, so sollte die Startnäherung so gewählt werden, daß die Konvergenz der Folge gegen x gesichert ist. Eine Startnäherung, die dies leistet, heißt *geeignet*.

b) Besitzt eine $(k+1)$mal stetig °differenzierbare Funktion $f : D \subset \mathbb{R}^n \to \mathbb{R}$, $(D$ offen) in x_0 eine Taylorentwicklung ($\to$ Taylor-Reihe), so daß für $\bar{x} \in D$ gilt

$$f(\bar{x}) = f(x_0) + Df(x_0)(\bar{x} - x_0) + \ldots + \frac{1}{k!} D^k f(x_0)(\bar{x} - x_0) + R$$

wobei R das Restglied der Taylorentwicklung ist, so bezeichnet man die nach dem m-ten Summanden abgebrochene Entwicklung, $m \leqslant k$, als *Näherung m-ter Ordnung* für $f(\bar{x})$. Eine Näherung erster Ordnung nennt man auch *lineare Näherung*.

natürliche Transformation
natural transformation; morphisme fonctoriel

Seien K_1, K_2 zwei °Kategorien und F_1, $F_2: K_1 \to K_2$ zwei kovariante (kontravariante) °Funktoren; eine *natürliche Transformation* $\eta: F_1 \to F_2$ ist eine °Familie von Morphismen in K_2 $\{\eta_A: F_1(A) \to F_2(A) \mid A \in Ob\,K_1\}$, so daß für jeden Morphismus $f: A \to B$ in K_1 gilt $\eta_B \circ F_1(f) = F_2(f) \circ \eta_A$ $(\eta_A \circ F_1(f) = F_2(f) \circ \eta_B$ im kontravarianten Fall).

Beispiel:

$K_1 = K_2 = $ Kategorie der $\mathbb{R}$-Vektorräume mit $\mathbb{R}$-linearen Abbildungen als Morphismen

$F_1 = $ identischer Funktor

$F_2 = $ Vektorraum $\to$ °bidualer Raum

$\quad \mathbb{R}$-lineare Abbildung $\to$ doppelt-transponierte Abbildung

$\eta: F_1 \to F_2$ mit $\{\eta_V\}_{V \in Ob\,K_1}$, $\eta_V: V \to V^{**}$ ist dabei die natürliche oder kanonische Einbettung eines Vektorraumes in seinen °Bidualen (vgl. dort das Diagramm; das besagt gerade, daß η eine natürliche Transformation ist).

Auch um zu präzisieren, was die „Natürlichkeit" der „kanonischen" Abbildung $V \to V^{**}$ ausmacht, entwickelten Eilenberg und Mc Lane in den 40er Jahren die Begriffe °Kategorie und °Funktor und natürliche Transformation.

natürliche Zahl
natural number, positive integer; nombre naturel, entier positif

($\to$ Zahlen)

Nebenklasse
coset, residue class; classe modulo un sous-groupe

Ist G eine °Gruppe, H eine Untergruppe von G und $a \in G$, so heißt die Menge $aH = \{ax \mid x \in H\}$ die *linke Nebenklasse* von H bezüglich a (und analog $Ha = \{xa \mid x \in H\}$ die *rechte Nebenklasse*). Linke und rechte Nebenklassen stimmen genau dann überein, wenn H ein °Normalteiler ist.

($\to$ Faktorgruppe)

Negativ-Binomial-Verteilung
negative binomial distribution; loi binomiale négative

Über $\mathbb{N}_0$ definiert für $r \in \mathbb{N}$ und $p \in \,]0, 1[$

$$P(\{k\}) := \binom{-r}{k} p^r (-(1-p))^k \quad (k \in \mathbb{N}_0)$$

$\left(= \binom{k+r-1}{k} p^r (1-p)^k; \;\to \text{Binomialkoeffizient} \right)$ ein diskretes °Wahrscheinlichkeits-Maß, die *Negativ-Binomial-* (oder *Pascal-)Verteilung mit Parametern r und p* (in Zeichen: $NB(r;p)$).

Die Verteilung $NB(1;p)$ mit $P(\{k\})=p(1-p)^k$ $(k \in \mathbb{N}_0)$ heißt *geometrische Verteilung mit Parameter p.*

(Sprachgebrauch nicht einheitlich: manchmal wird die um 1 verschobene Verteilung $\tilde{P}(\{k\}):=P(\{k-1\})$ (für $k \in \mathbb{N}$) als *geometrische* bezeichnet!)

Ist eine reelle °Zufallsvariable X $NB(r;p)$-verteilt, so ist $EX = \dfrac{r(1-p)}{p}$ und $\mathrm{Var}\,X = \dfrac{r(1-p)}{p^2}$, und für $Y:=X+r$ gilt: $P(Y=k)=\begin{pmatrix} k-1 \\ r-1 \end{pmatrix} p^r(1-p)^{k-r}$ (für $k \in \mathbb{N}$, $k \geqslant r$).

Bei der unabhängigen Wiederholung eines Einzelexperimentes, das mit Wahrscheinlichkeit p (bzw. $1-p$) Erfolg (bzw. Mißerfolg) liefert, ist die Anzahl X der Mißerfolge bis zum r-ten Erfolg $NB(r;p)$-verteilt. $X+r$ gibt dann die Dauer (Wartezeit) bis zum r-ten Erfolg an.

Neilsche Parabel
Neil's parabola (the „cusp"); parabole semi-cubique

Die Punktmenge $N=\{(x,y) \in \mathbb{R}^2 \mid y^2=x^3\}$ heißt *Neilsche Parabel.* Sie wird parametrisiert durch $\mathbb{R} \to N$, $t \mapsto (t^2, t^3)$; diese Abbildung ist bijektiv und sogar ein Homöomorphismus. Die Spitze der Neilschen Parabel ist ein einfaches Beispiel für einen singulären Punkt ($\to$ Kurve).

neutrales Element
neutral element, identity; élément neutre

($\to$ Gruppe)

Neville-Algorithmus
Aitken's interpolation formula; formule d'interpolation d'Aitken

Von einer reellen Funktion $f:[a,b] \to \mathbb{R}$ seien die Funktionswerte $f_i:=f(x_i)$ an $n+1$ verschiedenen Stellen $x_i \in [a,b]$ $i=0,1,\ldots,n$ bekannt. Will man °Näherungen für weitere Funktionswerte $f(x)$, $x \neq x_i$, berechnen, indem man das durch die x_i und f_i eindeutig bestimmte °Interpolationspolynom p_n an der Stelle x auswertet, so steht hierfür der *Neville-Algorithmus* zur Verfügung. Mit der Rekursion ($\to$ Rekursionssatz)

$$P_i(x):=f_i, \quad i=0,1,\ldots,n,$$
$$P_{jj+1\ldots k-1k}(x):=[(x-x_j)P_{j+1\ldots k}(x)-(x-x_k)P_{jj+1\ldots k-1}(x)]/(x_k-x_j)$$
$$0 \leqslant j < k \leqslant n$$

ergibt sich $p_n(x) = P_{0\ldots n}(x)$ nach folgendem Schema:

	$k = 0$	1	2	3 ...
x_0	$f_0 = P_0(x)$			
		$P_{01}(x)$		
x_1	$f_1 = P_1(x)$		$P_{012}(x)$	
		$P_{12}(x)$		$P_{0123}(x)$
x_2	$f_2 = P_2(x)$		$P_{123}(x)$	
		$P_{23}(x)$		
x_3	$f_3 = P_3(x)$			

Bei Hinzunahme einer weiteren Stützstelle muß nur eine neue Schrägzeile im Schema nachträglich berechnet werden, da das Interpolationspolynom von der Numerierung der Stützstellen unabhängig ist.

Als Variante hierzu läßt sich analog ein spaltenweise zu berechnendes Schema verwenden, das auf *Aitken* zurückgeht.

Newton-ähnliche Verfahren
Newton-like methods; méthodes de Newton généralisées

($\to$ Newton-Verfahren)

Newton-Cotes-Formeln
Newton-Cotes formulae; formules de Cotes

Geht man bei der Aufstellung einer °Quadraturformel $\sum_{i=0}^{n} w_i f(x_i)$, $n \in \mathbb{N}$ zur numerischen Berechnung von °Riemann-Integralen Riemann-integrierbarer Funktionen f von einer äquidistanten Unterteilung $a = x_0 < x_1 < \ldots < x_n = b$, $x_i = a + ih$, $h = \dfrac{b-a}{n}$ des Integrationsintervalls $[a, b]$ aus, so erhält man die sogenannten *Newton-Cotes-Formeln*, wenn man die Gewichte w_i dadurch bestimmt, daß man anstelle der zu integrierenden Funktionen die °Interpolationspolynome integriert, die durch die Stützstellen x_i der Unterteilung und die Werte $f_i = f(x_i)$ eindeutig festgelegt sind. Zur expliziten, von f unabhängigen Berechnung der w_i, benutzt man dabei die Darstellung nach Lagrange ($\to$ Interpolationspolynom). Für $n > 6$ können die Gewichte negativ werden, so daß die Formeln numerisch unbrauchbar sind. Zur Verbesserung der Genauigkeit benutzt man daher für höhere Stützstellenzahlen *zusammengesetzte Newton-Cotes-Formeln* mit $n \leqslant 5$, d.h. man wendet diese statt auf $[a, b]$ auf Teilintervalle an und summiert die Ergebnisse auf. Die gebräuchlichsten Newton-Cotes-Formeln sind die °Sehnentrapezregel ($n = 1$) und die °Simpsonregel ($n = 2$). Die Newton-Cotes-Formeln konvergieren für $n \to \infty$ nur für solche Funktionen f, die in $[a, b]$ mit einer auf $\mathbb{C}$ definierten °ganzen Funktion übereinstimmen, die zusammengesetzten für $(n+1)$mal stetig °differenzierbare Funktionen. Eine

Newton-Cotes-Formel mit $(n+1)$ Stützstellen integriert °Polynome bis zum °Grad n exakt, für gerades n sogar bis zum Grad $n+1$, d.h. der Fehler

$$R_n(f) := \int_a^b f(x)\,dx - \sum_{i=0}^{n} w_i f(x_i) \text{ verschwindet.}$$

Newton-(Raphson-)Verfahren

Es seien X, Y °Banachräume, D eine offene Teilmenge von X und $F: D \to Y$ eine nichtlineare, °differenzierbare Abbildung. Zur Berechnung einer Nullstelle von F mit dem *Newtonverfahren* wählt man eine geeignete Startnäherung ($\to$ Näherung) $x_0 \in D$. Durch die Iterationsvorschrift $x_{n+1} = x_n - [F'(x_n)]^{-1} F(x_n)$, $n \in \mathbb{N}_0$ erhält man die *Newtonfolge* $\{x_n\}_{n \in \mathbb{N}_0}$. Diese konvergiert gegen ein $x^* \in D$ mit $F(x^*) = 0$ beispielsweise, wenn $[F'(x_0)]^{-1}$ existiert, $S_{2\xi}(x_0) := \{x \in X \mid \|x - x_0\| \leqslant 2\xi\} \subset D$, wobei $\xi \geqslant \|[F'(x_0)]^{-1} F(x_0)\|$, ein $K \in \mathbb{R}$ existiert, so daß für alle $x, y \in S_{2\xi}(x_0)$ gilt: $\|[F'(x_0)]^{-1}(F'(x) - F'(y))\| \leqslant K \|x - y\|$ und $K\xi \leqslant \frac{1}{2}$. Die Lösung x^* ist eindeutig in $S_{2\xi}(x_0)$, und die Newtonfolge besitzt für $K\xi < \frac{1}{2}$ die °Konvergenzordnung 2.

Wählt man in der Iterationsvorschrift für $F'(x_n)$ jeweils eine °Näherung A_n, $n = 0, 1, 2, \ldots$, wobei die A_n lineare, invertierbare Abbildungen von X nach Y sind, so spricht man von einem *Newton-ähnlichen Verfahren*. Besondere numerische Bedeutung haben hierbei die sogenannten *ableitungsfreien Verfahren*, wo die A_n nur mit Hilfe von Funktionswerten ohne die häufig aufwendige Berechnung (partieller) Ableitungen bestimmt werden, z.B. die °Sekantenverfahren. Die Konvergenzvoraussetzungen sind jedoch in der Regel schärfer als beim Newton-Verfahren.

Neyman-Pearson-Fundamental-Lemma

Es seien P_{ϑ_0} und P_{ϑ_1} zwei °Wahrscheinlichkeitsmaße auf $(\mathbb{R}^n, \mathscr{B}^n)$, die beide diskret oder beide absolut stetig sind. Ferner seien $X_1, \ldots, X_n$ reelle °Zufallsvariable mit gemeinsamer Verteilung P_ϑ, wo $\vartheta \in \{\vartheta_0, \vartheta_1\}$ ist. Es bezeichne $f_0 := L(\vartheta_0, \cdot)$ bzw. $f_1 := L(\vartheta_1, \cdot)$ die °Likelihood-Funktion von $X := (X_1, \ldots, X_n)$ bei fester Variabler ϑ_0 bzw. ϑ_1.

Dann besagt das Neyman-Pearson-Lemma bzgl. des °Test-Problems $H: \vartheta = \vartheta_0$ gegen $K: \vartheta = \vartheta_1$ folgendes:

1) Für jede Zahl $k \geqslant 0$ und $\gamma \in [0, 1]$ ist der °Test $\varphi: \mathbb{R}^n \to [0, 1]$, definiert durch

$$(*) \quad \varphi(x) := \begin{Bmatrix} 1 \\ \gamma \\ 0 \end{Bmatrix}, \quad \text{falls } f_1(x) \begin{Bmatrix} > \\ = \\ < \end{Bmatrix} k \cdot f_0(x)$$

ein °optimaler Test zum Niveau $E_{\vartheta_0}(\varphi)$ für H gegen K.

2) Für jedes vorgegebene $\alpha \in [0, 1]$ gibt es einen optimalen Test φ^* zum Niveau α für H gegen K von der Form (*). Dabei ist $k = k(\alpha) \geqslant 0$ das $(1-\alpha)$-°Quantil von S unter P_{ϑ_0} für die Test-Statistik $S := \dfrac{f_1}{f_0} \, 1_{]0, \infty[} \circ f_0$, und $\gamma = \gamma(\alpha) \in [0, 1]$ bestimmt sich aus der Gleichung $P_{\vartheta_0}(S > k) + \gamma \cdot P_{\vartheta_0}(S = k) = \alpha$.

3) Für jedes vorgegebene $\alpha \in [0, 1]$ und jeden weiteren optimalen Test φ zum Niveau α für H gegen K gilt:

$$P_{\vartheta_i}(\{\varphi^* \neq \varphi\} \cap \{f_1 \neq k \cdot f_0\}) = 0 \qquad (i = 0, 1)$$

mit dem Test φ^* aus 2); d. h.: φ unterscheidet sich von φ^* „dem Maße P_{ϑ_i} nach" höchstens auf dem sogenannten *Randomisationsbereich* $\{f_1 = k \cdot f_0\}$.

Überdies ist notwendig $E_{\vartheta_0}(\varphi) = \alpha$, es sei denn $E_{\vartheta_1}(\varphi) = 1$.

Zur konkreten Bestimmung eines optimalen Tests empfiehlt es sich (da die Verteilung von S unter P_{ϑ_0} meist nicht direkt zugänglich ist), den Bereich $\{f_1 > k \cdot f_0\}$ durch Umformung geeignet darzustellen als $\{T > c\}$ mit einer anderen Test-Statistik T, deren Verteilung unter P_{ϑ_0} bekannt ist (c ist dann das $(1-\alpha)$-Quantil von T unter P_{ϑ_0}).

($\rightarrow$ Binomial-Test, $\rightarrow$ Gauß-Test)

Nielsen-Schreier (Satz von)

Jede Untergruppe einer °freien Gruppe ist frei.

nilpotent

Ein Element a eines °Ringes R heißt *nilpotent*, wenn es eine natürliche Zahl $n \geqslant 1$ gibt mit $a^n = 0$.

Beispiel: Die °Matrix $\begin{pmatrix} 0 & 1 \\ 0 & 0 \end{pmatrix}$ ist nilpotent im Ring der 2×2-Matrizen über $\mathbb{R}$. Im Ring $\mathbb{Z}/4\mathbb{Z}$ ist die Restklasse von 2 nilpotent. In $K[X]/(X^n)$ (K ein Körper) ist die Restklasse von X nilpotent. In einem Ring ohne Nullteiler ist 0 das einzige nilpotente Element. Die nilpotenten Elemente eines kommutativen Ringes bilden ein °Ideal, das *Nilradikal*; es ist der Durchschnitt aller °Primideale des Rings und im °Jacobson-Radikal enthalten.

nirgends dicht
nowhere dense; rare

Eine Teilmenge A eines °topologischen Raumes X heißt *nirgends dicht*, wenn die °abgeschlossene Hülle von A keine °inneren Punkte hat; eine Teilmenge B von X heißt *mager*, wenn sie Vereinigung von abzählbar vielen nirgends dichten Mengen ist.

($\rightarrow$ Bairescher Raum)

Niveau

level; niveau

($\rightarrow$ Test)

noethersch

Ein °Ring R heißt *linksnoethersch (rechtsnoethersch)*, wenn er eine der folgenden äquivalenten Bedingungen erfüllt:

(1) Jedes Linksideal (Rechtsideal) von R ist °endlich erzeugt.

(2) Jede aufsteigende Kette $I_0 \subset I_1 \subset I_2 \subset \ldots$ von Linksidealen (Rechtsidealen) in R wird stationär (d.h. es gibt ein $n \in \mathbb{N}$ mit $I_{n+k} = I_n$ für alle $k \in \mathbb{N}$).

(3) Jede nichtleere Menge $\mathfrak{M}$ von Linksidealen (Rechtsidealen) von R besitzt ein maximales Element (d.h. es gibt ein $J \in \mathfrak{M}$, so daß für kein $I \in \mathfrak{M}$ gilt: $J \subsetneqq I$).

R heißt *noethersch*, wenn R links- und rechtsnoethersch ist.

Die entsprechende Definition gilt auch für einen *noetherschen Modul*, wenn man überall „Ideal" durch „Untermodul" ersetzt.

Beispiele: °Körper, °Polynom- und °Potenzreihenringe in endlich vielen Unbestimmten sind noethersch; der Ring $\mathscr{C}(\mathbb{R})$ aller °stetigen Funktionen $\mathbb{R} \rightarrow \mathbb{R}$ ist nicht noethersch, ebensowenig wie der Ring $\mathscr{O}(G)$ aller auf einem Gebiet $G \subset \mathbb{C}$ °holomorphen Funktionen. Unterringe noetherscher Ringe brauchen nicht noethersch zu sein; z.B. ist $\mathscr{O}(\mathbb{C})$ Unterring des Körpers $\mathscr{M}(\mathbb{C})$ aller auf $\mathbb{C}$ °meromorphen Funktionen.

Norm

norm; norme

Sei V ein $\mathbb{K}$-°Vektorraum, $\mathbb{K} = \mathbb{R}$ oder $\mathbb{C}$. Eine Abbildung $V \rightarrow \mathbb{R}$, $v \mapsto \|v\|$ heißt *Norm*, wenn gilt:

a) $\|v\| \geqslant 0$ für alle $v \in V$ und $\|v\| = 0 \Rightarrow v = 0$

b) $\|v + w\| \leqslant \|v\| + \|w\|$ für alle $v, w \in V$ *(Dreiecksungleichung)*

c) $\|\alpha v\| = |\alpha| \cdot \|v\|$ für alle $v \in V$ und alle $\alpha \in \mathbb{K}$.

Verzichtet man in a) auf die Zusatzforderung $\|v\| = 0 \Rightarrow v = 0$, so spricht man von einer *Halbnorm*.

Eine Norm $\|\ \|$ auf V induziert durch: $d(x, y) := \|x - y\|$ für alle $x, y \in V$ eine °Metrik d auf V. Zwei Normen auf V heißen *äquivalent*, wenn die so durch sie definierten Metriken dieselbe °Topologie auf V induzieren. Speziell für endlichdimensionales V sind je zwei Normen äquivalent.

Beispiel: Jedes °Skalarprodukt $\langle\ ,\ \rangle$ induziert vermöge $\|x\| := \sqrt{\langle x, x \rangle}$ eine Norm; umgekehrt läßt sich aus einer Norm ein Skalarprodukt zurückgewinnen, wenn die Norm der °Parallelogrammgleichung genügt.

Die Abbildung $\|\cdot\|_p\colon \mathbb{C}^n \to \mathbb{R}_+$, $x = (x_1, \ldots, x_n) \to (|x_1|^p + \ldots + |x_n|^p)^{1/p}$ heißt p-Norm (für $1 \leqslant p < \infty$); speziell für $p = 2$ ergibt sich die von dem kanonischen °Skalarprodukt induzierte *euklidische Norm.* | ($\to \ell^p$-Räume, $\to L^p$-Räume). ($\to$ Supremumsnorm)

Norm (eines Homomorphismus)

Ist $T\colon X \to Y$ ein °Homomorphismus zwischen °normierten °Vektorräumen, so definiert man die Norm $\|T\|$ von T durch $\displaystyle\sup_{\substack{x \in X \\ \|x\| = 1}} \|T(x)\|$. Damit wird der Raum $L(X, Y)$ der °linearen °stetigen Abbildungen zu einem °normierten Vektorraum; ist Y ein °Banachraum, so ist auch $L(X, Y)$ ein Banachraum.

normal (Endomorphismus; Matrix)

Ein °Endomorphismus f eines °euklidischen (bzw. °hermiteschen) Vektorraums heißt *normal,* wenn er mit seinem °adjungierten f^* vertauscht: $f \circ f^* = f^* \circ f$. Analog heißt eine quadratische Matrix (über $\mathbb{R}$ oder $\mathbb{C}$) *normal,* wenn sie mit ihrer adjungierten $A^* = {}^t\overline{A}$ (transponiert und komplex konjugiert) vertauscht: $AA^* = A^*A$. Ein Endomorphismus ist genau dann normal, wenn er bezüglich einer °Orthonormalbasis durch eine normale Matrix dargestellt wird.

°Symmetrische, antisymmetrische, °orthogonale Matrizen über $\mathbb{R}$, °hermitesche, °unitäre Matrizen über $\mathbb{C}$ sind normal. Komplexe Matrizen sind genau dann normal, wenn sie durch eine °unitäre Matrix °diagonalisierbar sind.

normal (topologischer Raum)

Ein °topologischer Raum heißt *normal,* wenn er T_1 und T_4 erfüllt ($\to$ Trennungsaxiome).

Jeder normale Raum erfüllt T_2. Jeder °kompakte Raum, jeder °metrische Raum ist normal. Jeder normale Raum ist °vollständig regulär und damit °regulär. Jeder abgeschlossene Teilraum eines normalen Raums ist normal. (Räume, in denen jeder Teilraum normal ist, heißen *vollständig normal*). Produkte von normalen Räumen sind i. a. nicht normal.

normale Körpererweiterung
normal field extension; extension normale

Eine °Körpererweiterung K/k heißt *normal,* wenn sie algebraisch ist, und wenn jedes irreduzible ($\to$ Teilbarkeit in Integritätsringen) Polynom $f \in k[X]$, das in K eine Nullstelle hat, über K in Linearfaktoren zerfällt, d. h. f ist ein Produkt von linearen Polynomen aus $K[X]$.

Beispiele: $\mathbb{Q}(\sqrt{2}) \supset \mathbb{Q}$ ist normal, $\mathbb{Q}(\sqrt[4]{2}) \supset \mathbb{Q}(\sqrt{2})$ ist normal, aber $\mathbb{Q}(\sqrt[4]{2}) \supset \mathbb{Q}$ ist nicht normal.

Normalenvektor
normal vector; vecteur normal

($\rightarrow$ Krümmung (einer Kurve), $\rightarrow$ Fläche)

Normalformensatz für äquivalente Matrizen
normal form for equivalent matrices; forme canonique pour les matrices équivalentes

Eine $m \times n$-°Matrix $A \in K^{m \times n}$ (K ein °Körper) besitzt genau dann den °Rang r, wenn sie °äquivalent ist zu einer Matrix der Gestalt

$$
\left.\left(
\begin{array}{ccc|c}
1 & & & \\
 & 1 & 0 & \\
 & & \ddots & & 0 \\
0 & & & \\
 & & 1 & \\
\hline
 & & & \\
 & 0 & & 0 \\
\end{array}
\right)
\begin{array}{l}
\left.\phantom{\rule{0pt}{40pt}}\right\} r \\
\left.\phantom{\rule{0pt}{30pt}}\right\} m-r
\end{array}
\right.
$$

$$\underbrace{}_{r} \quad \underbrace{}_{n-r}$$

Normalisator
normalizer; normalisateur

Sei G eine °Gruppe, $P \subset G$ eine Teilmenge. Der *Normalisator* von P in G ist die Untergruppe $N(P) = \{x \in G \mid x^{-1}Px = P\}$, wobei $x^{-1}Px = \{x^{-1}yx \mid y \in P\}$. Ist P eine Untergruppe, so ist $N(P)$ die größte Untergruppe von G, in der P noch °Normalteiler ist.

Besteht P aus einem einzigen Element y, so ist $N(P) = Z(y)$ gleich dem °Zentralisator von y.

Normalkrümmung
normal curvature; courbure normale

Es sei $F \subset \mathbb{R}^3$ eine reguläre °Fläche und $\gamma: I \rightarrow \mathbb{R}^3$ eine reguläre °Kurve mit $\gamma(I) \subset F$. Für ein $p \in \gamma(I)$ betrachtet man $n(p)$ den Normalenvektor von γ in p ($\rightarrow$ Krümmung einer Kurve) und $N(p)$ den Normalenvektor von F in p ($\rightarrow$ Fläche); wenn $K(p)$ die Krümmung von γ in p bezeichnet, definiert man durch $K_n(p) := K(p) \cdot \langle n(p), N(p) \rangle$ die *Normalkrümmung von γ in p bezüglich F*; $K_n(p)$

ist die Länge der Projektion des Vektors $K(p)\, n(p)$ auf die Normale von F in p mit einem Vorzeichen versehen.

Normalreihe

normal tower, normal series; suite (ou chaîne) de composition

($\rightarrow$ auflösbar)

Normalteiler

normal subgroup; sousgroupe distingué

Eine Untergruppe N einer °Gruppe G heißt *Normalteiler,* wenn sie eine der folgenden äquivalenten Bedingungen erfüllt:

(1) $aN = Na$ für alle $a \in G$

(2) $aNa^{-1} \subset N$ für alle $a \in G$

(3) $aNa^{-1} = N$ für alle $a \in G$.

Beispiele: Jede Gruppe G (mit neutralem Element e) hat die trivialen Normalteiler $\{e\}$ und G; in einer abelschen Gruppe ist jede Untergruppe Normalteiler; in der °Permutationsgruppe S_3 ist jede 2-elementige Untergruppe kein Normalteiler.

Normalverteilung

normal distribution, Gauss distribution; loi de Gauss

Auf $(\mathbb{R}, \mathscr{B})$ wird für $a \in \mathbb{R}$ und $\sigma^2 \in \mathbb{R}_+^*$ durch

$$f : x \mapsto \frac{1}{\sqrt{2\pi\sigma^2}} \exp\left\{ -\frac{(x-a)^2}{2\sigma^2} \right\}$$

die Dichte eines absolut stetigen °Wahrscheinlichkeitsmaßes definiert. Dies heißt *Normalverteilung* (oder *Gaußverteilung*) *mit Parametern a und σ^2* (in Zeichen: $N(a, \sigma^2)$ oder $\nu(a, \sigma^2)$).

Im Fall $a = 0$ und $\sigma^2 = 1$ spricht man von *Standard-Normalverteilung.* Der °Graph der Dichte f wird wegen seiner Form auch als ‚Gauß'sche Glockenkurve' oder ‚Gauß-Glocke' bezeichnet.

Ist X eine reelle $N(a, \sigma^2)$-verteilte °Zufallsvariable, so gilt: $EX = a$, $\operatorname{Var} X = \sigma^2$, und $\dfrac{X-a}{\sigma}$ ist $N(0, 1)$-verteilt;

ferner für $n \in \mathbb{N}$: $E(X-a)^{2n+1} = 0$ und
$$E(X-a)^{2n} = \sigma^{2n}[(2n-1)\cdot(2n-3)\cdot\ldots\cdot 3 \cdot 1]. -$$

Die °Verteilungsfunktion der $N(0, 1)$-Verteilung wird üblicherweise mit Φ bezeichnet, ihre Werte sind in statistischen Tabellen vertafelt.

Sind für $i=1,\ldots,n$ X_i °stochastisch unabhängige $N(a_i,\sigma_i^2)$-verteilte Zufallsva-
riable, so ist $\sum\limits_{i=1}^{n} X_i$ $N\!\left(\sum\limits_{i=1}^{n} a_i,\ \sum\limits_{i=1}^{n}\sigma_i^2\right)$-verteilt ($\rightarrow$ Faltung). Ferner ist die gemeinsame °Verteilung der X_i eine sogenannte *n-dimensionale Normalverteilung*
in $\mathbb{R}^n$ (bzgl. λ^n absolut stetiges °Wahrscheinlichkeitsmaß in $\mathbb{R}^n$) mit Dichte

$$f:(x_1,\ldots,x_n)\mapsto \frac{1}{\prod\limits_{i=1}^{n}\sqrt{2\pi\sigma_i^2}}\,\exp\left\{-\sum_{i=1}^{n}\frac{(x_i-a_i)^2}{2\sigma_i^2}\right\}.$$

Sind $X_1,\ldots,X_n$ stochastisch unabhängige identisch $N(0,1)$-verteilte reelle Zu-
fallsvariable, so ist $\sum\limits_{i=1}^{n} X_i^2$ (zentral) Chi-Quadrat-verteilt mit n Freiheitsgraden
($\rightarrow$ Gamma-Verteilung).
($\rightarrow$ Grenzwertsätze)

---

normierte Algebra
normed algebra; algèbre normé

Eine $\mathbb{K}$-°Algebra ($\mathbb{K}=\mathbb{R}$ oder $\mathbb{K}=\mathbb{C}$) A heißt *normierte Algebra*, wenn der
zugrunde liegende °Vektorraum mit einer °Norm $\|\ \|$ versehen ist, für alle
$x,y\in A$ $\|xy\|\leqslant\|x\|\,\|y\|$ gilt, und das Einselement von A die Norm 1 hat. Ist A
als normierter Raum auch vollständig, so heißt A auch *Banach-Algebra*.

---

normierter Vektorraum
normed vector space; espace vectoriel normé

Ist auf einem Vektorraum eine °Norm $\|\ \|$ gegeben, so heißt er *normiert*; er ist
dann versehen mit der °Normtopologie ein °topologischer Vektorraum.
Ein °topologischer °Vektorraum heißt *normierbar*, wenn auf ihm eine °Norm
erklärt werden kann, welche die gegebene °Topologie induziert.

---

normiertes Polynom
normalized (or monic) polynomial; polynôme monique (ou unitaire)

Ein Polynom $a_n X^n + a_{n-1} X^{n-1} + \ldots + a_1 X + a_0 \in K[X]$ (K ein °Körper) heißt
normiert, wenn $a_n=1$ ist.

Normtopologie
norm topology; topologie induite par la norme

In einem °normierten °Vektorraum nennt man die von der °Norm $\|\cdot\|$ (d.h.
von der °Metrik $d(x,y)=\|x-y\|$) °induzierte °Topologie die *Normtopologie*.

nullhomotop
null homotopic; homotope à une application constante

($\rightarrow$ homotop)

Nullmenge
null set, set of measure zero; ensemble de mesure nulle

($\rightarrow$ Lebesgue-Maß, $\rightarrow$ Maß)

(nicht zu verwechseln mit der leeren Menge, $\rightarrow$ Mengenlehre)

Nullstellenbestimmung bei Polynomen
calculation of zeros of polynomials; calcul de zéros des polynômes

Jedes °Polynom $p_n(x) = \sum\limits_{i=0}^{n} a_i x^i$ mit $a_i \in \mathbb{R}$ besitzt genau n nicht notwendig voneinander verschiedene Nullstellen $x_j \in \mathbb{C}$ ($\rightarrow$ Fundamentalsatz der Algebra). Die Nullstellen aus $\mathbb{C} \setminus \mathbb{R}$ treten dabei in konjugiert komplexen Paaren auf. Zur Berechnung der Nullstellen normiere man ein gegebenes Polynom zunächst, d. h. man ersetze a_i durch a_i/a_n für alle $i = 0, 1, \ldots, n$ und teste, sofern für alle i $a_i/a_n \in \mathbb{Z}$, die Teiler von a_0/a_n mit dem °Hornerschema auf die Nullstelleneigenschaft. Ist eine Nullstelle x_i auf diese Weise gefunden, so teile man $p_n(x)$ durch den Linearfaktor $(x - x_i)$ und arbeite mit dem Restpolynom weiter, dessen Koeffizienten aus dem Hornerschema hervorgehen. Über die Lage der restlichen Nullstellen verschaffe man sich einen Überblick mittels einer Wertetabelle und berechne °Näherungen für diese iterativ mit dem °Bisektionsverfahren oder °Newton(-ähnlichen) Verfahren. Nach Abspaltung der entsprechenden Linearfaktoren berechne man die komplexen Nullstellen des Restpolynoms mit dem °Bairstow-Verfahren.

Alternativ zu dem skizzierten Vorgehen stehen auch Verfahren zur simultanen Bestimmung aller Nullstellen zur Verfügung, die in der Regel Newton-ähnlich sind. Große Schwierigkeiten bereiten dabei vor allem mehrfache Nullstellen, insbesondere bei der ohnehin problematischen Bestimmung von Startnäherungen ($\rightarrow$ Näherung).

Nullteiler
zero divisor; diviseur zéro

Ein Element $a \neq 0$ eines °Ringes R heißt *rechter* (bzw. *linker*) *Nullteiler* von R, wenn es ein $x \in R \setminus \{0\}$ gibt mit $xa = 0$ (bzw. $ax = 0$). Gibt es weder rechte noch linke Nullteiler in R, so heißt der Ring *nullteilerfrei*.

Beispiel: Im Ring der 2×2-Matrizen ist $\begin{pmatrix} 0 & 0 \\ 0 & 1 \end{pmatrix}$ ein Nullteiler: $\begin{pmatrix} 0 & 0 \\ 0 & 1 \end{pmatrix}\begin{pmatrix} 0 & 1 \\ 0 & 0 \end{pmatrix} = \begin{pmatrix} 0 & 0 \\ 0 & 0 \end{pmatrix}$.

In der Praxis ist oft der Begriff *Nichtnullteiler*, auch *reguläres Element* genannt, wichtiger: Ist b Nichtnullteiler, so folgt aus $bx = 0$ (oder $xb = 0$) stets $x = 0$.

Numerische Differentiation
numerical differentiation; dérivation numérique

Zur numerischen Berechnung von Werten der Ableitungen einer genügend oft stetig °differenzierbaren Funktion $f: [a, b] \to \mathbb{R}$ verwendet man in der Regel Differenzenformeln. Diese erhält man, indem man für die Funktion f an der Stelle x mit verschiedenen Schrittweiten (h, $-h$, $2h$, usw.) die Taylorsche Formel ($\to$ Taylorreihe) mit dem Restglied nach Lagrange bildet und passende Linearkombinationen der Entwicklungen bildet. Dabei wird man einen Fehler von möglichst hoher Ordnung, d. h. Potenz in h, erreichen wollen.

Beispiel: Berechnung von $f''(x)$

$$f(x + h) = f(x) + hf'(x) + \frac{h^2}{2}f''(x) + \frac{h^3}{6}f'''(x) + \frac{h^4}{24}f^{IV}(\xi)$$

$$f(x - h) = f(x) - hf'(x) + \frac{h^2}{2}f''(x) - \frac{h^3}{6}f'''(x) + \frac{h^4}{24}f^{IV}(\zeta)$$

mit $\xi \in [x, x + h]$ und $\zeta \in [x - h, x]$. Hiermit ergibt sich

$$f(x + h) - 2f(x) + f(x - h) = h^2 f''(x) + \frac{h^4}{24}[f^{IV}(\xi) + f^{IV}(\zeta)]$$

oder

$$\left| f''(x) - \frac{f(x + h) - 2f(x) + f(x - h)}{h^2} \right| \leqslant Ch^2$$

wobei $C = \dfrac{1}{12} \sup\limits_{x \in [a, b]} |f^{IV}(x)|$.

Numerische Integration
numerical integration; intégration numérique

($\to$ Quadraturformel)

Numerische Stabilität
numerical stability; stabilité numérique

Ein °Algorithmus heißt *numerisch stabiler* als ein zweiter, der dasselbe Problem löst, wenn die Fehlerschätzung für das Endergebnis im Rahmen der linearen °Fehleranalyse kleiner ausfällt als für den zweiten.

Gelegentlich wird ein Algorithmus auch als numerisch stabil bezeichnet, wenn er sich im Rahmen der linearen Fehleranalyse als gutartig erweist.

O

Oberflächenintegral
surface integral; intégrale sur une surface

($\rightarrow$ Flächenintegral)

---

offen (Teilmenge eines metrischen Raumes)
open; ouvert

Eine Teilmenge A eines °metrischen Raumes (M, d) heißt *offen*, wenn es zu jedem Punkt $p \in A$ eine reelle Zahl $\varepsilon > 0$ gibt, so daß die offene °Kugel $\{x \in X \mid d(x, p) < \varepsilon\}$ ganz in A enthalten ist.

Eine offene °Kugel ist in diesem Sinne eine offene Teilmenge. Die leere Menge und M sind offen; der Durchschnitt von endlich vielen offenen Teilmengen ist offen; die Vereinigung von offenen Mengen ist offen. Diese letzten Feststellungen sind Ausgangspunkt für wesentliche Verallgemeinerungen ($\rightarrow$ Topologie). Die offenen Mengen eines metrischen Raumes bilden eine °Topologie, die von der Metrik induzierte Topologie. Verschiedene Metriken können auf einer Menge dieselbe Topologie induzieren, z. B. induzieren die °euklidische Metrik

und die Metrik $d(x, y) = \sum\limits_{i=1}^{n} |x_i - y_i|$ mit $x = (x_1, \ldots, x_n)$, $y = (y_1, \ldots, y_n)$ dieselbe Topologie auf dem $\mathbb{R}^n$.

---

offene Abbildung
open mapping; application ouverte

Eine Abbildung zwischen °topologischen Räumen heißt *offen*, wenn das Bild jeder offenen Menge offen ist.
($\rightarrow$ Prinzip der offenen Abbildung)

---

offener Kern
interior; l'intérieur

Ist A eine Teilmenge eines topologischen Raumes X, so bezeichnet man mit $\mathring{A}$ die Menge aller °inneren Punkte von A; $\mathring{A}$ nennt man *das Innere* oder den *offenen Kern* von A. $\mathring{A}$ ist die Menge der Punkte von A, für die A eine °Umgebung ist; $\mathring{A}$ ist die Vereinigung aller in A enthaltenen offenen Teilmengen von X, und somit ist $\mathring{A}$ selbst offen.

Für den Übergang zum offenen Kern $A \mapsto \mathring{A}$ gelten die folgenden Regeln:

$$\mathring{\phi} = \phi; \quad \mathring{X} = X; \quad \mathring{A} \subset A; \quad \mathring{\mathring{A}} = \mathring{A}; \quad A \subset B \Rightarrow \mathring{A} \subset \mathring{B}; \quad \mathring{\widehat{A \cap B}} = \mathring{A} \cap \mathring{B}; \quad \mathring{A} \cup \mathring{B} \subset \widehat{A \cup B}.$$

Beispiel: $A =]0, 1] \subset \mathbb{R}$, $B = [1, 2[\subset \mathbb{R}$ zeigt, daß in der letzten Beziehung die Inklusion echt sein kann.

Operation

action or *operation; opération*

(1) Ist X eine Menge, so wird eine °Verknüpfung $\varphi: X \times X \to X$ auch häufig zweistellige Operation auf X genannt.

(2) Sei G eine °Gruppe und X eine nichtleere Menge. Eine °Abbildung $\tau: G \times X \to X$ heißt *Operation* von G auf X, wenn für alle $a, b \in G$ und alle $x \in X$ gilt: $\tau(a\,b, x) = \tau(a, \tau(b, x))$ und $\tau(e, x) = x$ ($e \in G$ ist das neutrale Element). Man sagt: G operiert von links auf X, und schreibt meist einfacher $a(x)$ oder $a \cdot x$ anstelle von $\tau(a, x)$. Eine Operation kann also interpretiert werden als Gruppenhomomorphismus von G in die Gruppe der bijektiven Abbildungen von X auf sich, indem man einem $a \in G$ die bijektive Abbildung $\tau_a: X \to X$, $x \mapsto \tau(a, x)$ zuordnet.

Die Operation τ heißt

effektiv, wenn die Abbildung $a \mapsto \tau_a$ injektiv ist,

transitiv, wenn es zu jedem Paar (x, y) von Punkten in X stets ein $a \in G$ gibt mit $y = \tau(a, x)$, und

einfach transitiv, wenn dieses a eindeutig bestimmt ist.

Ist $x \in X$, so heißt die Menge

$$G(x) := \{\tau(a, x) \mid a \in G\}$$

Bahn (oder *Orbit* oder *Transitivitätsbereich*) von x unter der Operation τ. Die Bahnen sind die Äquivalenzklassen der °Äquivalenzrelation $x \sim_\tau y : \Longleftrightarrow y \in G(x)$.

Die Menge $G_x := \{a \in G \mid \tau(a, x) = a(x) = x\}$ ist eine Untergruppe von G und heißt *Isotropiegruppe* (oder *Stabilisator*) von x bzgl. τ.

Beispiele: Die multiplikative Gruppe $Gl(n, K)$ der invertierbaren $n \times n$-Matrizen über K operiert auf K^n, und zwar effektiv, aber nicht transitiv. Die additive Gruppe K^n operiert auf K^n effektiv und einfach transitiv ($\to$ affiner Raum). Die Bahnen bei der Operation der °orthogonalen Gruppe $O(n)$ auf $\mathbb{R}^n$ sind $\{0\}$ und die $(n-1)$-Sphären $\{x \in \mathbb{R}^n : \|x\| = r\}$ mit $r > 0$.

Operator

operator; opérateur

Aus historischen Gründen nennt man °Abbildungen zwischen Funktionenräumen oder allgemeiner °topologischen Vektorräumen oft *Operatoren*; speziell heißen lineare Abbildungen *lineare Operatoren* und °lineare °stetige Abbildungen auch *beschränkte lineare Operatoren*. Der Definitionsbereich ist oft nur ein °dichter Teilraum des angegebenen Vektorraums.

Beispiel: Der Vektorraum $X = \mathscr{C}([a, b])$ der stetigen reellwertigen Funktionen auf dem Intervall $[a, b]$ mit der °Supremumsnorm ist ein °Banachraum; die stetig °differenzierbaren Funktionen bilden einen in X dichten Untervektorraum Y, und die Abbildung $Y \to X$, $f \mapsto f' = \dfrac{df}{dx}$ ist ein linearer unbeschränkter Operator.

Optimaler Test

optimal, (uniformly) most powerful test; test optimale, (uniformément) le plus puissant

Es seien $(P_\vartheta)_{\vartheta \in \Theta}$ eine Familie von °Wahrscheinlichkeitsmaßen auf $(\mathbb{R}^n, \mathscr{B}^n)$ und $\Theta = \Theta_H \cup \Theta_K$ eine °Partition der Parametermenge Θ. Ferner seien $X_1, \ldots, X_n$ reelle °Zufallsvariable mit gemeinsamer Verteilung P_ϑ für ein $\vartheta \in \Theta$.

Ein °Test φ^* zum Niveau α für $H: \vartheta \in \Theta_H$ gegen $K: \vartheta \in \Theta_K$ wird als *optimal* (genauer: *gleichmäßig bester Test*) bezeichnet, wenn für alle Tests φ zum Niveau α für H gegen K gilt: $E_\vartheta(\varphi^*) \geqslant E_\vartheta(\varphi)$ für alle $\vartheta \in \Theta_K$; d.h. wenn er unter allen solchen Tests φ die Schärfe ($\to$ Test) gleichmäßig maximiert.

Für einfache Hypothesen (d.h. falls Θ_H und Θ_K einelementig sind) existiert jeweils ein optimaler Test (Fundamentallemma von °Neyman-Pearson). Für zusammengesetzte Hypothesen existiert bei einseitigen Testproblemen ($\to$ Test) ein gleichmäßig bester Test im Fall geeignet strukturierter Verteilungsfamilien (P_ϑ); bei zweiseitigen Testproblemen existieren optimale Tests i. a. höchstens in der Teilklasse der unverfälschten Tests. Diese heißen dann *gleichmäßig beste unverfälschte* Tests. –

Gleichmäßig beste Tests im einseitigen Fall ($H: \vartheta \leqslant \vartheta_0$ gegen $K: \vartheta > \vartheta_0$) ($\to$ Test) lassen sich üblicherweise auf die folgende Form bringen

$$\varphi(x) = \begin{Bmatrix} 1 \\ \gamma \\ 0 \end{Bmatrix}, \quad \text{falls } T(x) \begin{Bmatrix} > \\ = \\ < \end{Bmatrix} c_{1-\alpha},$$

mit einer Zahl $\gamma \in [0, 1]$, einer meßbaren Funktion $T: \mathbb{R}^n \to \mathbb{R}$ und dem $(1-\alpha)$-°Quantil $c_{1-\alpha}$ der Verteilung von T unter P_{ϑ_0}. T heißt dann eine *Test-Statistik*, $c_{1-\alpha}$ der *kritische Wert* und γ die *Randomisationswahrscheinlichkeit*. Diese bestimmt sich aus der Gleichung $P_{\vartheta_0}(T > c_{1-\alpha}) + \gamma \cdot P_{\vartheta_0}(T = c_{1-\alpha}) = \alpha$.

Falls T eine °absolut stetige Verteilung unter P_{ϑ_0} hat, so läßt sich φ als deterministischer Test schreiben.

Beispiele für gleichmäßig beste (unverfälschte) Tests bzgl. des Parameters ‚Erwartungswert' sind: °Binomial-Test, °Gauß-Test, °t-Test.

Optimierung
optimization; optimisation

($\to$ Lineare Optimierung, $\to$ Extremum mit Nebenbedingungen)

Orbit
orbit; orbite

($\to$ Operation)

Ordinalzahl
ordinal number; ordinal

Man kann jeder wohlgeordneten Menge ($\to$ Halbordnung) M den mathematischen Begriff der *Ordinalzahl* ord(M) zuordnen, so daß zwei wohlgeordnete Mengen genau dann dieselbe Ordinalzahl haben, wenn es eine ordnungserhaltende bijektive Abbildung zwischen ihnen gibt.
($\to$ Halbordnung, $\to$ Kardinalzahl).

Ordnung
order; ordre

($\to$ Halbordnung)

Ordnung (einer Gruppe)

Die Anzahl der Elemente einer endlichen °Gruppe heißt *Ordnung* der Gruppe. Die *Ordnung eines Elements* der Gruppe ist die Ordnung der von ihm erzeugten Untergruppe.

Ordnung (einer Potenzreihe)

Entwickelt man eine °Potenzreihe (in einer oder mehreren Variablen) nach °homogenen Polynomen, so heißt der niedrigste auftretende Grad eines von Null verschiedenen homogenen Polynoms die *Ordnung* der Potenzreihe.

Beispiel: $x^2 + x^3$ hat die Ordnung 2 (und als Polynom den Grad 3), $x^2 y + x y^2 + x^4$ hat die Ordnung 3.

Ordnungstopologie
order topology; topologie d'ordre

Sei X eine (total) geordnete Menge ($\to$ Halbordnung). Dann heißt die °Topologie, deren offene Mengen aus Vereinigungen von offenen Intervallen $]a, b[= \{x \in X \mid a < x < b\}$ $(a, b \in X)$ bestehen, die *Ordnungstopologie* auf X. (Sie stimmt offenbar auf $\mathbb{R}$ mit der üblichen Topologie überein.)

Orientierung (einer Kurve)

orientation; orientation

($\rightarrow$ Kurve)

Orientierung (eines Vektorraums)

Eine *Orientierung* in einem reellen Vektorraum V (mit $1 \leqslant \dim V < \infty$) ist gegeben als Äquivalenzklasse gleich orientierter °Basen; dabei heißen Basen $(v_1, \ldots, v_n)$ und $(w_1, \ldots, w_n)$ *gleich orientiert*, wenn die °Determinante der linearen Abbildung $F: V \rightarrow V$, $v_i \mapsto w_i$ ($i = 1, \ldots, n$) positiv ist.

Demnach gibt es zwei mögliche Orientierungen auf jedem reellen Vektorraum; keine ist (abstrakt) vor der anderen ausgezeichnet.

Anschaulich läßt sich für $n = 1, 2, 3$ eine Orientierung folgendermaßen interpretieren: In $\mathbb{R}$ als Richtungssinn; im $\mathbb{R}^2$ als Drehungssinn; im $\mathbb{R}^3$ als Schraubungssinn.

Eine °Hyperebenenspiegelung ändert die Orientierung. Beliebte Frage zur Desorientierung: Ein Spiegel vertauscht links und rechts; warum vertauscht er nicht oben und unten?

orientierungstreu

orientation preserving; (un automorphisme) laissant l'orientation invariante

Ein °Endomorphismus $F: V \rightarrow V$ eines endlich-dimensionalen $\mathbb{R}$-Vektorraums heißt *orientierungstreu*, wenn die °Determinante $\det F > 0$ ist.

orthogonal

(1) Ist V ein °euklidischer oder °unitärer Vektorraum (mit Skalarprodukt $\langle \ , \ \rangle$), so heißen $u, v \in V$ *orthogonal* (in Zeichen: $u \perp v$), wenn $\langle u, v \rangle = 0$ ist. Teilmengen $A, B \subset V$ heißen *orthogonal*, wenn $a \perp b$ ist für alle $a \in A$ und $b \in B$. Eine Familie $(v_i)_{i \in I}$ von Vektoren in V heißt *orthogonal*, wenn $v_i \perp v_j$ ist für alle $i \neq j$ in I. Ist $U \subset V$ ein Unterraum, so heißt $U^\perp = \{x \mid \langle x \mid u \rangle = 0 \ \forall u \in U\}$ *Orthogonalraum* von U oder *orthogonales Komplement* von U.

(2) Ein Endomorphismus F eines euklidischen Vektorraums V heißt *orthogonal*, wenn $\langle F(u), F(v) \rangle = \langle u, v \rangle$ ist für alle $u, v \in V$.

(3) Eine °Matrix $A \in GL(n, \mathbb{R})$ heißt *orthogonal*, wenn eine der folgenden äquivalenten Bedingungen erfüllt ist:

- Es ist $A^{-1} = {}^t A$ ($\rightarrow$ transponierte Matrix)
- Die Spaltenvektoren von A bilden eine °Orthonormalbasis von $\mathbb{R}^n$
- Die Zeilenvektoren von A bilden eine Orthonormalbasis von $\mathbb{R}^n$

- Der zu A gehörende Endomorphismus $L(A)$: $\mathbb{R}^n \to \mathbb{R}^n$, $x \to A\,x$ ist orthogonal

- Es gibt einen euklidischen n-dimensionalen Vektorraum V mit einer °Orthonormalbasis $B = (b_1, \ldots, b_n)$ und einen orthogonalen Endomorphismus $F: V \to V$, so daß A die Matrix von F bezüglich B ist.

orthogonale Gruppe

orthogonal group; groupe orthogonale

Die Menge $O(n) := \{A \in GL(n, \mathbb{R}) \mid A^{-1} = {}^t\!A\}$ der orthogonalen $n \times n$-°Matrizen bildet mit der Matrizenmultiplikation eine °Gruppe, die (reelle) *orthogonale Gruppe*.

Für einen °euklidischen Vektorraum V heißt $O(V)$, die Menge der °orthogonalen Endomorphismen von V, die orthogonale Gruppe von V.

($\to$ klassische Gruppen)

Orthonormalbasis

orthonormal basis; base orthonormale

Eine °Basis $(v_i)_{i \in I}$ eines °euklidischen oder °unitären °Vektorraums V heißt *Orthonormalbasis* (*ONB*), wenn v_i und v_j für alle $i \neq j$ in I orthogonal sind und $\|v_i\| = 1$ ist für alle $i \in I$.

Beispiel: Sei V der $\mathbb{C}$-Vektorraum aller *trigonometrischen Polynome* $\sum\limits_{m \in \mathbb{Z}} c_m e^{imt}$ (nur endlich viele $c_m \in \mathbb{C}$ verschieden von Null). Dann ist bezüglich des °Skalarprodukts $\langle f, g \rangle := \dfrac{1}{2\pi} \int\limits_0^{2\pi} \bar{f}(t)\, g(t)\, dt$ das System $(e^{imt})_{m \in \mathbb{Z}}$ eine Orthonormalbasis von V.

Orthonormalisierungssatz

Gram-Schmidt orthonormalization procedure; procédé d'orthonormalisation de Gram-Schmidt

Jeder °euklidische oder °unitäre °Vektorraum mit höchstens abzählbarer Basis besitzt eine °Orthonormalbasis (Beweis mit dem *Verfahren von E. Schmidt*).

Orthonormalsystem (vollständiges)

orthonormal system; système orthonormal

($\to$ Hilbertbasis)

P

p-adische Zahlen
p-adic numbers, nombres p-adiques

Ist p eine °Primzahl und v_p die p-adische °Bewertung von $\mathbb{Q}$, d.h. für $x \in \mathbb{Q} \setminus \{0\}$

gilt $x = p^{v_p(x)} \dfrac{m}{n}$ mit $m, n \in \mathbb{Z}$, $(p, m) = (p, n) = (m, n) = 1$, so wird durch

$$d(x, y) = e^{-v_p(x - y)} \quad \text{für } x \neq y \text{ und } d(x, x) = 0$$

eine °Metrik auf $\mathbb{Q}$ definiert.

$\mathbb{Q}$ ist bzgl. dieser Metrik nicht °vollständig, z.B. ist die °Cauchyfolge $\left(a_n = \sum\limits_{i \leq n} p^i \right)$ nicht konvergent.

Die °Vervollständigung von $\mathbb{Q}$ bzgl. dieser Metrik ist ein Körper, der *p-adische Zahlkörper* $\mathbb{Q}_p$; die °abgeschlossene Hülle von $\mathbb{Z}$ in $\mathbb{Q}_p$ ist ein Ring, der Ring der *ganzen p-adischen Zahlen* $\mathbb{Z}_p$.

Man kann $\mathbb{Z}_p$ betrachten als Menge der formalen °Potenzreihen in p $\sum\limits_{i=0}^{\infty} a_i p^i$ mit $a_i \in \mathbb{Z}$ $0 \leq a_i < p$, bzw. als °Endomorphismenring der Prüfergruppe $\mathbb{Z}_p \infty$. $\mathbb{Q}_p$ ist dann der °Quotientenkörper von $\mathbb{Z}_p$.

Pappos (Satz von)

In der projektiven Ebene ($\rightarrow$ projektiver Raum) seien zwei verschiedene Geraden Z und Z' und darauf paarweise verschiedene Punkte $p_1, p_2, p_3 \in Z$ und $p'_1, p'_2, p'_3 \in Z'$ gegeben. Dann liegen die Punkte $a = (p_1 \vee p'_2) \cap (p'_1 \vee p_2)$, $b = (p_2 \vee p'_3) \cap (p'_2 \vee p_3)$ und $c = (p_3 \vee p'_1) \cap (p'_3 \vee p_1)$ auf einer Geraden.

($p \vee q$ bezeichnet jeweils die durch die Punkte p und q festgelegte Gerade).

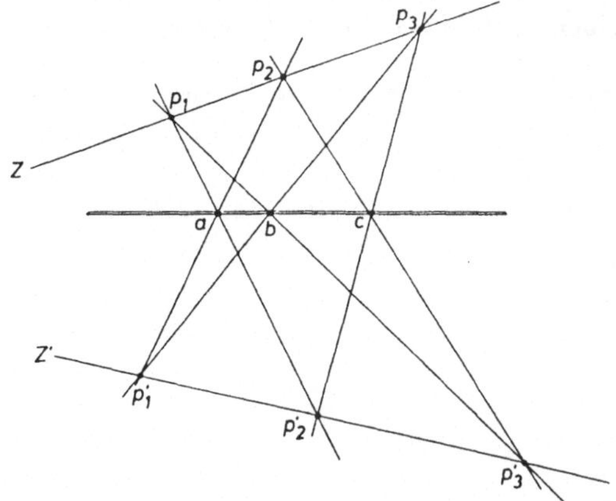

Parabel
parabola; parabole

($\rightarrow$ Kegelschnitt)

---

parakompakt
paracompact; paracompact

Ein °topologischer Raum X heißt *parakompakt*, wenn er °hausdorffsch ist und wenn gilt: Zu jeder offenen °Überdeckung $\mathscr{U} = (U_i)_{i \in I}$ von X gibt es eine feinere Überdeckung $\mathscr{V} = (V_j)_{j \in J}$, die ebenfalls offen und außerdem °lokalendlich ist.

Dabei heißt $\mathscr{V}$ *feiner* als $\mathscr{U}$, wenn jedes V_j in (mindestens) einem U_i enthalten ist.

Hinreichend für die Parakompaktheit ist z. B. jede der folgenden Bedingungen: °kompakt; °metrisch; °regulär mit abzählbarer °Basis; °lokalkompakt und im Unendlichen abzählbar ($\rightarrow$ Alexandroff-Kompaktifizierung).

Jeder °abgeschlossene Teilraum eines parakompakten Raumes ist parakompakt; das Produkt aus einem parakompakten und einem kompakten Raum ist parakompakt. Jeder parakompakte Raum ist °normal.

Die Bedeutung der parakompakten Räume besteht darin, daß es bei ihnen zu jeder offenen Überdeckung eine ihr untergeordnete °Partition der Eins gibt. Damit lassen sich z. B. gewisse globale Probleme auf lokale zurückführen.

Parallelogrammgleichung
parallelogramm identity; équation du parallelogramme

Für alle Vektoren u, v eines °euklidischen oder °unitären °Vektorraums gilt

$$(*) \quad \|u+v\|^2 + \|u-v\|^2 = 2(\|u\|^2 + \|v\|^2) \quad (\rightarrow \text{Norm}).$$

Umgekehrt stammt jede Norm, die $(*)$ erfüllt, von dem Skalarprodukt

$$\langle u, v \rangle := \frac{1}{4}(\|u+v\|^2 - \|u-v\|^2) = \frac{1}{2}(\|u+v\|^2 - \|u\|^2 - \|v\|^2) \text{ bei einem reellen}$$

Vektorraum und

$$\langle u, v \rangle := \frac{1}{4}(\|u+v\|^2 - \|u-v\|^2 + i\|u-iv\| - i\|u+iv\|) \text{ bei einem komplexen}$$

Vektorraum her.

($\rightarrow$ quadratische Form)

Parsevalsche Gleichung
Parseval's equation; relation de Parseval

($\rightarrow$ Hilbert-Basis)

Partialbruchzerlegung
partial fraction expansion; décomposition d'une fonction rationnelle en éléments simples

Sind $f, g \in K[X]$ °Polynome in einer Unbestimmten mit Koeffizienten aus einem °Körper K, so läßt sich (im Fall $g \neq 0$) die °rationale Funktion $\dfrac{f}{g} \in K(X)$ ($\rightarrow$ Quotientenkörper) nach dem °euklidischen Algorithmus zunächst in der Form $\dfrac{f}{g} = h + \dfrac{r}{g}$ mit $h, r \in K[X]$, °Grad $r <$ Grad g darstellen.

Ist danach $g = g_1^{m_1} \cdot \ldots \cdot g_k^{m_k}$ die Zerlegung von g in irreduzible Elemente ($\rightarrow$ Teilbarkeit in Integritätsringen), so gilt der Satz über die *Partialbruchzerlegung*: $\dfrac{r}{g}$ läßt sich eindeutig darstellen als Summe von Brüchen r_{ij}/g_i^j $(i = 1, \ldots, k; \; j = 1, \ldots, m_i)$ mit $r_{ij} \in K[X]$ und Grad $r_{ij} <$ Grad g_i für alle $j = 1, \ldots, m_i$.

Im Spezialfall $K = \mathbb{R}$ treten also bei der Partialbruchzerlegung von $\dfrac{r}{g}$ nur Summanden der Gestalt $\dfrac{A}{(X-a)^\alpha}$ und $\dfrac{BX+C}{(X^2+bX+c)^\beta}$ auf; dabei sind A, B, C, a, b, c reelle Zahlen, a ist reelle Wurzel von g, und $X^2 + bX + c$ ist ein Teiler von g mit $b^2 - 4c < 0$, d.h. $X^2 + bX + c$ hat zwei einfache konjugiert komplexe Nullstellen. Die natürlichen Zahlen α bzw. β liegen zwischen 1 und der Ordnung der Nullstellen a bzw. $\frac{1}{2}(-b \pm \sqrt{b^2 - 4c})$ von g.

Diese Zerlegung einer rationalen Funktion $\dfrac{f}{g}$ erlaubt (prinzipiell, d.h. wenn die Primfaktorzerlegung von g bekannt ist) die explizite Berechnung einer Stammfunktion von $\dfrac{f}{g}$ ($\rightarrow$ Fundamentalsatz der Differential- und Integralrechnung).

Partialsumme
partial sum; somme partielle

($\rightarrow$ Reihe)

partielle Ableitung
partial derivative; dérivée partielle

($\rightarrow$ differenzierbar)

partielle Integration

integration by parts; intégration par parties

Seien $f, g: [a, b] \to \mathbb{R}$ zwei stetig °differenzierbare Funktionen. Dann gilt

$$\int\limits_a^b f(x)\, g'(x)\, dx = f(b)\, g(b) - f(a)\, g(a) - \int\limits_a^b g(x) f'(x)\, dx.$$

(Folgt aus der Produktregel $(fg)' = f'g + fg'$ für die Differentiation).
($\to$ Riemann-Integral)

Partition (einer Menge)

Sei M eine Menge. Eine *Partition* oder *Zerlegung* von M ist eine Darstellung von M als Vereinigung disjunkter nicht-leerer Teilmengen: $M = \bigcup\limits_{i \in I} M_i$, $M_i \neq \emptyset$ für alle $i \in I$ und $M_i \cap M_j = \emptyset$ für alle $i \neq j$.

Durch eine Partition $M = \cup\, M_i$ wird auf M eine °Äquivalenzrelation definiert, deren Äquivalenzklassen genau die einzelnen Teilmengen M_i sind. Umgekehrt bilden bei jeder Äquivalenzrelation auf M die Äquivalenzklassen eine Partition von M.

Partition der Eins

partition of unity; partition de l'unité

Sei X ein °topologischer Raum und $(f_i: X \to \mathbb{R})_{i \in I}$ eine Familie stetiger Funktionen mit Werten $\geqslant 0$. Diese Familie heißt *Partition der Eins*, wenn die °Träger der Funktionen f_i, $i \in I$ eine °lokal-endliche Überdeckung von X bilden ($\to$ parakompakt) und für alle $x \in X$ $\sum\limits_{i \in I} f_i(x) = 1$ gilt (die Summe ist endlich!).

Sei $(U_j)_{j \in J}$ eine offene °Überdeckung von X. Eine Partition der Eins $(f_i)_{i \in I}$ heißt dieser Überdeckung *untergeordnet*, wenn es zu jedem $i \in I$ ein $j \in J$ gibt mit $Tr(f_i) \subset U_j$.

In einem °parakompakten Raum gibt es zu jeder offenen Überdeckung eine ihr untergeordnete Partition der Eins.

Ist $X = \mathbb{R}^n$ (oder eine differenzierbare Mannigfaltigkeit), so lassen sich sogar unendlich oft differenzierbare Funktionen f_i konstruieren, die zu einer vorgegebenen offenen Überdeckung eine untergeordnete Partition der Eins bilden.

Pascalsches Dreieck

($\to$ Binomialkoeffizienten)

Peano (Satz von)

($\to$ Anfangswertproblem)

Peano-Axiome

($\to$ Zahlen (Aufbau des Zahlensystems))

periodisch
periodic; périodique

Eine Funktion $f: \mathbb{C} \to \mathbb{C}$ heißt *periodisch* mit der Periode p, wenn für alle $x \in \mathbb{C}$ gilt: $f(x+p) = f(x)$.

Sind $v_1, \ldots, v_r$ °linear unabhängige Vektoren in $\mathbb{R}^n$ und ist $\Gamma = \mathbb{Z}v_1 + \ldots + \mathbb{Z}v_r$ das von ihnen erzeugte *Gitter* in $\mathbb{R}^n$, so heißt eine Funktion $F: \mathbb{R}^n \to \mathbb{C}$ *periodisch* bezüglich Γ, wenn für alle $p \in \Gamma$ und alle $x \in \mathbb{R}^n$ gilt: $F(x) = F(x+p)$. (Es genügt natürlich, $F(x) = F(x+v_i)$ für alle $x \in \mathbb{R}^n$ und $i = 1, \ldots, r$ zu fordern.)
($\to$ Fourier-Reihe)

Permutation

Jede bijektive Abbildung einer nichtleeren Menge M auf sich heißt *Permutation von M*. Die Permutationen einer Menge bilden mit der Komposition als Verknüpfung eine Gruppe, die *symmetrische Gruppe S(M)* von M. Meist denkt man aber bei Permutationen nur an endlich Mengen $M \simeq \{1, \ldots, n\}$. $S_n = S(\{1, \ldots, n\})$ besitzt $n! = n \cdot (n-1) \ldots \cdot 2 \cdot 1$ Elemente und ist für $n > 3$ nicht kommutativ.
Spezielle Permutationen sind die *Transpositionen*, die lediglich zwei Elemente vertauschen. Jede Permutation läßt sich (nicht eindeutig) als Komposition von Transpositionen darstellen; dabei tritt stets entweder nur eine gerade Anzahl oder nur eine ungerade Anzahl von Transpositionen auf. Im ersten Fall ordnet man der Permutation das °Signum $+1$ zu (und nennt sie *gerade*); im zweiten Fall das Signum -1 (*ungerade* Permutation).

Permutationsgruppe
permutation (sub)group; groupe de permutations

Jede Untergruppe einer symmetrischen °Gruppe (Gruppe aller °Permutationen einer endlichen Menge) heißt *Permutationsgruppe*. Der *Satz von Cayley* besagt: Jede Gruppe ist isomorph zu einer Permutationsgruppe.

Pfaffsche Form
Pfaffian; forme de Pfaff

($\to$ Differentialformen)

p-Gruppe

p-group; p-groupe

Für eine °Primzahl p heißt eine °Gruppe G *p-Gruppe*, wenn für jedes $g \in G$ ein $k \in \mathbb{N}$ existiert mit $\operatorname{ord}(g) = p^k$. Insbesondere sind endliche Gruppen der °Ordnung p^n p-Gruppen.

($\rightarrow$ Sylow-Gruppen)

π (Kreiszahl)

Eines der berühmtesten Probleme der gesamten Mathematikgeschichte war die „Quadratur des Kreises"; d.h. die Konstruktion eines Quadrats mit demselben Flächeninhalt wie eine Kreisscheibe von vorgegebenem Radius. Im ägyptischen Rechenbuch Ahmes ($\sim$1900 v.Chr.) heißt es: „Ziehe $\frac{1}{9}$ von einem Durchmesser ab und konstruiere das Quadrat über dem Rest und es wird dieselbe Fläche haben wie der Kreis".

Mit der Formel πr^2 für die Kreisfläche erhält man damit für π den Wert $(\frac{16}{9})^2 = 3{,}16\ldots$. Dieser Wert ist zwar nicht gut, aber doch erheblich besser als der in der Bibel (1. Buch der Könige 7,23) angegebene Wert von 3. Plato (427–348 v.Chr.) soll $\sqrt{3} + \sqrt{2}$ als Näherungswert benutzt haben (der Fehler liegt unter 1,5‰!). Archimedes entwickelte als erster ein Verfahren zur Ermittlung von π, das eine ständige Verbesserung des Näherungswertes zuließ: er verglich den Kreisumfang mit einbeschriebenen und umbeschriebenen Vielecken; er machte es für 96-Ecke und erhielt die Eingrenzung $3\frac{10}{71} < \pi < 3\frac{1}{7}$. Ludolph van Ceulen (1540–1610) gab den Wert von π auf 35 Stellen nach dem Komma genau an; deshalb wird π auch manchmal Ludolph'sche Zahl genannt.

Die ersten 10 korrekten Dezimalen sind

$$\pi \approx 3{,}1415926535\ldots$$

Picard (Satz von)

($\rightarrow$ Casorati-Weierstraß (Satz von))

Picard-Lindelöf (Iterationsverfahren von)

($\rightarrow$ Existenz- und Eindeutigkeitssatz für Differentialgleichungen)

Pivotsuche

pivoting; pivotage

Algorithmus zur Bestimmung eines *Pivotelements* ($\rightarrow$ Gaußsches Eliminationsverfahren, $\rightarrow$ Simplexmethode).

Poincaré (Lemma von)

In einem °sternförmigen °Gebiet $G \subset \mathbb{R}^n$ ist jede °geschlossene °Differential-form °exakt, d.h. zu jeder r-Form ω auf G mit $d\omega = 0$ gibt es eine $(r-1)$-Form Ω auf G mit $\omega = d\Omega$.

In der Physik wird dieses Lemma oft in der folgenden Form verwendet: „Ist $\operatorname{div} B = 0$, so existiert ein ‚Vektorpotential' A mit $B = \operatorname{rot} A$"; und „ist $\operatorname{rot} F = 0$, so existiert ein ‚skalares Potential' φ mit $F = \operatorname{grad} \varphi$". Dabei ist auf die notwendige Voraussetzung an das Gebiet zu achten. ($\rightarrow$ Vektoranalysis)

Gegenbeispiel: Die Differentialform $\dfrac{y\,dx - x\,dy}{x^2 + y^2}$ auf $\mathbb{R}^2 \setminus \{0\}$ ist geschlossen, aber nicht exakt; sie ist exakt z.B. auf $\mathbb{R}^2 \setminus \{(t, 0) \mid t \leqslant 0\}$.

Poincaré-Sylvester ((Sieb-)Formel von)

Es seien $(\Omega, \mathscr{A}, P)$ ein °Wahrscheinlichkeitsraum und $A_1, \ldots, A_n \in \mathscr{A}$.

Dann gilt: $P\left(\bigcup_{i=1}^{n} A_i \right) = \sum_{k=1}^{n} (-1)^{k+1} \sum_{\substack{(i_1, \ldots, i_k): \\ 1 \leqslant i_1 < \ldots < i_k \leqslant n}} P(A_{i_1} \cap \ldots \cap A_{i_k}).$

Poissonverteilung
Poisson distribution; loi de Poisson

Über $\mathbb{N}_0$ wird für $\lambda \in \mathbb{R}^*_+$ durch $P(\{k\}) := e^{-\lambda} \dfrac{\lambda^k}{k!}$ $(k \in \mathbb{N}_0)$ ein diskretes °Wahrscheinlichkeits-Maß, die *Poissonverteilung mit Parameter* λ (in Zeichen: π_λ) definiert.

Ist eine reelle °Zufallsvariable X π_λ-verteilt, so ist $EX = \lambda = \operatorname{Var} X$.

Sind die Zufallsvariablen X_i $(i = 1, \ldots, n)$ °stochastisch unabhängig und π_{λ_i}-ver-teilt, so ist $\sum_{i=1}^{n} X_i$ π_λ-verteilt mit $\lambda := \sum_{i=1}^{n} \lambda_i$ ($\rightarrow$ Faltung).

($\rightarrow$ Grenzwertsätze)

Pol
pole; pôle

($\rightarrow$ Singularitäten (isolierte $\sim$ einer holomorphen Funktion))

Polarisierung
polarization; polarisation

($\rightarrow$ quadratische Form)

Polarkoordinaten
polar coordinates; coordonnées polaires

Die °Abbildung $]0, \infty[\times [0, 2\pi[\to \mathbb{R}^2 \setminus \{0\}$, $(r, \varphi) \mapsto (r\cos\varphi, r\sin\varphi)$ ist bijektiv und °differenzierbar; die Jacobimatrix hat die °Determinante $r(>0)$, ist also invertierbar. Nach dem Satz über die °Umkehrabbildung bilden (r, φ) also ein (lokales) Koordinatensystem in $\mathbb{R}^2 \setminus \{0\}$ ($\to$ differenzierbare Mannigfaltigkeit). Man bezeichnet die so festgelegten (r, φ) als *Polarkoordinaten* des Punktes $(x, y) \in \mathbb{R}^2 \setminus \{0\}$.

($\to$ komplexe Zahlen)

Polyeder
polyhedron; polyèdre

Ein konvexes *Polyeder P* im $\mathbb{R}^n$ ist definiert als Lösungsmenge von endlich vielen linearen Ungleichungen:

$$P = \{(x_1, \ldots, x_n) \in \mathbb{R}^n \mid a_{i_1} x_1 + \ldots + a_{i_n} x_n \leqslant b_i \text{ für } i = 1, \ldots, k\}.$$

Die °konvexe Hülle von endlich vielen Punkten ist ein Polyeder.

Polynom
polynomial; polynôme

Sei K ein °Körper. Unter einem *Polynom mit Koeffizienten aus K* versteht man einen „formalen Ausdruck"

$$P = a_0 + a_1 T + a_2 T^2 + \ldots + a_n T^n,$$

wo $a_0, a_1, \ldots, a_n \in K$ Koeffizienten sind und T *Unbestimmte* heißt. Zur präzisen Definition geht man so vor:
Sei $K^{(\mathbb{N}_0)}$ der K-°Vektorraum aller °Folgen $(a_0, a_1, \ldots)$ von Elementen von K, bei denen nur endlich viele a_i von Null verschieden sind; die $e_n = (0, \ldots, 0, 1, 0, \ldots)$ (1 an n-ter Stelle) bilden eine Basis von $K^{(\mathbb{N}_0)}$. Es gibt genau eine bilineare Abbildung $K^{(\mathbb{N}_0)} \times K^{(\mathbb{N}_0)} \to K^{(\mathbb{N}_0)}$ (Multiplikation von Polynomen), so daß $e_m e_n = e_{m+n}$ ist für alle $m, n \in \mathbb{N}_0$. Damit wird $K^{(\mathbb{N}_0)}$ ein °Ring (genauer: eine K-°Algebra). Das Einselement ist $e_0 = (1, 0, \ldots)$; für alle $n \in \mathbb{N}$ ist $e_n = (e_1)^n$. Indem man $e_1 = T$ setzt, erhält man jedes Element von $K^{(\mathbb{N}_0)}$ in der eindeutigen Darstellung

$$P = \sum_{i \in \mathbb{N}} a_i T^i = a_0 + a_1 T + \ldots + a_n T^n.$$

Anstelle von $K^{(\mathbb{N}_0)}$ schreibt man dann $K[T]$ und nennt dies den *Polynomring* über K.

Analog definiert man Polynome und Polynomringe in p Unbestimmten $T_1, \ldots, T_p$ (indem man $\mathbb{N}_0$ durch $\mathbb{N}_0^p$ ersetzt) oder Polynome über einem kommutativen Ring R ($R^{(\mathbb{N}_0)}$ ist dann ein °freier R-°Modul); man findet dann z. B. mit $R = K[T]$: $(K[T])[S] \simeq K[T, S] \simeq (K[S])[T]$.

Polynomringe $R[T_1, \ldots, T_p]$ sind durch folgende Eigenschaft charakterisiert: Zu jedem kommutativen Ring S, jedem p-Tupel $(y_1, \ldots, y_p)$ von Elementen von S und zu jedem Ringhomomorphismus $f: R \to S$ gibt es genau einen Ringhomomorphismus $F: R[T_1, \ldots, T_p] \to S$ mit $F(X_i) = y_i$ $(i = 1, \ldots, p)$ und $F \mid R = f$.

Polynomringe über Körpern sind °noethersch (°*Hilbertscher Basissatz*) und °faktoriell (Satz von °Gauß).

($\to$ Nullstellenbestimmung bei Polynomen)

polynomiale Abbildung
polynomial mapping; application polynomiale

Ist $P \in K[T]$ ein °Polynom, so definiert P eine Abbildung $\tilde{P}: K \to K, t \mapsto P(t)$, die von P streng zu unterscheiden ist (die Abbildung $\tilde{P}$ kann bei einem °Körper K mit endlicher °Charakteristik die Nullabbildung sein, auch wenn P nicht das Nullpolynom ist, z. B. $P = T + T^2$ bei $K = \mathbb{Z}/2\mathbb{Z}$). Darüberhinaus definiert P auch eine Abbildung $\tilde{P}_A: A \to A$ für jede assoziative K-°Algebra A (mit Einselement) durch Einsetzen der Elemente von A anstelle der Unbestimmten. Eine Abbildung $f: A \to A$ heißt nun *polynomial*, wenn es ein $P \in K[T]$ gibt mit $f = \tilde{P}_A$. Eine Abbildung $f = (f_1, \ldots, f_m): A^n \to A^m$ heißt *polynomial*, wenn es Polynome $P_1, \ldots, P_m \in K[T_1, \ldots, T_n]$ gibt mit $f_i = \tilde{P}_{iA}$ $(i = 1, \ldots, m)$.

Polynominterpolation
polynomial interpolation; interpolation polynomiale

($\to$ Interpolationspolynom)

positiv definit
positiv definite; défini positif

Eine °symmetrische °Bilinearform (bzw. °Hermitesche Form) $s: V \times V \to \mathbb{K}$ ($\mathbb{K} = \mathbb{R}$ oder $\mathbb{C}$) heißt *positiv definit* oder *Skalarprodukt*, wenn gilt: $s(v, v) > 0$ für alle $v \in V$ mit $v \neq 0$.

Wird s bezüglich einer °Basis von V durch eine symmetrische °Matrix S dargestellt, so ist s genau dann positiv definit, wenn alle °Eigenwerte von S positiv sind; im Falle $\mathbb{K} = \mathbb{R}$ heißt dann S positiv definit und es gilt für alle Koordinatenvektoren $x \neq 0$: $^t x S x > 0$. Fordert man anstelle von > 0 nur $\geqslant 0$, so spricht man von *positiv semidefinit*. Dieser Sachverhalt wird (losgelöst von symmetrischen Bilinearformen) auch für nicht symmetrische Matrizen als allgemeinere Definition für positiv definit benutzt.

Analoge Definitionen für *negativ (semi-) definit.*

Potentialgleichung
potential equation; équation du potentiel

Sei $U \subset \mathbb{R}^n$ offen. Für Funktionen $f: U \to \mathbb{R}$ heißt die partielle °Differentialgleichung

$$\frac{\partial^2 f}{\partial x_1^2} + \ldots + \frac{\partial^2 f}{\partial x_n^2} =: \Delta f = 0 \quad \text{(mit dem °Laplace-Operator } \Delta)$$

die *Potentialgleichung.*

Lösungen der Potentialgleichung heißen *harmonische Funktionen.*

Aus den °Cauchy-Riemannschen Differentialgleichungen ergibt sich, daß Realteil und Imaginärteil holomorpher Funktionen harmonisch sind $(n = 2)$.

Die einzigen Funktionen u, die harmonisch auf $U := \mathbb{R}^n \setminus \{0\}$ sind und nur von

$$r := \|x\| := \left(\sum_{i=1}^{n} x_i^2 \right)^{1/2} \text{ abhängen, sind dann Lösungen der gewöhnlichen °Dif-}$$

ferentialgleichung

$$\frac{d^2 u}{dr^2} + \frac{n-1}{r} \cdot \frac{du}{dr} = 0 \text{ in } \mathbb{R}_+^* ;$$

sie sind von der Form

$$u(r) = \begin{cases} A \cdot \ln r + B, & n = 2 \\ \dfrac{A}{r^{n-2}} + B, & n \geqslant 3 \end{cases} \quad \text{mit Konstanten } A, B \in \mathbb{R}.$$

Eigenschaften harmonischer Funktionen werden in der Potentialtheorie untersucht.

Potenzmenge
power set; ensemble des parties

Sei M eine Menge. Die Menge aller Teilmengen von M wird mit $\mathscr{P}(M)$ bezeichnet und heißt *Potenzmenge* von M. Es gilt stets: $\emptyset \in \mathscr{P}(M)$, $M \in \mathscr{P}(M)$, also z. B. $\mathscr{P}(\emptyset) = \{\emptyset\} \neq \emptyset$.

Ist M eine endliche Menge mit n Elementen, so besteht $\mathscr{P}(M)$ aus 2^n Elementen. Die Potenzmenge einer nicht endlichen °abzählbaren Menge ist nicht mehr abzählbar; allgemein ist die °Kardinalzahl von $\mathscr{P}(M)$ stets größer als die Kardinalzahl von M.

Potenzmethode

($\rightarrow$ Vektoriteration)

Potenzreihe

power series; série entière

Unter einer *Potenzreihe* versteht man einen Ausdruck der Form $\sum\limits_{n=0}^{\infty} a_n T^n$. Eine präzisere Definition lautet wie folgt:

Sei K ein °Körper und $K^{\mathbb{N}_0}$ der K-°Vektorraum aller °Folgen $(a_n)_{n \in \mathbb{N}_0}$ in K. Das Produkt $(a_n)(b_n) = (c_n)$ mit $c_n = \sum\limits_{p+q=n} a_p b_q$ macht $K^{\mathbb{N}_0}$ zu einem °Ring (genauer: einer K-°Algebra). Nun identifiziert man K mit $K \cdot (1, 0, 0, \ldots) \subset K^{\mathbb{N}_0}$ und schreibt T für $(0, 1, 0, \ldots)$, findet $T^n = (0, \ldots, 0, 1, 0, \ldots)$ (1 an n-ter Stelle) und kann schreiben $(a_n)_{n \in \mathbb{N}_0} = \sum\limits_{n=0}^{\infty} a_n T^n = a_0 + a_1 T + a_2 T^2 + \ldots$ Diese $\sum\limits_{n=0}^{\infty} a_n T^n$ heißen *formale Potenzreihen* mit Koeffizienten aus K in der Unbestimmten T, und man notiert den Ring der formalen Potenzreihen über K üblicherweise mit $K[[T]]$.

Analog definiert man mit $K^{\mathbb{N}_0^p}$ den Ring der formalen Potenzreihen in p Unbestimmten $T_1, \ldots, T_p$, notiert als $K[[T_1, \ldots, T_p]]$.

Im Fall $K = \mathbb{R}$ oder $\mathbb{C}$ sind die Unterringe $K\{T\} \subset K[[T]]$ (bzw. $K\{T_1, \ldots, T_p\} \subset K[[T_1, \ldots, T_p]]$) der *konvergenten Potenzreihen* von besonderer Bedeutung in der Analysis ($\rightarrow$ Konvergenzradius); dabei heißt $\sum a_n T^n$ *konvergent*, wenn es ein $r > 0$ gibt, so daß die Reihe $\sum |a_n| r^n$ konvergiert.

Potenzreihenringe sind (unter anderem) °noethersch, °faktoriell und °lokal.

Prähilbertraum

prehilbert space; espace préhilbertien

($\rightarrow$ Hilbertraum)

präkompakt

precompact; précompact

Ein °metrischer Raum M heißt *präkompakt* oder *total beschränkt*, wenn M für jedes $\varepsilon > 0$ durch endlich viele °Kugeln mit Radius ε überdeckt werden kann. Eine Teilmenge heißt *präkompakt*, wenn sie als metrischer Raum (mit der induzierten Metrik) präkompakt ist.

Beispiele: In $\mathbb{R}$ mit der üblichen Metrik $d(x, y) = |x - y|$ ist eine Teilmenge genau dann präkompakt, wenn sie beschränkt ist. Nimmt man jedoch die Metrik

$$d(x, y) = \left| \frac{x}{1 + |x|} - \frac{y}{1 + |y|} \right|$$ (welche dieselbe übliche °Topologie induziert!), so

sind alle Teilmengen (auch $\mathbb{R}$ selbst) präkompakt; präkompakt ist also keine topologische Eigenschaft, d. h. sie wird bei °Homöomorphismen nicht notwendig erhalten.

Ein metrischer Raum ist genau dann °kompakt, wenn er °vollständig und präkompakt ist. Eine Teilmenge eines °metrischen Raumes ist genau dann präkompakt, wenn ihre °abgeschlossene Hülle präkompakt ist.

Prediktor-Korrektor-Verfahren
predictor-corrector method; méthode de prédiction-correction

($\to$ Mehrschrittverfahren)

Primelement
prime element; élément premier

($\to$ Teilbarkeit in Integritätsringen)

Primfaktorzerlegung
decomposition into primes; décomposition en facteurs premiers

Zu jeder natürlichen °Zahl $n > 1$ gibt es eindeutig bestimmte °Primzahlen $p_1, \ldots, p_r$ und positive natürliche Zahlen $a_1, \ldots, a_r$ mit $n = p_1^{a_1} \cdot \ldots \cdot p_r^{a_r}$ (*Fundamentalsatz der elementaren Zahlentheorie*).

($\to$ faktorieller Ring)

Primideal
prime ideal; idéal premier

Ein °Ideal P in einem kommutativen Ring R heißt *Primideal*, wenn gilt:
a) $P \neq R$
b) Sind $a, b \in R$ und ist $ab \in P$, so ist $a \in P$ oder $b \in P$.

P ist genau dann Primideal, wenn $R \setminus P$ multiplikativ abgeschlossen ist (d. h. $a, b \in R \setminus P \Rightarrow ab \in R \setminus P$); ist R kommutativ mit Einselement, so ist P genau dann ein Primideal, wenn R/P ein °Integritätsring ist.

Ein Ideal $P \neq 0$ von $\mathbb{Z}$ oder von $K[X]$ (K ein °Körper, $\to$ Polynom) ist genau dann prim, wenn es von einem irreduziblen Element erzeugt wird ($\to$ Hauptidealring, $\to$ Teilbarkeit in Integritätsringen).

---

primitive Einheitswurzel
primitive root of unity; racine de l'unité primitive

Eine n-te °Einheitswurzel a heißt *primitiv*, wenn $a^m \neq 1$ ist für alle $1 \leq m < n$.

Beispiel: $\exp\left(\dfrac{\pi i}{3}\right)$ ist primitive 6-te Einheitswurzel, $\exp\left(\dfrac{2\pi i}{3}\right)$ ist keine primitive 6-te Einheitswurzel.

Ist p eine Primzahl, so ist jede p-te Einheitswurzel $\neq 1$ primitiv. Allgemein gibt es genau $\varphi(n)$ primitive n-te Einheitswurzeln ($\to$ Eulersche Funktion, $\to$ Kreisteilungspolynom).

primitives Element
primitive element; élément primitif

Ist K/k eine °Körpererweiterung, so heißt $\alpha \in K$ *primitiv*, wenn jeder Körper L mit $k \subset L \subset K$ und $\alpha \in L$ mit K übereinstimmt. Man schreibt dafür $K = k(\alpha)$ und sagt: K entsteht durch *Adjunktion* von α.

Jede °endliche °separable °Körpererweiterung besitzt ein primitives Element (*Satz vom primitiven Element*).

primitives Polynom
primitive polynomial; polynôme primitif

Sei R ein °faktorieller Ring und $f \in R[X] \setminus \{0\}$ $f = a_0 + a_1 X + \ldots + a_n X^n$. Unter dem *Inhalt* $I(f)$ von f versteht man den größten gemeinsamen Teiler ($\to$ Teilbarkeit in Integritätsringen) der Koeffizienten $a_0, \ldots, a_n$. Ist $I(f) = 1$, so heißt das Polynom f *primitiv*.

Ist $Q(R)$ der °Quotientenkörper von R, so gilt: Ein primitives Polynom $f \in R[X]$ ist in $R[X]$ genau dann °irreduzibel, wenn es in $Q(R)[X]$ irreduzibel ist.

Primitivwurzel

Sei m eine natürliche Zahl. Eine ganze, zu m teilerfremde Zahl x heißt *Primitivwurzel* modulo m, wenn die Restklasse von $x \bmod m$ die °Einheitengruppe von $(\mathbb{Z}/m\mathbb{Z})$ erzeugt, d.h. wenn die Zahlen $x, x^2, \ldots, x^{\varphi(m)}$ °inkongruent $\bmod m$ sind. Dabei ist φ die °Eulersche Funktion.

Beispiele: Ist p Primzahl, so ist jede ganze Zahl m mit $(m, p) = 1$ Primitivwurzel $\bmod m$.

Es gibt keine Primitivwurzel $\bmod 8$.

Primkörper
prime field; corps premier

Ein °Körper heißt *Primkörper*, wenn er keine echten Unterkörper enthält. Jeder Körper enthält genau einen Primkörper (Durchschnitt aller Unterkörper); dieser ist isomorph entweder zu $\mathbb{Q}$ (wenn der Körper °Charakteristik Null hat), oder zu $\mathbb{F}_p = \mathbb{Z}/p\mathbb{Z}$ (im Fall von Charakteristik p, p eine Primzahl).

Primzahl

prime number; nombre premier

Eine natürliche Zahl $p \geqslant 2$ heißt *Primzahl*, falls sie ein Produkt (von natürlichen Zahlen) nur dann teilt, wenn sie mindestens einen Faktor teilt; äquivalent dazu ist, daß sie nur die trivialen Teiler 1 und p besitzt. Mit Hilfe der Eindeutigkeit der Primzahlzerlegung kann man leicht folgern, daß unendlich viele Primzahlen existieren.

($\rightarrow$ Fermatsche Zahl)

Primzahlsatz

Sei $\pi: \mathbb{R}^+ \rightarrow \mathbb{N}$ definiert durch $\pi(x) :=$ Anzahl der Primzahlen $\leqslant x$. Dann gilt:

$$\pi(x) \sim \frac{x}{\log x}, \quad \text{d.h.} \quad \lim_{x \to \infty} \pi(x) \cdot \frac{\log x}{x} = 1.$$

Mit anderen Worten: Die *Dichte* $\dfrac{\pi(x)}{x}$ der Primzahlen im Intervall $[0, x]$ verhält sich asymptotisch (für $x \to \infty$) wie $\dfrac{1}{\log x}$.

Prinzip der offenen Abbildung

open mapping principle; théorème de l'application ouverte

Seien X, Y °Banach-Räume und $T: X \rightarrow Y$ eine °stetige, °lineare, surjektive °Abbildung, dann ist T eine °offene Abbildung.
(Beweis mit Hilfe des Baireschen Satzes, $\rightarrow$ Bairescher Raum).
Anwendungen: Satz vom °inversen Operator; Satz vom °abgeschlossenen Graphen.

Produktmaß

product measure; mesure produit

Es seien $(\Omega_i, \mathscr{A}_i, P_i)$ °Wahrscheinlichkeitsräume für $i = 1, \ldots, n$; $\Omega := \prod_{i=1}^{n} \Omega_i$ das °kartesische Produkt und $\mathscr{A} := \bigotimes_{i=1}^{n} \mathscr{A}_i$ die Produkt-°σ-Algebra in Ω.

Dann existiert genau ein °Wahrscheinlichkeitsmaß P auf $(\Omega, \mathscr{A})$ mit der Eigenschaft $P(A_1 \times \ldots \times A_n) = \prod_{i=1}^{n} P(A_i)$ für $A_i \in \mathscr{A}_i$. Bzgl. dieses P sind die °Projektionen $pr_i: \Omega \rightarrow \Omega_i$ ($i \in I$) °stochastisch unabhängige Zufallsvariable. P heißt das

Produkt der *Wahrscheinlichkeits-Maße* P_i oder das *Produktmaß der* P_i und wird

mit $P = P_1 \otimes \ldots \otimes P_n = \bigotimes_{i=1}^{n} P_i$ bezeichnet.

Sind die P_i absolut-stetige °Wahrscheinlichkeitsmaße auf $(\mathbb{R}, \mathscr{B})$ mit Dichten

f_i, so ist das Produktmaß $\bigotimes_{i=1}^{n} P_i$ auf $(\mathbb{R}^n, \mathscr{B}^n)$ absolut stetig mit Dichte

$f \colon \mathbb{R}^n \to \mathbb{R}, \ (x_1, \ldots, x_n) \mapsto \prod_{i=1}^{n} f_i(x_i)$ (vgl. z. B. °Normalverteilung). –

In der °Wahrscheinlichkeitstheorie zeigt man die Existenz des Produktmaßes auch für beliebige Indexmengen I. Im Fall $I = \mathbb{N}$ liefert dies ein Modell für die unbegrenzte unabhängige Wiederholung von Einzelexperimenten.

Produktregel

product rule; règle pour la dérivation d'un produit

Seien $I = (a, b) \subset \mathbb{R}$ ein °offenes °Intervall und $f, g \colon I \to \mathbb{R}$ in $x \in I$ °differenzierbare Funktionen. Dann ist auch die Funktion $f \cdot g \colon I \to \mathbb{R}, \ x \mapsto f(x) \cdot g(x)$ in x differenzierbar und es gilt $(f \cdot g)'(x) = f'(x) \cdot g(x) + f(x) \cdot g'(x)$.

Produkttopologie

product topology; topologie produit

Sei $(X_i)_{i \in I}$ eine Familie °topologischer Räume. Auf dem °kartesischen Produkt $\prod_{i \in I} X_i$ bilden die Mengen der Gestalt $\prod_{i \in I} U_i$, wobei die U_i offen in X_i und nur endlich viele davon $\neq X_i$ sind, eine °Basis einer °Topologie, diese wird *Produkttopologie* genannt. Dies ist die gröbste Topologie, für die alle °Projektionen $p_j \colon \prod_{i \in I} X_i \to X_j \ (j \in I)$ °stetig sind; sie ist die °Initialtopologie auf $\prod X_i$ bezüglich der X_i und der p_i, $i \in I$, $\prod X_i$ versehen mit dieser Topologie heißt *topologisches Produkt* der X_i, $i \in I$.

Sei Y ein beliebiger topologischer Raum; eine Abbildung $f \colon Y \to \prod_{i \in I} X_i$ ist genau dann stetig, wenn $pr_j \circ f$ für alle $j \in I$ stetig ist. (Man sagt deshalb auch: die Produkttopologie ist die Topologie der komponentenweisen Stetigkeit.)

Projektion

projection; projection

(1) Sei $M \neq \emptyset$ eine Menge und R eine °Äquivalenzrelation auf M. Die °Abbildung $\Pi \colon M \to M/R, \ \Pi(x) = [x]_R$ heißt *Projektion*.

(2) Sei V ein K-°Vektorraum. Ein °Endomorphismus $f\colon V \to V$ heißt *Projektion* auf U längs W, wenn $V = U \oplus W$ und für alle $x = u + w$ gilt $f(x) = u$ ($u \in U$, $w \in W$). Ein Endomorphismus f ist genau dann Projektion, wenn er °idempotent ist, d. h. wenn $f \circ f = f$ gilt.

Ist V °unitär (bzw. °euklidisch) und gilt $W = U^{\perp} = \{x \in V \mid \langle x, u \rangle = 0 \; \forall u \in U\}$ ($\to$ orthogonales Komplement), so heißt f orthogonale Projektion auf U.

(3) Ist $(A_i)_{i \in I}$ eine nichtleere Familie von nichtleeren Mengen, so heißen die Abbildungen $pr_j\colon \prod_{i \in I} A_i \to A_j$, $pr_j((a_i)_{i \in I}) = a_j$ (*kanonische*) *Projektionen* auf die j-te Komponente.

---

projektiver Raum
projective space; espace projectif

Sei V ein °Vektorraum über einem °Körper K. Die Menge der 1-dimensionalen Untervektorräume (d. h. der Geraden durch 0) wird mit $\mathbb{P}(V)$ bezeichnet und heißt der zu V gehörige *projektive Raum*. Ist $\dim V = n + 1$, so ist $\dim \mathbb{P}(V) = n$ die (projektive) *Dimension* von $\mathbb{P}(V)$. So ist z. B. $\mathbb{P}(0) = \emptyset$ und $\dim \emptyset = -1$. Für $n = 1$ spricht man von der *projektiven Geraden*; für $n = 2$ von der *projektiven Ebene* (*über* K).

Ist $V = K^{n+1}$, so bezeichnet man mit $\mathbb{P}_n(K) = \mathbb{P}(K^{n+1})$ den (kanonischen) n-*dimensionalen projektiven Raum über* K.

Ein Punkt $p \in \mathbb{P}_n(K)$ wird festgelegt durch ein $(n + 1)$-Tupel $x = (x_0, x_1, \ldots, x_n) \in K^{n+1} \setminus \{0\}$, und $y = (y_0, y_1, \ldots, y_n) \in K^{n+1} \setminus \{0\}$ definiert denselben Punkt $p \in \mathbb{P}_n(K)$ genau dann, wenn es ein $\alpha \in K \setminus \{0\}$ gibt mit $y = \alpha x$ (d. h. wenn y und x auf derselben Geraden durch 0 liegen). Man schreibt dann oft $p = [\dot{x}] = (x_0 : x_1 : \ldots : x_n) = (y_0 : y_1 : \ldots : y_n)$ und nennt $x_0 : x_1 : \ldots : x_n$ *homogene Koordinaten* von p in $\mathbb{P}_n(K)$. Die Abbildung $K^{n+1} \setminus \{0\} \to \mathbb{P}_n(K)$, $x \mapsto [x]$ läßt $\mathbb{P}_n(K)$ als Quotient von $K^{n+1} \setminus \{0\}$ nach der °Äquivalenzrelation $x \sim y \; :\Longleftrightarrow (\exists\, \alpha \in K \setminus \{0\}\colon y = \alpha x)$ erscheinen.

Ist $U \subset V$ eine °Hyperebene, also $\mathbb{P}(U)$ eine projektive Hyperebene in $\mathbb{P}(V)$, so trägt $\mathbb{P}(V) \setminus \mathbb{P}(U)$ eine Struktur als n-dimensionaler °affiner Raum. Umgekehrt läßt sich jeder affine Raum zu einem projektiven Raum gleicher (projektiver) Dimension vervollständigen.

Projektivität
projectivity; isomorphisme d'espaces projectifs

Seien V und W °Vektorräume über einem °Körper K. Eine °Abbildung $f\colon \mathbb{P}(V) \to \mathbb{P}(W)$ ($\to$ projektiver Raum) heißt *projektiv*, wenn es eine injektive (!) °lineare Abbildung $F\colon V \to W$ gibt mit $f(Kv) = K \cdot F(v)$ für alle $v \in V$, $v \neq 0$. Ein bijektiver projektiver Endomorphismus heißt *Projektivität*.

Die °Gruppe der Projektivitäten auf $\mathbb{P}_n(K) = \mathbb{P}(K^{n+1})$ ist isomorph zur °Faktorgruppe $PGL(n, K) := GL(n+1, K)/K^* \cdot (\ )$, wo $K^* \cdot (\ )$ die Vielfachen $(\neq 0)$ der $(n+1) \times (n+1)$-Einheitsmatrix bezeichnet (dies ist ein °Normalteiler in $GL(n+1, K)$).

Punktschätzung
point estimation; estimation ponctuelle

($\rightarrow$ Schätzung)

punktweise Konvergenz
pointwise convergence; convergence simple

($\rightarrow$ Konvergenz von Funktionenfolgen)

Q

QR-Verfahren

Es sei $A \in M(n \times n, \mathbb{R})$. Das *QR-Verfahren* zur Berechnung der °Eigenwerte und Eigenvektoren von A besteht darin, ausgehend von $A_1 := A$ Matrizen Q_i, R_i und A_i zu berechnen mit $A_i = Q_i R_i$, wobei Q_i jeweils eine °unitäre und R_i eine obere °Dreiecksmatrix ist. Die sogenannte QR-Zerlegung $A_i = Q_i R_i$ läßt sich mit Hilfe von $n-1$ °Householdertransformationen durchführen. Es gibt $n-1$ Householdermatrizen $H_j^{(i)}$, $j = 1, \ldots, n-1$, so daß $H_{n-1}^{(i)} \ldots H_1^{(i)} A_i = R_i$, dann setzt man $A_{i+1} = R_i H_1^{(i)} \ldots H_{n-1}^{(i)}$. Die Matrizen A_i, $i = 1, 2, \ldots$ sind °ähnlich zueinander. Sie konvergieren gegen eine obere °Dreiecksmatrix, deren Diagonalelemente die Eigenwerte von A enthalten, falls alle Eigenwerte von unterschiedlichem Betrag sind. Die zugehörigen Eigenvektoren, die °linear unabhängig und °orthogonal sind, findet man als Spaltenvektoren des Matrixproduktes aus den ${}^t Q_i = H_{n-1}^{(i)} \ldots H_1^{(i)}$. Das QR-Verfahren wird mit vertretbarem Rechenaufwand nur auf °Tridiagonalmatrizen und °Hessenbergmatrizen angewendet, alle A_i sind dann jeweils von dieser Gestalt. Allgemeine Matrizen lassen sich durch Householdertransformationen auf Hessenberggestalt, symmetrische auf Tridiagonalgestalt bringen. Entsprechende Programme sind in gängigen Programmbibliotheken (IMSL, Eispack, NAG) vorhanden.

quadratische Form
quadratic form; forme quadratique

Eine Abbildung $q : V \to K$ eines K-Vektorraums V nach K heißt *quadratische Form*, wenn gilt:

i) $q(\alpha v) = \alpha^2 q(v)$ für alle $v \in V$ und $\alpha \in K$

ii) die Abbildung $s : V \times V \to K$, $(v, w) \mapsto q(v+w) - q(v) - q(w)$ ist eine °Bilinearform auf V. Sie ist stets symmetrisch und heißt die *Polarisierte* von q.

Jede symmetrische Bilinearform s auf V induziert eine quadratische Form q_s auf V durch $q_s(v) := s(v, v)$; umgekehrt erhält man im Fall char$K \neq 2$ ($\to$ Charakteristik) aus q_s durch Polarisierung die Bilinearform s zurück: $s(v, w) = \frac{1}{2}(q_s(v+w) - q_s(v) - q_s(w))$.

quadratischer Rest
quadratic residue; reste quadratique

Ist $m > 1$ eine natürliche Zahl, so heißt die ganze, zu m teilerfremde Zahl a *quadratischer Rest* modulo m, wenn die (quadratische) °Kongruenz $x^2 \equiv a \pmod{m}$ eine Lösung besitzt, und *quadratischer Nichtrest*, falls $x^2 \equiv a \pmod{m}$ nicht lösbar ist.

Beispiel: 3 ist quadratischer Nichtrest modulo 4, 1 ist quadratischer Rest modulo m.

Ist $m = \Pi p_i^{k_i}$ die Primfaktorzerlegung mit $p_i \neq p_j$, so ist a quadratischer Rest $\mathrm{mod}\,m$ genau dann, wenn a quadratischer Rest $\mathrm{mod}\,p_i^{k_i}$ für alle i ist.

Ist p Primzahl und $a \in \mathbb{Z}$ kein Vielfaches von p, so ist

$$\left(\frac{a}{p}\right) := \begin{cases} 1, & \text{wenn } a \text{ quadratischer Rest } \mathrm{mod}\,p \\ -1, & \text{wenn } a \text{ quadratischer Nichtrest } \mathrm{mod}\,p \end{cases}$$

das *Legendre-Symbol.*

Quadraturformel
quadrature formula, formule de quadrature

Quadraturformeln dienen zur numerischen Berechnung von °Riemann-Integralen Riemann-integrierbarer Funktionen. Zur Entwicklung solcher Formeln sucht man eine Unterteilung $a = x_0 < x_1 < \ldots < x_n = b$ des gegebenen Integrationsintervalls $[a, b]$ und zugehörige *Gewichte* w_i, $i = 1, \ldots, n$, so daß eine möglichst große Klasse von Funktionen exakt integriert wird. Ist f eine zu integrierende Funktion, so hat eine Quadraturformel dann im allgemeinen die Form

$$\sum_{i=0}^{n} w_i f(x_i)$$

(aus numerischen Gründen verlangt man meistens $w_i \in \mathbb{R}^*_+$) und man versucht

$$R_n(f) := \int_a^b f(x)\,dx - \sum_{i=0}^{n} w_i f(x_i)$$

betraglich möglichst klein werden zu lassen. Ist die Unterteilung fest vorgegeben und bestimmt man die Gewichte dadurch, daß man anstelle einer (beliebigen) Funktion f eine interpolierende Funktion ($\rightarrow$ Interpolation), die durch die Stützstellen x_i mit den Werten $f_i = f(x_i)$ festgelegt wird, integriert, so spricht man von *Interpolationsquadratur.* Sind die Stützstellen äquidistant, d.h. gilt

$$x_i = a + ih, \quad i = 0, 1, \ldots, n, \quad h = \frac{b-a}{n},$$

und interpoliert man durch das eindeutig bestimmte °Interpolationspolynom, so erhält man die °Newton-Cotes-Formeln.

In der Praxis werden ferner die °Gaußquadratur, bei der Stützstellen und Gewicht für jedes n neu bestimmt werden, und die °Rombergintegration, die auf dem Prinzip der °Extrapolation beruht, verwendet.

Quadrik
quadric; quadrique

Sei K ein °Körper mit Charakteristik $\neq 2$ (am besten $K = \mathbb{R}$ oder $K = \mathbb{C} \ldots$) und $n \in \mathbb{N}$, $n \geqslant 2$. Eine Teilmenge $Q \subset K^n$ heißt *(affine) Quadrik*, wenn es ein °Polynom in n Unbestimmten vom Grad 2 (der Gestalt $P(t_1, \ldots, t_n) = \sum\limits_{1 \leqslant i < j \leqslant n} a_{ij} t_i t_j + \sum\limits_{1 \leqslant i \leqslant n} a_{0i} t_i + a_{00}$ mit Koeffizienten $a_{ij} \in K$) gibt, so daß $Q = \{(x_1, \ldots, x_n) \in K^n : P(x_1, \ldots, x_n) = 0\}$ genau gleich der Nullstellenmenge dieses quadratischen Polynoms ist.

In Matrizenschreibweise setzt man $x' = {}^t(1, x_1, \ldots, x_n)$ (als Spaltenvektor) und $A' = (\alpha_{ij})$ $(i, j = 0, 1, \ldots, n)$ mit $\alpha_{ii} := a_{ii}$ und $\alpha_{ij} = \alpha_{ji} = a_{ij}/2$ für $i < j$; dann ist

$$P(x_1, \ldots, x_n) = {}^t x' \cdot A' \cdot x',$$ wo A' eine symmetrische Matrix ist.

Beispiele: Für $K = \mathbb{R}$ und $m = 2$ erhält man Kreise, Ellipsen, Parabeln, Hyperbeln (und Doppelgeraden); für $n = 3$ Ellipsoide (speziell Sphären), Hyperboloide, Paraboloide, Zylinder und Kegel (und Doppelebenen).

Für ein homogenes Polynom H in $n + 1$ Unbestimmten vom Grad 2 ist das Nullstellengebilde $Q' = \{(x_0, x_1, \ldots, x_n) \in K^{n+1} \mid H(x_0, x_1, \ldots, x_n) = 0\}$ ein °Kegel im K^{n+1}, also kann $Q = Q' \setminus \{0\}$ als Teilmenge des $\mathbb{P}_n(K)$ aufgefaßt werden; Q heißt *(projektive) Quadrik*.

($\rightarrow$ Hauptachsentransformation (affine $\sim$ von rellen Quadriken))

Quantil
quantile; quantile

Es seien P ein °Wahrscheinlichkeitsmaß auf $(\mathbb{R}, \mathscr{B})$ und $\alpha \in [0, 1]$. Man definiert das *α-Quantil* (oder auch *α-Fraktil*) *von* P als $c_\alpha := \sup\{x \in \mathbb{R} : P(]-\infty, x[) \leqq \alpha\}$ (bei manchen Autoren auch $(1-\alpha)$-Quantil genannt).

Ein 0.5-Quantil heißt *Median*.

Ist X eine reelle °Zufallsvariable auf $(\Omega, \mathscr{A}, P)$ mit °Verteilungsfunktion F_X, so gilt für das α-Quantil c_α der Verteilung P_X von X: $c_\alpha := \inf\{x \in \mathbb{R} : F_X(x) \geqq \alpha\}$; falls F_X stetig und streng °monoton ist, gilt $c_\alpha = F_X^{-1}(\alpha)$.

In der Mathematischen Statistik werden Quantile z. B. zur Bestimmung kritischer Werte bei °optimalen °Tests benötigt; die α-Quantile der auftretenden Verteilungen sind für ‚geläufige' α-Werte in Tabellen vertafelt. Die Anwendung der Tabellen verlangt häufig die Kenntnis von Symmetrieeigenschaften der Verteilungen.

quasikompakt

($\rightarrow$ kompakt)

Quaternionen
quaternions; quaternions

In Analogie zur Multiplikation auf $\mathbb{R}^2$, der Multiplikation komplexer Zahlen, die der Komposition von Drehstreckungen entspricht, suchte man auch auf $\mathbb{R}^n$ ($n \geqslant 3$) eine Multiplikation zu definieren. Schließlich gelang es W. R. Hamilton im Jahre 1843, auf $\mathbb{R}^4$ eine nicht-kommutative Multiplikation anzugeben, mit der $\mathbb{R}^4$ (in heutiger Terminologie) ein Schiefkörper wird, der *Quaternionenkörper* ($\rightarrow$ Körper).

Man notiert ihn $\mathbb{H}$ (wie *H*amilton), sieht ihn als 4-dimensionalen °Vektorraum über $\mathbb{R}$ mit einer Basis 1, i, j, k und definiert die Multiplikation durch $i^2 = j^2 = k^2 = -1$, $ij = -ji = k$, $jk = -kj = i$, $ki = -ik = j$ sowie lineare Fortsetzung (so daß die Distributivgesetze gelten). Dann sind $\mathbb{R} \rightarrow \mathbb{H}$, $\alpha \mapsto \alpha \cdot 1$ und $\mathbb{C} \rightarrow \mathbb{H}$, $u = \alpha + i\beta \mapsto \alpha + i\beta$ Unterkörper, und $\mathbb{H}$ erscheint auch als 2-dimensionaler $\mathbb{C}$-Vektorraum: $\mathbb{H} = \mathbb{C} + \mathbb{C} \cdot j$. Die *Konjugation* $h = \alpha + i\beta + i\gamma + k\delta \mapsto \bar{h} := \alpha - i\beta - j\gamma - k\delta$ ist ein Körperautomorphismus von $\mathbb{H}$, und $\|h\| := (h\bar{h})^{1/2}$ ist eine °Norm auf $\mathbb{H}$ (die übliche euklidische Norm auf $\mathbb{R}^4$). Vielfach nützlich (auch in der theoretischen Physik) ist die Matrizendarstellung $\mathbb{H} \rightarrow GL(4, \mathbb{R})$ bzw. $GL(2, \mathbb{C})$,

$$h = \alpha + i\beta + j\gamma + k\delta \mapsto \begin{pmatrix} \alpha & \beta & \gamma & \delta \\ -\beta & \alpha & -\delta & \gamma \\ -\gamma & \delta & \alpha & -\beta \\ -\delta & -\gamma & \beta & \alpha \end{pmatrix} \quad \text{bzw.} \quad \begin{pmatrix} u & v \\ -\bar{v} & \bar{u} \end{pmatrix}$$

mit $u = \alpha + i\beta$, $v = \gamma + i\delta$; die Quaternionenmultiplikation ist gerade die Matrizenmultiplikation und natürlich beschreibt $h = u + vj$ die oben erwähnte Zerlegung $\mathbb{H} = \mathbb{C} + \mathbb{C} \cdot j$.

Die Quaternionen der Norm 1 bilden eine multiplikative °Gruppe, die isomorph zu $SU(2)$ ist; als Menge stellen sie die drei-dimensionale Einheitssphäre S^3 in $\mathbb{R}^4$ dar, und insgesamt ist diese Gruppe die (2-blättrige) °universelle Überlagerung der Gruppe $SO(3)$ der Drehungen des $\mathbb{R}^3$ ($\rightarrow$ klassische Gruppen).

Quotientengruppe
quotient group; groupe quotient

($\rightarrow$ Faktorgruppe)

Quotientenkörper (eines Integritätsrings)
quotient field; corps des fractions

Beim elementaren Aufbau des °Zahlensystems konstruiert man den Körper der rationalen Zahlen $\mathbb{Q}$ aus dem °Integritätsring $\mathbb{Z}$, indem man auf $\mathbb{Z} \times (\mathbb{Z} \setminus \{0\})$ die Äquivalenzrelation $(a, b) \sim (a', b') : \Leftrightarrow ab' = a'b$ erklärt, für eine Äquivalenzklasse $\frac{a}{b}$ schreibt und rechnet $\frac{a}{b} + \frac{c}{d} = \frac{ad+bc}{bd}$ und $\frac{a}{b} \cdot \frac{c}{d} = \frac{ac}{bd}$. Der Ring $\mathbb{Z}$ wird vermöge $a = \frac{a}{1}$ als Unterring von $\mathbb{Q}$ aufgefaßt.

Diese Konstruktion läßt sich in genau derselben Weise durchführen für einen beliebigen Integritätsring R; man erhält einen Körper $Q(R)$, den *Quotientenkörper* von R und eine injektive Abbildung $i: R \to Q(R)$, die zusammen durch folgende Eigenschaft charakterisiert sind: Zu jedem Körper K und jedem Ringhomomorphismus $f: R \to K$ gibt es genau einen Körperhomomorphismus $F: Q(R) \to K$, so daß $f = F \circ i$ ist.

Beispiel: Der Körper $\mathcal{M}(\mathbb{C})$ der auf $\mathbb{C}$ °meromorphen Funktionen ist der Quotientenkörper des Integritätsrings $\mathcal{O}(\mathbb{C})$ der auf $\mathbb{C}$ °holomorphen Funktionen.

Quotientenkriterium
ratio test; règle d'Alembert

($\to$ Konvergenzkriterium für Reihen 6))

Quotientenmenge
quotient set; ensemble quotient

($\to$ Äquivalenzrelation)

Quotientenregel
quotient rule; règle pour la dérivation d'un quotient

Seien $I = (a, b) \subset \mathbb{R}$ ein °offenes °Intervall und $f, g: I \to \mathbb{R}$ in $x_0 \in I$ °differenzierbare Funktionen mit $g(x_0) \neq 0$. Dann ist auch die Funktion

$$\frac{f}{g} : I \setminus \{x \in I; \ g(x) = 0\} \to \mathbb{R}, x \mapsto \frac{f(x)}{g(x)}, \quad \text{in } x_0 \text{ differenzierbar, und es gilt}$$

$$\left(\frac{f}{g}\right)'(x_0) = \frac{f'(x_0)\, g(x_0) - f(x_0)\, g'(x_0)}{g(x_0)^2}.$$

Quotiententopologie
quotient topology; topologie quotient

Sei X ein °topologischer Raum, R eine °Äquivalenzrelation auf X und $Y = X/R$ die Quotientenmenge mit der kanonischen Projektion $p: X \to Y$. Dann ist

$\{V \subset Y \mid p^{-1}(V)$ ist offen in $X\}$ eine °Topologie auf Y, die *Quotiententopologie*. Sie ist die feinste Topologie, bei der p °stetig ist, und wird charakterisiert durch folgende Eigenschaft: Eine Abbildung $g: Y \to Z$ (in einen topologischen Raum Z) ist genau dann stetig, wenn $g \circ p: X \to Z$ stetig ist; es handelt sich um einen Spezialfall der °Finaltopologie bzw. °Identifizieungstopologie. Y versehen mit dieser Topologie heißt *Quotientenraum* von X nach R.

Quotientenvektorraum

quotient vector space; espace vectoriel quotient

Sei V ein K-°Vektorraum und $W \subset V$ ein Untervektorraum. Auf der °Faktorgruppe V/W der zugrundeliegenden additiven Gruppen definiert man eine Multiplikation mit Skalaren durch $\alpha \cdot (x + W) = \alpha x + W$ ($\alpha \in K, x \in V$). Damit wird V/W ein K-Vektorraum, der *Quotientenvektorraum* von V nach W und die kanonische Abbildung $V \to V/W$ *k-linear*.

Ist V endlich-dimensional, so gilt die Dimensionsformel $\dim V = \dim W + \dim V/W$.

R

Radikalerweiterung
radical extension; extension radicielle

Eine °Körpererweiterung K/k heißt *Radikalerweiterung*, wenn es eine Kette $K = L_m \supset L_{m-1} \supset \ldots \supset L_0 = k$ von Zwischenkörpern gibt, so daß für jedes $i = 0, \ldots, m-1$ gilt: $L_{i+1} = L_i(b_i)$ mit einer Nullstelle b_i eines Polynoms der Gestalt $X^{n_i} - a_i$, $a_i \in L_i$.

Sind L/k und K/L Radikalerweiterungen, so auch K/k. Jede Radikalerweiterung ist eine endliche, also °algebraische Körpererweiterung; sie braucht jedoch i. allg. nicht Galois-Erweiterung ($\rightarrow$ Galoistheorie) zu sein.

Ein Polynom $f \in k[X]$ heißt über k *durch Radikale lösbar*, wenn es eine Radikalerweiterung K/k gibt, so daß f über K in Linearfaktoren zerfällt. Dies ist genau dann der Fall, wenn die Galoisgruppe von f über k °auflösbar ist. Es folgt: Über $\mathbb{Q}$ ist jedes Polynom vom Grad $\leqslant 4$ durch Radikale lösbar, nicht aber jedes Polynom eines Grades $n \geqslant 5$.

Rand
boundary; frontière, bord

Sei A eine Teilmenge eines °topologischen Raumes X. Der *Rand* von A ist definiert durch $\mathrm{Rd}\,A := \bar{A} \cap (\overline{X \setminus A}) = \bar{A} \setminus \mathring{A}$, als weitere Bezeichnung ist auch ∂A üblich. Den Rand von A bilden also die Punkte, die sowohl °Berührungspunkte von A als auch von $X \setminus A$ sind.

Beispiele: $X = \mathbb{R}$; $\mathrm{Rd}([0, 1]) = \mathrm{Rd}(]0, 1[) = \{0, 1\}$; $\mathrm{Rd}(\{0\}) = \{0\}$; $\mathrm{Rd}(\mathbb{R}) = \emptyset$; $\mathrm{Rd}(\mathbb{Q}) = \mathbb{R}$.

($\rightarrow$ abgeschlossene Hülle, $\rightarrow$ offener Kern)

Randwertproblem
boundary value problem; problème aux limites

Es sei ein System gewöhnlicher °Differentialgleichungen $y' = f(x, y)$, gegeben mit einer °Abbildung $f: [a, b] \times \mathbb{R}^n \rightarrow \mathbb{R}^n$. Verlangt man, daß eine Lösung u dieses Systems zusätzlich die sogenannten Randbedingungen $r(u(a), u(b)) = 0$, $r: \mathbb{R}^n \times \mathbb{R}^n \rightarrow \mathbb{R}^n$ erfüllen soll, so spricht man von einem *Randwertproblem*; Schreibweise: $y' = f(x, y)$, $y = u(x)$, $r(u(a), u(b)) = 0$. In der Praxis sind häufig „separierte" lineare Randbedingungen gegeben, d. h. $r(u(a), u(b)) = (r_1(u(a)), r_2(u(b)))$ mit $r_1(u(a)) = A u(a) - c$, $r_2(u(b)) = B u(b) - d$ mit $A, B \in M(n, \mathbb{R})$; $c, d \in \mathbb{R}^n$.

Eine Differentialgleichung höherer Ordnung der Form $y^{(m)} = f(x, y, y', \ldots, y^{(m-1)})$, mit $f: [a, b] \times \mathbb{R}^n \times \ldots \times \mathbb{R}^n \rightarrow \mathbb{R}^n$ und den Randbedingungen $r(u(a), u(b), u'(a), u'(b), \ldots, u^{(m-1)}(a), u^{(m-1)}(b)) = 0$ für eine Lösung u läßt sich durch geeignete

Substitutionen $y_0 := y, \ldots, y_{m-1} := y^{(m-1)}$ stets in ein Randwertproblem von obiger Form überführen.

Differentialgleichungen zweiter Ordnung der Form $y'' = f(x, y, y')$ werden oft nicht in ein System überführt, sondern „direkt" numerisch behandelt ($\to$ Differenzenverfahren, $\to$ Schießverfahren).

Anders als bei °Anfangswertproblemen läßt sich bei Randwertproblemen, auch wenn f einer °Lipschitzbedingung genügt, im allgemeinen keine Existenz- oder Eindeutigkeitsaussage machen. So besitzt das Randwertproblem $y'' = -y$ für die Randbedingung $u(0) = 0$, $u(1) = 0$ die eindeutige Lösung $u(x) = 0$, für die Randbedingung $u(0) = 0$, $u(\pi) = 0$ die Lösungen $u(x) = \alpha \sin x$ mit $\alpha \in \mathbb{R}$ und für die Randbedingung $u(0) = 1$, $u(\pi) = 0$ keine Lösung.

Rang (einer differenzierbaren Abbildung)
rank; rang

Eine °differenzierbare Abbildung $f : U \to V$ ($U \subset \mathbb{R}^n$, $V \subset \mathbb{R}^m$ °offen oder auch U, V °differenzierbare Mannigfaltigkeiten) hat in $p \in U$ den *Rang r*, wenn die Funktionalmatrix ($\to$ differenzierbar) von f an der Stelle $p \in U$ den Rang r hat. (Der Rang ist unabhängig von den gewählten °lokalen Koordinaten.) Für alle Punkte p' in einer (kleinen) °Umgebung von p ist dann der Rang $\geqslant r$ (°Halbstetigkeit des Ranges). Ist der Rang von f konstant $= r$, so hat f in geeigneten Koordinaten lokal jeweils die Gestalt $(x_1, \ldots, x_n) \mapsto (x_1, \ldots, x_r, 0, \ldots, 0)$ (*Satz vom konstanten Rang*).

Rang (einer linearen Abbildung)

Seien V und W °Vektorräume und $f : V \to W$ eine lineare Abbildung, so heißt die °Dimension des Bildraumes $f(V)$ *Rang* der linearen Abbildung f. Sind V und W endlich dimensional, sind B und C °Basen von V und W und wird f bzgl. dieser Basen durch die °Matrix M beschrieben, so stimmen der Rang von f und °Rang der Matrix M überein.

Rang (einer Matrix)

Sei M eine $m \times n$-°Matrix über einem °Körper K. Der *Rang* von M (Bezeichnung: rang M, rg M) ist gleich der Zahl r, die durch eine der folgenden äquivalenten Bedingungen festgelegt ist:

(1) Je $r+1$ Zeilen von M sind linear abhängig, und es gibt r °linear unabhängige Zeilen in M.

(2) Je $r+1$ Spalten von M sind linear abhängig, und es gibt r linear unabhängige Spalten in M.

(3) Jede $(r+1) \times (r+1)$-Unterdeterminante von M ist $= 0$, und es gibt eine $r \times r$-Unterdeterminante $\neq 0$.

(4) Das Bild der zugeordneten linearen Abbildung $L(M): K^n \to K^m$ hat die °Dimension r.

(5) Der °Kern der zugeordneten linearen Abbildung $L(M): K^n \to K^m$ hat die Dimension $n - r$.

rationale Abbildung
rational mapping; application rationnelle

Sei K ein °Körper, und seien P und Q zwei °Polynome in $K[X_1, \ldots, X_n]$ mit $Q \neq 0$. Dann heißt die auf $K^n \setminus \{x \in K^n \,|\, Q(x) = 0\}$ definierte Funktion $f = \dfrac{P}{Q}$, $x \mapsto \dfrac{P(x)}{Q(x)}$ *rational*. Eine Abbildung $h: K^n \to K^m$ heißt *rational*, wenn ihre Komponentenfunktionen $h_1, \ldots, h_m$ rationale Funktionen sind („in Wirklichkeit" ist h nur auf einer Teilmenge von K^n definiert, dem Komplement der Nullstellen aller Nenner-Polynome). Eine Abbildung h heißt *birational*, wenn sie auf einer Teilmenge (die Komplement der Nullstellen von endlich vielen Polynomen ist) bijektiv ist und h und h^{-1} rational sind.

rationale Interpolation
rational interpolation; interpolation par des fractions rationelles

Hat eine interpolierende Funktion ($\to$ Interpolation) die Form

$$\Phi^{k,\,m}(x) = \frac{a_0 + a_1 x + \ldots + a_k x^k}{b_0 + b_1 x + \ldots + a_m x^m}$$

mit $a_i, b_j \in \mathbb{R}$, $i = 0, 1, \ldots, k$; $j = 0, 1, \ldots, m$, so spricht man von *rationaler Interpolation*. Das Nennerpolynom darf dabei keine Nullstellen im Intervall $[x_0, x_n]$ haben.

Die rationalen Funktionen $\Phi^{m,\,m}$ lassen sich mit dem *Schema der inversen Differenzen* wie folgt berechnen. (Das Schema hängt dabei, anders als die Schemata zur Berechnung des °Interpolationspolynoms in der Newtondarstellung, von der Reihenfolge der Stützstellen ab.)

Mit $\Phi(x_i) := f_i$, $i = 0, 1, \ldots, n$ und

$$\Phi(x_i, x_{i+1}) := \frac{x_i - x_{i+1}}{\Phi(x_i) - \Phi(x_{i+1})}, \quad i = 0, 1, \ldots, n-1 \text{ sowie}$$

$$\Phi(x_i, \ldots, x_l, x_{l+1}) := \frac{x_l - x_{l+1}}{\Phi(x_i, \ldots, x_{l-1}, x_l) - \Phi(x_i, \ldots, x_{l-1}, x_{l+1})} \quad i < l < n$$

erhält man $\Phi^{m,\,m}(x)$ als °Kettenbruch durch

$$\Phi^{m,\,m}(x) = f_0 + (x - x_0) \,\big|\, \Phi(x_0, x_1) + (x - x_1) \,\big|\, \Phi(x_0, x_1, x_2) + \ldots$$

$$+ (x - x_{2m-1}) \,\big|\, \Phi(x_0, x_1, \ldots, x_{2m}).$$

Rationale Interpolation eignet sich u. a. zur °Extrapolation sowie zur stückweisen Interpolation von Funktionen mit Polstellen.

rationale Zahl
rational number; nombre rationnel

(→ Zahlen)

Realteil
real part; partie réelle

(→ komplexe Zahlen)

Rechteck-Verteilung
uniform distribution; loi rectangulaire

(→ Gleichverteilung)

reduzibel
reducible; réductible

(→ Teilbarkeit in Integritätsringen)

reelle Zahlen
real numbers; nombres réels

(→ Zahlen, → Vollständigkeit von $\mathbb{R}$)

reflexiv
reflexive; réflexif

Ein °Banachraum X heißt *reflexiv*, wenn er eine der folgenden äquivalenten Bedingungen erfüllt:
  i) Die kanonische Abbildung von X in sein Bidual (→ Bidual eines topologischen Vektorraumes) ist ein °isometrischer °Isomorphismus.
  ii) Die abgeschlossene Vollkugel $\{x \in X : \|x\| \leqslant 1\}$ ist in der °schwachen Topologie °kompakt.
  iii) Auf dem °Dualraum stimmen die °schwache Topologie und die °schwach*-Topologie überein.

X ist genau dann reflexiv, wenn der °Dualraum X' es ist. Abgeschlossene Unterräume reflexiver Räume sind reflexiv.

regulär (Element eines Ringes)

(→ Nullteiler)

regulär (Matrix)
regular; régulier

Eine quadratische Matrix $A \in M(n, K)$ heißt *regulär,* wenn eine der folgenden äquivalenten Bedingungen erfüllt ist:

(a) $\det A \neq 0$ ($\rightarrow$ Determinante).

(b) Alle °Eigenwerte von A sind von Null verschieden.

(c) A hat den °Rang n.

(d) Es gibt eine Matrix B, so daß $A \cdot B = E_n$ bzw. $B \cdot A = E_n$. Dabei ist E_n die n-reihige Einheitsmatrix ($\rightarrow$ Matrix).

(e) $A \in GL(n, K)$ ($\rightarrow$ klassische Gruppen), d. h. A ist °invertierbar.

Ist $A \in M(n, K)$ nicht regulär, so heißt A auch *singuläre Matrix.*

regulär (topologischer Raum)

Ein topologischer Raum heißt *regulär,* wenn er T_1 und T_3 erfüllt ($\rightarrow$ Trennungsaxiome).

Es gilt: °normal $\Rightarrow$ °vollständig regulär $\Rightarrow$ regulär $\Rightarrow$ T_2.

Falls das zweite °Abzählbarkeitsaxiom erfüllt ist, so gilt: regulär $\Rightarrow$ metrisierbar.

Die Regularität ist von Bedeutung beim folgenden *Fortsetzungssatz:* X, Y seien topologische Räume, und A sei dicht in X, $f: A \rightarrow Y$ sei eine stetige Abbildung, und Y sei regulär; dann läßt sich f auf höchstens eine Weise zu einer stetigen Abbildung $F: X \rightarrow Y$ fortsetzen; die Fortsetzung F existiert genau dann, wenn für jedes $x \in X$ die Spur des Umgebungsfilters ($\rightarrow$ Filter) von x auf A $\{A \cap U \mid U$ Umgebung von $x\}$ unter f auf einen konvergenten Filter abgebildet wird.

regulärer Punkt (einer Kurve)

($\rightarrow$ Kurve)

Reihe (unendliche)
series; série

Sei $(a_m)_{m \in \mathbb{N}_0}$ eine °Folge reeller (oder komplexer) Zahlen. Die Folge der *Partialsummen*

$$ s_n = \sum_{k=0}^{n} a_k, \quad \text{also} \quad \left(\sum_{k=0}^{n} a_k \right)_{n \in \mathbb{N}_0} $$

heißt *(unendliche) Reihe* und wird als $\sum_{k=0}^{\infty} a_k$ notiert. Die Reihe heißt *konvergent* (bzw. *divergent*), wenn die Folge $(s_n)_{n \in \mathbb{N}_0}$ °konvergent (bzw. divergent) ist.

Ist $\sum\limits_{k=0}^{\infty} a_k$ konvergent mit dem Limes $s = \lim\limits_{n \to \infty} s_n$, so schreibt man einfach

$s = \sum\limits_{k=0}^{\infty} a_k$ und nennt dies den *Grenzwert* oder *Limes* der Reihe.

Beispiele: Die *geometrische Reihe* $\sum\limits_{k=0}^{\infty} q^k$ ist für $|q| < 1$ konvergent mit Limes $\dfrac{1}{1-q}$ und sonst divergent. Die °*Leibnizreihe* $\sum\limits_{k=1}^{\infty} (-1)^k \dfrac{1}{k}$ ist konvergent mit Limes $\ln 2$ ($\to$ Logarithmus); die *harmonische Reihe* $\sum\limits_{k=1}^{\infty} \dfrac{1}{k}$ ist divergent. ($\to$ Konvergenzkriterien für Reihen)

---

rektifizierbar (Kurve)
rectifiable; rectifiable

Eine °Kurve $f:[a,b] \to \mathbb{R}^n$ heißt *rektifizierbar* mit der Länge („Bogenlänge") L, wenn zu jedem $\varepsilon > 0$ ein $\delta > 0$ existiert mit der Eigenschaft: Für jede Unterteilung $a = t_0 < t_1 < \ldots < t_k = b$ mit $\max\limits_{i=1,\ldots,k} |t_i - t_{i-1}| < \delta$ gilt

$$\left| \sum_{i=1}^{k} \| f(t_i) - f(t_{i-1}) \| - L \right| < \varepsilon.$$

Jede stetig °differenzierbare Kurve ist rektifizierbar, und es ist

$$L = \int_a^b \| f'(t) \| \, dt = \int_a^b \sqrt{\sum_{i=1}^{n} \left(\frac{df_i}{dt}(t) \right)^2} \, dt \quad (\to \text{Riemann-Integral}).$$

Der Wert von L bleibt bei stetig differenzierbaren *Parametertransformationen* $\varphi:[a,b] \to [\alpha,\beta]$ (φ bijektiv und φ und φ^{-1} stetig differenzierbar) unverändert:

Mit $g:[\alpha,\beta] \to \mathbb{R}^n, f = g \circ \varphi$ ist $\int_a^b \| f'(t) \| \, dt = \int_\alpha^\beta \| g'(\tau) \| \, d\tau.$

Ist $f:[a,b] \to \mathbb{R}^n$ eine reguläre stetig differenzierbare °Kurve, so ist

$$t \mapsto \tau = \int_a^t \| f'(s) \| \, ds$$

eine stetig differenzierbare Parametertransformation; diese Parametrisierung heißt *Parametrisierung nach der Bogenlänge*; jede reguläre stetig differenzierbare Kurve läßt sich nach der Bogenlänge (um)parametrisieren, und diese Umparametrisierung ist orientierungserhaltend ($\to$ Kurve). Diese Parametrisierung ist in einem gewissen Sinne ausgezeichnet, denn der Tangentialvektor hat in jedem Punkt die Länge 1.

rektifizierende Ebene
rectifying plane; plan rectifiant

($\rightarrow$ Frenetsches Dreibein)

Rekursionssatz

In vielen Fällen werden in der Mathematik Begriffe durch ein Rekursionsschema definiert. Will man z. B. $n!$ oder a^n ($n \in \mathbb{N}$, $a \in \mathbb{R}_+$) erklären, so benutzt man das Schema $1! = 1$, $(n+1)! = n! \cdot (n+1)$ bzw. $a^1 = a$, $a^{n+1} = a \cdot a^n$. Es erscheint plausibel, daß auf diese Weise genau eine Folge $(n!)_{n \in \mathbb{N}}$ bzw. $(a^n)_{n \in \mathbb{N}}$ definiert ist, kann man doch die Folgenglieder sukzessive berechnen. Will man aber beweisen, daß auf diese Weise z. B. die Ausdrücke $n!$ bzw. a^n für alle $n \in \mathbb{N}$ wohldefiniert sind, benutzt man zweckmäßigerweise den *Rekursionssatz*: Sei X eine nicht leere Menge, sei $(F_n : X \rightarrow X)_{n \in \mathbb{N}}$ eine Folge von Funktionen auf X und $x \in X$. Dann gibt es genau eine Funktion $f : \mathbb{N} \rightarrow X$ mit

(1) $f(1) = x$

(2) $f(n+1) = F_n(f(n))$.

Wählt man in den obigen Beispielen $F_n : \mathbb{R} \rightarrow \mathbb{R}$, $F_n(y) = (n+1)y$ und $x = 1$, so erhält man $f(n) = n!$; $F_n(y) = a \cdot y$ und $x = a$ liefert $f(n) = a^n$.

Relation

A und B seien zwei Mengen; eine Teilmenge R des °kartesischen Produkts $A \times B$ ($\rightarrow$ Mengenlehre) heißt *Relation* zwischen A und B bzw. *Relation* auf A, falls $A = B$ gilt.

($\rightarrow$ Äquivalenzrelation; $\rightarrow$ Abbildung; $\rightarrow$ Halbordnung)

relative Häufigkeit
relative frequency; fréquence relative

($\rightarrow$ arithmetisches Mittel)

relativer Fehler
relative error; erreur relative

Es sei $\tilde{x} \in \mathbb{R}$ eine °Näherung für eine Zahl $x \in \mathbb{R} \setminus \{0\}$. Unter dem *relativen Fehler* von $\tilde{x}$ versteht man die Größe $\left| \dfrac{x - \tilde{x}}{x} \right|$. Er wird häufig in % angegeben und dient als Maß für die Güte von °Algorithmen. Ein Algorithmus ist dann gutartig, wenn die °Rundungsfehler im Endergebnis einen relativen Fehler bewirken, der in der Größenordnung der Maschinengenauigkeit ($\rightarrow$ Maschinenzahl) liegt.

relativkompakt

relatively compact; relativement compact

($\rightarrow$ kompakt)

Relaxation

Bei der iterativen Lösung °linearer Gleichungssysteme der Form $Ax = b$ läßt sich die Anzahl der Iterationsschritte gegenüber dem °Einzelschrittverfahren erheblich vermindern, wenn man einen sogenannten *Relaxationsparameter* ω einführt und die Matrix A darstellt als $A = \dfrac{1}{\omega}(D - \omega L) - \dfrac{1}{\omega}[(1-\omega)D + \omega R]$ mit $\omega \in]0, 2[$, D, L und R wie beim Einzelschrittverfahren. Man erhält die zu $Ax = b$ äquivalente Fixpunktgleichung $x = (D - \omega L)^{-1}[(1-\omega)D + \omega R]x + \omega(D - \omega L)^{-1}b$. Wendet man hierauf das Verfahren der °sukzessiven Approximation an, so spricht man für $\omega < 1$ von *Unterrelaxation*, für $\omega > 1$ von *Oberrelaxation*, für $\omega = 1$ erhält man das Einzelschrittverfahren. Durch geeignete Wahl eines ω_{opt} läßt sich der betragsmäßig größte °Eigenwert der Matrix $(D - \omega L)^{-1}[(1-\omega)D + \omega R]$ minimieren, so daß die Rechenzeit des Verfahrens gegenüber dem Einzelschrittverfahren erheblich abnimmt.

Für viele Anwendungen, beispielsweise im Zusammenhang mit dem gewöhnlichen °Differenzenverfahren für lineare °Randwertprobleme, gilt $\omega_{opt} > 1$. Man spricht dann vom SOR-*Verfahren* (successive overrelaxation).

Repräsentant

representative; représentant

($\rightarrow$ Äquivalenzrelation)

Residuensatz

residue theorem (or formula); théorème des résidus

Sei $G \subset \mathbb{C}$ ein °Gebiet, $S \subset G$ eine Menge von isolierten Punkten ($\rightarrow$ Häufungspunkt) und $f: G \setminus S \rightarrow \mathbb{C}$ eine °holomorphe Funktion (d.h. jeder Punkt von S ist isolierte °Singularität von f).

1. Version: Ist dann $M \subset G$ eine °kompakte Menge, deren °Rand $\partial M = \overline{M} \setminus \dot{M}$ die Menge S nicht trifft und nur aus °stückweise stetig differenzierbaren °Kurven besteht, die mit der Randorientierung „M links vom Rand" versehen sind, so gilt:

$$\frac{1}{2\pi i} \cdot \int\limits_{\partial M} f(z)\,dz = \sum_{s \in S \cap M} \operatorname{res}_s f. \qquad (\rightarrow \text{Residuum}, \rightarrow \text{Kurvenintegral})$$

2. Version: Ist dann γ ein Zykel ($=$ ganzzahlige Linearkombination von geschlossenen Wegen: $\gamma = \sum\limits_{i=1}^{n} \alpha_i \gamma_i$) in $G \setminus S$, der keinen Punkt von $\mathbb{C} \setminus G$ umläuft ($\rightarrow$ Umlaufszahl), so umläuft γ nur endlich viele Punkte von S, und es gilt

$$\frac{1}{2\pi i} \int_\gamma f(z)\, dz = \sum_{s \in S} v_\gamma(s)\, \mathrm{res}_s f,$$

wo $v_\gamma(s)$ die °Umlaufszahl von γ um s ist.

Der *Residuensatz* ist von Bedeutung u. a. für die Berechnung gewisser reeller Integrale: Ist z. B. $R(z) = \dfrac{P(z)}{Q(z)}$ ein Quotient von °Polynomen mit $\deg Q \geqslant \deg P + 2$ und $Q(x) \neq 0$ für alle $x \in \mathbb{R}$, so ist $\int\limits_{-\infty}^{\infty} R(x)\, dx = 2\pi i \sum\limits_{\mathrm{Im}\,\zeta > 0} \mathrm{res}_\zeta R$.
Beweisidee:

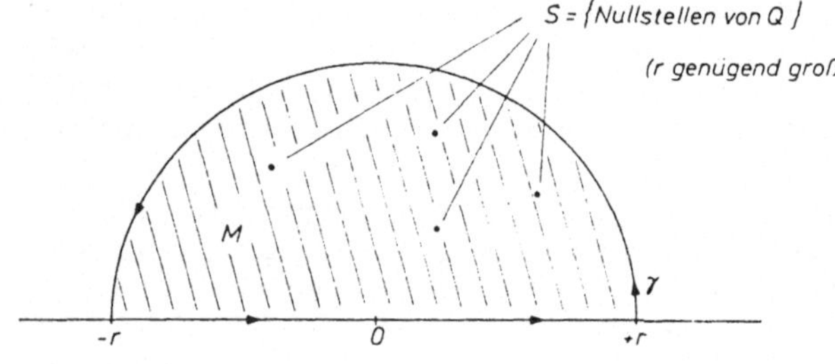

Das Integral über den „Halbkreis" konvergiert für $r \rightarrow \infty$ gegen 0.

Residuum
residue; résidu

Sei $K \setminus \{z_0\} := \{z \in \mathbb{C} \mid 0 < |z - z_0| < r\}$ eine gelochte Kreisscheibe, $f: K \setminus \{z_0\} \rightarrow \mathbb{C}$ °holomorph und $\sum\limits_{n=-\infty}^{\infty} c_n (z - z_0)^n$ die °Laurentreihe von f in $K \setminus \{z_0\}$. Dann heißt der Koeffizient von $\dfrac{1}{z - z_0}$, also c_{-1}, das *Residuum* von f in z_0, in Zeichen: $c_{-1} = \mathrm{res}_{z_0} f$.
Als Spezialfall der Integralformel für die Koeffizienten einer Laurentreihe erhält man

$$\mathrm{res}_{z_0} f = c_{-1} = \frac{1}{2\pi i} \int\limits_{|z - z_0| = \varrho} f(z)\, dz \quad \text{für } 0 < \varrho < r.$$

Im Spezialfall $f(z) = \dfrac{g(z)}{(z-z_0)^m}$ $(m>0)$ mit einem in z_0 holomorphen g ist $\mathrm{res}_{z_0}(f) = \dfrac{1}{(m-1)!}\, g^{(m-1)}(z_0)$, d.h. der $(m-1)$-te Taylorkoeffizient ($\to$ Taylorreihe) von g bei der Entwicklung um z_0. Insbesondere ist das Residuum von $f(z) = \dfrac{g(z)}{z-z_0}$ in z_0 gleich $g(z_0)$.

Resolventenmenge
resolvent set; ensemble résolvant

Sei X ein °Banachraum über $\mathbb{K} = \mathbb{R}$ oder $\mathbb{C}$ und $A: X \to X$ eine °stetige °lineare Abbildung. Die Menge $R(A) = \{\xi \in \mathbb{K} \mid A - \xi \cdot id_X \text{ ist bijektiv}\}$ heißt *Resolventenmenge* des °Operators A, und die Abbildung $R(A) \to L(X, X)$ in die Menge der stetigen linearen Abbildungen von X in sich mit $\xi \mapsto R_\xi = (A - \xi \cdot id_X)^{-1}$ seine *Resolventenfunktion*.

(Man beachte, daß nach dem Satz vom °inversen Operator der Umkehrhomomorphismus $(A - \xi \cdot id_X)^{-1}$ wieder stetig ist.)

Die Resolventenmenge ist stets °offen in $\mathbb{K}$ und die Resolventenfunktion ist °analytisch, d.h. wird lokal durch eine konvergente Potenzreihe mit Koeffizienten aus $L(X, X)$ gegeben.

($\to$ Spektrum)

Restklassenmodul
factor module; module quotient

($\to$ Faktormodul)

Restklassenring
factor ring; anneau quotient

($\to$ Faktorring)

Retrakt
retract; rétracte

Ein Teilraum A eines °topologischen Raumes X heißt *Retrakt* von X, wenn es eine °stetige Abbildung $r: X \to A$ (eine *Retraktion*) mit $r|_A = id_A$ gibt.

Beispiel: $S^n = \{x \in \mathbb{R}^{n+1} : \|x\| = 1\}$ ist Retrakt von $\mathbb{R}^{n+1} \setminus \{0\}$ (mit der Retraktion $r(x) := \dfrac{x}{\|x\|}$), aber nicht von $\mathbb{R}^{n+1}$.

Riccatische Differentialgleichung

Eine °Differentialgleichung der Form $y'=A(x)+B(x)\,y+C(x)\,y^2$ heißt *allgemeine*, und $y'=\beta x^{\alpha}+y^2$ (mit $\alpha,\beta\in\mathbb{R}$, $\beta\neq 0$) *spezielle Riccatische Differentialgleichung*. Sie kann genau dann explizit durch elementare Funktionen (auszudrükken durch endlich viele algebraische, °trigonometrische und °Exponentialfunktionen) gelöst werden, wenn $\alpha=-2$ oder von der Form $\alpha=-\dfrac{4n}{2n-1}$ mit $n\in\mathbb{Z}$ ist.

Riemann-Integral

Ist $\varphi:[a,b]\to\mathbb{R}$ eine °Treppenfunktion zur Unterteilung $a=x_0<x_1<\ldots<x_n=b$, mit den Werten $\varphi(\,]x_{k-1},x_k[\,)=c_k$, so heißt

$$\int\limits_a^b \varphi(x)\,dx:=\sum_{k=1}^n c_k(x_k-x_{k-1})$$

das *Riemann-Integral* von φ. Ist $f:[a,b]\to\mathbb{R}$ eine (beliebige) °beschränkte Funktion, so definiert man *Ober-* und *Unterintegral* von f durch

$$\inf\left\{\int\limits_a^b \varphi(x)\,dx\,\Big|\,\varphi \text{ Treppenfunktion mit } \varphi(x)\geqslant f(x) \text{ für alle } x\in[a,b]\right\}$$

und

$$\sup\left\{\int\limits_a^b \varphi(x)\,dx\,\Big|\,\varphi \text{ Treppenfunktion mit } \varphi(x)\leqslant f(x) \text{ für alle } x\in[a,b]\right\}.$$

Die Funktion f heißt *Riemann-integrierbar*, wenn Ober- und Unter-Integral übereinstimmen; der gemeinsame Wert wird mit $\int\limits_a^b f(x)\,dx$ bezeichnet und heißt *Riemann-Integral* von f über $[a,b]$ oder *bestimmtes Riemann-Integral* von f ($\to$ Fundamentalsatz der Differential- und Integralrechnung).

Alle °stetigen, alle °monotonen Funktionen sind Riemann-integrierbar; die Funktion $f:[0,1]\to\mathbb{R}$, $f(x)=1$ falls $x\in\mathbb{Q}$ und $=0$ sonst, ist nicht Riemann-integrierbar.

Die Riemann-integrierbaren Funktionen auf $[a,b]$ bilden einen °Vektorraum V; das Integral, aufgefaßt als Abbildung $V\to\mathbb{R}$, $f\mapsto\int\limits_a^b f(x)\,dx$, ist eine °Linearform, die zusätzlich monoton ist, d. h.:

$$f\leqslant g \text{ (d. h. } f(x)\leqslant g(x) \text{ für alle } x\in[a,b])\Rightarrow \int\limits_a^b f(x)\,dx\leqslant\int\limits_a^b g(x)\,dx.$$

($\to$ Lebesgue-Integral, $\to$ uneigentliches Integral)

Riemannsche Fläche
Riemann surface; surface de Riemann

Eine *Riemannsche Fläche R* ist eine °zusammenhängende komplex 1-dimensionale Mannigfaltigkeit (→ differenzierbare Mannigfaltigkeit).

Riemannsche Flächen geben die Möglichkeit, ‚mehrdeutige holomorphe Funktionen' $f: \mathbb{C} \supset G \to \mathbb{C}$ durch ‚Auffächerung des Definitionsbereiches' zu ‚eindeutigen holomorphen Funktionen' $\tilde{f}: R \to \mathbb{C}$ zu machen; dies läßt sich wie folgt präzisieren (dabei werden die benötigten Begriffe etwas allgemeiner angegeben, als es für diesen Zweck erforderlich wäre):

X sei ein topoplogischer Raum. Ein topologischer Raum Y zusammen mit einer Abbildung $\pi: Y \to X$ heißt *Überlagerung* von X, wenn π °stetig und °offen ist und für jeden Punkt $x \in X$ die Faser (→ Abbildung) $\pi^{-1}(x)$ leer oder ein diskreter Teilraum (→ Topologie) von Y ist. Ein Punkt $y \in Y$ heißt *Verzweigungspunkt* der Überlagerung (Y, π), wenn für jede °Umgebung V von y die Einschränkung $\pi|_V$ nicht injektiv ist. Die Überlagerung (Y, π) heißt *unverzweigt,* wenn sie keinen Verzweigungspunkt hat, sonst heißt sie *verzweigt.* – Eine Überlagerung (Y, π) von X ist genau dann unverzweigt, wenn es zu jedem $y \in Y$ eine offene Umgebung V gibt, so daß $\pi|_V: V \to \pi(V)$ ein Homöomorphismus ist. (Vgl. die speziellere Definition der °Überlagerung, wie sie in der Topologie gebräuchlich ist.)

Speziell sei im folgenden $G \subset \mathbb{C}$ ein Gebiet. Jede nicht konstante °holomorphe Funktion $\pi: R \to G$ auf einer Riemannschen Fläche R liefert z. B. eine Überlagerung (wobei aus dem °Identitätssatz für holomorphe Funktionen folgt, daß die Fasern $\pi^{-1}(x)$ diskret sind).

Nun läßt sich präzisieren: Eine *mehrdeutige holomorphe Funktion $f: G \to \mathbb{C}$* ist gegeben durch eine Überlagerung (R, π) von G, wobei R eine Riemannsche Fläche und π surjektiv seien, und eine holomorphe Funktion $\tilde{f}: R \to \mathbb{C}$; dabei soll für alle $z \in G$ gelten: $f(z) = \tilde{f}(\pi^{-1}(z)) \subset \mathbb{C}$.

Beispiele:

(1) Für die mehrdeutige holomorphe Funktion $f: \mathbb{C} \to \mathbb{C}$ mit $f(z) = \pm \sqrt{z}$ kann man als Überlagerung $\pi: R \to \mathbb{C}$ von $G := \mathbb{C}$ durch eine Riemannsche Fläche z. B. $R := \mathbb{C}$ und $\pi(z) := z^2$ wählen; für $\tilde{f}: \mathbb{C} \to \mathbb{C}$ nehme man dann die identische °Abbildung $\tilde{f}(z) := z$. (R, π) bildet eine verzweigte Überlagerung mit dem einzigen Verzweigungspunkt $0 \in \mathbb{C}$ (Veranschaulichung siehe Abb. 1).

(2) Für die mehrdeutige holomorphe Funktion $f: \mathbb{C}^* \to \mathbb{C}$ mit $f(z) = \log z$, wobei $\log z := \ln |z| + i \arg z$ sei mit dem Argument $\arg z$ von z, das die Mehrdeutigkeit liefert (→ komplexe Zahlen, → Logarithmus), kann man als Überlagerung $\pi: R \to \mathbb{C}^*$ von $G := \mathbb{C}^*$ durch eine Riemannsche Fläche z. B. $R = \mathbb{C}$ und $\pi = \exp$ (→ Exponentialfunktion) wählen; $\tilde{f}$ sei dann wieder die Identität auf $\mathbb{C}$. Hier handelt es sich um eine unverzweigte Überlagerung (Veranschaulichung siehe Abb. 2).

Eingeschränkt auf $\{z \in \mathbb{C}: -\pi \leqslant Im\,z < \pi\}$, ist die Funktion exp injektiv und bildet den Zweig der Überlagerung, den man auch den *Hauptzweig* nennt; die Werte der zugehörigen Umkehrfunktion nennt man dann die *Hauptwerte* des Logarithmus.

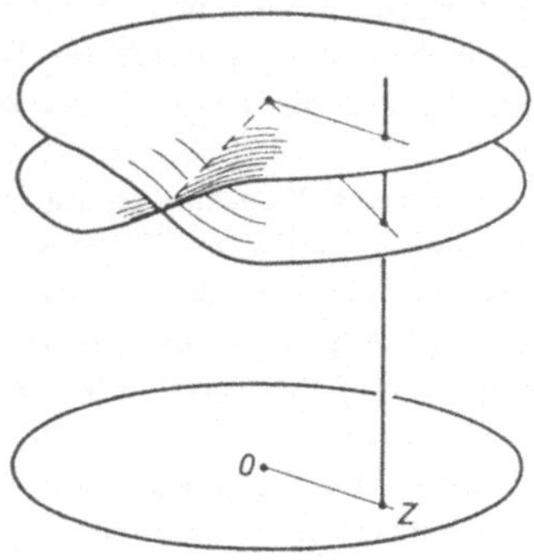

Abb. 1   Riemannsche Fläche zu $\pm \sqrt{z}$

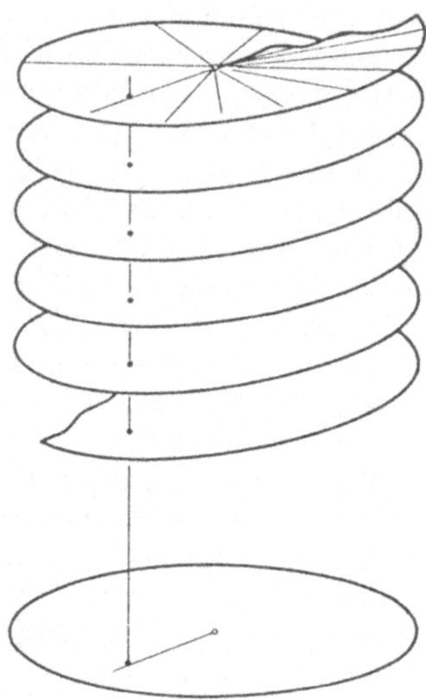

Abb. 2

Riemannsche Fläche des Logarithmus

Riemannscher Abbildungssatz

Riemann mapping theorem; théorème de la représentation conforme

Jedes von $\mathbb{C}$ verschiedene °einfach zusammenhängende °Gebiet in $\mathbb{C}$ läßt sich °biholomorph auf die offene Einheitskreisscheibe $\{z \in \mathbb{C}; |z| < 1\}$ abbilden.

Riemannscher Hebbarkeitssatz

Sind $U \subset \mathbb{C}$ °offen, $z_0 \in U$ und die °holomorphe Funktion $f: U \setminus \{z_0\} \to \mathbb{C}$ in einer °Umgebung von z_0 beschränkt, so läßt sich f holomorph auf ganz U fortsetzen (d. h. z_0 ist hebbare °Singularität).

Riemannsche Summe
Riemann sum; somme de Riemann

Sei $f: [a, b] \to \mathbb{R}$ eine Funktion, $a = x_0 < x_1 < \ldots < x_n = b$ eine Unterteilung von $[a, b]$ und ξ_k ein beliebiger Punkt aus $[x_{k-1}, x_k]$ für $k = 1, \ldots, n$. Dann heißt

$$\sum_{k=1}^{n} f(\xi_k)(x_k - x_{k-1})$$

Riemannsche Summe der Funktion f bezüglich der Unterteilung $(x_k)_{0 < k < n}$ und der Stützstellen $(\xi_k)_{1 < k < n}$.

Ist f °Riemann-integrierbar, so gibt es zu jedem $\varepsilon > 0$ ein $\delta > 0$, derart, daß sich die Riemannsche Summe bezüglich jeder Unterteilung mit $\max(x_k - x_{k-1}) < \delta$ und beliebiger Wahl der Stützstellen höchstens um ε von $\int_a^b f(x)\,dx$ unterscheidet.

Riemannsche Zahlenkugel
Riemann sphere; sphère de Riemann

Sei $S^2 := \{(x, y, z) \in \mathbb{R}^3 \mid x^2 + y^2 + z^2 = 1\}$ die Einheitssphäre im $\mathbb{R}^3$. Dann läßt sich $S^2 \setminus \{(0, 0, 1)\}$ (die Sphäre ohne den „Nordpol") durch $(x, y, z) \mapsto \dfrac{x + iy}{1 - z} = \zeta$ bijektiv auf die °komplexe Zahlenebene (komplexe Koordinate ζ) abbilden; die Umkehrabbildung wird beschrieben durch $x = \dfrac{\zeta + \bar{\zeta}}{1 + |\zeta|^2}, y = \dfrac{\zeta - \bar{\zeta}}{i(1 + |\zeta|^2)},$ $z = \dfrac{|\zeta|^2 - 1}{|\zeta|^2 + 1}$. Diese sogenannte *stereographische Projektion* führt Kreise durch den Nordpol in Geraden in $\mathbb{C}$ über, allgemein Kreise in Kreise, und ist winkeltreu. Es zeigt sich, daß in vielen Fragen der Funktionentheorie die Einführung eines Punktes „∞" mit Rechenregeln $\dfrac{1}{\infty} = 0, \dfrac{1}{0} = \infty$ usw. viele Betrachtungen vereinfacht und Fallunterscheidungen vermeiden hilft ($\to$ meromorphe Funktionen); das Bild der Zahlenkugel mit der stereographischen Projektion auf $\mathbb{C}$ bietet für diesen Punkt ∞ den Nordpol $(0, 0, 1)$ zur Interpretation an. – Eine weitergehende Betrachtung erlaubt die Identifikation der „Zahlenkugel" mit dem komplex eindimensionalen °projektiven Raum $\mathbb{P}_1(\mathbb{C})$, und auch mit der °Alexandroff-Kompaktifizierung von $\mathbb{R}^2$.

Die Gruppe der °biholomorphen Abbildungen von $\mathbb{P}_1(\mathbb{C})$ auf sich stimmt überein mit der Gruppe $\mathbb{P}\,GL(1, \mathbb{C}) = GL(2, \mathbb{C})/\mathbb{C}\cdot$ aller Projektivitäten, d.h. aller bijektiven „linearen" Abbildungen der Gestalt $(z_0 : z_1) \mapsto (az_1 + bz_0 : cz_1 + dz_0)$ mit $\begin{pmatrix} a & b \\ c & d \end{pmatrix} \in GL(2, \mathbb{C})$. Man schreibt sie meist (mit $z = z_1/z_0$) in der inhomogenen Form $z \mapsto \dfrac{az+b}{cz+d}$ und nennt sie *gebrochen lineare Transformationen* oder *Möbiustransformationen.*

Riesz (Satz von R. über °kompakte Operatoren)

Es sei X ein °Banach-Raum und $K: X \to X$ ein °kompakter Operator; dann hat der Operator $T = idX - K$ folgende Eigenschaften:

I) der °Kern von T ist endlich-dimensional;

II) $T(X)$ ist °abgeschlossen in X;

III) der °Quotientenvektorraum $X/T(X)$ ist endlich-dimensional.

Dieser Satz gilt auch für °normierte Räume.

Riesz-Fischer (Satz von)

($\to L^p$-Räume)

Rieszscher Darstellungssatz (für Hilberträume)
Riesz representation theorem

Es sei H ein °Hilbertraum mit Skalarprodukt $\langle \ , \ \rangle$; dann existiert zu jeder stetigen °Linearform $L \in H'$ ($\to$ Dualraum) eindeutig ein $y_L \in H$, so daß für alle $x \in H$ gilt: $L(x) = \langle x, y_L \rangle$.

Überdies gilt für die °Norm von L: $\|L\| = \|y_L\|$.

Folgerung: Die Abbildung $\varphi: H \to H'$ mit $\varphi(x)[y] := \langle x, y \rangle$ ist eine antilineare °Isometrie von H auf H'; H' wird durch $\langle \varphi(x), \varphi(y) \rangle := \langle x, y \rangle$ zum Hilbertraum. Insbesondere sind Hilberträume °reflexiv.

Ring
ring; anneau

Eine nichtleere Menge R zusammen mit zwei Verknüpfungen „Addition" $+$ und „Multiplikation" $\cdot$ heißt *Ring,* wenn gilt: $(R, +)$ ist °abelsche °Gruppe, die Multiplikation ist °assoziativ $(a \cdot (b \cdot c) = (a \cdot b) \cdot c)$ und °distributiv bzgl. der Addition $(a \cdot (b + c) = a \cdot b + a \cdot c$ sowie $(a + b) \cdot c = a \cdot c + b \cdot c)$. Der Ring heißt *kommutativ,* wenn die Multiplikation °kommutativ ist; er hat ein *Einselement* (notiert 1), wenn $1 \cdot a = a \cdot 1$ ist für alle $a \in R$ mit diesem $1 \in R$.

Beispiele: $\mathbb{Z}, \mathbb{Q}, \mathbb{R}, \mathbb{C}$ ($\to$ Zahlen) sind Ringe mit der üblichen Addition und Multiplikation, $\mathbb{N}$ ist kein Ring. Die Menge aller $n \times n$-°Matrizen mit Elementen in einem Ring bildet selbst einen (für $n \geqslant 2$ nichtkommutativen) Ring. Ist R ein Ring und X eine Menge, so bildet die Menge aller Abbildungen von X nach R (mit elementweiser Addition bzw. Multiplikation) wieder einen Ring. °Polynome und °Potenzreihen bilden Ringe.

Rolle (Satz von)

Seien $a < b$ reelle Zahlen und $f: [a, b] \to \mathbb{R}$ eine Funktion mit $f(a) = f(b)$, die im abgeschlossenen °Intervall $[a, b]$ °stetig und im offenen Intervall $]a, b[$ °differenzierbar ist. Dann gibt es ein $x \in]a, b[$ mit $f'(x) = 0$.

($\to$ Mittelwertsatz)

Rombergintegration
Romberg's integration method; méthode de Romberg

Gesucht seien °Näherungen für °Riemann-Integrale $\int_a^b f(x)\, dx$ Riemann-integrierbarer Funktionen $f: [a, b] \to \mathbb{R}$. Solche erhält man z. B. mit der zusammengesetzten °Sehnentrapezregel durch die °Quadraturformel $T(h) := \dfrac{h}{2} \left(f(a) + 2 \sum_{i=1}^{n-1} f(x_i) + f(b) \right)$ mit $n \in \mathbb{N}$, $h = \dfrac{b-a}{n}$, $x_i = a + ih$, $i = 0, 1, \ldots, n$. Dieser Wert läßt sich durch °Extrapolation wie folgt verbessern. Es gilt die Darstellung

$$T(h) = \sum_{j=0}^{m} \tau_j h^{2j} + a_{m+1}(h)\, h^{2m+2}, \quad m \in \mathbb{N}$$

wobei $\tau_0 = \int_a^b f(x)\, dx$, sofern f $(2m+2)$mal stetig °differenzierbar ist. Berechnet man für verschiedene *Schrittweiten* h_k $T(h_k)$, so läßt sich durch °Interpolation ein Polynom T_{k_0} in h^2, $k_0 \leqslant m$ berechnen, so daß gilt $T_{k_0}(h_k) = T(h_k)$. Mit Hilfe des °Nevillealgorithmus berechnet man den „extrapolierten" Wert $T_{k_0}(0)$, der das gesuchte Integral gut approximiert. Diese Vorgehensweise nennt man *Rombergintegration*. Als Schrittweiten h_k verwendet man in der Praxis entweder die sogenannte *Rombergfolge*

$$h_0 := b - a, \quad h_k := \frac{h_{k-1}}{2},$$

$k = 1, \ldots, k_0$ oder die Rechenzeit sparende *Bulirschfolge* $h_0 = b - a$, $h_1 = \dfrac{h_0}{2}$, $h_2 = \dfrac{h_0}{3}$, $h_k = \dfrac{h_{k-2}}{2}$ $k = 3, \ldots, k_0$.

Rotation

($\to$ Drehung, $\to$ Vektoranalysis)

Rouché (Satz von)

Sei $G \subset \mathbb{C}$ ein °Gebiet und $M \subset G$ eine °kompakte Menge, deren °Rand $\partial M = \overline{M} \setminus \mathring{M}$ aus geschlossenen °stückweise stetig °differenzierbaren °Kurven besteht. Ist dann $h: [0, 1] \times G \to \mathbb{C}$, $(t, z) \mapsto h_t(z)$ eine °stetige Abbildung derart, daß jedes $h_t: G \to \mathbb{C}$ °holomorph ist und keine Nullstellen auf ∂M hat, so haben h_0 und h_1 gleichviele Nullstellen in M (mit Vielfachheit gezählt).

(Andere Version: Sind f und g holomorph auf G, so daß f auf ∂M keine Nullstelle hat und $|g(z)| < |f(z)|$ für alle $z \in \partial M$ gilt, so haben f und $f + g$ gleichviele Nullstellen in M.)

Zum Beweis verwendet man, daß das Integral $\dfrac{1}{2\pi i} \displaystyle\int_{\partial M} \dfrac{h_t'(z)}{h_t(z)} \, dz$, welches die Anzahl der Nullstellen von h_t in M angibt, stetig von t abhängt und deshalb konstant für $t \in [0, 1]$ ist.

Rundungsfehler
round-off error; erreur d'arrondi

Diejenigen reellen Zahlen, die auf einem Rechner nicht darstellbar sind, also keine °Maschinenzahlen sind, werden mittels Rundung durch Maschinenzahlen approximiert. Die dadurch bei der Durchführung eines °Algorithmus entstehenden Fehler heißen *Rundungsfehler*. Sie können sowohl bei der Dateneingabe als auch bei Zwischenrechnungen und schließlich im Endergebnis auftreten. Zur Beurteilung der Endergebnisse ist daher die Fehlerfortpflanzung von großer Bedeutung, die beispielsweise mit der linearen °Fehleranalyse untersucht wird.

Runge-Kutta-Verfahren

($\rightarrow$ Einschrittverfahren)

Sarrus (Regel von)
Sarrus diagram; règle de Sarrus

Zur Berechnung einer 3×3-°Determinante $\det \begin{pmatrix} a_{11} & a_{12} & a_{13} \\ a_{21} & a_{22} & a_{23} \\ a_{31} & a_{32} & a_{33} \end{pmatrix}$ nach der *Regel von Sarrus* bildet man die Summe der drei Produkte „von links oben nach rechts unten" und subtrahiert davon die Summe der drei Produkte „von links unten nach rechts oben", wobei man sich die ersten zwei Spalten der Matrix noch einmal rechts danebengeschrieben denkt:

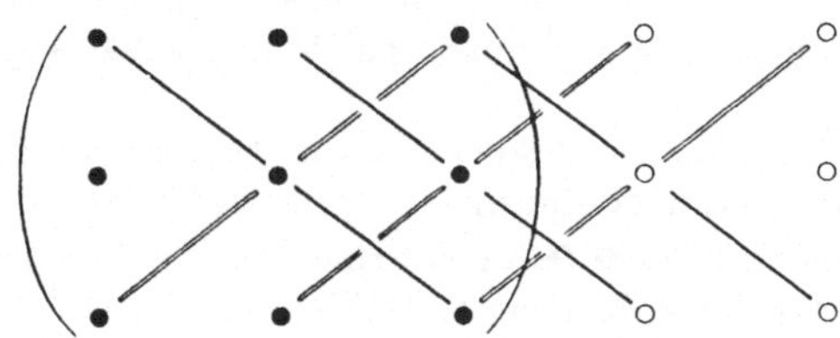

Schätzung
estimation; estimation

Es seien $(P_\vartheta)_{\vartheta \in \Theta}$ eine Familie von °Wahrscheinlichkeitsmaßen auf $(\mathbb{R}^n, \mathscr{B}^n)$ und $X_1, \ldots, X_n$ reelle °Zufallsvariable mit gemeinsamer Verteilung P_ϑ für ein $\vartheta \in \Theta$. Θ sei °meßbare Teilmenge eines $\mathbb{R}^k$ ($k \in \mathbb{N}$); ferner seien gegeben $\Theta' \subset \mathbb{R}^m$ ($m \in \mathbb{N}$) meßbar und eine °meßbare Abbildung $\gamma: \Theta \to \Theta'$.

Das *Schätzproblem* besteht darin, aufgrund einer ‚Beobachtung' (auch: ‚Stichprobe') $x \in \mathbb{R}^n$, aufgefaßt als Realisation (d.h. Wert) des Zufallsvektors $X := (X_1, \ldots, X_n)$, eine ‚Schätzung' zu finden für den Wert von γ an der Stelle des ‚wahren' Parameters ϑ. Man unterscheidet zwischen Punkt- und Bereichsschätzungen.

(1) Eine meßbare Abbildung $d: \mathbb{R}^n \to \Theta'$ heißt eine *Punkt-Schätzfunktion* oder *(Punkt-)Schätzung* (oder auch ein *Schätzer*) für $\gamma(\vartheta)$.

Interpretation: d ordnet jeder Beobachtung $x \in \mathbb{R}^n$ einen *Schätzwert* $d(x) \in \Theta'$ für γ an der Stelle ϑ zu. (Schreibweise auch: $\widehat{\gamma(\vartheta)}$ anstelle von d.) Als Maß für die Größe des Fehlers dienen z.B. die *Verzerrung*, d.h. der °Erwartungswert $E_\vartheta(d - \gamma(\vartheta))$ und die °Varianz $\mathrm{Var}_\vartheta(d)$ bzgl. P_ϑ. – Eine *Punkt-Schätzung* d für $\gamma(\vartheta)$ heißt *erwartungstreu*, wenn für jedes $\vartheta \in \Theta$ $E_\vartheta(d)$ existiert und gleich $\gamma(\vartheta)$ ist; sie heißt *erwartungstreue Minimalschät-*

zung, wenn überdies für jedes $\vartheta \in \Theta$ $E_\vartheta(d^2)$ existiert und wenn für alle erwartungstreuen Schätzungen $\tilde{d}$ für $\gamma(\vartheta)$ gilt: $\mathrm{Var}_\vartheta(\tilde{d}) \geq \mathrm{Var}_\vartheta(d)$ für alle $\vartheta \in \Theta$.

Erwartungstreue (Minimal-)Schätzungen müssen i. a. nicht existieren und können, falls sie existieren, auch unsinnig sein. – Für °stochastisch unabhängige identisch verteilte °Zufallsvariable $X_1, \ldots, X_n$ mit existierendem 1. bzw. 2. °Moment sind das °arithmetische Mittel $(x_1, \ldots, x_n) \mapsto$

$$\frac{1}{n} \sum_{i=1}^{n} x_i =: \bar{x}$$ bzw. die mittlere quadratische Abweichung $(x_1, \ldots, x_n) \mapsto$

$$\frac{1}{n-1} \sum_{i=1}^{n} (x_i - \bar{x})^2 =: s^2(x)$$ erwartungstreue Schätzungen für die Parameter

EX_1 und $\mathrm{Var} X_1$. Sind die X_i überdies $N(a, \sigma^2)$-verteilt, so bildet $x \mapsto (\bar{x}, s^2(x))$ sogar eine erwartungstreue Minimalschätzung für den Parameter (a, σ^2).

Ein anderes Kriterium zur Bestimmung von Punkt-Schätzungen liefert z. B. das Maximum-Likelihood-Prinzip ($\rightarrow$ Maximum-Likelihood-Schätzung).

(2) Eine Funktion $C \colon \mathbb{R}^n \mapsto \mathscr{P}(\Theta')$ heißt eine *Bereichsschätzfunktion* oder ein *Konfidenzbereich* für $\gamma(\vartheta)$, wenn $\{x \in \mathbb{R}^n \mid C(x) \ni \gamma(\vartheta)\}$ für jedes $\vartheta \in \Theta$ eine °meßbare Menge in $\mathscr{B}^n$ ist. C heißt Bereichsschätzung zum *Konfidenzniveau* $1-\alpha$ für ein $\alpha \in [0, 1]$, falls $\inf_{\vartheta \in \Theta} P_\vartheta(C \ni \gamma(\vartheta)) \geq 1-\alpha$ ist.

Interpretation: C ordnet jeder Beobachtung $x \in \mathbb{R}^n$ eine Teilmenge von Θ' zu, so daß mit einer Wahrscheinlichkeit $\geq 1-\alpha$ der Wert von γ an der Stelle des wahren Parameters ϑ durch C überdeckt wird.

Konfidenzbereiche lassen sich konstruieren aus den Annahmebereichen geeigneter °Tests.

Schiefkörper
skew field (division ring); corps non commutative

($\rightarrow$ Körper)

Schießverfahren
shooting method; shooting méthode

Gegeben sei ein °Randwertproblem der Form $y'' = f(x, y, y')$, $y = u(x)$ mit $f \colon [a, b] \times \mathbb{R} \times \mathbb{R} \rightarrow \mathbb{R}$, $u(a) = \alpha$, $u(b) = \beta$. Beim *Schießverfahren* betrachtet man die Schar der zugehörigen °Anfangswertprobleme $y'' = f(x, y, y')$, $y = u(x)$, $u(a) = \alpha$, $u'(a) = s$, $s \in \mathbb{R}$ und versucht die Steigung(en) s so zu bestimmen, daß die Lösung u_s des entsprechenden Anfangswertproblems die Randbedingung $u_s(b) = \beta$ erfüllt.

Genügt f in y und y' einer °Lipschitzbedingung, so ist für jedes $s \in \mathbb{R}$ die Lösung u_s des entsprechenden Anfangswertproblems eindeutig bestimmt ($\to$ Existenz- und Eindeutigkeitssatz von Picard-Lindelöf). Dann definiert man sich über die Lösungsschar $\{u_s \,|\, s \in \mathbb{R}\}$ eine Funktion $F \colon \mathbb{R} \to \mathbb{R}$ durch $F(s) := u_s(b) - \beta$ und versucht, deren Nullstellen zu berechnen. Verwendet man hierzu speziell das °Newton-Verfahren, so muß man zur Berechnung der Ableitung $F'(s)$ das Anfangswertproblem

$$w'' = \frac{\partial}{\partial y} f(x, y_s, y_s')\, w + \frac{\partial}{\partial y'} f(x, y_s, y_s')\, w', \quad w = v(x), \quad v(a) = 0, \quad v'(a) = 1 \quad (*)$$

lösen. Dabei bedeuten $\dfrac{\partial}{\partial y} f(\dots)$ und $\dfrac{\partial}{\partial y'} f(\dots)$ jeweils die erste Ableitung von f nach der zweiten bzw. dritten Variablen und $y_s = u_s(x)$. Es ist dann $v(x) = \dfrac{\partial}{\partial s} u_s(x)$ und $F'(s) = v(b) = \dfrac{\partial}{\partial s} u_s(b)$.

Versagt das Schießverfahren, z. B. wenn die (numerischen) Lösungen der zugehörigen Anfangswertprobleme oder der Anfangswertprobleme vom Typ $(*)$ empfindlich auf Störungen der Startsteigung s reagieren, so läßt sich häufig die *Mehrzielmethode*, eine Verallgemeinerung des Schießverfahrens, anwenden. Hierbei unterteilt man das Intervall $[a, b]$ in n Teilintervalle $[x_i, x_{i+1}]$, $i = 0, 1, \dots, n-1$, mit $x_0 = a$, $x_n = b$, $n \in \mathbb{N}$. Ist $u_{s_k}^{(k)}$ die Lösung des zugehörigen Anfangswertproblems auf dem Teilintervall $[x_k, x_{k+1}]$ mit $u_{s_k}^{(k)}(x_k) = s_k$, $u_{s_k}^{(k)'}(x_k) = s_k'$ mit $s_0 = \alpha$, so bestimmt man die s_k, $k = 1, \dots, n-1$ und s_k', $k = 0, 1, \dots, n-1$ so, daß die zusammengesetzte Funktion $u^*[a, b] \to \mathbb{R}$ mit $u^*(x) = u_{s_k}^{(k)}(x)$, $x \in [x_k, x_{k+1}]$ stetig °differenzierbar ist und die Randbedingung $u^*(b) = \beta$ erfüllt. Dies erfordert im allgemeinen die Lösung eines nichtlinearen Gleichungssystems. Benutzt man hierfür Newton-ähnliche Verfahren ($\to$ Newton-Verfahren), so ist analog zum Schießverfahren die Lösung einer entsprechenden Zahl von Anfangswertproblemen pro Iterationsschritt notwendig.

Das Schießverfahren und die Mehrzielmethode haben sich, wenn sie durchführbar sind, als effektivste Verfahren zur Lösung von Randwertproblemen bei gewöhnlichen Differentialgleichungen (auch allgemeinerer Art als hier beschrieben) erwiesen. Allerdings gibt es weder praktikable Konvergenzsätze noch Fehlerabschätzungen.

Schmiegebene
osculating plane; plan osculateur

($\to$ Krümmung (einer Kurve), $\to$ Frenetsches Dreibein)

Schranke
bound; borne

($\rightarrow$ Halbordnung)

Schrittweitensteuerung
step(-size)control; méthodes à pas variable contrôlé

Bei der numerischen Lösung von °Anfangswertproblemen durch °Einschritt-oder °Mehrschrittverfahren stellt sich die Frage nach der Wahl der *Schrittweite* h. Ist h zu groß, so wird der vom jeweiligen Verfahren abhängige Fehler (auch *Diskretisierungsfehler* genannt) zu groß, ist h zu klein, so wirken sich die °Rundungsfehler zu stark aus. Es ist daher in der Praxis üblich, die Schrittweite während der Berechnung laufend den konkreten Bedingungen des Rechnungsverlaufs anzupassen. Für das klassische Runge-Kutta-Verfahren ($\rightarrow$ Einschrittverfahren) hat sich die *Schrittweitensteuerung* nach Collatz bewährt, bei der man nach jedem Schritt mit Hilfe der beim Verfahren benötigten Zwischenwerte k_1, k_2, k_3 die *Schrittkennzahl*

$$K := 2\,|k_3 - k_2|\,/\,|k_2 - k_1|$$

berechnet und die Schrittweite verdoppelt bzw. halbiert, wenn K gewisse von der Maschinengenauigkeit ($\rightarrow$ Maschinenzahl) abhängige Toleranzgrößen, z. B. 1.5 eps unterschreitet bzw. überschreitet.

Im allgemeinen steuert man die Schrittweite bei Einschrittverfahren, indem man neben der Schrittweite h noch eine Kontrollrechnung mit der Schrittweite $\frac{h}{2}$ durchführt und die Näherungen $u_h(x+h)$, $u_{h/2}(x+h)$ ($\rightarrow$ Stabilität a)) zur Schätzung des lokalen Fehlers $u_{h/2}(x+h) - u(x+h)$, wobei u die exakte Lösung des behandelten Anfangswertproblems ist, in linearer °Näherung durch die Größe

$$\frac{u_h(x+h) - u_{h/2}(x+h)}{2^p - 1}$$

verwendet. p ist hierbei die Konsistenzordnung ($\rightarrow$ Konsistenz) des Verfahrens. Durch Entwickeln des Fehlers nach Taylor ($\rightarrow$ Taylorreihe) um x erhält man hieraus die Größe

$$\bar{h} = \left[\frac{2^p}{2^p - 1} \, \frac{u_h(x+h) - u_{h/2}(x+h)}{\text{eps}} \right]^{\frac{1}{p+1}}$$

wobei eps die Maschinengenauigkeit ($\rightarrow$ Maschinenzahl) ist. Ist $\bar{h}$ wesentlich größer als 2, so ersetzt man h durch $2h/\bar{h}$, berechnet die Näherungen erneut und bestimmt ein neues $\bar{h}$ solange, bis die Bedingung $\bar{h} < 2$ erfüllt ist.

Dann akzeptiert man $u_{h/2}(x+h)$ als °Näherung und fährt im nächsten Schritt mit der zuletzt benutzten Schrittweite fort.

Die Schrittweitensteuerung bei °Mehrschrittverfahren ist komplizierter und aufwendiger.

schwache Topologie
weak topology; topologie affaiblie

Sei X ein normierter Vektorraum und X' der °Dualraum. Dann ist die °Initialtopologie auf X bezüglich aller $\varphi \in X'$ gröber und i. allg. verschieden von der °Normtopologie auf X; sie heißt *schwache Topologie* auf X.

Ist X mit der schwachen Topologie versehen, so ist X ein °Hausdorff-Raum; konvergiert eine Folge in X bezüglich der Normtopologie, so auch bezüglich der

schwachen Topologie; die Umkehrung davon gilt nicht: In ℓ^2 ($\to \ell^p$-Räume) konvergiert die Folge der „Einheitsvektoren" $e_n = (0, \ldots, 0, 1, 0, \ldots)$ (1 an n-ter Stelle) in der schwachen Topologie gegen 0, nicht aber in der Normtopologie.

schwach-*-Topologie
weak topology; topologie faible (sur X')*

Sei X ein °normierter Vektorraum über $\mathbb{K} = \mathbb{R}$ oder $\mathbb{C}$, X' der °Dualraum und $i: X \to X''$ die kanonische injektive lineare Abbildung von X in sein °Bidual $X'' = (X')'$ ($\to$ Dualraum (eines topologischen Vektorraumes)). Dann heißt die °Initialtopologie bezüglich aller $F: X' \to \mathbb{K}$ mit $F \in i(X) \subset X''$ die *schwach-*-Topologie* auf X'. Sie ist gröber und i. allg. verschieden von der °schwachen Topologie auf X'. X' ist bezüglich der schwach-*-Topologie ein Hausdorff-Raum.

Für einen °normierten Vektorraum X ist im Dualraum X' die abgeschlossene Vollkugel $\{f \in X' \mid \|f\| \le 1\}$ in der schwach-*-Topologie °kompakt.

Schwarzsches Lemma

Sei $f: E \to E$ eine °holomorphe Abbildung der Einheitskreisscheibe $E := \{z \in \mathbb{C} \mid |z| < 1\}$ in sich mit $f(0) = 0$. Dann gilt $|f(z)| \le |z|$ für alle $z \in E$ und $|f'(0)| \le 1$. Ist $|f'(0)| = 1$ oder ist $|f(z)| = |z|$ für ein $z \in E \setminus \{0\}$, so ist f gleich einer Drehung $f(z) = e^{i\alpha} z$ um einen festen Winkel $\alpha \in \mathbb{R}$.

Schwarzsches Spiegelungsprinzip
Schwarz reflection principle; principe de symétrie

Sei $U \subset \mathbb{C}$ der Durchschnitt einer in $\mathbb{C}$ °offenen Menge mit der abgeschlossenen Halbebene $\{z \in \mathbb{C} \mid \operatorname{Im} z \ge 0\}$; $f: U \to \mathbb{C}$ sei °stetig, $f|\overset{\cdot}{U}$ sei °holomorph, und für jedes $z \in U \cap \mathbb{R}$ sei $f(z)$ reell.

Dann ist die durch

$$f(z) := \begin{cases} f(z) & \text{für } z \in U \\[2mm] \overline{f(\overline{z})} & \text{für } z \in \overline{U} := \{z \in \mathbb{C} \mid \overline{z} \in U\} \end{cases}$$

auf $U \cup \overline{U}$ wohldefinierte Funktion holomorph.

Schwarzsche Ungleichung
inequality of S.; inégalité de Cauchy-S.

Sei V ein °euklidischer (bzw. °unitärer) °Vektorraum, und seien $v, w \in V$. Dann gilt $|\langle v, w\rangle| \leqslant \|v\| \cdot \|w\|$. Das Gleichheitszeichen gilt genau dann, wenn v und w °linear abhängig sind.

Schwingungsgleichung
wave equation; équation des ondes

($\rightarrow$ Wellengleichung)

Sehnentrapezregel
trapezoid(al) formula; formule des trapèzes

Verwendet man zur Berechnung des °Riemann-Integrals $\int_a^b f(x)\,dx$ einer Riemann-integrierbaren Funktion $f: [a, b] \to \mathbb{R}$ die °Newton-Cotes-Formel für den Fall $n = 1$, die man auch *Sehnentrapezregel* nennt, so erhält man

$$\int_a^b f(x)\,dx = \frac{b-a}{2}\,(f(a) + f(b)) + R_f,$$

und der Fehler R_f besitzt die Darstellung $R_f = \dfrac{(b-a)^3}{12}\,f''(\xi)$, $\xi \in\,]a, b[$, falls f zweimal stetig °differenzierbar ist. Ist die Anzahl der Stützstellen n größer als 2, so verwendet man häufig die *zusammengesetzte Sehnentrapezregel* mit $h = \dfrac{b-a}{n}$

$$T(h) := \frac{h}{2}\left(f(a) + 2\sum_{i=1}^{n-1} f(x_i) + f(b)\right),$$

wobei $x_i = a + ih$. Ist f zweimal stetig differenzierbar, so gilt für den Fehler $R_f^h = \dfrac{b-a}{12}\,h^2 f''(\xi)$, $\xi \in\,]a, b[$, und die zusammengesetzte Sehnentrapezregel konvergiert für $h \to 0$, d.h. $n \to \infty$, gegen $\int_a^b f(x)\,dx$.

Sekantenverfahren

secant method; méthodes de la sécante

Es sei F eine nichtlineare °Abbildung von einer Teilmenge D eines °Banachraumes X in einen Banachraum Y. Wählt man zur Lösung der Gleichung $F(x)=0$ ein Newton-ähnliches Verfahren ($\rightarrow$ Newton-Verfahren) mit $A_n := B(x_n, x_{n-1})$, wobei $B: D \times D \rightarrow L(X, Y)$ ein „*verallgemeinerter dividierter Differenzenoperator*" ist, d.h. es gilt $\forall x, y \in D: B(x, y)(x-y) = F(x) - F(y)$, so spricht man von einem (verallgemeinerten) *Sekantenverfahren*. Die °Konvergenzordnung ist unter gewissen Voraussetzungen an B und F $\dfrac{1+\sqrt{5}}{2}$, d.h. es liegt die in der Praxis mindestens erwünschte superlineare Konvergenz vor.

Beispiel: Für $X = Y = \mathbb{R}^n$ hat F die Form $F(x) = {}^t(f_1(x), \ldots, f(x_n))$ und der wie folgt gebildete Operator $B := (b_{ij}(x, y))_{i,j=1,\ldots,n}$ ist ein verallgemeinerter dividierter Differenzenoperator.

$$b_{ij}(x, y) = \begin{cases} \dfrac{f_j(x^{(1)}, \ldots, x^{(i-1)}, x^{(i)}, y^{(i+1)}, \ldots, y^{(n)})}{x^{(i)} - y^{(i)}} \\ \qquad - \dfrac{f_j(x^{(1)}, \ldots, x^{(i-1)}, y^{(i)}, \ldots, y^{(n)})}{x^{(i)} - y^{(i)}} \quad \text{falls } x^{(i)} \neq y^{(i)} \\[2ex] \dfrac{\partial}{\partial x_i} f_i(x^{(1)}, \ldots, x^{(i)}, y^{(i+1)}, \ldots, y^{(n)}) \quad \text{falls } x^{(i)} = y^{(i)} \end{cases}$$

Dieses Sekantenverfahren ist wegen der Auslöschungsgefahr ($\rightarrow$ Auslöschung) bei der Berechnung der $b_{ij}(x, y)$ nicht so °stabil wie das °Newtonverfahren, benötigt aber bei vielen Beispielen weniger Rechenaufwand.

selbstadjungiert

self adjoint; auto-adjoint

($\rightarrow$ adjungierte Abbildung)

Semiaffinität

semiaffine map; application sémilinéaire affine

($\rightarrow$ affiner Raum)

semidirektes Produkt

semidirect product; produit sémidirect

Seien G_1 und G_2 °Gruppen, $\Phi: G_2 \rightarrow \mathrm{Aut}(G_1)$ ein °Homomorphismus von G_2 in die Automorphismengruppe von G_1. Dann ist $G_1 \times G_2$ zusammen mit der Verknüpfung $(x_1, x_2) \cdot (y_1, y_2) := (x_1 \cdot \Phi(x_2)(y_1), x_2 y_2)$ eine Gruppe; sie heißt *semidirektes Produkt* von G_1 und G_2 bezüglich Φ; Bezeichnung: $G_1 \times_\Phi G_2$.

Das °direkte Produkt $G_1 \times G_2$ erhält man, wenn Φ gleich der konstanten °Abbildung auf id_{G_1} ist.

semilinear
semilinear; sémilinéaire

K sei ein °Körper und $\varphi: K \to K$ ein Körper-°Automorphismus. Eine °Abbildung $f: V \to W$ von K-°Vektorräumen heißt (φ-)*semilinear*, wenn für alle $v, v_1, v_2 \in V$, $\alpha \in K$ gilt:

$$f(v_1 + v_2) = f(v_1) + f(v_2)$$
$$f(\alpha v) = \varphi(\alpha) f(v).$$

Wichtigstes *Beispiel* ist $K = \mathbb{C}$ und $\varphi(z) = \bar{z}$ für alle $z \in \mathbb{C}$.

semilokal einfach zusammenhängend
semilocally simply connected; sémilocalement simplement connexe

Ein °topologischer Raum X heißt *semilokal einfach zusammenhängend*, wenn jeder Punkt x eine Umgebung $U(x)$ besitzt, so daß jeder in $U(x)$ liegende geschlossene °Weg nullhomotop in X ist ($\to$ homotop, Homotopiegruppe, $\to$ universelle Überlagerung).

°Mannigfaltigkeiten sind semilokal einfach zusammenhängend.

Beispiel: $X := \bigcup\limits_{\substack{n \in \mathbb{N} \\ n \geqslant 1}} \left\{ (x, y) \in \mathbb{R}^2 : \left(x - \dfrac{1}{n} \right)^2 + y^2 = \dfrac{1}{n^2} \right\} \subset \mathbb{R}^2$ ist °wegzusammenhängend, aber nicht semilokal einfach zusammenhängend. Dieses X besitzt keine °universelle Überlagerung.

separabel (Polynom, Körpererweiterung)
separable; séparable

Ein °Polynom mit Koeffizienten in einem °Körper k heißt *separabel*, wenn es in seinem °Zerfällungskörper nur einfache Nullstellen besitzt. Der Körper k heißt *vollkommen*, wenn jedes irreduzible Polynom aus $k[X]$ separabel ist. Jeder Körper der °Charakteristik 0 und auch jeder endliche Körper ist vollkommen. Der Körper $k = (\mathbb{Z}/p\mathbb{Z})(X)$ (p eine Primzahl) der rationalen Funktionen in einer Unbestimmten über dem Körper $\mathbb{Z}/p\mathbb{Z}$ ist nicht vollkommen, denn das Polynom $Y^p - X \in k[Y]$ ist irreduzibel, aber nicht separabel. (Zum Nachweis betrachte man die formale Ableitung $pY^{p-1} = 0$ in $\mathbb{Z}/p\mathbb{Z}(X)[Y]$.)

Eine °Körpererweiterung K/k heißt *separabel*, wenn jedes Element von K Nullstelle eines separablen Polynoms aus $k[X]$ ist.

separabel (topologischer Raum)

Ein °topologischer Raum heißt *separabel,* wenn er eine abzählbare °dichte Teilmenge besitzt.

$\mathbb{R}^n$, $n \in \mathbb{N}$, ist separabel.

Ein °metrischer Raum ist genau dann separabel, wenn er das zweite °Abzählbarkeitsaxiom erfüllt. Für °Hilberträume impliziert die Eigenschaft der Separabilität die Existenz einer abzählbaren °Hilbertbasis.

separiert

separated; séparé

($\rightarrow$ hausdorffsch)

Sesquilinearform

sesquilinear form; forme sesquilinéaire

K sei ein °Körper, φ sei ein °Automorphismus von K. Eine °Abbildung $s: V \times W \rightarrow K$ (V, W sind K-°Vektorräume) heißt *φ-Sesquilinearform,* wenn gilt:

- $s(\ , w)$: $V \rightarrow K$, $v \mapsto s(v, w)$ ist für jedes $w \in W$ φ-°semilinear
- $s(v, \ )$: $W \rightarrow K$, $w \mapsto s(v, w)$ ist für jedes $v \in V$ °linear.

($\rightarrow$ Hermitesche Form)

σ-Algebra

σ-field, σ-algebra; tribu, σ-algèbre

Seien Ω eine Menge und $\mathscr{A}$ eine Menge von Teilmengen von Ω. Dann heißt $\mathscr{A}$ eine *σ-Algebra* (in Ω), wenn gilt:

  (i) $\Omega \in \mathscr{A}$;
  (ii) für alle $M, N \in \mathscr{A}$ ist $M \setminus N \in \mathscr{A}$;
  (iii) für jede °abzählbare °Familie $(M_i)_{i \in \mathbb{N}}$ in $\mathscr{A}$ ist $\bigcup_{i \in \mathbb{N}} M_i \in \mathscr{A}$.

Beispiele: $\{\emptyset, \Omega\}$ und $\mathscr{P}(\Omega)$ sind σ-Algebren in Ω. – Durchschnitte von σ-Algebren bilden eine σ-Algebra; daher existiert für jedes Mengensystem $\mathscr{M}$ in Ω die von $\mathscr{M}$ in Ω *erzeugte σ-Algebra* (die kleinste, die alle $M \in \mathscr{M}$ enthält). – Ist auf Ω eine °Topologie gegeben, so heißt die vom System der °offenen (äquivalent: der °abgeschlossenen) Mengen erzeugte σ-Algebra $\mathscr{B}(\Omega)$ die *σ-Algebra der Borel-Mengen* (oder *Borel-σ-Algebra*). Die *Borel-σ-Algebra* in $\mathbb{R}$ (bzw. $\mathbb{R}^n$) wird üblicherweise mit $\mathscr{B}$(bzw. $\mathscr{B}^n$) bezeichnet. – Die σ-Algebra $\mathscr{B}^n_\lambda$ der *Lebesgue-meßbaren Mengen* wird erzeugt vom System der Borelmengen und allen Lebesgue-Nullmengen ($\rightarrow$ Lebesgue-Maß). –

Sind Ω_i Mengen, versehen mit σ-Algebren $\mathscr{A}_i$, und sind $X_i\colon \Omega \to \Omega_i$ °Abbildungen, so wird die vom System $\{X_i^{-1}(M_i)\,|\,M_i \in \mathscr{A}_i,\, i \in I\}$ in Ω erzeugte σ-Algebra auch „von $(X_i)_{i \in I}$ erzeugt" genannt. Ist speziell Ω das °kartesische Produkt der Ω_i, so heißt die von den °Projektionen $pr_i\colon \Omega \to \Omega_i$ erzeugte σ-Algebra die *Produkt-σ-Algebra* $\bigotimes\limits_{i \in I} \mathscr{A}_i$ in Ω; z. B. ist $\mathscr{B}^n = \bigotimes\limits_{i=1}^{n} \mathscr{B}$.

Signatur
signature; signature

Sei V ein n-dimensionaler °Vektorraum über $\mathbb{R}$ (bzw. $\mathbb{C}$), und ρ eine °quadratische (bzw. °hermitesche) Form auf V. Ist dann p die maximale Dimension der Untervektorräume $V' \subset V$, auf denen ρ °positiv definit ist, also p der °Index, und q die maximale Dimension derjenigen Untervektorräume $V'' \subset V$, auf denen ρ negativ definit ist, so heißt $p - q$ die *Signatur* von ρ.

($\to$ Sylvesterscher Trägheitssatz)

Signum
sign; signe

Unter der *Signum-* oder *Vorzeichenfunktion* versteht man die Funktion $\mathrm{sign}\colon \mathbb{R} \to \{-1, 0, 1\}$, die definiert ist durch

$$\mathrm{sign}(x) := \begin{cases} 1 & \text{für } x > 0 \\ 0 & \text{für } x = 0 \\ -1 & \text{für } x < 0. \end{cases}$$

Signum (einer Permutation)
sign; signe

Ist $\pi\colon \{1, 2, \ldots, n\} \to \{1, 2, \ldots, n\}$ eine °Permutation, so heißt $\varepsilon(\pi) := \prod\limits_{i<j} \dfrac{\pi(j) - \pi(i)}{j - i}$ das *Signum* von π. Es ist $\varepsilon(\pi) = (-1)^m$, wo m die Anzahl der Paare (i, j) mit $i < j$ und $\pi(i) > \pi(j)$ ist, und auch $\varepsilon(\pi) = (-1)^k$, wenn sich π durch Hintereinanderausführen von k Transpositionen (Vertauschungen von nur zwei Zahlen) darstellen läßt.

Permutationen mit Signum $+1$ heißen *gerade,* solche mit Signum -1 heißen *ungerade Permutationen.*

ε ist ein °Homomorphismus der Permutationsgruppe S_n nach $\{+1, -1\}$, die °alternierende Gruppe ist der Kern von ε.

Simplexmethode
simplex method; méthode simpliciale

($\rightarrow$ lineare Optimierung)

Simpsonregel
Simpson's rule; formule de Simpson

Verwendet man zur Berechnung des $^\circ$Riemann-Integrals $\int\limits_a^b f(x)\,dx$ einer Riemann-integrierbaren Funktion $f:[a,b]\rightarrow\mathbb{R}$, die $^\circ$Newton-Cotes-Formel für den Fall $n=2$, die man auch *Simpsonregel* nennt, so erhält man:

$$\int\limits_a^b f(x)\,dx = \frac{b-a}{6}\left[f(a)+4f\left(\frac{a+b}{2}\right)+f(b)\right]+R_f.$$

Ist f viermal stetig $^\circ$differenzierbar, so ist der Fehler $R_f = \dfrac{(b-a)^5}{2880}\,f^{(\mathrm{IV})}(\xi)$, $\xi\in\,]a,b[$. Für $n>2$, $n=2m$, $m\in\mathbb{N}$ lautet die *zusammengesetzte Simpsonregel* mit $h=\dfrac{b-a}{n}$

$$\begin{aligned}
\int\limits_a^b f(x)\,dx = \frac{h}{3}[&f(a)+4f(a+h)+2f(a+2h)+4f(a+3h)+\\
&+\ldots+2f(a+(n-2)h)+4f(a+(n-1)h)+f(b)]+R_f^h
\end{aligned}$$

$$\text{mit}\quad R_f^h = \frac{b-a}{180}\,h^4 f^{\mathrm{IV}}(\xi),\quad \xi\in\,]a,b[.$$

Sie konvergiert für viermal stetig differenzierbare Funktionen f für $h\rightarrow 0$, d.h. $n\rightarrow\infty$, gegen $\int\limits_a^b f(x)\,dx$.

singulär (Matrix)
singular; singulier

($\rightarrow$ regulär (Matrix))

singulärer Punkt (einer Kurve)

($\rightarrow$ Kurve)

Singularität (isolierte ∼ einer holomorphen Funktion)
singular point (singularity); point singulier (singularité)

Ist $U \subset \mathbb{C}$ °offen, $z_0 \in U$ und $f: U \setminus \{z_0\} \to \mathbb{C}$ °holomorph, so heißt z_0 eine *isolierte Singularität* von f. Man unterscheidet drei Typen:

z_0 *hebbare Singularität* : ⟺ f läßt sich zu einer auf U holomorphen Funktion fortsetzen.

         (→ Riemannscher Hebbarkeitssatz).

z_0 *Pol* : ⟺ es gibt ein $m \geqslant 1$, so daß $(z - z_0)^m f(z)$ eine hebbare Singularität bei z_0 hat, nicht aber $(z - z_0)^{m-1} f(z)$. Die Zahl m heißt dann *Ordnung der Polstelle* (→ meromorph).

z_0 *wesentliche Singularität* : ⟺ z_0 weder hebbar noch Pol.

         (→ Casorati-Weierstraß (Satz von))

Beispiele: In $z_0 = 0$ hat $\dfrac{\sin z}{z}$ eine hebbare Singularität, $\dfrac{1}{z^m}$ einen Pol (der Ordnung m), und $\exp\left(\dfrac{1}{z}\right)$ eine wesentliche Singularität.

(→ Laurentreihe)

Sinus
sine; sinus

(→ trigonometrische Funktionen)

Skalar
scalar; scalaire

Bei einem K-°Vektorraum V werden die Elemente des °Körpers K (im Gegensatz zu den Vektoren von V) oft als *Skalare* und der Körper K als *Skalarenkörper* bezeichnet.

Skalarprodukt
scalar (dot, inner) product; produit scalaire

(1) Eine °symmetrische °Bilinearform s auf einem $\mathbb{R}$-°Vektorraum V heißt *Skalarprodukt*, wenn sie positiv definit ist, d.h. $s(v, v) > 0$ ist für alle $v \neq 0$. Auf dem $\mathbb{R}$-Vektorraum $\mathbb{R}^n$ ($n \geqslant 1$) hat man das *kanonische Skalarprodukt*

$$\langle x, y \rangle = \sum_{i=1}^{n} x_i y_i \quad (x = (x_1, \ldots, x_n),\ y = (y_1, \ldots, y_n));$$

alle anderen Skalarprodukte auf dem $\mathbb{R}^n$ erhält man durch Wahl einer symmetrischen $n \times n$-°Matrix $S = (S_{ij})$ über $\mathbb{R}$ mit lauter positiven °Eigenwerten durch $s(x, y) = \sum_{i,j=1}^{n} S_{ij} x_i y_j = {}^t x \cdot S \cdot y$. Anschaulich wird für $n \leqslant 3$ das Skalarprodukt $\langle x, y \rangle$

(für $x, y \neq 0$) gegeben durch $\|x\| \cdot \|y\| \cos(\sphericalangle(x, y))$, wo $\sphericalangle(x, y)$ den Winkel zwischen den Vektoren x, y bezeichnet und $\|x\|$, $\|y\|$ ihre Länge. Diese Beziehung dient umgekehrt für beliebiges n zur Definition der Länge (°Norm) eines Vektors: $\|x\| = +\sqrt{\langle x, x \rangle}$ und des °Winkels zwischen zwei Vektoren $\neq 0$: $\sphericalangle(x, y) = \arccos \dfrac{\langle x, y \rangle}{\|x\| \cdot \|y\|} \in [0, \pi]$.

(2) Ist V ein $\mathbb{C}$-Vektorraum, so versteht man unter einem *Skalarprodukt* auf V eine °positiv definite °hermitesche Bilinearform $h: V \times V \to \mathbb{C}$.

Skalierung
scaling; scaling

($\to$ Kondition)

SOR-Verfahren

($\to$ Relaxation)

Spatprodukt
parallelepipedial product; produit mixte

Sind $u = (u_1, u_2, u_3)$, $v = (v_1, v_2, v_3)$ und $w = (w_1, w_2, w_3)$ °Vektoren in $\mathbb{R}^3$, so ist ihr *Spatprodukt* definiert durch

$$[u, v, w] := \det \begin{pmatrix} u_1 & u_2 & u_3 \\ v_1 & v_2 & v_3 \\ w_1 & w_2 & w_3 \end{pmatrix} = \langle u \times v, w \rangle = \langle v \times w, u \rangle = \langle w \times u, v \rangle$$

($\to$ Determinante, $\to$ Skalarprodukt, $\to$ Vektorprodukt, $\to$ euklidischer Raum). Der Wert des Spatprodukts entspricht dem Volumen des von u, v, w aufgespannten Parallelotops ($=$ *Spates*):

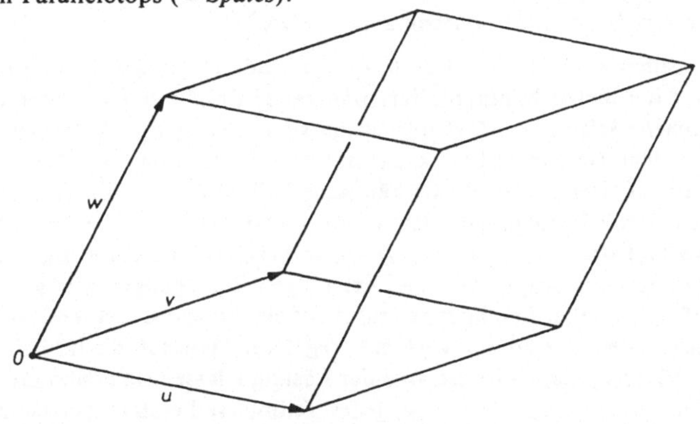

Spektrum (eines linearen Operators)
spectrum (of a linear operator); spectre (d'un opérateur linéaire)

Sei X ein °Banachraum über $\mathbb{K} = \mathbb{R}$ oder $\mathbb{C}$ und $A: X \to X$ eine °stetige °lineare Abbildung. Die Menge $S(A) := \{\sigma \in \mathbb{K}: A - \sigma\, id_X$ ist nicht bijektiv$\}$ heißt *Spektrum* von A, ihre Elemente heißen *Spektralwerte*. Es gilt $S(A) = \mathbb{K} \setminus R(A)$, wobei $R(A)$ die °Resolventenmenge von A ist.

Ist X ein komplexer Banachraum, so ist das Spektrum von A stets nicht-leer, kompakt und enthalten in $\{z \in \mathbb{C}: |z| \leqslant \|A\|\}$ ($\to$ Norm).

Ein $\lambda \in \mathbb{K}$ heißt *Eigenwert* von A, falls $\mathrm{Ker}(A - \lambda\, id_X) \neq 0$ ist; $\mathrm{Ker}(A - \lambda\, id_X)$ heißt *Eigenraum* zu λ.

Alle Eigenwerte sind Spektralwerte, aber die Umkehrung gilt i. a. nicht.

Beispiel ($\to \ell^p$-Räume): Die °Abbildung $\ell^2 \to \ell^2$, $(x_0, x_1, \ldots) \to (0, x_0, x_1, \ldots)$ ist linear, stetig und injektiv, aber nicht surjektiv. Somit ist 0 Spektralwert, aber nicht Eigenwert; die Umkehrung gilt allerdings im endlich-dimensionalen Fall oder für den Fall, daß A ein °kompakter Operator ist.

Ein °hermitescher Operator hat nur reelle Spektralwerte, ein °unitärer Operator hat nur Spektralwerte vom Betrag 1.

spezielle orthogonale Gruppe
special orthogonal group; groupe orthogonal spécial

($\to$ klassische Gruppen)

Spiegelung
reflection; symétrie (orthogonale)

($\to$ Hyperebenenspiegelung)

Spline-Interpolation
spline interpolation; interpolation avec splines

Es seien Stützstellen $x_i \in [a, b]$, $i = 0, 1, \ldots, n$ und zugehörige Stützwerte $f_i \in \mathbb{R}$ gegeben. Eine hierzu bestimmte interpolierende Funktion S ($\to$ Interpolation) heißt *Splinefunktion m-ter Ordnung*, wenn sie m-mal stetig °differenzierbar ist und auf jedem Teilintervall $[x_i, x_{i+1}]$ mit einem °Polynom $(m+1)$-ten Grades übereinstimmt. Der in der Praxis häufigste Fall ist $m = 2$. Gilt dabei eine der folgenden Zusatzbedingungen **(i)** $S''(x_0) = S''(x_n) = 0$ **(ii)** $S(x_0) = S(x_n)$ und $S'(x_0) = S'(x_n)$ **(iii)** $S'(x_0) = \alpha$, $S'(x_n) = \beta$, so existiert eine eindeutig bestimmte (kubische) Splinefunktion, die einer der obigen Bedingungen genügt. Die formale Aufstellung aller Bedingungen führt auf ein °lineares, „schwach besetztes" Gleichungssystem der Form $Ay = b$ mit °regulärer Matrix A, die im Fall **(i)** und **(iii)** eine °Tridiagonalmatrix ist. Aus der Lösung y lassen sich dann die Koeffizienten der Polynome 3. Grades für jedes Teilintervall einfach berechnen.

Spur
trace; trace

Die Summe der Diagonalelemente einer $n \times n$-°Matrix $A = (a_{ij})$ heißt *Spur*: $\mathrm{Spur}(A) = a_{11} + \ldots + a_{nn}$.

Es gilt $\mathrm{Spur}(AB) = \mathrm{Spur}(BA)$, $\mathrm{Spur}(A+B) = \mathrm{Spur}(A) + \mathrm{Spur}(B)$. Ist $P_A = \det(TE_n - A)$ das °charakteristische Polynom von A, so ist die $\mathrm{Spur}(A)$ bis auf das Vorzeichen gleich dem Koeffizienten von T^{n-1} in P_A; ist S eine °invertierbare $n \times n$-°Matrix, so ist also wegen $P_A = P_{SAS^{-1}}$ auch $\mathrm{Spur}(A) = \mathrm{Spur}(SAS^{-1})$, und man kann von der *Spur* eines °Endomorphismus (eines endlich-dimensionalen) °Vektorraums sprechen.

Stabilisator
stabilizer; stabilisateur

($\rightarrow$ Operation)

Stabilität
stability; stabilité

a) *Stabilität von* °*Einschrittverfahren*

Ein (explizites) Einschrittverfahren heißt *stabil*, wenn die Näherungslösungen u_h, die für jedes h durch $u_h(x_j) = y_j, j = 0, 1, \ldots, n$, gegeben sind, und die zugehörigen Differenzenquotienten $\dfrac{1}{h}(u_h(x_{j+1}) - u_h(x_j))$ stetig von dem Anfangswert α_h und der Verfahrensfunktion f_h abhängen, und zwar „gleichmäßig" in h, d. h. es existiert ein $h_0 \in \mathbb{R}^*_+$, so daß für alle $\varepsilon > 0$ ein $\delta > 0$ existiert, so daß für alle $h \in]0, h_0]$ gilt: für jede durch $\sigma_h \in \mathbb{R}$ und $S_h : I'_h := \{x_j | j = 0, 1, \ldots, n-1\} \rightarrow \mathbb{R}$ gestörte Näherungslösung v_h, d. h. die Lösung der Gleichungen $v_h(a) = \alpha_h + \sigma_h$, $\dfrac{1}{h}(v_h(x_{j+1}) + v_h(x_j)) = f_h(x_j, v_h(x_j)) + S_h(x_j)$ gilt:

$$|\sigma_h| + \max_{x \in I'_h} |S_h(x)| < \delta \;\Rightarrow\; \max_j |u_h(x_j) - v_h(x_j)| + \max_j \left| \frac{u_h(x_{j+1}) - u_h(x_j)}{h} \right.$$

$$\left. - \frac{v_h(x_{j+1}) - v_h(x_j)}{h} \right| < \varepsilon.$$

Ein konsistentes ($\rightarrow$ Konsistenz) und stabiles Einschrittverfahren ist konvergent.

Hiervon zu unterscheiden ist die sogenannte

b) *absolute Stabilität von Einschrittverfahren*

Ein Einschrittverfahren nennt man *absolut stabil*, wenn die von ihm berechneten °Näherungen sich ähnlich wie die exakten Lösungen der untersuchten °Anfangswertprobleme verhalten. Genauer gesagt, man testet das Verfahren an dem linearen Anfangswertproblem $y'=Ay$, $u(x)=y$, $u(a)=\alpha$, $A\in M(n, \mathbb{R})$, $\alpha\in\mathbb{R}^n$, der sogenannten *Testgleichung* für die absolute Stabilität. Die Näherungen y_j eines auf diese Testgleichung angewandten Einschrittverfahrens genügen der Rekursionsformel ($\rightarrow$ Rekursionssatz) $y_{j+1}=g(h\cdot A)y_j$ mit einer von der Verfahrensfunktion f_h abhängigen Funktion g, die eine (formale) Darstellung als Potenzreihe besitzt. Besitzt A nun ausschließlich °Eigenwerte λ_j mit negativem Realteil, so konvergiert die Lösung der Testgleichung für $x\rightarrow\infty$ gegen 0, während dies für die Näherungsgleichung nur dann gilt, wenn $|g(h\lambda_j)|<1$ für alle $j=1,\ldots,n$. Daher heißt ein Verfahren *absolut stabil*, falls $|g(z)|<1$ für alle $z\in\mathbb{C}$ mit negativem Realteil. Das explizite Eulersche Polygonzugverfahren ist ebensowenig absolut stabil wie alle expliziten Runge-Kutta-Verfahren, während das implizite absolut stabil ist.

c) *Stabilität von °Algorithmen*

($\rightarrow$ numerisch stabil)

Stammfunktion
primitive (function); primitive (d'une fonction)

($\rightarrow$ Fundamentalsatz der Differential- und Integralrechnung)

Standardabweichung
standard deviation; écart type

($\rightarrow$ Varianz)

steife Differentialgleichung
stiff differential equation, equation différentielle raide

Unter *steifen Differentialgleichungen* versteht man °Differentialgleichungen bei denen die Lösungsschar Lösungen mit stark unterschiedlichem Wachstumsverhalten, z. B. „stark und schwach abklingende", enthalten. Bei Systemen mit konstanten Koeffizienten erkennt man dies daran, daß der Quotient des betragsmäßig größten °Eigenwertes der Koeffizientenmatrix durch den betragsmäßig kleinsten dem Betrag nach sehr groß ist. Die numerische Lösung von °Anfangswertproblemen mit steifen Differentialgleichungen stellt ein schwieriges Problem dar. Es werden in der Regel absolut stabile Verfahren ($\rightarrow$ Stabilität) verwendet. ($\rightarrow$ Einschrittverfahren)

steigend (Funktion)
increasing (function); (fonction) croissante

($\rightarrow$ monoton)

stereographische Projektion
stereographic projection; projection stéréographique

($\rightarrow$ Riemannsche Zahlenkugel)

sternförmig
starlike; étoilé

Eine Teilmenge $M \subset \mathbb{R}^n$ heißt *sternförmig*, wenn es einen Punkt $p \in M$ gibt, so daß mit jedem $q \in M$ auch alle Punkte der Strecke $\overline{pq} = \{p + \lambda(q-p) \in \mathbb{R}^n; \lambda \in [0, 1]\}$ in M liegen.

Beispiel: Jede °konvexe Menge ist sternförmig bezüglich eines jeden ihrer Punkte. Die Menge $([-1, +1] \times \mathbb{R}) \cup (\mathbb{R} \times [-1, +1]) \subset \mathbb{R}^2$ ist sternförmig bzgl. eines jeden Punktes von $[-1, +1] \times [-1, +1]$ (aber nicht konvex). $\mathbb{R}^2 \setminus \{0\}$ ist nicht sternförmig.

stetig
continuous; continu

Sind (X, d) und (Y, d') °metrische Räume (z. B. Teilmengen von $\mathbb{R}^n$, $\mathbb{R}^m$, $n, m \geqslant 1$, mit der üblichen Distanzfunktion), so heißt eine Abbildung $f: X \rightarrow Y$ *stetig im Punkt* $p \in X$, wenn eine der folgenden äquivalenten Bedingungen erfüllt ist:

i)   Für alle $\varepsilon > 0$ gibt es ein $\delta > 0$, so daß gilt (für alle $x \in X$):
$d(x, p) < \delta \Rightarrow d'(f(x), f(p)) < \varepsilon.$

ii) Für jede gegen p konvergierende °Folge (x_n) in X konvergiert $(f(x_n))$ in Y gegen $f(p)$ ($\rightarrow$ Konvergenz (von Folgen und Reihen)).

Die Abbildung f heißt *stetig*, wenn sie in jedem Punkt stetig ist.

In allgemeinen °topologischen Räumen hat man andere Definitionen für die Stetigkeit, die für den Fall, daß die Topologie von einer Metrik induziert wird, mit den obigen äquivalent sind:

iii) Für jedes $x \in X$ gilt: Das Urbild jeder °Umgebung von $f(x)$ ist eine Umgebung von x.

iv) Urbilder °offener Mengen sind offen.

v)   Urbilder °abgeschlossener Mengen sind abgeschlossen.

vi) Für jede Teilmenge $A \subset X$ gilt $f(\overline{A}) \subset \overline{f(A)}$ ($\rightarrow$ abgeschlossene Hülle).

stetig (partiell) differenzierbar

($\rightarrow$ differenzierbar)

Stirlingsche Formel

Es gilt $\lim\limits_{n \to \infty} \dfrac{n!}{\sqrt{2\pi n} \cdot \left(\dfrac{n}{e}\right)^n} = 1.$

Für die Verwendung zur angenäherten Berechnung von $n!$ für große n hat man die Fehlerabschätzung

$$\sqrt{2\pi n}\, n^n e^{-n} < n! < \sqrt{2\pi n}\, n^n e^{-n} e^{1/12n}$$

Diese ergibt sich aus einer Entwicklung der °Gamma-Funktion.

stochastisch unabhängig

stochastically independent; stochastiquement indépendant

Es sei $(\Omega, \mathscr{A}, P)$ ein °Wahrscheinlichkeitsraum.

(1) Zwei Ereignisse $A, B \in \mathscr{A}$ heißen °*stochastisch unabhängig* (bzgl. P), falls $P(A \cap B) = P(A) \cdot P(B)$ ist. (D. h. sofern $P(B) \neq 0$: $P(A \mid B) = P(A)$, $\to$ bedingte Wahrscheinlichkeit).

Allgemeiner heißt eine Familie $(A_i)_{i \in I}$ in $\mathscr{A}$ *stochastisch unabhängig* (bzgl. P), falls für jede endliche Teilmenge $J \subset I$ gilt: $P\left(\bigcap\limits_{j \in J} A_j\right) = \prod\limits_{j \in J} P(A_j)$. – Die

$(A_i)_{i \in I}$ heißen *paarweise stochastisch unabhängig*, wenn je zwei von ihnen stochastisch unabhängig sind.

(2) Eine Familie $(\mathscr{A}_i)_{i \in I}$ von σ-Algebren in Ω mit $\mathscr{A}_i \subset \mathscr{A}$ für alle i heißt *stochastisch unabhängig*, falls für jede Wahl von Ereignissen $A_i \in \mathscr{A}_i$ die Familie $(A_i)_{i \in I}$ stochastisch unabhängig ist.

(3) Eine Familie $(X_i)_{i \in I}$ von °Zufallsvariablen auf $(\Omega, \mathscr{A}, P)$ mit Werten in °Meßräumen $(\Omega_i', \mathscr{A}_i')$ heißt *stochastisch unabhängig*, falls die von den X_i $(i \in I)$ erzeugten °σ-Algebren in Ω stochastisch unabhängig sind.

Z. B. sind konstante Zufallsvariable stets unabhängig von jeder anderen Zufallsvariablen. – Die Konstruktion des °Produktmaßes liefert die Unabhängigkeit der Projektionen. – Unabhängige reelle Zufallsvariable sind stets paarweise unkorreliert ($\to$ Kovarianz).

Für endlich viele reelle Zufallsvariable $X_1, \ldots, X_n$ sind äquivalent:

(i)   die X_i sind stochastisch unabhängig;

(ii) die gemeinsame Verteilung ist gleich dem °Produktmaß aus den einzelnen Verteilungen der X_i;

(iii) für alle $k = 1, \ldots, n$, für jede Wahl von Indizes $i_1, \ldots, i_k$ und für jede Wahl von Mengen $A_{i_1}, \ldots, A_{i_k} \in \mathscr{B}$ ist

$$P\left(\bigcap_{\nu=1}^{k} \{X_{i_\nu} \in A_{i_\nu}\}\right) = \prod_{\nu=1}^{k} P(X_{i_\nu} \in A_{i_\nu});$$

(iv) für jede Wahl von Mengen $A_i \in \mathscr{B}$ $(i = 1, \ldots, n)$ ist

$$P\left(\bigcap_{i=1}^{n} \{X_i \in A_i\}\right) = \prod_{i=1}^{n} P(X_i \in A_i);$$

(v) für die °Verteilungsfunktionen F_{X_i} und F_X, wo $X := (X_1, \ldots, X_n)$, und

für alle $(x_1, \ldots, x_n) \in \mathbb{R}^n$ gilt: $F_X(x_1, \ldots, x_n) = \prod_{i=1}^{n} F_{X_i}(x_i).$

Sind die X_i diskret verteilt, so sind in (iii) oder (iv) die Relationen für einelementige Mengen A_{i_ν} hinreichend.

Ferner sind mit $X_1, \ldots, X_n$ auch $g \circ (X_1, \ldots, X_k)$ und $h \circ (X_{k+1}, \ldots, X_n)$ für je zwei °meßbare Funktionen $g: \mathbb{R}^k \to \mathbb{R}$ und $h: \mathbb{R}^l \to \mathbb{R}$ (wobei $k + l = n$ ist) stochastisch unabhängig.

Stokes (Satz von)

$$\int_G d\omega = \int_{\partial G} \omega$$

Dabei ist G eine °kompakte Teilmenge einer k-dimensionalen orientierten Untermannigfaltigkeit des $\mathbb{R}^n$ ($\to$ diffb. Mannigf.) mit glattem °Rand ∂G ($\to$ Flächenintegral), der mit der von G induzierten Orientierung versehen sei, und ω eine $(k-1)$-Form ($\to$ Differentialform) auf einer °Umgebung von G im $\mathbb{R}^n$.

Der Satz von Stokes führt ein Integral über G auf ein Integral über den Rand von G zurück. Allerdings ist dabei der Integrand $d\omega$ als °äußere Ableitung einer Differentialform ω zu erkennen, d.h. man muß bei der Anwendung von links nach rechts eine „Stammfunktion" finden.

Beispiele:

a) $G = [a, b] \subset \mathbb{R}$; $\partial G = \{a, b\}$, $\omega = f : [a, b] \to \mathbb{R}$ (eine 0-Form)

$$d\omega = df = \frac{df}{dx}\, dx, \quad \int_a^b \frac{df}{dx}\, dx = f(b) - f(a)$$

(*°Fundamentalsatz der Differential- und Integralrechnung*).

b) $G \subset \mathbb{R}^2$ sei die °abgeschlossene Hülle eines beschränkten Gebietes mit stückweise glatter Randkurve,

$$\omega = f\,dx + g\,dy, \quad d\omega = \left(\frac{\partial g}{\partial x} - \frac{\partial f}{\partial y}\right) dx \wedge dy;$$

$$\int_G \left(\frac{\partial g}{\partial x} - \frac{\partial f}{\partial y}\right) dx \wedge dy = \int_{\partial G} f\,dx + \int_{\partial G} g\,dy$$

(*Integralsatz von Green-Gauß*)

c) $G \subset \mathbb{R}^3$ sei die abgeschlossene Hülle eines glatt berandeten, beschränkten Gebiets im $\mathbb{R}^3$,

$$\omega = a_1\,dy \wedge dz + a_2\,dz \wedge dx + a_3\,dx \wedge dy, \quad d\omega = \left(\frac{\partial a_1}{\partial x} + \frac{\partial a_2}{\partial y} + \frac{\partial a_3}{\partial z}\right) dx \wedge dy \wedge dz;$$

$$\int_{\partial G} a_1\, dy \wedge dz + a_2\, dz \wedge dx + a_3\, dx \wedge dy = \int_G \operatorname{div} a\, dx \wedge dy \wedge dz,$$

wobei $a = (a_1, a_2, a_3)$: $G \to \mathbb{R}^3$ das von ω bestimmte °Vektorfeld ist ($\to$ Vektoranalysis).

(*Integralsatz von Gauß-Ostrogradski*)

d) Sei $G \subset \mathbb{R}^3$ eine kompakte °Fläche (d. h. 2-dimensionale Untermannigfaltigkeit) im Raum mit stückw. glatter Randkurve ∂G, U eine Umgebung von G, $\omega = A_1\, dx + A_2\, dy + A_3\, dz$,

$$d\omega = \left(\frac{\partial A_3}{\partial y} - \frac{\partial A_2}{\partial z}\right) dy \wedge dz + \left(\frac{\partial A_1}{\partial z} - \frac{\partial A_3}{\partial x}\right) dz \wedge dx + \left(\frac{\partial A_2}{\partial x} - \frac{\partial A_1}{\partial y}\right) dx \wedge dy;$$

$$\int_{\partial G} (A_1\, dx + A_2\, dy + A_3\, dz) = \int_G \operatorname{rot} A,$$

wobei wieder $A = (A_1, A_2, A_3)$: $U \to \mathbb{R}^3$ das von ω bestimmte Vektorfeld ist ($\to$ Vektoranalysis).

(*klassischer Satz von Stokes*)

($\to$ Flächenintegral)

Stone-Weierstraß

($\to$ Approximationssatz von St.-W.)

Streuung
dispersion; dispersion

($\to$ Varianz)

---

stückweise (affin; stetig; differenzierbar etc.)
piecewise; à pièce

Seien $[a, b] \subset \mathbb{R}$ und $f: [a, b] \to \mathbb{R}$ eine Funktion und $a = a_0 < a_1 < a_2 < \ldots < a_n = b$ eine Unterteilung von $[a, b]$.
Wenn die Funktionen $f|_{]a_i,\, a_{i+1}[}$, $0 \le i \le n-1$, °affin, bzw. °stetig, bzw. °differenzierbar etc. sind, so nennen wir f *stückweise* affin, bzw. -stetig, bzw. -differenzierbar etc.

Studentsche Verteilung
Student's distribution; loi de Student

($\to$ t-Verteilung)

Subbasis (einer Topologie)
subbase; (direkte Übers. nicht üblich)

($\to$ Basis einer Topologie)

sublinear

sublinear; sous-linéaire

($\rightarrow$ Hahn-Banach-Sätze)

Substitutionsregel

substitution formula; méthode des substitutions

Sei $f: [a, b] \rightarrow \mathbb{R}$ eine °stetige Funktion und $\varphi: [c, d] \rightarrow \mathbb{R}$ eine stetig °differenzierbare Funktion mit $\varphi([c, d]) \subset [a, b]$.

Dann gilt $\int_c^d f(\varphi(t))\, \varphi'(t)\, dt = \int_{\varphi(c)}^{\varphi(d)} f(x)\, dx$ ($\rightarrow$ Riemann-Integral).

($\rightarrow$ Transformationsformel (für mehrfache Integrale))

Sukzessive Approximation

method of successive approximations; méthode des approximations successives

Unter dem Verfahren der *sukzessiven Approximation* zur Berechnung eines Fixpunktes x^* einer Abbildung $T: D \subset X \rightarrow X$, X °metrischer Raum, versteht man die Iteration $x_n = T(x_{n-1})$, $n \in \mathbb{N}$, wobei $x_0 \in D$ beliebig gewählt werden kann. Genügt T z. B. den Voraussetzungen des °Fixpunktsatzes von Banach, so konvergiert die Folge $\{x_n\}_{n \in \mathbb{N}_0}$ gegen den eindeutig bestimmten Fixpunkt von T. Ein wichtiger Spezialfall ist das Iterationsverfahren von Picard-Lindelöf ($\rightarrow$ Existenz- und Eindeutigkeitssatz für Differentialgleichungen) zur Lösung von (Systemen von) °Differentialgleichungen. Das Verfahren der sukzessiven Approximation ist die Grundlage für viele andere Iterationsverfahren, es konvergiert jedoch im allgemeinen nur linear ($\rightarrow$ Konvergenzordnung).

Summentopologie

disjoint union topology; topologie somme des topologies

($\rightarrow$ topologische Summe)

summierbare Funktion

summable function; fonction sommable

($\rightarrow$ Lebesgue-Integral)

Supremum

($\rightarrow$ Halbordnung)

Supremumseigenschaft

($\rightarrow$ Vollständigkeit von $\mathbb{R}$)

Supremumsnorm
supremum norm; „norme sup"

Sei K eine Menge und $f: K \rightarrow \mathbb{R}$ eine Funktion. Dann heißt $\|f\|_K := \sup_{x \in K} |f(x)|$

das *Supremum* von f. Auf dem $\mathbb{R}$-Vektorraum aller °beschränkten Funktionen auf K ist $\| \ \|_K$ eine Norm.

Analoge Definitionen gelten für Funktionen mit Werten in $\mathbb{C}$ oder in einem °Banachraum.

($\rightarrow$ Konvergenz von Funktionenfolgen)

surjektiv
surjective or *onto; surjectif*

($\rightarrow$ Abbildung)

Sylow-Gruppen
Sylow subgroup; sous-groupe de Sylow

Sei G eine endliche °Gruppe, e ihr neutrales Element und p eine °Primzahl. Eine Untergruppe $S \subset G$ heißt *p-Sylow-Gruppe* in G, wenn gilt:

a) Zu jedem $a \in S$ gibt es ein (i. allg. von a abhängiges) $k \in \mathbb{N}$ mit $a^{p^k} = e$, d. h. S ist °p-Gruppe.

b) Ist $H \subset G$ eine p-Untergruppe und ist $S \subset H$, so folgt $S = H$ (S ist „maximal").

Das *Theorem von Sylow* besagt:

Ist G eine endliche Gruppe und p eine Primzahl, so gilt:

(1) $S \subset G$ ist genau dann eine p-Sylow-Gruppe in G, wenn die Anzahl der Elemente von S (die °Ordnung von S) gleich p^k ist und die Ordnung von G durch p^k, nicht aber durch p^{k+1} teilbar ist.

(2) Zu jeder p-Untergruppe H gibt es eine p-Sylow-Gruppe S in G mit $H \subset S$.

(3) a) Mit S ist auch jede zu S °konjugierte Untergruppe von G eine p-Sylow-Gruppe in G.

b) Je zwei p-Sylow-Gruppen in G sind konjugiert.

(4) Die Anzahl s der p-Sylow-Gruppen in G ist ein Teiler der Ordnung von G, und es gilt $s \equiv 1 \mod p$.

Dieses Theorem ist von großer Bedeutung für die Theorie endlicher Gruppen.

Sylvesterscher Trägheitssatz
Sylvester's theorem of inertia; loi d'inertie de Sylvester

Sei V ein endlich-dimensionaler °Vektorraum über $\mathbb{R}$ (bzw. $\mathbb{C}$), s eine symmetrische °Bilinearform (bzw. °Hermitesche Form) auf V, $B=(b_1, \ldots, b_n)$ eine °Basis von V und $M_B(s)=(s(b_i, b_j))_{i,j=1,\ldots,n}$ die °Matrix von s bezüglich B. Dann gilt:

Die ganzen Zahlen

$\mathrm{Rang}(s) := {}°\mathrm{Rang}(M_B(s))$,

$\mathrm{Index}(s) := $ Anzahl der positiven °Eigenwerte von $M_B(s)$,

$\mathrm{Signatur}(s) := \mathrm{Index}(s) - $ Anzahl der negativen Eigenwerte von $M_B(s)$

sind unabhängig von der gewählten Basis B.

Insbesondere gibt es eine Basis von V derart, daß bezüglich dieser Basis die Matrix von s die Gestalt

$$\begin{pmatrix} E_k & 0 & 0 \\ 0 & -E_l & 0 \\ 0 & 0 & 0 \end{pmatrix}$$

hat, wo E_k (bzw. E_l) die k- (bzw. l-)reihige Einheitsmatrix und $\mathrm{Rang}(s)=k+l$, $\mathrm{Index}(s)=k$ und $\mathrm{Signatur}(s)=k-l$ ist.

---

symmetrische Bilinearform
symmetric bilinear form; forme bilinéaire symétrique

---

symmetrische Gruppe
symmetric group; groupe symétrique

($\rightarrow$ Permutation)

---

symmetrische Matrix
symmetric matrix; matrice symétrique

Eine $n \times n$-°Matrix $M=(a_{ij})$ heißt *symmetrisch*, wenn $a_{ij}=a_{ji}$ ist für alle $i,j \in \{1, \ldots, n\}$; das bedeutet ${}^tM=M$ (${}^tM = {}°$transponierte Matrix). Sie heißt *antisymmetrisch*, wenn $a_{ij}=-a_{ji}$ ist (insbesondere $a_{ii}=0$), oder gleichbedeutend ${}^tM=-M$.

Jede Matrix läßt sich als Summe einer symmetrischen und einer antisymmetrischen Matrix darstellen: $M = \frac{1}{2}(M+{}^tM) + \frac{1}{2}(M-{}^tM)$.

---

symmetrisches Polynom

symmetric polynomial; polynôme symétrique

Sei K ein °Körper, $K[X_1, \ldots, X_n]$ der °Polynomring in n Unbestimmten. Ein Polynom $f = f(X_1, \ldots, X_n) = \sum a_{i_1 \ldots i_n} X_1^{i_1} \ldots X_n^{i_n}$ heißt *symmetrisch*, wenn für alle Permutationen $\pi \in S_n$ gilt:

$$f(X_1, \ldots, X_n) = f(X_{\pi(1)}, \ldots, X_{\pi(n)}) = \sum a_{i_1 \ldots i_n} X_{\pi(1)}^{i_1} \ldots X_{\pi(n)}^{i_n}.$$

Beispiel: Ist Y Unbestimmte über $K[X_1, \ldots, X_n]$ und $F \in K[X_1, \ldots, X_n][Y]$ definiert durch

$$F = \prod_{i=1}^{n} (Y - X_i) =: \sum_{i=0}^{n} (-1)^{n-i} s_{n-i} Y^i,$$

so sind die Koeffizienten $s_i \in K[X_1, \ldots, X_n]$ symmetrische Polynome, die sog. *elementarsymmetrischen Polynome*. Man erhält: $s_1 = X_1 + \ldots + X_n$, $s_2 = \sum_{1 \leq i < j \leq n} X_i X_j, \ldots, s_n = \prod_{1 \leq i \leq n} X_i$, und es gilt: Ist $f \in K[X_1, \ldots, X_n]$ ein symmetrisches Polynom, dann existiert ein Polynom $g \in K[t_1, \ldots, t_n]$ mit $f = g(s_1, \ldots, s_n)$.

T

Tangens
tangent; tangente

($\to$ trigonometrische Funktionen)

Tangente
tangent; tangente

Sei $\gamma\colon [a, b]\to \mathbb{R}^n$ $(n\geqslant 2)$ eine °stetige Abbildung (eine °Kurve im weitesten Sinn), und $p=\gamma(t_0)$ ein Punkt auf der Kurve. Man sagt, γ besitzt im Punkt p eine *Tangente*, wenn es °Folgen (t_n) in $[a, b]$ gibt, die gegen t_0 konvergieren ($\to$ Konvergenz (von Folgen und Reihen)), so daß $\gamma(t_n)\neq p$ ist für alle $n\in\mathbb{N}$, und wenn für jede derartige Folge die Geraden durch die Punkte p und $\gamma(t_n)$ gegen eine Grenzlage streben; dies ist gleichbedeutend damit, daß es einen °Vektor $x_p\in\mathbb{R}^n$, $x_p\neq 0$ und zu jeder Folge $t_n\to t_0$ (wie oben) eine Folge von reellen Zahlen $c_n\in\mathbb{R}$ gibt, so daß $\lim\limits_{n\to\infty} c_n\cdot(\gamma(t_n)-\gamma(t_0))=x_p$ ist. Die Gerade $p+\mathbb{R}\cdot x_p$ ist dann *Tangente* (und x_p heißt *Tangentenvektor*) an γ im Punkt p.

Beispiele: Für eine Funktion $f\colon [a, b]\to\mathbb{R}$ beschreibt $\gamma\colon [a, b]\to\mathbb{R}^2$, $t\mapsto (t, f(t))$ den Graphen von f als Kurve; ist f im Punkt t_0 °differenzierbar, so kann man für jede Folge $t_n\to t_0$ die Werte $c_n:=\dfrac{1}{t_n-t_0}$ nehmen und $x_p=(1, f'(t_0))$. Die Funktion $f(t)=\sqrt{t}$ auf $[0, \infty[$ ist im Punkt 0 nicht differenzierbar; trotzdem hat $\gamma\colon [0, \infty[\to\mathbb{R}^2$, $t\mapsto (t, \sqrt{t})$ in 0 die Tangente $\mathbb{R}\cdot(0, 1)$ (für $t_n\to 0$ kann man $c_n=(t_n)^{-1/2}$ nehmen). Die Graphen der stetigen Funktionen $|t|$ und $t\cdot\sin(1/t)$ haben im Nullpunkt keine Tangente. ($\to$ Kurve)

Tangentialebene
tangent plane; plan tangent

($\to$ Fläche)

Tangentialraum
tangent space; espace tangent

Seien M eine °differenzierbare Mannigfaltigkeit und $p\in M$. Bezeichnet man mit $\mathscr{E}(p)$ die $\mathbb{R}$-°Algebra aller °differenzierbaren °Funktionskeime, so heißt jede $\mathbb{R}$-°lineare Abbildung $\xi\colon \mathscr{E}(p)\to\mathbb{R}$ mit der Produktregel $\xi(fg)=\xi(f)\cdot g(p)+f(p)\cdot\xi(g)$ eine *Derivation* oder ein *Tangentialvektor* im Punkt p.

Die Tangentialvektoren in p bilden den *Tangentialraum $T_p M$* einen $\mathbb{R}$-°Vektorraum der °Dimension $\dim M$; zu jedem °lokalen Koordinatensystem

$(y_1, \ldots, y_n)$ bilden die Derivationen $f \mapsto \dfrac{\partial f}{\partial y_i}(p)$ $(i = 1, \ldots, n)$ eine °Basis von $T_p M$.

Äquivalente Definitionen für *Tangentialvektor im Punkt* p:

a) Ein *Tangentialvektor in* $p \in M$ ist eine Äquivalenzklasse von differenzierbaren Abbildungen $w:]-\varepsilon, +\varepsilon[\to M (\varepsilon \in \mathbb{R}, \varepsilon > 0)$ bezüglich der °Äquivalenzrelation $w \sim w' : \Leftrightarrow$ für alle differenzierbaren Funktionen f auf einer °Umgebung von $p \in M$ ist $\dfrac{d}{dt}(f \circ w)\Big|_{t=0} = \dfrac{d}{dt}(f \circ w')\Big|_{t=0}$. (w ist eine °Kurve in M durch den Punkt p, und ein Tangentialvektor ist ein Tangentenvektor an einer Kurve in M durch p.)

b) Ein *Tangentialvektor in* $p \in M$ ist eine Zuordnung, die jeder Karte φ um p einen Vektor $v = (v_1, \ldots, v_n) \in \mathbb{R}^n$ zuordnet, so daß für den Vektor $w \in \mathbb{R}^n$, der einer anderen Karte ψ zugeordnet ist, gilt: $w = D(\psi \circ \varphi^{-1})|_{\varphi(p)} \cdot v$. (Hier sind v bzw. w die Komponenten ein und desselben Tangentialvektors bezüglich der verschiedenen Basen, die den partiellen Ableitungen nach den durch φ bzw. ψ gegebenen lokalen Koordinaten entsprechen.)

Tangentialvektor
tangent vector; vecteur tangent

($\to$ Tangentialraum)

Taylor-Reihe
Taylor series; série de Taylor

a) Sei $I \subset \mathbb{R}$ ein °Intervall und $f: I \to \mathbb{R}$ eine $(n+1)$-mal stetig °differenzierbare Funktion. Dann gilt für $a \in I$ und $x \in I$ die *Taylorsche Formel*

$$f(x) = f(a) + \frac{f'(a)}{1!}(x-a) + \frac{f''(a)}{2!}(x-a)^2 + \ldots + \frac{f^{(n)}(a)}{n!}(x-a)^n + R_{n+1}(x),$$

wobei man das *Restglied* $R_{n+1}(x)$ am besten in der Integralform

$$R_{n+1}(x) = \frac{1}{n!} \int_a^x (x-t)^n f^{(n+1)}(t)\, dt \quad (\to \text{Riemann-Integral})$$

angibt. Daraus erhält man ($\to$ Mittelwertsatz der Integralrechnung) die *Lagrangesche Form*

$$R_{n+1}(x) = \frac{f^{(n+1)}(\xi)}{(n+1)!}(x-a)^{n+1}$$

mit einem geeigneten ξ zwischen a und x.

Ist $f: I \to \mathbb{R}$ beliebig oft differenzierbar, so heißt

$$\sum_{n=0}^{\infty} \frac{f^{(n)}(a)}{n!} (x-a)^n$$

die *Taylorreihe* von f mit Entwicklungspunkt a.

Der °Konvergenzradius der Taylorreihe ist jedoch nicht notwendig > 0 ($\to$ Borel (Satz von)), und selbst wenn die Taylorreihe konvergent ist, braucht die Taylorreihe nicht gegen die Funktion f zu konvergieren (Beispiel: $f(x) = \exp(-1/x^2)$ für $x \neq 0$, $f(0) = 0$). Es gilt aber: Wird die Funktion $f: I \to \mathbb{R}$ für alle $x \in I$ durch die °Potenzreihe $f(x) = \sum_{n \in \mathbb{N}} c_n (x-a)^n$ dargestellt, so ist die Taylorreihe von f gleich dieser Potenzreihe (und konvergiert also gegen f).

b) In mehreren Veränderlichen $x = (x_1, \ldots, x_n) \in \mathbb{R}^n$ verwendet man die Abkürzungen $\quad \alpha = (\alpha_1, \ldots, \alpha_n) \in \mathbb{N}^n, \quad |\alpha| := \alpha_1 + \ldots + \alpha_n, \quad \alpha! := \alpha_1! \alpha_2! \cdot \ldots \cdot \alpha_n!,$ $x^\alpha := x_1^{\alpha_1} \cdot x_2^{\alpha_2} \cdot \ldots \cdot x_n^{\alpha_n}$, und (für eine $|\alpha|$-mal stetig partiell °differenzierbare Funktion f) $D^\alpha f := D_1^{\alpha_1} D_2^{\alpha_2} \ldots D_n^{\alpha_n} f = \dfrac{\partial^{|\alpha|} f}{\partial x_1^{\alpha_1} \ldots \partial x_n^{\alpha_n}}.$

Dann lautet die *Taylorsche Formel* für eine $(k+1)$-mal stetig differenzierbare Funktion $f: U \to \mathbb{R}$ ($U \subset \mathbb{R}^n$ offen) mit $x \in U$, und $\xi \in \mathbb{R}^n$ so, daß $x + t\xi \in U$ für alle $t \in [0, 1]$ ist:

$$f(x+\xi) = \sum_{|\alpha| < k} \frac{D^\alpha f(x)}{\alpha!} \xi^\alpha + \sum_{|\alpha| = k+1} \frac{D^\alpha f(x+\theta\xi)}{\alpha!} \xi^\alpha$$

mit einem geeigneten $\theta \in [0, 1]$. Wie im Fall einer Variablen erhält man unter geeigneten Voraussetzungen analog die *Taylor-Reihe* einer Funktion mehrerer Veränderlicher mit der entsprechenden Konvergenzaussage.

Teilbarkeit in Integritätsringen

divisibility in domains (of integrity); divisibilité dans les anneaux intègres

Seien R ein °Integritätsring, $a, b \in R$. Dann heißt b *Teiler* von a (und man schreibt $b|a$), wenn es ein $c \in R$ mit $a = bc$ gibt. Die Elemente a und b heißen *assoziiert,* wenn $a|b$ und $b|a$ gilt; dann ist $a = bu$ mit einer °Einheit $u \in R^*$.

Ein Element $p \in R$ heißt *Primelement,* wenn $p \neq 0$, $p \notin R^*$ und wenn gilt: $p|ab \Rightarrow p|a$ oder $p|b$ (für alle $a, b \in R$). Ein Element $q \in R$ heißt *irreduzibel,* wenn $q \neq 0$, $q \notin R^*$ und wenn gilt: $q = ab \Rightarrow a \in R^*$ oder $b \in R^*$ (für alle $a, b \in R$). Ein Element heißt *reduzibel,* wenn es nicht irreduzibel ist.

Jedes Primelement ist irreduzibel; in einem °Hauptidealring gilt auch die Umkehrung. Im Ring $\mathbb{Z}[\sqrt{-5}] = \{a + ib\sqrt{5} \mid a, b \in \mathbb{Z}\}$ ist z. B. das Element 3 irreduzibel, aber wegen $3 | (2 + i\sqrt{5})(2 - i\sqrt{5})$ und $3 \nmid (2 \pm i\sqrt{5})$ kein Primelement.

Sind $a_1, \ldots, a_n$ Elemente des Integritätsringes R, so heißt $d \in R$ *größter gemeinsamer Teiler* (ggT) von $a_1, \ldots, a_n$, wenn $d \mid a_1, \ldots, d \mid a_n$ und wenn gilt: Jedes $d' \in R$ mit $d' \mid a_1, \ldots, d' \mid a_n$ ist ein Teiler von d. Insbesondere für $n = 2$ ist die Schreibweise $d = (a_1, a_2)$ üblich.

Ein Element $v \in R$ heißt *kleinstes gemeinsames Vielfaches* (kgV) von $a_1, \ldots, a_n$, wenn $a_1 \mid v, \ldots, a_n \mid v$ und wenn gilt: Jedes $v' \in R$ mit $a_1 \mid v', \ldots, a_n \mid v'$ ist durch v teilbar: $v \mid v'$.

Die Elemente $a_1, \ldots, a_n$ heißen *teilerfremd*, wenn jeder größte gemeinsame Teiler von $a_1, \ldots, a_n$ eine Einheit ist; Schreibweise: $(a_1, \ldots, a_n) = 1$.

teilerfremd
coprime; premiers entre eux

($\rightarrow$ Teilbarkeit in Integritätsringen)

Teilfolge
subsequence; suite extraite

Seien $(a_n)_{n \in \mathbb{N}}$ eine °Folge in einer Menge M und $(n_k)_{k \in \mathbb{N}}$ eine echt wachsende Folge natürlicher Zahlen, also $n_0 < n_1 < n_2 < \ldots$. Dann heißt die Folge $(a_{n_k})_{k \in \mathbb{N}} = (a_{n_0}, a_{n_1}, a_{n_2}, \ldots)$ eine *Teilfolge* der Folge (a_n).

Jede Teilfolge einer konvergenten Folge ist konvergent mit dem gleichen Grenzwert ($\rightarrow$ Konvergenz (von Folgen und Reihen)). Sind umgekehrt alle Teilfolgen einer Folge konvergent gegen denselben Grenzwert, so auch die Folge selbst. Allgemein sind die Grenzwerte der konvergenten Teilfolgen einer Folge gerade die °Häufungspunkte der Folge.

Teilraum (eines topologischen Raumes)
subspace; sous-espace

($\rightarrow$ induzierte Topologie)

teilweise geordnet
partially ordered; partiellement ordonné

($\rightarrow$ Halbordnung)

Tensoren
tensors; tenseurs

Sei V ein n-dimensionaler °Vektorraum über K, $V^* = \mathrm{Hom}(V, K)$ sein °Dualraum.

Ein Element aus $V^* \otimes \ldots \otimes V^* \otimes V \otimes \ldots \otimes V = T_p^q$ ($\rightarrow$ Tensorprodukt) heißt p-fach *kovarianter*, q-fach *kontravarianter Tensor* oder auch *Tensor der Stufe* (p, q).

Über den kanonischen °Isomorphismus $\varphi \colon V^* \otimes V \rightarrow \mathrm{End}_K(V)$, $\varphi(f \otimes x)(v) = f(v)x$ für alle $v \in V$ können Tensoren der Stufe $(1, 1)$ als Endomorphismen von V interpretiert werden.

Der Homomorphismus $V^* \otimes V \rightarrow K$, $f \otimes x \mapsto f(x)$ induziert lineare Abbildungen $\gamma_i^j \colon T_p^q \rightarrow T_{p-1}^{q-1}$, $(i \leqslant p, j \leqslant q)$, die sog. *Verjüngungen*.

Tensorprodukt (von linearen Abbildungen)

Seien $V_1, \ldots, V_r$ und $W_1, \ldots, W_r$ °Vektorräume über K und $f_i \colon V_i \rightarrow W_i$ lineare Abbildungen für $i = 1, \ldots, r$.

Die Abbildung $F \colon \prod_{i=1}^r V_i \rightarrow \prod_{i=1}^r W_i$ $F(v_1, \ldots, v_r) = (f_1(v_1), \ldots, f_r(v_r))$ induziert dann eine eindeutig bestimmte lineare Abbildung $\tilde{F} \colon \bigotimes_{i=1}^r V_i \rightarrow \bigotimes_{i=1}^r W_i$ mit $\tilde{F}(v_1 \otimes \ldots \otimes v_r) = f_1(v_1) \otimes \ldots \otimes f_r(v_r))$.

($\rightarrow$ Tensorprodukt (von Vektorräumen)). $\tilde{F}$ heißt das *Tensorprodukt der linearen Abbildungen* f_i und wird mit $f_i \otimes \ldots \otimes f_r$ bezeichnet.

Tensorprodukt (von Vektorräumen)
tensor product; produit tensoriel

Seien $V_1, \ldots, V_r$ °Vektorräume über K. Dann gibt es einen (bis auf Isomorphie eindeutig bestimmten) Vektorraum $V_1 \otimes \ldots \otimes V_r$ zusammen mit einer °multilinearen Abbildung $p \colon V_1 \times \ldots \times V_r \rightarrow V_1 \otimes \ldots \otimes V_r$, so daß gilt: Für alle Vektorräume W und alle multilinearen Abbildungen $f \colon V_1 \times \ldots \times V_r \rightarrow W$ gibt es genau eine lineare Abbildung $\varphi \colon V_1 \otimes \ldots \otimes V_r \rightarrow W$ mit $f = \varphi \circ p$. Der Vektorraum $V_1 \otimes \ldots \otimes V_r$ heißt *Tensorprodukt* von $V_1, \ldots, V_r$, seine Elemente heißen *Tensoren* (*der Stufe* r).

Sind die V_i endlich-dimensional der °Dimension $d_i (i = 1, \ldots, r)$, so hat $V_1 \otimes \ldots \otimes V_r$ die Dimension $d_1 \cdot \ldots \cdot d_r$; ist $(b_{i_1}, \ldots, b_{id_i})$ Basis von V_i, so besteht eine Basis von $V_1 \otimes \ldots \otimes V_r$ aus allen Elementen der Gestalt $b_{1\alpha_1} \otimes b_{2\alpha_2} \otimes \ldots \otimes b_{r\alpha_r}$ mit $\alpha_1 \in \{1, \ldots, d_1\}, \ldots, \alpha_r \in \{1, \ldots, d_r\}$.

Beispiel: Sei $r = 2$, $V_1 = V_2 = V$, $\dim V = n$; dann ist ein Tensor t in $V \otimes V$ bezüglich einer Basis $b_1, \ldots, b_n$ von V festgelegt durch die n^2 Werte (t_{ij}) in

$$t = \sum_{i,j=1}^n t_{ij} b_i \otimes b_j.$$

Test

Es seien $(P_\vartheta)_{\vartheta \in \Theta}$ eine Familie von °Wahrscheinlichkeitsmaßen auf $(\mathbb{R}^n, \mathscr{B}^n)$ und $\Theta = \Theta_H \cup \Theta_K$ eine °Partition der Parametermenge Θ. Ferner seien $X_1, \dots, X_n$ reelle °Zufallsvariable mit gemeinsamer Verteilung P_ϑ für ein $\vartheta \in 0$. Das *Testproblem* besteht darin, aufgrund einer „Beobachtung" (auch: „Stichprobe") $x \in \mathbb{R}^n$, aufgefaßt als Realisation (d. h. Wert) des Zufallsvektors $X := (X_1, \dots, X_n)$, bzgl. des „wahren" Parameters ϑ eine Entscheidung zu treffen zwischen der *Hypothese* $H: \vartheta \in \Theta_H$ (oft als *Nullhypothese* H_0 bezeichnet) und der *Alternative* $K: \vartheta \in \Theta_K$.

Eine °meßbare Funktion $\varphi: \mathbb{R}^n \to [0, 1]$ heißt *(randomisierter) Test* (auch: *Testfunktion*) für H gegen K; φ heißt *deterministischer Test*, falls φ nur die Werte 0 oder 1 annimmt.

Interpretation: Bei Vorliegen der Beobachtung $x \in \mathbb{R}^n$ lehnt man die Hypothese H mit Wahrscheinlichkeit $\varphi(x)$ ab. (Falls φ nicht deterministisch ist, ist ein zusätzliches Zufallsexperiment zur Entscheidungsfindung durchzuführen!)

Ist $\Theta \subset \mathbb{R}$, so ist das Testproblem häufig von der Form $H: \vartheta \leqslant \vartheta_0$ gegen $K: \vartheta > \vartheta_0$ (bzw.: $H: \vartheta = \vartheta_0$ gegen $K: \vartheta \neq \vartheta_0$) für ein festes $\vartheta_0 \in \Theta$. Man spricht dann von einem *einseitigen* (bzw. *zweiseitigen*) *Test(problem)* ($\to$ optimaler Test).

Bei einem deterministischen Test φ erhält man eine °Partition des „Stichprobenraumes" $\mathbb{R}^n$ in einen sogenannten *kritischen Bereich* $\varphi^{-1}(\{1\})$, auf dem H abgelehnt wird, und einen sogenannten *Annahmebereich* $\varphi^{-1}(\{0\})$, auf dem H nicht abgelehnt wird.

Eine Entscheidung gegen H, obwohl $\vartheta \in \Theta_H$ ist, wird als *Fehler 1. Art* bezeichnet, eine Entscheidung für H, obwohl $\vartheta \in \Theta_K$ ist, als *Fehler 2. Art*.

Bezeichnet E_ϑ die °Erwartung bzgl. P_ϑ, so heißt $\sup\limits_{\vartheta \in \Theta_H} E_\vartheta(\varphi)$ die *Fehlerwahrscheinlichkeit 1. Art* oder *Irrtumswahrscheinlichkeit*. – Man nennt φ einen *Test zum Niveau* α (für ein $\alpha \in [0, 1]$), wenn $\sup\limits_{\vartheta \in \Theta_H} E_\vartheta(\varphi) \leqslant \alpha$ ist; gilt überdies noch $\inf\limits_{\vartheta \in \Theta_K} E_\vartheta(\varphi) \geqslant \alpha$, so heißt dieser Test *unverfälscht* (zum Niveau α). –

Die Funktion $\beta_\varphi: \Theta \to [0, 1]$, $\vartheta \mapsto E_\vartheta(\varphi)$, heißt *Gütefunktion des Tests* φ. Ihre Einschränkung auf Θ_K wird auch *Schärfe(-funktion)* genannt. –

Daraus, daß sich nicht beide Fehlerwahrscheinlichkeiten gleichzeitig minimieren lassen und überdies bei konkreten Testproblemen Fehler 1. und 2. Art von unterschiedlichem Gewicht sind, erklärt sich die Asymmetrie in der üblichen Behandlung von Testproblemen ($\to$ optimaler Test).

Beispiele: °Gauß-Test, °t-Test, °Binomial-Test, χ^2-Test, χ^2-Anpassungstest, Wilcoxon-Rangsummen-Test.

($\to$ optimaler Test, $\to$ Neyman-Pearson-Fundamental-Lemma)

Testfunktion
test function

($\rightarrow$ Distribution, $\rightarrow$ Test)

Tietze-Urysohn (Fortsetzungssatz von)
Tietze extension theorem; théorème de prolongement de T.-U.

($\rightarrow$ Trennungsaxiome)

Topologie
topology; topologie

Sei X eine Menge. Eine *Topologie* (oder *topologische Struktur*) auf X wird gegeben durch eine Menge $\mathscr{T}$ von Teilmengen von X mit folgenden Eigenschaften:

a) $\emptyset$ und X gehören zu $\mathscr{T}$,
b) Durchschnitte von endlich vielen Elementen von $\mathscr{T}$ gehören zu $\mathscr{T}$,
c) Vereinigungen von beliebig vielen Elementen von $\mathscr{T}$ gehören zu $\mathscr{T}$.
Die Elemente von $\mathscr{T}$ heißen dann *offene Mengen* der Topologie auf X.
(Es gibt zahlreiche andere äquivalente Möglichkeiten, eine Topologie auf einer Menge zu erklären.)

Beispiele: Die Menge der °offenen Mengen eines °metrischen Raumes (speziell des $\mathbb{R}^n$ mit der °euklidischen Metrik) definiert eine Topologie, die *von der Metrik induzierte Topologie*. –
Die Topologien auf einer Menge X sind geordnet; man sagt: $\mathscr{T}$ ist *gröber* als $\mathscr{T}'$, wenn $\mathscr{T} \subset \mathscr{T}'$ gilt; $\mathscr{T}'$ heißt dann auch *feiner* als $\mathscr{T}$.
Mit dieser Ordnung bilden die Topologien auf einer Menge einen vollständigen Verband ($\rightarrow$ Halbordnung): die °Initialtopologie liefert die Existenz des Supremums einer nicht-leeren Teilmenge, die °Finaltopologie liefert die Existenz des Infimums einer nicht-leeren Teilmenge; $\mathscr{T}_c = \{\emptyset, X\}$ ist die *gröbste*, $\mathscr{T}_d = \mathscr{P}(X)$ ist die *feinste* Topologie auf X. $\mathscr{T}_d$ heißt auch *diskrete* Topologie auf X; sie ist dadurch gekennzeichnet, daß jede Teilmenge von X offen und °abgeschlossen ist. Eine Teilmenge eines topologischen Raumes heißt *diskret*, wenn sie als Teilraum ($\rightarrow$ induzierte Topologie) die diskrete Topologie trägt; sie besteht dann nur aus isolierten Punkten ($\rightarrow$ Häufungspunkt einer Menge).

topologischer Raum
topological space; espace topologique

Eine Menge X zusammen mit einer °Topologie $\mathscr{T}$ auf X heißt *topologischer Raum*.

topologischer Vektorraum
topological vector space; espace vectoriel topologique

Sei $\mathbb{K} = \mathbb{R}$ oder $\mathbb{C}$. Ein $\mathbb{K}$-°Vektorraum X, der außerdem ein °topologischer Raum ist, heißt *topologischer Vektorraum*, wenn Addition und Multiplikation mit Skalaren °stetig sind (als Abbildungen der jeweiligen °topologischen Produkte $X \times X$, bzw. $\mathbb{K} \times X$, in X).

Beispiele: Jeder endlich-dimensionale $\mathbb{K}$-Vektorraum ist isomorph zu einem $\mathbb{R}^n$ oder $\mathbb{C}^n$ und mit der üblichen Topologie darauf ein topologischer Vektorraum. Dies sind die einzigen °lokalkompakten topologischen Vektorräume. °Hilberträume und °normierte Räume (mit der °Normtopologie) sind Beispiele von i. allg. ∞-dimensionalen topologischen Vektorräumen.

Topologische Vektorräume treten in der Praxis meist als Funktionenräume auf.

---

topologisches Produkt
topological product; produit topologique

($\rightarrow$ Produkttopologie)

---

topologische Summe
free union; espace somme des espaces topologiques

Es sei $(X_i)_{i \in I}$ eine nicht-leere °Familie von nicht-leeren paarweise disjunkten °topologischen Räumen, und es sei $X = \bigcup_{i \in I} X_i$. X, versehen mit der °Finaltopologie bezüglich der Inklusion $X_i \rightarrow X$, $i \in I$, heißt *topologische Summe* (oder *Summenraum*) der $(X_i)_{i \in I}$; man schreibt dafür: $X = \sum_{i \in I} X_i$; die Topologie nennt man in diesem Fall *Summentopologie*, sie läßt sich so beschreiben: eine Menge $U \subset X$ ist in der Summentopologie genau dann offen, wenn $U \cap X_i$ offen in X_i für $i \in I$ ist. Die X_i, $i \in I$, sind in $\sum X_i$ offene und abgeschlossene Teilräume. Sei Y ein topologischer Raum, und $f : \sum X_i \rightarrow Y$ sei eine Abbildung, dann gilt: f stetig $\Longleftrightarrow$ die Einschränkungen $f|_{X_i} : X_i \rightarrow Y$ sind für alle $i \in I$ stetig.

Nicht jeder topologische Raum läßt sich als topologische Summe von Unterräumen darstellen; z. B. $[0, 1] \subset \mathbb{R}$, $\mathbb{R}$ ($\rightarrow$ zusammenhängend). Jeder Raum mit der diskreten °Topologie ist die topologische Summe seiner einpunktigen Teilmengen. Jeder °lokal zusammenhängende topologische Raum ist topologische Summe seiner °Zusammenhangskomponenten.

Torsion (einer Raumkurve)

Sei $\gamma : I \rightarrow \mathbb{R}^3$ eine nach der Bogenlänge parametrisierte (genügend oft differenzierbare) Kurve ($\rightarrow$ rektifizierbar). Weiter sei $\gamma''(t) = \kappa(t)\, n(t) \neq 0$ (mit der

°Krümmung $\kappa(t)$ und dem °Normalenvektor $n(t)$). Der Binormalenvektor $b(t)=\gamma'(t)\times n(t)$ steht senkrecht auf der Schmiegebene ($\rightarrow$ Frenetsches Dreibein) und hat konstante Länge 1. Deshalb ist $b'(t)=\lim\limits_{h\to 0}\dfrac{b(t+h)-b(t)}{h}$ ein Maß dafür, wie sehr sich die Kurve γ in der Umgebung des Punktes $\gamma(t)$ von der Schmiegebene entfernt. Man überlegt sich, daß $b'(t)$ und $n(t)$ dieselbe Gerade erzeugen; also wird durch $b'(t)=\tau(t)\,n(t)$ eine Zahl $\tau(t)$, die *Torsion* von γ im Punkt $\gamma(t)$, definiert. (Manche Autoren definieren die Torsion mit dem entgegengesetzten Vorzeichen.)
($\rightarrow$ Frenetsche Formeln)

Torsion (eines Moduls)

Sei M ein °Modul über einem °Integritätsring R. Die Menge $T=\{t\in M\,|\,\exists\, r\in R\setminus\{0\}:rt=0\}$ ist ein Untermodul von M, der *Torsionsmodul* von M. Man sagt, M hat *Torsion*, falls sein Torsionsmodul $\neq\{0\}$ ist.

Torus
torus; tore

Seien $e_1,\ldots,e_n$ linear unabhängige Vektoren im $\mathbb{R}^n$. Die von ihnen erzeugte Untergruppe $\Gamma:=\mathbb{Z}e_1+\ldots+\mathbb{Z}e_n$ von $(\mathbb{R}^n,+)$ heißt *Gitter*. Der Quotient von $\mathbb{R}^n$ nach der Äquivalenzrelation $x\sim y:\Leftrightarrow\exists\,\gamma\in\Gamma:y=x+\gamma$, versehen mit der °Quotiententopologie, heißt *n-dimensionaler Torus* (oft notiert als $\mathbb{T}_n$). Für $n=1$ erhält man als anschauliches Bild die Kreislinie S^1, für $n=2$ die „klassische" Ringfläche, die im $\mathbb{R}^3$ durch Rotation um die z-Achse des Kreises mit Mittelpunkt $(R,0,0)$ und Radius r $(0<r<R)$ in der x-z-Ebene erzeugt werden kann (Gleichung $z^2=r^2-(\sqrt{x^2+y^2}-R)^2$).

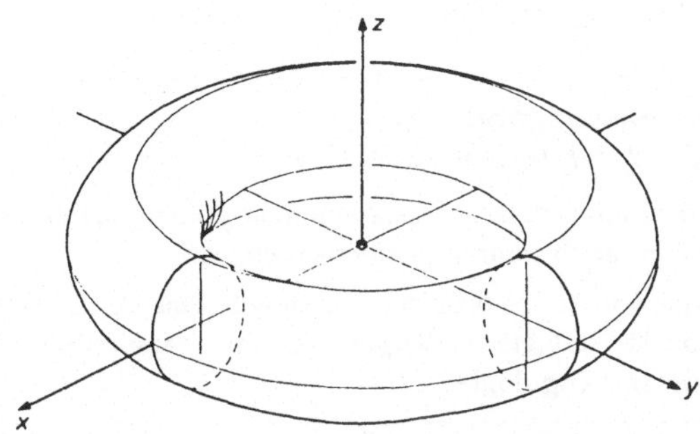

Allgemein ist jeder n-dimensionale Torus °homöomorph (und °diffeomorph) zu $S^1\times\ldots\times S^1$ (n-mal).

Zwei-dimensionale Tori sind in der Funktionentheorie von besonderer Bedeutung: Da trägt $\mathbb{T}_2$ eine von $\mathbb{R}^2 \simeq \mathbb{C}$ vererbte komplexe Struktur, die aber entscheidend von der Wahl der Basisvektoren des Gitters abhängt. ($\rightarrow$ Riemannsche Fläche)

total beschränkt
precompact; précompact

($\rightarrow$ präkompakt)

total differenzierbar

($\rightarrow$ differenzierbar)

totale(n) Wahrscheinlichkeit (Satz von der)
total probability (formula); (formule de) probabilité totale

Es seien $(\Omega, \mathscr{A}, P)$ ein °Wahrscheinlichkeitsraum, $I \subset \mathbb{N}$ und $(B_i)_{i \in I}$ eine °Partition von Ω mit $B_i \in \mathscr{A}$ und $P(B_i) > 0$ für $i \in I$.

Für $A \in \mathscr{A}$ gilt dann $P(A) = \sum\limits_{i \in I} P(A \mid B_i) \cdot P(B_i)$. ($P(A)$ heißt auch die *totale Wahrscheinlichkeit* von A im Gegensatz zu den °bedingten Wahrscheinlichkeiten $P(\bar{A} \mid B_i)$.)

Es gilt folgende Umkehrung dieses Satzes, die zur Konstruktion von Wahrscheinlichkeitsmaßen dient: Sind $(\Omega, \mathscr{A})$ ein °Meßraum, $I \subset \mathbb{N}$ und $(B_i)_{i \in I}$ eine Partition von Ω mit $B_i \in \mathscr{A}$ für $i \in I$, sind ferner für $i \in I$ P_i °Wahrscheinlichkeitsmaße auf Ω mit $P_i(B_i) = 1$ sowie p_i reelle Zahlen mit $0 < p_i \leqslant 1$ und $\sum\limits_{i \in \mathbb{N}} p_i = 1$, so existiert genau ein °Wahrscheinlichkeitsmaß P auf Ω mit den Eigenschaften $P(B_i) = p_i$ und $P(A \mid B_i) = P_i(A)$ für $A \in \mathscr{A}$, $i \in I$. Dieses ist gegeben durch $A \mapsto P(A) := \sum\limits_{i \in I} P_i(A) \cdot p_i$.

total unzusammenhängend
totally disconnected; totalement discontinu

Ein °topologischer Raum, dessen °Zusammenhangskomponenten nur aus je einem Punkt bestehen, heißt *total unzusammenhängend*.

Beispiel: $\mathbb{Q}$ mit der von $\mathbb{R}$ °induzierten Topologie. Das °Cantorsche Diskontinuum mit der von $\mathbb{R}$ °induzierten Topologie. Jeder topologische Raum versehen mit der diskreten °Topologie.

Träger (einer Funktion)
support; support

Sei U ein °topologischer Raum und $f: U \to \mathbb{R}$ eine Funktion; dann nennt man die Menge

$$\mathrm{Tr}\, f = \mathrm{supp}\, f = \overline{\{x \in U;\ f(x) \neq 0\}}$$

($\to$ abgeschlossene Hülle) den *Träger* von f.

Trägheitssatz

($\to$ Sylvesterscher Trägheitssatz)

Transformationsformel (für mehrfache Integrale)

Seien $U, V \subset \mathbb{R}^n$ °offene Mengen, $\varphi: U \to V$ ein °Diffeomorphismus und $f: V \to \mathbb{R}$ eine integrierbare Funktion. Dann gilt

$$\int_U f(\varphi(x))\,|\det D\varphi(x)|\,dx_1 \wedge \ldots \wedge dx_n = \int_V f(y)\,dy_1 \wedge \ldots \wedge dy_n.$$

($\to$ Flächenintegral, $\to$ Substitutionsregel)

transitiv
transitive; transitif

($\to$ Äquivalenzrelation, $\to$ Operation)

Translation

($\to$ affiner Raum)

transponierte Matrix
transposed matrix; matrice transposée

Ist $M = (a_{ij})$ eine $m \times n$-°Matrix, so entsteht daraus die *transponierte Matrix* ${}^t M$ durch „Spiegelung an der Diagonalen", genauer: ${}^t M = (b_{rs})$ mit $b_{rs} := a_{sr}$ für alle $r = 1, \ldots, n$ und alle $s = 1, \ldots, m$.
Die Spalten von ${}^t M$ entsprechen also der Reihe nach genau den Zeilen von M.

Transposition

($\to$ Permutation)

transzendent

transcendental; transcendant

Sei K/k eine °Körpererweiterung. Ein Element $a \in K$ heißt *transzendent* über k, wenn es nicht algebraisch ($\rightarrow$ algebraische Körpererweiterung) über k ist.

Beispiele: In der Körpererweiterung $\mathbb{Q} \subset \mathbb{R}$ sind die Zahlen e (Hermite 1873) und π (Lindemann 1882) transzendent über $\mathbb{Q}$ ($\rightarrow$ Eulersche Zahl e, $\rightarrow \pi$ (Kreiszahl)). Die ersten Beispiele transzendenter Zahlen stammen von Liouville (1844). – In der °Körpererweiterung $k(T)/k$ ist T transzendent über k.

Trennungsaxiome

separation axioms; axiomes de séparation

Für viele Untersuchungen und Aussagen in der Topologie ist es wichtig, die Möglichkeiten zu präzisieren, wie sich in gegebenen °topologischen Räumen verschiedene Punkte und °abgeschlossene disjunkte Punktmengen durch disjunkte °Umgebungen „trennen" lassen. Dabei haben sich folgende *Trennungsaxiome*) für einen °topologischen Raum X herausgebildet.

T_0: Von je zwei verschiedenen Punkten besitzt mindestens einer eine °Umgebung, die den anderen nicht enthält (Kolmogoroff).

T_1: Von je zwei verschiedenen Punkten besitzt jeder eine °Umgebung, die den anderen nicht enthält (Frechet).

$\Leftrightarrow$ Punkte sind °abgeschlossene Mengen.

T_2: Je zwei verschiedene Punkte besitzen disjunkte °Umgebungen (Hausdorff).

$\Leftrightarrow$ Jeder Punkt ist Durchschnitt seiner °abgeschlossenen Umgebungen.

$\Leftrightarrow$ Die Diagonale $\Delta = \{(x, x) \mid x \in X\}$ ist abgeschlossen in $X \times X$.

$\Leftrightarrow$ Kein °Filter konvergiert gegen zwei verschiedene Punkte.

T_3: Zu jeder °abgeschlossenen Menge A und jedem Punkt außerhalb A gibt es disjunkte °Umgebungen (Vietoris).

$\Leftrightarrow$ Für jeden Punkt bilden die abgeschlossenen Umgebungen eine °Umgebungsbasis.

$\Leftrightarrow$ Zu jeder abgeschlossenen Menge $A \subset X$ und jeder quasi-°kompakten Teilmenge $K \subset X$ mit $A \cap K = \emptyset$ gibt es disjunkte Umgebungen.

T_4: Zu je zwei disjunkten °abgeschlossenen Mengen gibt es disjunkte °Umgebungen (Tietze).

$\Leftrightarrow$ Zu jeder abgeschlossenen Menge $A \subset X$ und jeder °offenen Umgebung U von A gibt es eine offene Umgebung V von A mit $\overline{V} \subset U$.

$\Leftrightarrow$ Zu je zwei disjunkten abgeschlossenen Mengen A und B in X gibt es eine °stetige Funktion $f: X \rightarrow [0, 1]$ mit $f(A) \subset \{0\}$ und $f(B) \subset \{1\}$ (Urysohn).

⇔ Ist $A \subset X$ abgeschlossen und $f: A \to [0, 1]$ eine °stetige Abbildung, so gibt es eine stetige Fortsetzung $F: X \to [0, 1]$ (d.h. $F_{|A} = f$).

⇔ Ist $A \subset X$ abgeschlossen und $(I_\lambda)_{\lambda \in \Delta}$ eine Familie von °Intervallen in $\mathbb{R}$ und $I = \prod_{\lambda \in \Delta} I_\lambda$ das topologische Produkt ($\to$ Produkttopologie), so läßt sich jede stetige Abbildung $f: A \to I$ zu einer stetigen Abbildung $F: X \to I$ fortsetzen (d.h. $F_{|A} = f$) (*Fortsetzungssatz von Tietze-Urysohn*).

Ein topologischer Raum, der einem T_i-Axiom ($i = 0, 1, \ldots, 4$) genügt, heißt T_i-Raum.

Es gilt: $T_2 \Rightarrow T_1 \Rightarrow T_0$; die Umkehrungen gelten jeweils nicht; sonst gilt: keines der T_i-Axiome impliziert ohne zusätzliche Voraussetzung ein anderes. Für $i = 0; 1; 2; 3$ vererbt sich die Eigenschaft T_i auf Unterräume; ein nicht leeres Produkt von T_i-Räumen ($i = 0; 1; 2; 3$) ist genau dann T_i-Raum, wenn jeder Faktor ein T_i-Raum ist.

($\to$ regulär, $\to$ normal)

Treppenfunktion
step function; fonction en escalier

Eine Funktion $f: [a, b] \to \mathbb{R}$ heißt *Treppenfunktion*, wenn es eine Unterteilung $a = x_0 < x_1 < \ldots < x_m = b$ des °Intervalls $[a, b]$ gibt, so daß f auf jedem offenen Teilintervall $]x_k, x_{k+1}[$ konstant ist.

Allgemeiner definiert man eine *Treppenfunktion* auf dem $\mathbb{R}^n$, indem man die Existenz endlich vieler, paarweise disjunkter, beschränkter n-dimensionaler Intervalle $I_1, \ldots, I_m \subset \mathbb{R}^n$ fordert, so daß f auf jedem I_k konstant und außerhalb $\bigcup_{k=1}^{m} I_k$ identisch $\equiv 0$ ist.

Die Menge aller Treppenfunktionen auf einem festgelegten Definitionsbereich bildet einen Untervektorraum des °Vektorraums aller reellen Funktionen darauf.

Tridiagonalmatrix
tridiagonal matrix; matrice continuante

Es sei $A \in M(n \times n, \mathbb{C})$. Dann heißt A eine *Tridiagonalmatrix*, falls für die Matrixelemente gilt: $a_{ij} = 0$, falls $i > j + 1$ oder $i < j - 1$, also

$$\begin{pmatrix} a_{11} & a_{12} & & & \\ a_{21} & & \ddots & & 0 \\ & \ddots & \ddots & \ddots & \\ 0 & & \ddots & & a_{n-1\,n} \\ & & & a_{n-1\,n} & a_{nn} \end{pmatrix}.$$

trigonometrische Funktionen (Kreisfunktionen)
trigonometric functions; fonctions trigonométriques

Anschaulich sind die *Kreisfunktionen* am Einheitskreis um den Mittelpunkt der
x-y-Ebene als Funktionen des °Winkels φ erklärt:

Sinus: $\qquad\qquad \sin\varphi = y$

Cosinus: $\qquad\quad \cos\varphi = x$

Tangens: $\qquad\quad \tan\varphi = \dfrac{\sin\varphi}{\cos\varphi} = \dfrac{y}{x}\quad$ („Steigung")

Cotangens: $\qquad \cot\varphi = \dfrac{1}{\tan\varphi} = \dfrac{x}{y}$.

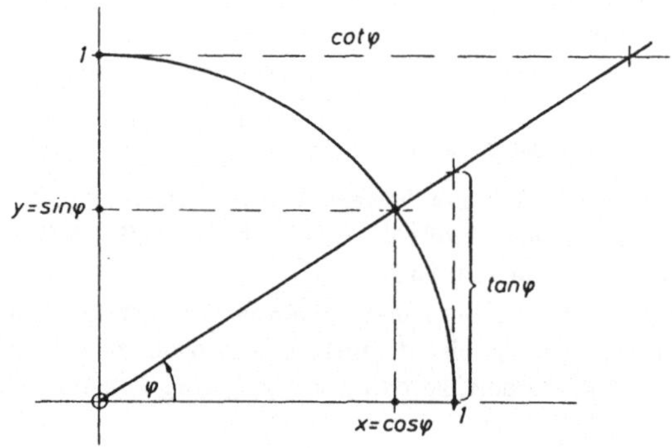

Faßt man die Ebene als °komplexe Zahlenebene auf $((x, y) \leftrightarrow z = x + iy)$, so liegt
unmittelbar die °Eulersche Formel $e^{i\varphi} = \cos\varphi + i\sin\varphi$ vor Augen. Man kann
sich davon zu einer sauberen mathematischen Definition anleiten lassen. Durch
Einsetzen von $i\varphi$ in die Exponentialreihe $\displaystyle\sum_{n=0}^{\infty} \frac{z^n}{n!}$ ($\rightarrow$ Exponentialfunktion)
und Trennung von Real- und Imaginärteil findet man die Reihenentwicklun-
gen

$$\sin\varphi = \sum_{n=0}^{\infty} (-1)^n \frac{\varphi^{2n+1}}{(2n+1)!} = \varphi - \frac{\varphi^3}{3!} + \frac{\varphi^5}{5!} - \dots,$$

$$\cos\varphi = \sum_{n=0}^{\infty} (-1)^n \frac{\varphi^{2n}}{(2n)!} = 1 - \frac{\varphi^2}{2!} + \frac{\varphi^4}{4!} - \dots,$$

die für alle $\varphi \in \mathbb{R}$ (oder auch $\mathbb{C}$) absolut konvergieren ($\rightarrow$ Konvergenz von
Funktionenfolgen) und Sinus und Cosinus als °analytische Funktionen definie-

ren. Alle bekannten Eigenschaften lassen sich aus diesen Reihenentwicklungen herleiten, insbesondere die *Additionstheoreme*

$$\sin(\varphi + \psi) = \sin\varphi\,\cos\psi + \cos\varphi\,\sin\psi,$$

$$\cos(\varphi + \psi) = \cos\varphi\,\cos\psi - \sin\varphi\,\sin\psi,$$

oder die Ableitungen $(\sin\varphi)' = \cos\varphi$, $(\cos\varphi)' = -\sin\varphi$ und schließlich die „Kreisgleichung" $\sin^2\varphi + \cos^2\varphi = 1$.

Wegen der Nullstellen $\pi \cdot \mathbb{Z}$ des Sinus und $\frac{\pi}{2} + \pi \cdot \mathbb{Z}$ des Cosinus sind die Funktionen Tangens bzw. Cotangens nur außerhalb der Punkte $\frac{\pi}{2} + \pi \cdot \mathbb{Z}$ bzw. $\pi \cdot \mathbb{Z}$ definiert und im übrigen periodisch mit Periode π. Auf jedem Intervall, auf dem eine trigonometrische Funktion injektiv ist, hat man ihre Umkehrfunktion; diese heißen insgesamt *Arcusfunktionen* (oder altmodisch *zyklometrische Funktionen*) und im einzelnen *Arcussinus* arcsin, *Arcuscosinus* arccos, *Arcustangens* arctan und *Arcuscotangens* arccot. Meist nimmt man zur Bildung der Umkehrfunktionen beim Sinus und Tangens das Intervall $\left[-\frac{\pi}{2}, \frac{\pi}{2}\right]$, und beim Cosinus und Cotangens das Intervall $[0, \pi]$ und nennt die so festgelegten Arcusfunktionen *Hauptwerte* der Umkehrfunktionen. Wegen der Beziehungen $\arcsin + \arccos = \frac{\pi}{2}$ und $\arctan + \operatorname{arccot} = \frac{\pi}{2}$ kann man sich meist mit den Funktionen arcsin und arctan begnügen; es gilt:

$$\frac{d}{dt}(\arcsin t) = \frac{1}{\sqrt{1-t^2}}, \quad \frac{d}{dt}(\arctan t) = \frac{1}{1+t^2}.$$

Tschebyscheff-Ungleichung

Es sei X eine reelle °Zufallsvariable auf $(\Omega, \mathscr{A}, P)$, ferner $g: \mathbb{R}_+ \to \mathbb{R}_+$ eine °monoton wachsende Funktion so, daß der °Erwartungswert $E(g \circ |X|)$ existiert.

Dann gilt für jedes $\varepsilon > 0$ mit $g(\varepsilon) > 0$ die Abschätzung $P(|X| \geqslant \varepsilon) \leqslant \dfrac{E(g \circ |X|)}{g(\varepsilon)}$ (*verallgemeinerte Tschebyscheff-Ungleichung*).

Speziell für $g: x \mapsto x^2$ erhält man durch Anwendung auf die Zufallsvariable $X - EX$ daraus die *Tschebyscheff-Ungleichung:* $P(|X - EX| \geqslant \varepsilon) \leqslant \dfrac{\operatorname{Var} X}{\varepsilon^2}$ (Voraussetzung: Existenz des 2. °Momentes).

t-Test (Studentscher)

Es seien $X_1, \ldots, X_n$ °stochastisch unabhängige $N(a, \sigma^2)$-verteilte °Zufallsvariable mit Parameter $(a, \sigma^2) \in \mathbb{R} \times \mathbb{R}_+^*$; ferner seien $a_0 \in \mathbb{R}$ fest und $\alpha \in [0, 1]$.

Dann wird ein gleichmäßig bester unverfälschter Test ($\to$ optimaler Test) $\varphi \colon \mathbb{R}^n \to [0, 1]$ zum Niveau α für das „einseitige" Testproblem $H \colon a \leqslant a_0$ gegen $K \colon a > a_0$ ($\to$ Test) definiert durch $\varphi := 1_{]t_{n-1,\,1-\alpha},\,\infty[} \circ T$ mit der Test-Statistik

$$T \colon (x_1, \ldots, x_n) \to \sqrt{n}\,\frac{\bar{x} - a_0}{\sqrt{s^2}} \quad (\text{wo } \bar{x} := \frac{1}{n} \sum_{i=1}^{n} x_i \text{ das } {}^\circ\text{arithmetische Mittel und}$$

$s^2 := \dfrac{1}{n-1} \sum\limits_{i=1}^{n} (x_i - \bar{x})^2$ die mittlere quadratische Abweichung bezeichnen) und

dem $(1-\alpha)$-${}^\circ$Quantil $t_{n-1,\,1-\alpha}$ der ${}^\circ t$-Verteilung mit $n-1$ Freiheitsgeraden. – Dieser Test heißt *einseitiger t-Test*.

Für das entsprechende „zweiseitige" Testproblem $H \colon a = a_0$ gegen $K \colon a \neq a_0$ ist $\psi := 1_{]t_{n-1,\,1-\alpha/2},\,\infty[} \circ |T|$ (mit obiger Statistik T) gleichmäßig bester unverfälschter Test zum Niveau α. – Dieser heißt *zweiseitiger t-Test*.

t-Verteilung (Studentsche)
Student's t-distribution; loi de t (Student)

Auf $(\mathbb{R}, \mathscr{B})$ wird für $n \in \mathbb{N}$ durch

$$f \colon x \mapsto \frac{\Gamma\left(\dfrac{n+1}{2}\right)}{\Gamma\left(\dfrac{n}{2}\right)(n\pi)^{1/2}} \left(1 + \frac{x^2}{n}\right)^{-\frac{n+1}{2}}$$

die Dichte eines ${}^\circ$absolut stetigen ${}^\circ$Wahrscheinlichkeitsmaßes definiert (wobei Γ die ${}^\circ$Gamma-Funktion bezeichnet). Dies heißt *(zentrale)* *(Student'sche) t-Verteilung mit n Freiheitsgeraden* (in Zeichen: t_n).

Sind X und Y ${}^\circ$stochastisch unabhängige reelle ${}^\circ$Zufallsvariable und hat X eine Standard-${}^\circ$Normalverteilung und Y eine (zentrale) Chi-Quadrat-Verteilung mit n Freiheitsgeraden ($\to$ Gamma-Verteilung), so ist der Quotient $Z := \dfrac{X}{\sqrt{\dfrac{Y}{n}}}$ (zentral) t_n-verteilt.

Ist $n \in \mathbb{N}$ und ist Z eine t_n-verteilte Zufallsvariable, so existieren für $r \in \mathbb{N}$, $r < n$ die ${}^\circ$Momente $E(|Z|^r)$, und es gilt:

$$E(Z^r) = 0 \qquad \text{, falls } r < n \text{ ungerade,}$$

$$E(Z^r) = n^{r/2}\,\frac{\Gamma\left(\dfrac{r+1}{2}\right)\Gamma\left(\dfrac{n-r}{2}\right)}{\Gamma\left(\dfrac{1}{2}\right)\Gamma\left(\dfrac{n}{2}\right)} \text{, falls } r < n \text{ gerade.}$$

Tychonoff (Satz von)

Sei $X = \prod\limits_{i \in I} X_i$ ein nicht-leeres Produkt ${}^\circ$topologischer Räume versehen mit der ${}^\circ$Produkttopologie. X ist genau dann ${}^\circ$kompakt, wenn alle X_i kompakt sind.

U

Überdeckung
cover; recouvrement

A sei eine Teilmenge eines °topologischen Raumes X: eine °Familie $(U_i)_{i \in I}$ von Teilmengen von X heißt *Überdeckung* von A, wenn $A \subset \bigcup_{i \in I} U_i$ gilt; ist I eine abzählbare (endliche) Indexmenge ($\rightarrow$ Familie), so spricht man von einer *abzählbaren (endlichen) Überdeckung*.

Ist eine Teilfamilie $(U_i)_{i \in I'}$, $I' \subset I$, einer Überdeckung $(U_i)_{i \in I}$ von A schon eine Überdeckung von A, so heißt $(U_i)_{i \in I'}$ *Teilüberdeckung* der Überdeckung $(U_i)_{i \in I}$. Sind alle Teilmengen einer Überdeckung $(U_i)_{i \in I}$ von A offen, so sagt man: $(U_i)_{i \in I}$ ist eine *offene Überdeckung* von A.

Nach dem Gesagten ist klar, was z. B. eine offene abzählbare Teilüberdeckung einer Überdeckung ist.

Überlagerung
covering; revêtement

Seien X, $\tilde{X}$ °wegzusammenhängende °topologische Räume. Eine surjektive Abbildung $p: \tilde{X} \rightarrow X$ heißt *Überlagerung* von X, wenn jeder Punkt $x \in X$ eine °offene °Umgebung $U(x)$ besitzt mit der Eigenschaft: Das Urbild $p^{-1}(U(x))$ ist disjunkte Vereinigung offener Mengen $\tilde{U}_i$ $(i \in I)$ von X, und die Einschränkung $p|\tilde{U}_i : \tilde{U}_i \rightarrow U(x)$ ist für jedes $i \in I$ ein Homöomorphismus.

Beispiel: $\mathbb{R} \rightarrow S^1 = \{(x, y) \in \mathbb{R}^2 \,|\, x^2 + y^2 = 1\}$, $t \mapsto (\cos t, \sin t)$ ist eine Überlagerung.

Überlagerungen von °zusammenhängenden und °lokal wegzusammenhängenden Räumen spielen bei der Untersuchung von °Homotopiegruppen eine wichtige Rolle.

In der Funktionentheorie ist ein etwas allgemeinerer Überlagerungsbegriff üblich ($\rightarrow$ Riemannsche Fläche).

Ultrafilter
ultrafilter; ultrafiltre

Ein °Filter $\mathcal{U}$ auf einer Menge X heißt *Ultrafilter*, wenn für jeden Filter $\mathcal{F}$ auf X mit $\mathcal{U} \subset \mathcal{F}$ gilt: $\mathcal{U} = \mathcal{F}$.

Mit Hilfe des °Zornschen Lemmas beweist man: Zu jedem Filter gibt es einen feineren Ultrafilter.

Ein Filter $\mathcal{F}$ auf X ist genau dann Ultrafilter, wenn für jede Teilmenge $A \subset X$ gilt: Entweder A oder $X \setminus A$ gehören zu $\mathcal{F}$.

Ein °topologischer Raum ist genau dann °kompakt, wenn jeder Ultrafilter auf ihm konvergiert.

Umgebung
neighbourhood; voisinage

Es sei X ein °topologischer Raum und $x \in X$ ein Punkt; $U \subset X$ heißt *Umgebung von x*, wenn es eine offene Menge $V \subset X$ gibt mit $x \in V \subset U$ ($\rightarrow$ Topologie).

Sei $A \subset X$ eine Teilmenge, $U \subset X$ heißt *Umgebung von A*, wenn U Umgebung eines jeden Punktes von A ist. Man hat eine Charakterisierung der offenen Mengen einer Topologie: eine Menge $U \subset X$ ist genau dann offen, wenn sie Umgebung aller ihrer Punkte ist.

($\rightarrow$ offen; $\rightarrow$ Topologie)

Umgebungsbasis
fundamental system of neighbourhoods; système fondamental de voisinages

Ein System $\mathcal{U}$ von °Umgebungen eines Punktes p in einem °topologischen Raum heißt *Umgebungsbasis* von p, wenn jede Umgebung von p eine Umgebung enthält, die Element von $\mathcal{U}$ ist.

Beispiel: In einem beliebigen topologischen Raum bilden für jeden Punkt die offenen Umgebungen eine Umgebungsbasis.

In einem °metrischen Raum M bilden die °offenen °Kugeln um einen Punkt $x \in M$ eine Umgebungsbasis von x; ebenso bilden die offenen Kugeln um $x \in M$ mit dem Radius $\dfrac{1}{n}$, $n \in \mathbb{N}$, eine Umgebungsbasis von x.

Umgebungsfilter
neighbourhood filter; filtre de voisinages

($\rightarrow$ Filter)

Umkehrabbildung (Satz über die)
inverse mapping theorem; théorème de l'application inverse

Sei $U \subset \mathbb{R}^n$ °offen und $f: U \rightarrow \mathbb{R}^n$ eine stetig °differenzierbare Abbildung. Ist dann die Jacobimatrix von f in einem Punkt $a \in U$ invertierbar, so gibt es offene °Umgebungen $U_1 \subset U$ von a und V_1 von $b = f(a)$, so daß $f_{|U_1}: U_1 \rightarrow V_1$ bijektiv und die Umkehrabbildung $f^{-1}: V_1 \rightarrow U_1$ stetig differenzierbar ist mit der Jacobimatrix $D(f^{-1})(b) = (Df(a))^{-1}$.

($\rightarrow$ implizite Funktionen (Satz über))

Umlaufzahl

winding number; indice d'un point par rapport à un circuit

Ist $\gamma : [a, b] \to \mathbb{C}$ eine °stetige, geschlossene °Kurve und $z_0 \notin \gamma([a, b])$ ein Punkt, der nicht auf der Kurve liegt, so nennt man

$$
\nu_\gamma(z_0) := \int_\gamma \frac{dz}{z - z_0} \quad (\to \text{Kurvenintegral})
$$

die *Umlaufzahl* von γ um den Punkt z_0. $\nu_\gamma(z_0)$ ist eine ganze Zahl. Daß dies der anschaulichen Vorstellung von einer Umlaufzahl entspricht, ist an dieser Definition natürlich nicht zu erkennen.

Ist $\gamma = \sum \alpha_i \gamma_i$ ein *Zykel* (d. h. eine ganzzahlige Linearkombination von geschlossenen Wegen γ_i ($\alpha_i \in \mathbb{Z}$)), so setzt man $\nu_\gamma(z_0) = \sum \alpha_i \nu_{\gamma_i}(z_0)$. Man sagt, γ *umläuft* z_0 $\nu_\gamma(z_0)$-mal.

Beispiele (die Zahlen neben den eingezeichneten Punkten geben die Umlaufzahlen der Kurve um diesen Punkt an):

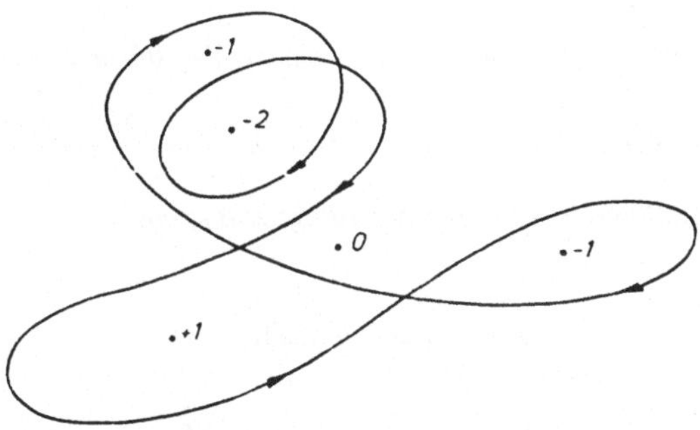

Umordnung (von Reihen)

rearrangement; rearrangement

Ist $\displaystyle\sum_{k=0}^{\infty} a_k$ eine °Reihe und $\tau : \mathbb{N} \to \mathbb{N}$ eine bijektive Abbildung, so heißt die

Reihe $\displaystyle\sum_{k=0}^{\infty} a_{\tau(k)}$ eine *Umordnung* der gegebenen Reihe. Der *Umordnungssatz* besagt, daß jede Umordnung einer °absolut konvergenten Reihe mit Grenzwert a ebenfalls konvergiert mit Grenzwert a. Für °bedingt konvergente Reihen ist diese Aussage immer falsch.

Unbestimmte
indeterminate; indéterminée

($\rightarrow$ Polynom)

---

unbestimmtes Integral
indefinite integral; intégrale indéfinie

($\rightarrow$ Fundamentalsatz der Differential- und Integralrechnung)

---

uneigentliches Integral
improper integral; intégrale impropre

Sei $f :]a, b[\rightarrow \mathbb{R}$, $a \in \mathbb{R} \cup \{-\infty\}$, $b \in \mathbb{R} \cup \{\infty\}$ ($\rightarrow$ Intervall) eine Funktion, die über jedem Teilintervall $[\alpha, \beta] \subset]a, b[$ °Riemann-integrierbar ist, und sei $c \in]a, b[$ beliebig.

Falls für jede Wahl von °Folgen $(\alpha_n) \rightarrow a$, $(\beta_n) \rightarrow b$ $(\alpha_n, \beta_n \in]a, b[)$ die Folgen $\left(\int_{\alpha_n}^{c} f(x)\, dx \right)_{n \in \mathbb{N}}$ und $\left(\int_{c}^{\beta_n} f(x)\, dx \right)_{n \in \mathbb{N}}$ konvergieren ($\rightarrow$ Konvergenz (von Folgen und Reihen)), heißt das *uneigentliche Integral* $\int_{a}^{b} f(x)\, dx$ *konvergent*, und man setzt $\int_{a}^{b} f(x)\, dx = \lim_{n \to \infty} \int_{\alpha_n}^{c} f(x)\, dx + \lim_{n \to \infty} \int_{c}^{\beta_n} f(x)\, dx$.

In vielen Spezialfällen ist nur eine der Integrationsgrenzen a, b „kritisch".

Beispiele:

$$\int_{1}^{\infty} \frac{dx}{x^s} = \frac{1}{s-1} \qquad \text{für } s > 1, \text{ konvergiert nicht für } s \leq 1;$$

$$\int_{0}^{1} \frac{dx}{x^s} = \frac{1}{1-s} \qquad \text{für } s < 1, \text{ konvergiert nicht für } s \geq 1;$$

$$\int_{-1}^{1} \frac{dx}{\sqrt{1-x^2}} = \pi; \qquad \int_{-\infty}^{\infty} \frac{dx}{1+x^2} = \pi;$$

$$B(x, y) := \int_{0}^{1} t^{x-1} (1-t)^{y-1}\, dt \qquad \text{konvergiert für alle } x, y > 0$$

(*Eulersche Beta-Funktion*).

($\rightarrow$ Gamma-Funktion)

ungerade (Funktion)

odd function; fonction impaire

($\rightarrow$ gerade (Funktion))

unitäre Gruppe

unitary group; groupe unitaire

Menge aller °unitären Matrizen mit der üblichen Multiplikation.
($\rightarrow$ klassische Gruppen)

unitäre Matrix

unitary matrix; matrice unitaire

Eine komplexe $n \times n$-°Matrix $A = (a_{ij}) \in \mathbb{C}^{n \times n}$ heißt *unitär*, wenn ${}^{t}A\overline{A} = E_n$ (Einheitsmatrix), oder $A^{-1} = {}^{t}\overline{A}$ (°transponiert und °komplex konjugiert) ist; dies ist das komplexe Analogon zu den °orthogonalen Matrizen.
($\rightarrow$ unitärer Endomorphismus)

unitärer Endomorphismus

unitary endomorphism; endomorphisme unitaire

Ein °Endomorphismus f eines °unitären Vektorraums V heißt *unitär*, wenn $\langle f(v), f(w) \rangle = \langle v, w \rangle$ ist für alle $v, w \in V$.
Unitäre Endomorphismen sind immer injektiv. Ist V endlich dimensional, so wird f bzgl. einer °Orthonormalbasis von V durch eine °unitäre Matrix dargestellt.

unitärer Operator

unitary operator; opérateur unitaire

Ein °linearer stetiger Operator $U: H \rightarrow H$ auf einem komplexen °Hilbert-Raum H heißt *unitär*, wenn der °adjungierte Operator U^* gleich dem Inversen U^{-1} ist, oder äquivalent: wenn $\langle Ux, Uy \rangle = \langle x, y \rangle$ für alle $x, y \in H$ gilt.

unitärer Vektorraum

unitary vector space; espace vectoriel unitaire

Ein $\mathbb{C}$-°Vektorraum V zusammen mit einem hermiteschen °Skalarprodukt ($\rightarrow$ hermitesche Form) heißt *unitärer Vektorraum* (oder *Prä-Hilbert-Raum*; ($\rightarrow$ Hilbert-Raum)).

universelle Überlagerung
universal covering; revêtement universel

Eine °Überlagerung $p: \tilde{X} \to X$ heißt *universell*, wenn $\tilde{X}$ °einfach zusammenhängend ist.

Eine universelle Überlagerung existiert zu jedem °topologischen Raum X, der °wegzusammenhängend, °lokal wegzusammenhängend und °semi-lokal einfach zusammenhängend ist. In diesem Fall gilt: Die °Fundamentalgruppe von X ist isomorph zur *Deckbewegungsgruppe* D dieser universellen Überlagerung $p: \tilde{X} \to X$ (dies ist die Gruppe der °Homöomorphismen $\varphi: \tilde{X} \to \tilde{X}$ mit $p = \varphi \circ p$), und jede andere Überlagerung von X ist homöomorph zu der Überlagerung, die aus $\tilde{X}$ entsteht, wenn man alle Punkte von X identifiziert ($\to$ Quotiententopologie), die von den Homöomorphismen aus einer gewissen Untergruppe von D aufeinander abgebildet werden.

Beispiel: $p: \mathbb{R} \to S^1$, $t \mapsto (\cos t, \sin t)$ ist eine universelle Überlagerung; die Fundamentalgruppe von S^1 ist $\pi_1(S^1) \simeq \mathbb{Z}$; die Deckbewegungsgruppe besteht aus allen Translationen $\mathbb{R} \to \mathbb{R}$, $t \mapsto t + 2\pi k$ ($k \in \mathbb{Z}$), ist also ebenfalls isomorph zu $\mathbb{Z}$. Alle Untergruppen von $\mathbb{Z}$ sind von der Gestalt $m \cdot \mathbb{Z}$ mit einem $m \in \mathbb{N}$; alle anderen Überlagerungen von S^1 sind homöomorph zu einer Überlagerung der Gestalt $S^1 \to S^1$, $\varphi \mapsto (\cos m\varphi, \sin m\varphi)$ (wo $\varphi \in [0, 2\pi[$ eindeutig festgelegt ist durch $(x, y) \in S^1$, $x = \cos \varphi$, $y = \sin \varphi$).

Untergruppe
subgroup; sousgroupe

($\to$ Gruppe)

Untermodul
submodule; sousmodule

($\to$ Modul)

Unterraum (eines topologischen Raumes)
subspace; sous-espace

($\to$ induzierte Topologie)

Unterring
subring; sous-anneau

Eine Teilmenge S eines °Ringes R heißt *Unterring*, wenn S, versehen mit der Addition und Multiplikation von R, selbst ein Ring ist.

Untervektorraum

subspace; sous-espace vectoriel

($\rightarrow$ Vektorraum)

unverfälscht

unbiased; sans biais

($\rightarrow$ Test)

Urbild

inverse image; image réciproque

($\rightarrow$ Abbildung)

Urnenmodelle

urn models; schéma d'urnes

In der elementaren Stochastik dienen Urnenmodelle zur Klassifizierung von Laplace-Experimenten ($\rightarrow$ Wahrscheinlichkeitsraum). Man unterscheidert zunächst vier verschiedene Methoden des n-fachen „zufälligen" Ziehens von Kugeln aus einer Urne, die eine Anzahl von N unterscheidbaren Kugeln enthält: mit/ohne Zurücklegen, mit/ohne Beachten der Reihenfolge der Ziehungen. (Zufälliges Ziehen heißt dabei, daß jede Kugel in der Urne die gleiche „Chance" hat, gezogen zu werden.) Die Anzahl der möglichen Ergebnisse der n Ziehungen sind:

(i) N^n (mit Zurücklegen, mit Reihenfolge), (ii) $\dfrac{N!}{(N-n)!}$ (ohne, mit),

(iii) $\dbinom{n+N-1}{n}$ (mit, ohne), (iv) $\dbinom{N}{n}$ (ohne, ohne).

Man spricht in den Fällen (i) und (ii) („mit Beachten der Reihenfolge") von °*Permutationen mit* bzw. *ohne Wiederholung*, in den Fällen (iii) und (iv) von *Kombinationen mit* bzw. *ohne Wiederholung*.

Als Modelle erhält man so vier verschiedene Laplacesche °Wahrscheinlichkeitsräume mit obigen Mächtigkeiten.

Eine alternative Interpretation ist das „zufällige" Verteilen von n Teilchen auf N unterscheidbare Fächer mit/ohne Unterscheidbarkeit der Teilchen, mit/ohne Mehrfachbesetzung der Fächer. Drei der dabei entstehenden Modelle sind in der statistischen Physik geläufig unter den Namen *Maxwell-Boltzmann-* (mit; mit), *Bose-Einstein-* (ohne Unterscheidbarkeit; mit Mehrfachbesetzung) und *Fermi-Dirac-Statistik* (ohne; ohne).

Verallgemeinerungen und Kombinationen dieser Urnenmodelle führen auf Wahrscheinlichkeitsmodelle für komplexeres Zufallsgeschehen.

V

Vandermondesche Determinante

Sind $a_1, \ldots, a_n$ Elemente eines °Körpers (oder °Integritätsringes) K, so nennt man die °Determinante

$$V(a_1, \ldots, a_n) := \det \begin{pmatrix} 1 & a_1 & a_1^2 & \ldots & a_1^{n-1} \\ 1 & a_2 & a_2^2 & \ldots & a_2^{n-1} \\ \vdots & \vdots & \vdots & & \vdots \\ 1 & a_n & a_n^2 & \ldots & a_n^{n-1} \end{pmatrix} \in K$$

die *Vandermondesche Determinante* von $a_1, \ldots, a_n$.

Sie hat den Wert $V(a_1, \ldots, a_n) = \prod_{1 \leqslant i < j \leqslant n} (a_j - a_i)$, wie man durch Subtraktion des a_1-fachen der k-ten von der $(k+1)$-ten Spalte (für $k = 1, \ldots, n-1$) und Induktion nach n zeigt.

Varianz
variance; variance

Es sei X eine reelle °Zufallsvariable auf $(\Omega, \mathscr{A}, P)$ mit existierendem zweiten °Moment (d. h. $E(X^2) < \infty$). Dann existieren auch die °Erwartungswerte $E(X)$ und $E((X - EX)^2) =: \mathrm{Var}\, X$, und letzterer heißt die *Varianz von X*. Der Parameter $+\sqrt{\mathrm{Var}\, X}$ wird als *Standardabweichung* oder auch *Streuung* bezeichnet.

Es gilt: $\mathrm{Var}\, X \geqslant 0$ und $\mathrm{Var}\, X = \min_{a \in \mathbb{R}} E((X - a)^2)$ (*Steinerscher Satz*).

Durch Anwendung der Rechenregeln für den °Erwartungswert erhält man für reelle Zufallsvariable X, Y, X_i auf $(\Omega, \mathscr{A}, P)$ (mit existierenden 2-ten Momenten) und $a, b, c \in \mathbb{R}$:

$$\mathrm{Var}\, X = E(X^2) - (EX)^2 \quad (\textit{Verschiebungssatz})$$
$$\mathrm{Var}\, c = 0$$
$$\mathrm{Var}(aX + bY) = a^2\, \mathrm{Var}\, X + b^2\, \mathrm{Var}\, Y + 2ab\, \mathrm{Cov}(X, Y) \quad (\to \text{Kovarianz})$$

Es folgt: $\mathrm{Var}(c + X) = \mathrm{Var}\, X$; und $\mathrm{Var}\left(\sum_{i=1}^{n} X_i \right) = \sum_{i,j=1}^{n} \mathrm{Cov}(X_i, X_j)$. Speziell falls $X_1, \ldots, X_n$ paarweise unkorreliert sind ($\to$ Kovarianz) (d. h.: insbesondere, falls die X_i °stochastisch unabhängig sind), so ist $\mathrm{Var}\left(\sum_{i=1}^{n} X_i \right) = \sum_{i=1}^{n} \mathrm{Var}\, X_i$, sofern existent (*Gleichung von Bienaymé*).

Vektor
vector; vecteur

Die Elemente eines °Vektorraums heißen *Vektoren*.
($\rightarrow$ affiner Raum, $\rightarrow$ Vektoranalysis, $\rightarrow$ Vektorfeld)

Vektoranalysis
vector analysis; analyse vectorielle

Sei $U \subset \mathbb{R}^n$ °offen. Ein *Vektorfeld* auf U ist gegeben durch eine Abbildung $v: U \rightarrow \mathbb{R}^n$, die jedem Punkt $x \in U$ einen Vektor $v(x) \in \mathbb{R}^n$ zuordnet.

Beispiel: Ist $f: U \rightarrow \mathbb{R}$ eine partiell °differenzierbare Funktion, so ist $\operatorname{grad} f = \nabla \cdot f = \left(\dfrac{\partial f}{\partial x_1}, \ldots, \dfrac{\partial f}{\partial x_n} \right)$ ein Vektorfeld auf U ($\rightarrow$ Gradient).

In physikalischen Anwendungen ist meist $n = 3$. Ist dann $v = (v_1, v_2, v_3): U \rightarrow \mathbb{R}^3$ ein partiell differenzierbares Vektorfeld (d.h. v_1, v_2, v_3 sind partiell differenzierbare Funktionen), so wird durch

$$\operatorname{rot} v = \nabla \times v := \left(\frac{\partial v_3}{\partial x_2} - \frac{\partial v_2}{\partial x_3}, \frac{\partial v_1}{\partial x_3} - \frac{\partial v_3}{\partial x_1}, \frac{\partial v_2}{\partial x_1} - \frac{\partial v_1}{\partial x_2} \right)$$

ein neues Vektorfeld, die *Rotation* von v, definiert ($\rightarrow$ Vektorprodukt). Dabei wird das Symbol *Nabla*: $\nabla = \left(\dfrac{\partial}{\partial x_1}, \dfrac{\partial}{\partial x_2}, \dfrac{\partial}{\partial x_3} \right)$ formal als Vektor aufgefaßt, dessen Komponenten Differentialoperatoren sind.

Aus der Vertauschbarkeit der zweiten partiellen Ableitungen für eine zweimal stetig partiell °differenzierbare Funktion $f: U \rightarrow \mathbb{R}$ ($U \subset \mathbb{R}^3$) folgt die Regel $\operatorname{rot} \operatorname{grad} f = 0$.

Ist nun wieder $v = (v_1, \ldots, v_n): U \rightarrow \mathbb{R}^n$ (mit $U \subset \mathbb{R}^n$ offen) allgemein ein partiell differenzierbares Vektorfeld, so ist seine *Divergenz* definiert durch

$$\operatorname{div} v = \langle \nabla, v \rangle = \sum_{i=1}^{n} \frac{\partial v_i}{\partial x_i}. \quad \operatorname{div} v \text{ ist also eine Funktion } U \rightarrow \mathbb{R}.$$

Im Fall $n = 3$ hat man die Regel $\operatorname{div}(\operatorname{rot} v) = 0$.
($\rightarrow$ Stokes (Satz von), $\rightarrow$ Differentialform)

Vektorfeld (auf einer differenzierbaren Mannigfaltigkeit)
vector field; champs de vecteurs

Ist M eine °differenzierbare Mannigfaltigkeit, so ist ein (differenzierbares) *Vektorfeld* auf M die Zuordnung eines Tangentialvektors $X_p \in T_p(M)$ ($\rightarrow$ Tangentialraum) zu jedem Punkt $p \in M$ derart, daß bezüglich lokaler Koordinaten $\xi_1, \ldots, \xi_n$ bei der Darstellung $X_p = \sum_{i=1}^{n} a_i(p) \left. \dfrac{\partial}{\partial \xi_i} \right|_p$ die Koeffizientenfunktionen a_i differenzierbar sind.

Vektoriteration
vector iteration; itération vectorielle

Es sei $A \in M(n \times n, \mathbb{C})$ eine Matrix, die einen eindeutig bestimmten, betragsmäßig größten °Eigenwert λ_{max} besitze. Dann läßt sich dieser zusammen mit einem zugehörigen Eigenvektor nach dem Verfahren der *Vektoriteration*, auch *Potenzmethode* oder *von-Mises-Verfahren* genannt, wie folgt berechnen. Man wählt zunächst eine geeignete Startnäherung ($\rightarrow$ Näherung) $x_0 \in \mathbb{C}^n$ mit

$\|x_0\|_\infty = 1$ und setzt $\mu_0 = 1$. Sodann berechnet man für $n \in \mathbb{N}$ $x_{i+1} = \dfrac{1}{\mu_i} A x_i$,

μ_{i+1} eine betragsmäßig größte Komponente von $A x_i$. Dann konvergiert die °Folge $\{\mu_i\}_{i \in \mathbb{N}}$ gegen λ_{max} und die Vektorfolge $\{x_i\}_{i \in \mathbb{N}}$ gegen einen zu λ_{max} gehörenden Eigenvektor von A. Ist λ_{max} einfacher Eigenwert von A mit dem Eigenvektor y^*, so erhält man Konvergenz für jeden Startvektor x_0, für den das °Skalarprodukt mit y^* von Null verschieden ist.

Vektorprodukt
vector product; produit vectoriel

Das *Vektorprodukt* von zwei °Vektoren $u = (u_1, u_2, u_3)$ und $v = (v_1, v_2, v_3)$ in $\mathbb{R}^3$ ist definiert durch $u \times v = (w_1, w_2, w_3)$ mit $w_1 = u_2 v_3 - u_3 v_2$, $w_2 = u_3 v_1 - u_1 v_3$, $w_3 = u_1 v_2 - u_2 v_1$.

Allgemein entspricht in einem dreidimensionalen °orientierten °euklidischen Raum für zwei nicht kollineare Vektoren u, v dem Vektorprodukt $u \times v$ ein Vektor w, der auf der von u und v aufgespannten °Ebene senkrecht ($\rightarrow$ orthogonal) steht, so daß (u, v, w) positiv orientiert sind, d.h. es ist $\det \begin{pmatrix} u_1 & u_2 & u_3 \\ v_1 & v_2 & v_3 \\ w_1 & w_2 & w_3 \end{pmatrix} > 0$, und der die Länge $\|w\| = \|u\| \cdot \|v\| \cdot |\sin(\sphericalangle(u, v))|$ hat.

Vektorraum
vector space; espace vectoriel

Sei K ein °Körper. Ein *Vektorraum* über K (auch: *K-Vektorraum*) ist eine Menge V zusammen mit zwei Verknüpfungen $+ : V \times V \rightarrow V$ und $\cdot : K \times V \rightarrow V$, so daß gilt:

- $(V, +)$ ist °abelsche °Gruppe mit neutralem Element $0 \in V$ (*Nullvektor*)
- Für alle $v, w \in V$, $\alpha, \beta \in K$ gilt:
  a) $(\alpha + \beta) v = \alpha v + \beta v$
  b) $\alpha(v + w) = \alpha v + \alpha w$
  c) $(\alpha \beta) \cdot v = \alpha(\beta v)$
  d) $1 \cdot v = v$.

Eine Teilmenge $U \subset V$ heißt *Untervektorraum*, wenn gilt:

$$U \neq \emptyset \quad \text{und} \quad v, w \in U \Rightarrow v + w \in U; \quad v \in U, \; \alpha \in K \Rightarrow \alpha v \in U.$$

U ist dann mit der Einschränkung der Verknüpfungen aus V selbst ein K-Vektorraum.

Verband
lattice; réseau

($\rightarrow$ Halbordnung)

Verbindung
join of two spaces; sous-espace engendré par la réunion de deux autres

Ist X ein °affiner (bzw. °projektiver) Raum, und sind Y, Z affine (bzw. projektive) Unterräume, so heißt der kleinste affine (bzw. projektive) Unterraum, der $Y \cup Z$ enthält, die *Verbindung* von Y und Z oder *Verbindungsraum* von Y und Z und wird mit $Y \vee Z$ bezeichnet.

Beispiel: Zu zwei verschiedenen Punkten p und q ist $p \vee q$ die eindeutig bestimmte Gerade durch die beiden Punkte.

Vereinigung
union; réunion

($\rightarrow$ Mengenlehre)

Verknüpfung
composition law; loi de composition

Sei M eine nichtleere Menge. Eine Abbildung $M \times M \rightarrow M$ heißt (*innere*) *Verknüpfung* auf M, eine Abbildung $X \times M \rightarrow M$, wobei X eine Menge ist, heißt *äußere Verknüpfung*.

Beispiele: Auf der Menge $\mathbb{N}$ der natürlichen °Zahlen sind Addition und Multiplikation Verknüpfungen, nicht aber Subtraktion und Division. Die Multiplikation mit °Skalaren bei einem °Vektorraum ist eine äußere Verknüpfung.

($\rightarrow$ assoziativ, $\rightarrow$ distributiv, $\rightarrow$ kommutativ, $\rightarrow$ algebraische Struktur)

Verteilung
distribution, law; loi, distribution

($\rightarrow$ Zufallsvariable, $\rightarrow$ Wahrscheinlichkeitsmaß)

Verteilungsfunktion
distribution function; fonction de répartition

Ist X eine reelle °Zufallsvariable auf einem °Wahrscheinlichkeitsraum $(\Omega, \mathscr{A}, P)$, so heißt die durch $F_X(x) := P_X(]-\infty, x]) = P(X \leqslant x)$ definierte Funktion $F_X \colon \mathbb{R} \to [0, 1]$ die *Verteilungsfunktion* von X (bzgl. P). F_X ist °monoton wachsend, rechtsseitig °stetig, und es gilt $\lim\limits_{x \to -\infty} F_X(x) = 0$ und $\lim\limits_{x \to +\infty} F_X(x) = 1$.

(„F rechtsseitig stetig" heißt dabei, daß für jedes $x \in \mathbb{R}$ $F|_{[x,\infty[}$ °stetig in x ist.) In der Maßtheorie wird umgekehrt gezeigt: Ist $F \colon \mathbb{R} \to [0, 1]$ eine Funktion mit diesen Eigenschaften, so läßt sich F stets interpretieren als die Verteilungsfunktion einer °Zufallsvariablen X, deren Verteilung durch F eindeutig bestimmt ist.

(Manche Autoren definieren die Verteilungsfunktion auch durch $F_X(x) :=$ $P(]-\infty, x[)$, was linksseitiger Stetigkeit entspricht.)

Für reelle Zufallsvariable $X_1, \ldots, X_n$ auf $(\Omega, \mathscr{A}, P)$ wird die (*n-dimensionale*) *Verteilungsfunktion* F_X *des Zufallsvektors* $X := (X_1, \ldots, X_n)$ definiert durch

$$F_X \colon \mathbb{R}^n \to [0, 1], \ (x_1, \ldots, x_n) \mapsto P(X_1 \leqslant x_1, \ldots, X_n \leqslant x_n) := P\left(\bigcap_{i=1}^{n} \{X_i \leqslant x_i\} \right).$$

Ist P_X ein absolut stetiges (bzw. diskretes) °Wahrscheinlichkeitsmaß auf $(\mathbb{R}, \mathscr{B})$, so ist F_X °stetig (bzw. °stückweise konstant). Stetigkeit der Verteilungsfunktion impliziert jedoch nicht °Absolut-Stetigkeit des zugehörigen Maßes.

Vervollständigung (eines metrischen Raumes)
completion; complétion (métrique)

Es sei (M, d) ein °metrischer Raum; ein metrischer Raum (N, d') mit einer °Isometrie $j \colon M \to N$ heißt *Vervollständigung* von M, wenn $\overline{j(M)} = N$ gilt ($\to$ abgeschlossene Hülle). Eine Vervollständigung eines metrischen Raumes ist bis auf eine Isometrie eindeutig festgelegt.

Wir geben kurz an, wie man aus (M, d) einfach eine Vervollständigung erhält: N' seien die °Cauchy-Folgen in M, für alle $(x_n)_{n \in \mathbb{N}}$, $(y_n)_{n \in \mathbb{N}}$ aus N' gelte:

$(x_n)_{n \in \mathbb{N}} \sim (y_n)_{n \in \mathbb{N}} :\Leftrightarrow (d(x_n, y_n))_{n \in \mathbb{N}}$ ist eine Nullfolge; $\sim$ ist eine °Äquivalenzrelation. Die Quotientenmenge ($\to$ Äquivalenzrelation) $N'/\sim =: N$ wird durch

$$d'([x_n]_{n \in \mathbb{N}} \, [y_n]_{n \in \mathbb{N}}) = \lim_{n \to \infty} d(x_n, y_n)$$

zu einem metrischen Raum, und die Zuordnung $j \colon M \to N$ mit $j(x) = [x_n]_{n \in \mathbb{N}}$ mit $x_n = x$ für alle $n \in \mathbb{N}$ ist eine Isometrie mit $\overline{j(M)} = N$.

Da diese Konstruktion bei der Definition von d' schon die Vollständigkeit von $\mathbb{R}$ benutzt, ist sie nicht für die Konstruktion von $\mathbb{R}$ aus $\mathbb{Q}$ geeignet ($\to$ Vervollständigung von $\mathbb{Q}$ zu $\mathbb{R}$).

Vervollständigung von $\mathbb{Q}$ zu $\mathbb{R}$

C sei die Menge der °Cauchy-Folgen auf $\mathbb{Q}$; auf C werde eine °Äquivalenzrelation $\sim$ erklärt durch: für $(x_n)_{n \in \mathbb{N}}$, $(y_n)_{n \in \mathbb{N}} \in C$ gilt $(x_n)_{n \in \mathbb{N}} \sim (y_n)_{n \in \mathbb{N}}$ genau dann, wenn $(x_n - y_n)_{n \in \mathbb{N}}$ eine Nullfolge ist. Auf den Äquivalenzklassen $C/\!\sim$ wird durch $[x_n]_{n \in \mathbb{N}} + [y_n]_{n \in \mathbb{N}} := [x_n + y_n]_{n \in \mathbb{N}}$ und $[x_n] \cdot [y_n] :=$ $[x_n \cdot y_n]_{n \in \mathbb{N}}$ eine Addition und Multiplikation erklärt; damit ist $C/\!\sim$ ein Körper. Weiterhin ist $C/\!\sim$ archimedisch angeordnet ($\rightarrow$ archimedisches Axiom) und °vollständig als °metrischer Raum mit der Metrik $d([x_n], [y_n]) = \lim_{n \to \infty} (x_n - y_n)$.

Bis auf einen Körperisomorphismus ist $C/\!\sim$ also gleich $\mathbb{R}$.

Die Zuordnung $q \in \mathbb{Q}$ geht über in $[q_n]_{n \in \mathbb{N}} \in C/\!\sim$ mit $q_n = q$ für alle $n \in \mathbb{N}$ ist eine °Isometrie $j \colon \mathbb{Q} \rightarrow C/\!\sim$, und es gilt $\overline{j(\mathbb{Q})} = C/\!\sim$ ($\rightarrow$ abgeschlossene Hülle). Unter Beachtung der entsprechenden Identifikationen beschreibt die obige Konstruktion die *Vervollständigung von $\mathbb{Q}$ zu $\mathbb{R}$*.

Man kann $\mathbb{R}$ aus $\mathbb{Q}$ auch erhalten, indem man die Dedekindschen Schnitte in $\mathbb{Q}$ bzw. die Intervallschachtelungen in $\mathbb{Q}$ betrachtet ($\rightarrow$ Vollständigkeit von $\mathbb{R}$).

Der Nachweis, daß bei den drei Konstruktionen jeweils $\mathbb{R}$ entsteht, ist ziemlich aufwendig, da die Gültigkeit der Körperaxiome, die Anordnungseigenschaften und die Vollständigkeit nachgewiesen werden müssen.

Verzerrung
bias; biais

($\rightarrow$ Schätzung)

---

verzweigte Überlagerung
branched covering; revêtement ramifié

($\rightarrow$ Riemannsche Fläche)

Vierscheitelsatz
four vertex theorem; théorème des quatre sommets

Es sei $\alpha \colon [a, b] \rightarrow \mathbb{R}^2$ eine reguläre, beliebig oft °differenzierbare ebene °Kurve, für die $\alpha^{(k)}(a) = \alpha^{(k)}(b)$ für alle $k \in \mathbb{N}_0$ gilt. α sei *einfach*, d.h. $\alpha|_{[a,\,b[}$ ist injektiv (es gibt außer dem Anfang keine doppelt durchlaufenen Punkte), dann hat α mindestens vier *Scheitel* (das sind Punkte $t \in [a, b]$, für die die Ableitung der °Krümmung der Kurve 0 ist).

---

vollkommen (Körper)
perfect (field); (corps) parfait

($\rightarrow$ separabel (Polynom))

vollständig (metrischer Raum)
complete; complet

Ein °metrischer Raum (X, d) heißt *vollständig*, wenn es zu jeder °Cauchy-Folge $(x_i)_{i \in \mathbb{N}}$ in X ein $x \in X$ gibt, so daß $(x_i)_{i \in \mathbb{N}}$ gegen x konvergiert ($\rightarrow$ Konvergenz (von Folgen und Reihen)).

Beispiel: $\mathbb{R}$ ist vollständig ($\rightarrow$ Vollständigkeit von $\mathbb{R}$) $\mathbb{R}^n$, $n > 1$, mit der °euklidischen Metrik ist vollständig, jeder °abgeschlossene Teilraum von $\mathbb{R}^n$ ist vollständig; $\mathbb{Q}$ ist nicht vollständig; $]0, 1[$ ist nicht vollständig.

vollständige Induktion
(complete mathematical) induction; démonstration par récurrence

Sei $A(n)$ eine Aussage, die für alle $n \in \mathbb{N}$ (evtl. mit $n \geq n_0$, $n_0 \in \mathbb{N}$ fest) sinnvoll definiert sei. Das *Prinzip der vollständigen Induktion* besagt: Wenn *Induktionsanfang* und *Induktionsschluß* gelten, so ist die Aussage richtig für alle $n \in \mathbb{N}$ $(n \geq n_0)$.

Induktionsanfang: Die Aussage $A(n)$ ist richtig für $n = n_0$.

Induktionsschluß: Ist die Aussage $A(n)$ richtig für alle $n \in \mathbb{N}$ mit $n_0 \leq n \leq n_1$ (wobei $n_1 \in \mathbb{N}$, $n_1 \geq n_0$ beliebig angenommen werden darf (dafür sagt man auch *Induktionsannahme*), so ist $A(n)$ auch richtig für $n = n_1 + 1$.

vollständiger Verband
complete lattice; réseau complet

($\rightarrow$ Halbordnung)

Vollständigkeit (von $\mathbb{R}$)
completeness; $\rightarrow$ complet

$\mathbb{R}$ ist ein vollständiger archimedisch °angeordneter Körper; d. h. $\mathbb{R}$ ist ein °Körper; $\mathbb{R}$ ist angeordnet; $\mathbb{R}$ erfüllt das °archimedische Anordnungsaxiom; $\mathbb{R}$ ist als °metrischer Raum °vollständig. $\mathbb{R}$ ist durch diese Eigenschaften eindeutig bis auf einen Körperisomorphismus festgelegt. Die folgenden Eigenschaften sind zur Vollständigkeit von $\mathbb{R}$ als metrischem Raum gleichwertig und somit auch untereinander äquivalent:

a) *Supremumseigenschaft:*

Jede nicht-leere nach oben beschränkte Teilmenge M von $\mathbb{R}$ hat ein Supremum ($\rightarrow$ Halbordnung).

b) *Dedekindsche Schnitt-Eigenschaft:*

Es seien D_1, D_2 nicht-leere Teilmengen von $\mathbb{R}$, für die $D_1 \cup D_2 = \mathbb{R}$ und $D_1 \cap D_2 = \emptyset$ gelten, und weiterhin soll für alle $d_1 \in D_1$ und alle $d_2 \in D_2$ $d_1 < d_2$ gelten; eine solche Aufteilung (D_1, D_2) von $\mathbb{R}$ bezeichnet man als *Dedekindschen Schnitt* von $\mathbb{R}$.

Die Dedekindsche Schnitt-Eigenschaft von $\mathbb{R}$ besagt nun:

Jeder Dedekindsche Schnitt (D_1, D_2) von $\mathbb{R}$ bestimmt genau eine reelle Zahl x_0, so daß für alle $d_1 \in D_1$ und alle $d_2 \in D_2$ $d_1 \leqslant x_0 \leqslant d_2$ gilt.

c) *Intervallschachtelungseigenschaft:*

Es sei $([a_n, b_n])_{n \in \mathbb{N}}$ eine °Folge von abgeschlossenen °Intervallen in $\mathbb{R}$, so daß für alle $n \in \mathbb{N}$ $a_n \leqslant b_n$ gilt und $(b_n - a_n)_{n \in \mathbb{N}}$ eine Nullfolge ist. Solch ein System von Intervallen nennt man *Intervallschachtelung in* $\mathbb{R}$.

Die Intervallschachtelungseigenschaft von $\mathbb{R}$ besagt nun:

Für jede Intervallschachtelung $([a_n, b_n])_{n \in \mathbb{N}}$ in $\mathbb{R}$ gilt: $\bigcap\limits_{n \in \mathbb{N}} [a_n, b_n] \neq \emptyset$.

---

vollständig normal
completely normal; complètement normal

($\rightarrow$ normal)

---

vollständig regulär
completely regular; complètement régulier

Ein °topologischer Raum X heißt *vollständig regulär*, wenn er °hausdorffsch ist und der folgenden Bedingungen genügt: Zu jedem Punkt $p \in X$ und jeder Umgebung U von p gibt es eine stetige Funktion $f : X \rightarrow [0, 1]$, die im Punkt p den Wert 1 und auf $X \setminus U$ den Wert 0 hat.

Jeder vollständig reguläre Raum ist °regulär; jeder Teilraum eines vollständig regulären Raums ist vollständig regulär; ein (nicht-leeres) topologisches Produkt ($\rightarrow$ Produkttopologie) $X = \prod\limits_{i \in I} X_i$ ist genau dann vollständig regulär, wenn jeder Raum X_i vollständig regulär ist.

Hinreichende Bedingungen für vollständig regulär:

°Kompakt, °normal, °metrisch, °lokalkompakt, °parakompakt.

Es gilt (Tychonoff): Ein topologischer Raum ist genau dann vollständig regulär, wenn er homöomorph zu einem Teilraum eines kompakten Raumes ist. Insbesondere läßt sich ein vollständig regulärer Raum in ein topologisches Produkt $\prod\limits_{\lambda \in \Lambda} Y_\lambda$ von reellen Intervallen $Y_\lambda = [0, 1]$ homöomorph einbetten.

Ein vollständig regulärer Raum, der das zweite Abzählbarkeitsaxiom erfüllt, läßt sich in den metrischen Raum $[0, 1]^{\mathbb{N}} = \prod\limits_{\mathbb{N}} [0, 1]$ einbetten, ist also insbesondere °metrisierbar.

Volumen
volume; volume

($\to$ Lebesgue-Maß)

Vorzeichenregel von Descartes

Gegeben sei ein Polynom $P(t) = a_{m+1} t^{m+1} + a_m t^m + \ldots + a_1 t + a_0$ mit reellen Koeffizienten $a_0, \ldots, a_{m+1}$. Es sei $a_{m+1} \neq 0 \neq a_0$, und alle Nullstellen von $P(t)$ seien reell. Nun betrachte man die Folge der Vorzeichen der Koeffizienten von $a_{m+1}, \ldots, a_0$ (einem Koeffizienten $= 0$ kann man ein beliebiges Vorzeichen geben) und bestimme die Anzahl r zweier aufeinander folgender gleicher Vorzeichen $(\ldots, +, +, \ldots)$ oder $(\ldots, -, -, \ldots)$ sowie die Anzahl s der Vorzeichenwechsel $(\ldots, +, -, \ldots)$ oder $(\ldots, -, +, \ldots)$. Dann ist r gleich der Anzahl der negativen und s gleich der Anzahl der positiven Nullstellen von $P(t)$.

W

Wahrscheinlichkeit(-smaß)

probability (measure); (mesure (loi) de) probabilité

Ein °Maß P auf einem °Meßraum $(\Omega, \mathscr{A})$ mit $P(\Omega) = 1$ heißt *Wahrscheinlichkeitsmaß* (kurz: W.-Maß) (oder *Wahrscheinlichkeitsverteilung*) auf $(\Omega, \mathscr{A})$. D.h. $P: \mathscr{A} \to \mathbb{R}$ ist eine Abbildung, die den *Kolmogoroffschen Axiomen* genügt:

(1) $P(A) \geqslant 0$ für jedes $A \in \mathscr{A}$ („Positivität");

(2) $P(\Omega) = 1$ („Normiertheit");

(3) $P\left(\bigcup_{n \in \mathbb{N}} A_n\right) = \sum_{n \in \mathbb{N}} P(A_n)$ für jede Folge $(A_n)_{n \in \mathbb{N}}$ paarweise disjunkter Mengen in $\mathscr{A}$ („σ-Additivität").

Für $A \in \mathscr{A}$ heißt $P(A)$ die *Wahrscheinlichkeit* von A.

Ein W.-Maß P auf $(\Omega, \mathscr{A})$ ist zugleich auch die Verteilung der identischen °Abbildung als °Zufallsvariabler von $(\Omega, \mathscr{A}, P)$ in $(\Omega, \mathscr{A})$. –

Die folgenden beiden Beispielklassen werden in der elementaren Stochastik behandelt:

1. *Diskrete W.-Maße* auf einem Meßraum $(\Omega, \mathscr{A})$, wo $\mathscr{A}$ die einelementigen Teilmengen von Ω enthält, d.h. W.-Maße, die auf °abzählbaren Teilmengen von Ω konzentriert sind:

   Es gilt: Ein W.-Maß P ist genau dann diskret, falls eine Darstellung $P = \sum_{\omega \in \Omega'} p_\omega \varepsilon_\omega$ ($\to$ Dirac-Maß) existiert mit einer °abzählbaren Menge Ω' und Zahlen $p_\omega \in [0, 1]$ mit $\sum_{\omega \in \Omega'} p_\omega = 1$. Die (eindeutig bestimmte) Abbildung $\omega \mapsto p_\omega$ heißt *Zähldichte* von P (Dichte bzgl. des °Zählmaßes $\sum_{\omega \in \Omega} \varepsilon_\omega$).

   Beispiele: Bei abzählbarem Ω alle W.-Maße auf $(\Omega, \mathscr{P}(\Omega))$. – Verteilungen reeller °Zufallsvariabler, die mit Wahrscheinlichkeit 1 nur abzählbar viele Werte annehmen. – °Dirac-Maß; Laplace-, $\to$ Gleich-; °Binomial-; °Multinomial-; °Poisson-; °hypergeometrische; geometrische, $\to$ Negativ-Binomial-Verteilung.

2. *Dichtemaße* auf dem Meßraum $(\mathbb{R}^n, \mathscr{B}^n)$, d.h. bzgl. λ^n °absolut stetige W.-°Maße:

   Es gilt: Ein W.-Maß P ist genau dann absolut stetig (bzgl. λ^n), wenn eine nicht-neg. Lebesgue-integrierbare Funktion $f: \mathbb{R}^n \to \mathbb{R}_+$ mit $\int f d\lambda^n = 1$ existiert, so daß P gegeben ist durch $P(A) = \int 1_A f d\lambda^n$. (Dies ist ein Spezialfall des *Satzes von Radon-Nikodym,* der in der Maßtheorie bewiesen wird.) Die bis auf λ^n-Nullmengen eindeutig bestimmte Funktion f heißt dann (*Lebesgue-)Dichte* oder *Wahrscheinlichkeitsdichte* von P ($\to$ Lebesgue-Maß; $\to$ Lebesgue-Integral).

Beispiele: Rechteck-, → Gleich-; Exponential-, Chi-Quadrat-, → Gamma-; °Normal-; °t-Verteilung.
(→ Wahrscheinlichkeitsraum)

Wahrscheinlichkeitsraum
probability space; espace de probabilité

Ist auf einem °Meßraum $(\Omega, \mathscr{A})$ ein °Wahrscheinlichkeitsmaß P gegeben, so heißt das Tripel $(\Omega, \mathscr{A}, P)$ *Wahrscheinlichkeitsraum* (kurz: W.-Raum). Ist P ein diskretes °Maß, so heißt der *W.-Raum diskret.* Ist spezieller Ω °abzählbar und $\mathscr{A}$ die °Potenzmenge $\mathscr{P}(\Omega)$ von Ω, so heißt $(\Omega, \mathscr{A})$ *abzählbarer (oder endlicher) W.-Raum.*

W.-Räume dienen als Modelle zur Beschreibung von „Zufallsexperimenten". In diesem Zusammenhang haben sich spezielle Sprechweisen eingebürgert: *Ergebnis* für die Elemente von Ω, *Ereignis* für die Elemente von $\mathscr{A}$, *Elementarereignis* speziell für einelementige Mengen, das *„sichere" Ereignis* Ω und das *„unmögliche" Ereignis* Ø.

Ein für die elementare Stochastik grundlegendes Beispiel ist der *Laplacesche W.-Raum* mit endlichem Ω und der diskreten °Gleichverteilung („Laplace-Verteilung") auf $\mathscr{P}(\Omega)$. Er dient zur Beschreibung sog. *Laplace-Experimente,* bei denen jedes Elementarereignis als „gleichwahrscheinlich" anzusehen ist.

Wallissches Produkt
Wallis' product; formule de Wallis

Aus iterierter °partieller Integration von $A_n := \int\limits_0^{\pi/2} \sin^n x\, dx$ und

$\lim\limits_{n\to\infty} \dfrac{A_{2n+1}}{A_{2n}} = 1$ läßt sich die *Wallissche Produktformel* $\dfrac{\pi}{2} = \prod\limits_{n=1}^{\infty} \dfrac{4n^2}{4n^2-1}$ herleiten.

Wärmeleitungsgleichung
heat equation; équation de la chaleur

Sei $U \subset \mathbb{R}^n$ °offen (Raumkoordinaten $x = (x_1, \ldots, x_n)$) und $I \subset \mathbb{R}$ ein °Intervall (Zeitkoordinate t). Für Funktionen $f: U \times I \to \mathbb{R}$ heißt dann die partielle °Differentialgleichung

$$\frac{\partial^2 f}{\partial x_1^2} + \ldots + \frac{\partial^2 f}{\partial x_n^2} - \frac{1}{k}\frac{\partial f}{\partial t} = \Delta f - \frac{1}{k}\frac{\partial f}{\partial t} = 0$$

die *Wärmeleitungsgleichung.* (Δ bezeichnet den °Laplace-Operator.) Die Konstante $k > 0$ bedeutet die Temperaturleitfähigkeit; die Funktion f beschreibt die Temperatur an der Stelle x zur Zeit t.

Eine spezielle Lösung (auch als ‚Grundlösung' bezeichnet) ist (für $U=\mathbb{R}^n$, $I=\mathbb{R}^*_+$):

$$f(x,t):=t^{-n/2}\cdot\exp\left(\frac{-\|x\|^2}{4kt}\right) \quad \text{mit} \quad \|x\|=(x_1^2+\ldots+x_n^2)^{1/2}$$

(bis auf Normierung die Dichte einer °Normalverteilung).

Ist $g:\mathbb{R}^n\to\mathbb{R}$ eine °stetige °beschränkte Funktion, so ist $u(x,t):=\int f(x-y,t)\,g(y)\,d\lambda^n(y)$ ($\to$ Konvolution, $\to$ Faltung) ebenfalls eine beliebig oft partiell °differenzierbare Lösung der Wärmeleitungsgleichung in $\mathbb{R}^n\times\mathbb{R}^*_+$ mit der Eigenschaft: $\lim\limits_{(x,t)\to(x_0,0)} u(x,t)=g(x_0)$ für jedes $x_0\in\mathbb{R}^n$.
($\to$ Potentialgleichung)

Wedderburn (Satz von)

Jeder endliche (Schief-)°Körper ist kommutativ.

Weg
path; chemin

Eine °stetige Abbildung $w:[0,1]\to X$ des Intervalls $[0,1]\subset\mathbb{R}$ in einen °topologischen Raum X heißt *Weg* mit *Anfangspunkt* $w(0)$ und *Endpunkt* $w(1)$. Ist $w(0)=w(1)$, so heißt der Weg *geschlossen*.
($\to$ wegzusammenhängend, $\to$ Homotopiegruppe)

wegzusammenhängend
pathwise (or arcwise) connected; connexe par arcs

Ein °topologischer Raum X ist *wegzusammenhängend*, wenn es zu je zwei Punkten $p,q\in X$ eine stetige Abbildung (einen °*Weg*) $w:[0,1]\to X$ gibt mit $w(0)=p$ und $w(1)=q$.

Ein wegzusammenhängender Raum ist °zusammenhängend, aber die Umkehrung gilt nur, wenn der Raum °lokal wegzusammenhängend ist.

Beispiel: $X=\{(x,y)\in\mathbb{R}^2\mid y=\sin\frac{1}{x}\ \text{falls}\ x\neq0,\ \ y\in[-1,1]\ \text{falls}\ x=0\}$

ist zusammenhängend, aber nicht wegzusammenhängend.

Weierstraßscher Produktsatz

Ist (a_n) eine °Folge °komplexer Zahlen mit $\lim\limits_{n\to\infty} a_n=\infty$ (d.h. zu jedem $R>0$ gibt es ein $n_0\in\mathbb{N}$ mit $|a_n|>R$ für alle $n>n_0$), so gibt es eine auf ganz $\mathbb{C}$ °holomorphe Funktion, die genau an den Stellen a_n verschwindet, und zwar jeweils mit der Vielfachheit, mit der a_n in der Folge vorkommt.

Sind etwa alle $a_n \neq 0$, so wird eine solche Funktion gegeben durch

$$f(z) = \prod_{n=1}^{\infty} \left(1 - \frac{z}{a_n}\right) e^{\frac{z}{a_n} + \frac{1}{2}\left(\frac{z}{a_n}\right)^2 + \ldots + \frac{1}{m_n}\left(\frac{z}{a_n}\right)^{m_n}}$$

mit geeigneten Zahlen $m_n \in \mathbb{N}$; will man noch eine m-fache Nullstelle bei $z = 0$, so geht man zu $z^m f(z)$ über.

Wellengleichung
wave equation; équation des ondes

Sei $U \subset \mathbb{R}^n$ °offen (Raum-Koordinaten $x = (x_1, \ldots, x_n)$) und $I \subset \mathbb{R}$ ein Intervall (Zeit-Koordinate t). Für $c \in \mathbb{R}^*_+$ und Funktionen $f: U \times I \to \mathbb{R}$ heißt dann die partielle °Differentialgleichung

$$\frac{\partial^2 f}{\partial x_1^2} + \ldots + \frac{\partial^2 f}{\partial x_n^2} - \frac{1}{c^2}\frac{\partial^2 f}{\partial t^2} = \Delta f - \frac{1}{c^2}\frac{\partial^2 f}{\partial t^2} = 0$$

Wellengleichung (oder *Schwingungsgleichung*); Δ bezeichnet den °Laplace-Operator.

Lösungen der Wellengleichung werden (in der Physik) als Wellen bezeichnet; die Konstante $c > 0$ gibt die Wellenausbreitungsgeschwindigkeit an.

Es gilt: Für jede beliebige zweimal stetig °differenzierbare Funktion $\varphi: \mathbb{R} \to \mathbb{R}$ und jedes $k \in \mathbb{R}^n$ ist (mit $\langle k, x \rangle := k_1 x_1 + \ldots + k_n x_n$) die Funktion $f: \mathbb{R}^n \times \mathbb{R} \to \mathbb{R}$, $f(x, t) := \varphi(\langle k, x \rangle - c \cdot \|k\| \cdot t)$ eine Lösung der Wellengleichung.

Eine Lösung der Gestalt $f(x, t) = g(x) \cdot h(t)$ heißt eine stehende Welle, während Lösungen der Gestalt $f(x, t) = g(x) \cdot h(p(x) \pm ct)$ fortschreitende Wellen genannt werden.

Ein wichtiges Beispiel im Falle $n = 3$ bilden die *Kugelwellen,* das sind Lösungen u, die nur von $r := \|x\| := (x_1^2 + x_2^2 + x_3^2)^{1/2}$ und t abhängen. Diese genügen dann der partiellen Differentialgleichung

$$\frac{\partial^2 u}{\partial r^2} + \frac{2}{r}\frac{\partial u}{\partial r} - \frac{1}{c^2}\frac{\partial^2 u}{\partial t^2} = 0$$

und sind von der Form $u(r, t) = \dfrac{1}{r} \cdot (u_1(r + ct) + u_2(r - ct))$ mit beliebigen zweimal stetig °differenzierbaren Funktionen $u_i: \mathbb{R} \to \mathbb{R}$ ($i = 1, 2$).

Wertebereich
range of a function; ensemble d'arrivée

($\to$ Abbildung)

wesentliche Singularität
essential singularity; singularité essentielle

($\to$ Singularitäten (isolierte $\sim$ einer holomorphen Funktion))

windschief
skew; gauche

Zwei Geraden im $\mathbb{R}^3$, die sich nicht schneiden und nicht parallel sind, heißen *windschief*.

Winkel (zwischen Vektoren)
angle; angle

Ist V ein °euklidischer Raum und sind $x, y \in V \setminus \{0\}$, so gilt nach der °Schwarzschen Ungleichung $\left| \dfrac{\langle x, y \rangle}{\|x\| \cdot \|x\|} \right| \leqslant 1$ (dabei soll $\|x\| = \sqrt{\langle x, x \rangle}$ die Länge von x sein).

Es gibt deshalb genau ein φ mit $0 \leqslant \varphi < \pi$, so daß $\cos \varphi = \dfrac{\langle x, y \rangle}{\|x\| \cdot \|y\|}$ gilt. φ heißt dann der *Winkel* zwischen den Vektoren x und y.

Wirtinger-Kalkül

Die Differentiale ($\to$ äußere Ableitung) der folgenden vier Abbildungen von $\mathbb{C} \simeq \mathbb{R}^2$ nach $\mathbb{C} \simeq \mathbb{R}^2$ (mit Koordinaten $(x, y) \leftrightarrow x + iy = z$)

$$x + iy \mapsto x, \quad x + iy \mapsto iy, \quad x + iy \mapsto x + iy, \quad x + iy \mapsto x - iy$$

werden der Reihe nach mit

$$dx, \quad idy, \quad dz, \quad d\bar{z}$$

bezeichnet. (Die entsprechenden 2×2-Jacobimatrizen sind

$$\begin{pmatrix} 1 & 0 \\ 0 & 0 \end{pmatrix} \quad \begin{pmatrix} 0 & 0 \\ 0 & 1 \end{pmatrix} \quad \begin{pmatrix} 1 & 0 \\ 0 & 1 \end{pmatrix} \quad \begin{pmatrix} 1 & 0 \\ 0 & -1 \end{pmatrix} .)$$

Wegen $dz = dx + idy$, $d\bar{z} = dx - idy$ und $dx = \dfrac{1}{2}(dz + d\bar{z})$ $dy = \dfrac{1}{2i}(dz - d\bar{z})$ läßt sich das Differential einer stetig partiell °differenzierbaren Funktion $f : U \to \mathbb{C}$ ($U \subset \mathbb{R}^2 \simeq \mathbb{C}$ °offen) folgendermaßen darstellen:

$$df = \frac{\partial f}{\partial x} dx + \frac{\partial f}{\partial y} dy = \frac{1}{2}\left(\frac{\partial f}{\partial x} - i\frac{\partial f}{\partial y}\right) dz + \frac{1}{2}\left(\frac{\partial f}{\partial x} + i\frac{\partial f}{\partial y}\right) d\bar{z},$$

und deshalb notiert man $\dfrac{\partial f}{\partial z} := \dfrac{1}{2}\left(\dfrac{\partial f}{\partial x} - i\dfrac{\partial f}{\partial y}\right)$, $\dfrac{\partial f}{\partial \bar{z}} := \dfrac{1}{2}\left(\dfrac{\partial f}{\partial x} + i\dfrac{\partial f}{\partial y}\right)$ als *Wirtingersche Ableitungen* von f nach z bzw. $\bar{z}$. Man schreibt die Differentialoperatoren $\dfrac{\partial}{\partial z}$ und $\dfrac{\partial}{\partial \bar{z}}$ auch einfach als ∂ und $\bar{\partial}$, wenn die richtige Interpretation unproblematisch ist.

In der Darstellung $df = \dfrac{\partial f}{\partial z}\, dz + \dfrac{\partial f}{\partial \bar{z}}\, d\bar{z}$ ist die reell-lineare Abbildung $df: \mathbb{C} \to \mathbb{C}$ ($\mathbb{C} \simeq \mathbb{R}^2$ wird hier als 2-dimensionaler reeller °Vektorraum aufgefaßt) zerlegt in eine $\mathbb{C}$-lineare $\dfrac{\partial f}{\partial z}\, dz$ und eine $\mathbb{C}$-semilineare $\dfrac{\partial f}{\partial \bar{z}}\, d\bar{z}$ (für jeden Punkt $z_0 \in U$, in dem die Ableitung $df(z_0)$ betrachtet wird).

Offenbar ist f genau dann °holomorph, wenn $\bar{\partial} f = 0$ ist. Funktionen f mit der Eigenschaft $\partial f = 0$ heißen *antiholomorph*.

Rechenregeln:

a) Für ∂ und $\bar{\partial}$ gelten Linearität, Produkt- und Quotientenregel wie für die übliche Ableitung einer Funktion einer reellen Variablen (z. B.)
$$\partial\left(\frac{f}{g}\right) = \frac{1}{g^2}\left((\partial f)\,g - f\,\partial g\right)$$

b) $\partial \bar{f} = \overline{\bar{\partial} f}, \qquad \bar{\partial}\bar{f} = \overline{\partial f}$

c) $\partial(g \circ f) = \partial g \cdot \partial f + \bar{\partial} g \cdot \partial \bar{f}$
$\bar{\partial}(g \circ f) = \bar{\partial} g \cdot \overline{\partial f} + \partial g \cdot \bar{\partial} f.$

Wohlordnungssatz
well-ordering theorem; théorème du bon ordre

Der *Wohlordnungssatz* (Zermelo) besagt:

> Jede Menge läßt sich wohlordnen; d.h. es gibt auf ihr eine Ordnung, so daß sie wohlgeordnet ist. ($\to$ Halbordnung)

Diese Aussage ist äquivalent zum °Zornschen Lemma und zum °Auswahlaxiom.

Beispiel: $\mathbb{Z}$ mit der üblichen Ordnung $\ldots < -2 < -1 < 0 < 1 < 2 < \ldots$ ist nicht wohlgeordnet; in der Anordnung $0, 1, -1, 2, -2, \ldots$ zum Beispiel oder auch $0, 1, 2, 3, \ldots; -1, -2, -3, \ldots$ dagegen ist $\mathbb{Z}$ wohlgeordnet.
Es ist aber z. B. nicht möglich, eine Wohlordnung auf $\mathbb{R}$ explizit anzugeben!

Wronski-Determinante
wronskian; wronskien

Die Lösungen einer homogenen linearen °Differentialgleichung n-ter Ordnung
$$y^{(n)} + a_{n-1}(x)\, y^{(n-1)} + \ldots + a_1(x)\, y' + a_0(x)\, y = 0$$

bilden einen n-dimensionalen °Vektorraum. Sind n Lösungen $\varphi_1, \ldots, \varphi_n$ gegeben, so sind sie genau dann °linear unabhängig (d.h. sind eine Basis des Lösungsvektorraums, oder, wie man sagt: bilden ein *Fundamentalsystem von Lösungen*), wenn die *Wronski-Determinante*

$$\det \begin{pmatrix} \varphi_1(x) & \varphi_2(x) & \cdots & \varphi_n(x) \\ \varphi_1'(x) & \varphi_2'(x) & \cdots & \varphi_n'(x) \\ \vdots & \vdots & & \vdots \\ \varphi_1^{(n-1)}(x) & \varphi_2^{(n-1)}(x) & \cdots & \varphi_n^{(n-1)}(x) \end{pmatrix}$$

in einem Punkt (und damit im ganzen Definitionsintervall!) verschieden von Null ist.

Wurzel
root; racine

Aus historischen Gründen nennt man Lösungen von (meist polynomialen) Gleichungen gelegentlich *Wurzeln*. Speziell heißt jede Nullstelle α eines Polynoms $P \in K[X]$ (K ein Körper, $\alpha \in K$) eine Wurzel von P. Dann ist P durch $(X-\alpha)$ teilbar, und die größte Zahl $n \in \mathbb{N}$, für die P durch $(X-\alpha)^n$ teilbar ist, heißt *Vielfachheit* (oder *Multiplizität* oder *Ordnung*) der Wurzel α.

($\rightarrow$ Einheitswurzel, $\rightarrow$ Teilbarkeit in Integritätsringen)

Wurzelkriterium
root test; règle de Cauchy

($\rightarrow$ Konvergenzkriterien für Reihen)

Zahlen (Aufbau des Zahlensystems)
numbers; nombres

Die *natürlichen Zahlen* $\mathbb{N}_0 = \{0, 1, 2, \ldots\}$ (bzw. $\mathbb{N} = \{1, 2, \ldots\}$) können aus der Mengenlehre heraus als endliche °Kardinalzahlen oder °Ordinalzahlen definiert und z. B. mit den Peano-Axiomen P1–P5 charakterisiert werden:

P1 0 ist natürliche Zahl.

P2 Jede natürliche Zahl besitzt eine eindeutig bestimmte natürliche Zahl als „Nachfolger".

P3 0 ist kein Nachfolger.

P4 Verschiedene natürliche Zahlen haben verschiedene Nachfolger.

P5 (Induktionsaxiom) ist M eine Teilmenge von $\mathbb{N}_0$, die die 0 und mit jedem Element seinen Nachfolger enthält, so gilt $M = \mathbb{N}_0$.

(Betrachtet man $\mathbb{N}$, so müßten P1, P3 und P5 in offensichtlicher Weise modifiziert werden). – P2–P4 können kurz so formuliert werden: Es gibt eine injektive °Abbildung $\varphi: \mathbb{N}_0 \to \mathbb{N}_0$ mit $\varphi(\mathbb{N}_0) = \mathbb{N}$; $\varphi(n)$ heißt Nachfolger von n. Setzt man $\varphi(n) =: n+1$, so kann auf $\mathbb{N}_0$ rekursiv ($\to$ Rekursionssatz) eine Addition, die $\mathbb{N}_0$ zu einem regulären kommutativen °Monoid macht, eine Multiplikation und eine Ordnung definiert werden. Dabei soll $n \leqslant m$ genau dann gelten, wenn die Gleichung $n + x = m$ in $\mathbb{N}_0$ lösbar ist.

Das kommutative Monoid $(\mathbb{N}_0, +)$ wird zur °Gruppe der *ganzen Zahlen* $(\mathbb{Z}, +)$ erweitert, die Multiplikation und Ordnung kann auf $\mathbb{Z}$ übertragen werden; $\mathbb{Z}$ wird auf diese Weise zu einem angeordneten °Integritätsring. Der °Quotientenkörper von $\mathbb{Z}$ ist dann der angeordnete °Körper $\mathbb{Q}$ der *rationalen Zahlen*.

Der entscheidende (und schwierigste) Schritt ist die °Vervollständigung von $\mathbb{Q}$ zum angeordneten Körper der reellen Zahlen $\mathbb{R}$, z. B. durch Dedekindsche Schnitte, Cauchy-Folgen oder Intervallschachtelungen ($\to$ Vollständigkeit von $\mathbb{R}$).

Sei $g > 1$ eine natürliche Zahl und $r \in \mathbb{R}^{*}_{+}$. Sei $n = \min\{k \in \mathbb{N}_0 \mid r < g^{k+1}\}$. Dann gibt es natürliche Zahlen a_i, $i = 0, \ldots, n$, mit $0 \leqslant a_i < g$ und $a_n \neq 0$ sowie eine Folge $(b_i)_{i \in \mathbb{N}}$ von natürlichen Zahlen mit $0 \leqslant b_i < g$, so daß

$$r = \sum_{i=0}^{n} a_i g^i + \sum_{i=1}^{\infty} b_i g^{-i}$$

($\to$ Konvergenz von Folgen und Reihen). $\sum a_i g^i + \sum b_i g^{-i}$ heißt *g-adische Entwicklung* von r, für $g = 10$ ist dies die übliche *Dezimalbruchdarstellung*, für $g = 2$ die sogenannte *dyadische Darstellung*.

Will man schließlich noch erreichen, daß $x^2 + 1$ und damit jedes nichtkonstante reelle °Polynom eine Nullstelle besitzt, so ist man beim Körper der komplexen Zahlen $\mathbb{C}$ (der nicht mehr angeordnet ist) angelangt.

zahlentheoretische Funktion

multiplicative function; fonction multiplicative

Eine Funktion $f: \mathbb{N} \to \mathbb{C}$ heißt *zahlentheoretische Funktion* (meist wird $f(0) = 0$ gesetzt).

Eine zahlentheoretische Funktion f wird *multiplikativ* genannt, wenn

(a) $f(1) = 1$

(b) $f(x \cdot y) = f(x) \cdot f(y)$ für teilerfremde x und y ($\to$ Teilbarkeit in Integritätsringen)

gilt. Bekannte Beispiele für multiplikative zahlentheoretische Funktionen sind die °Eulersche Funktion und die Möbiussche Funktion.

Zählmaß

counting measure; mesure de comptage

Es sei $\Omega = \{\omega_i \mid i \in I\}$ eine Menge. Dann heißt das °Maß $\sum_{i \in I} \varepsilon_{\omega_i}$ das *Zählmaß* auf dem °Meßraum $(\Omega, \mathscr{P}(\Omega))$ (wobei ε_{ω_i} das °Dirac-Maß in ω_i bezeichnet). Falls I nicht-abzählbar ist, sei dabei für $A \in \mathscr{P}(\Omega)$:

$$\sum_{i \in I} \varepsilon_{\omega_i}(A) := \sup \left\{ \sum_{i \in J} \varepsilon_{\omega_i}(A) \mid J \subset I \text{ endlich} \right\}.$$

Zentralisator

centralizer; centralisateur

Ist G eine °Gruppe und $X \subset G$ eine Teilmenge, so heißt die Menge $\{a \in G \mid ax = xa \text{ für alle } x \in X\}$ der *Zentralisator* von X (in G); der Zentralisator von G selbst ($X = G$) heißt *Zentrum* von G. Das Zentrum ist °abelscher °Normalteiler in G; jeder Zentralisator ist Untergruppe von G und enthält das Zentrum.

Zentrum (einer Gruppe)

center; centre

($\to$ Zentralisator)

Zerfällungskörper

splitting field; corps de rupture

Sei k ein °Körper und $f \in k[X]$ ein °Polynom. Dann gibt es °Körpererweiterungen K/k, so daß f über K in *Linearfaktoren* zerfällt, d.h. f ist ein Produkt von linearen Polynomen. Der kleinste Zwischenkörper mit derselben Eigenschaft heißt *Zerfällungskörper* von f. Er ist bis auf Isomorphie eindeutig bestimmt.

Beispiele: $\mathbb{C} = \mathbb{R}(i)$ ist Zerfällungskörper von $X^2 + 1 \in \mathbb{R}[X]$; $\mathbb{Q}(\sqrt{2})$ ist Zerfällungskörper von $X^2 - 2 \in \mathbb{Q}[X]$; $\mathbb{Q}\left(\sqrt[3]{2}, \frac{1}{\sqrt[3]{4}}(-1 + i\sqrt{3})\right)$ ist Zerfällungskörper von $X^3 - 2 \in \mathbb{Q}[X]$.

Zerlegung

partition; partition

($\rightarrow$ Äquivalenzrelation, $\rightarrow$ Partition)

Zerlegung der Eins

($\rightarrow$ Partition der Eins)

Zornsches Lemma

Es lautet: Jede induktiv geordnete Menge besitzt (mindestens) ein maximales Element ($\rightarrow$ Halbordnung).

Dieses „Lemma" ist ein wichtiges Beweishilfsmittel (Existenz von °maximalen Idealen, von °Ultrafiltern, einer °Basis für unendlich-dimensionale Vektorräume usw.). Es ist äquivalent zum °Auswahlaxiom und zum °Wohlordnungssatz.

ZPE-Ring

UFD-domain; anneau factoriel

($\rightarrow$ faktorieller Ring)

Zufallsvariable

random variable; variable aléatoire

Eine °meßbare Abbildung von einem °Wahrscheinlichkeitsraum $(\Omega, \mathscr{A}, P)$ in einen °Meßraum $(\Omega', \mathscr{A}')$ heißt *Zufallsvariable* (kurz: Z.V.). $(\mathbb{R}, \mathscr{B})$-wertige Z.V. werden als *reelle Z.V.* bezeichnet, $(\mathbb{R}^n, \mathscr{B}^n)$-wertige Z.V. als *Zufallsvektoren*.

Eine Z.V. $X: (\Omega, \mathscr{A}, P) \rightarrow (\Omega', \mathscr{A}')$ induziert ein °Wahrscheinlichkeitsmaß P_X auf $(\Omega', \mathscr{A}')$ durch $P_X(A') := P(X^{-1}(A'))$ für $A' \in \mathscr{A}'$. P_X wird als die *Verteilung der Z.V. X (bzgl. P)* oder das *Bildmaß von P unter X* bezeichnet. Für $P_X(A')$ sind Kurzschreibweisen wie $P(\{X \in A'\})$ oder $P(X \in A')$ üblich (entsprechend: $P(X = x)$, $P(X \leqslant x)$, etc.).

Ist μ ein °Wahrscheinlichkeitsmaß auf $(\Omega', \mathscr{A}')$ und ist $P_X = \mu$, so sagt man: „X ist μ-verteilt" (entsprechend zu verstehen: X *diskret* oder *absolut stetig verteilt*, etc.). Z.V. mit Werten in demselben Meßraum $(\Omega', \mathscr{A}')$ heißen *identisch verteilt*, sofern ihre Verteilungen gleich sind.

Sind $X_i: (\Omega, \mathscr{A}, P) \rightarrow (\Omega'_i, \mathscr{A}'_i)$ $(i = 1, \ldots, n)$ Z.V., so bezeichnet man als deren *gemeinsame Verteilung* die Verteilung der Z.V. $X := (X_1, \ldots, X_n)$ auf dem °Meßraum $\left(\prod_{i=1}^{n} \Omega'_i, \bigotimes_{i=1}^{n} \mathscr{A}'_i \right)$ ($\rightarrow \sigma$-Algebra).

zusammenhängend
connected; connexe

Ein °topologischer Raum X heißt *zusammenhängend*, wenn eine der folgenden äquivalenten Bedingungen erfüllt ist:

i) Eine Teilmenge von X, die gleichzeitig °offen und °abgeschlossen ist, ist entweder $= \emptyset$ oder $= X$.

ii) Es gibt keine disjunkte Zerlegung $X = A \cup B$ (mit $A \cap B = \emptyset$) in offene Mengen A und B, die beide $\neq \emptyset$ sind; d.h. X läßt sich nicht als °topologische Summe darstellen.

Die zusammenhängenden Teilräume von $\mathbb{R}$ sind genau die Intervalle. Es gilt: ist $A \subset X$ eine zusammenhängende Teilmenge, so ist die °abgeschlossene Hülle $\bar{A} \subset X$ auch zusammenhängend; ist $(A_i)_{i \in I}$ eine Familie von zusammenhängenden Teilräumen, und gilt $\bigcap_{i \in I} A_i \neq \emptyset$, so ist $\bigcup_{i \in I} A_i$ zusammenhängend; das topologische Produkt ($\rightarrow$ Produkttopologie) von zusammenhängenden Räumen ist zusammenhängend; das Bild eines zusammenhängenden Raumes unter einer stetigen Abbildung ist zusammenhängend.

($\rightarrow$ Zwischenwertsatz)

Zusammenhangskomponente
connected component; composante connexe

Sei p ein Punkt des °topologischen Raums X. Die Vereinigung aller °zusammenhängenden Teilmengen von X, die p enthalten, ist zusammenhängend und heißt *Zusammenhangskomponente* von p in X. Die Zusammenhangskomponenten von X bilden eine Zerlegung von X in disjunkte Teilmengen, die °abgeschlossen, aber i. allg. nicht °offen sind; sind sie auch °offen, so ist der Raum °topologische Summe seiner Zusammenhangskomponenten; das ist z. B. bei lokal zusammenhängenden Räumen der Fall.

Beispiel: Die Zusammenhangskomponenten von $\mathbb{Q} \subset \mathbb{R}$ bestehen nur aus einzelnen Punkten.

zusammenziehbar
contractible; contractile

Ein °topologischer Raum X heißt *zusammenziehbar*, wenn es einen Punkt $p \in X$ und eine °stetige Abbildung $\Phi: X \times [0, 1] \rightarrow X$ gibt mit $\Phi(x, 0) = x$ und $\Phi(x, 1) = p$ für alle $x \in X$.

(Mit anderen Worten: wenn id_X zur konstanten Abbildung $X \rightarrow \{p\}$ °homotop ist.)

Zusammenziehbare Räume sind °einfach zusammenhängend.

Zwischenkörper
intermediate field; corps intermédiaire

($\rightarrow$ Körpererweiterung)

Zwischenwertsatz
intermediate value theorem; théorème des valeurs intermédiaires

Sei $f:[a, b]\rightarrow \mathbb{R}$ eine °stetige Funktion auf dem °Intervall $[a, b]\subset \mathbb{R}$. Dann gibt es für jeden *Zwischenwert* y zwischen $f(a)$ und $f(b)$ ein $x\in[a, b]$ mit $f(x)=y$. (Das stetige Bild einer °zusammenhängenden Menge ist zusammenhängend, in diesem Fall also wieder ein Intervall).

zyklische Gruppe
cyclic group; groupe cyclique (groupe monogène)

Eine Gruppe G heißt *zyklisch*, wenn sie durch ein einziges Element erzeugt wird, d.h.: es gibt ein $a\in G$ mit $G=\{a^k: k\in \mathbb{Z}\}$.

Jede zyklische Gruppe ist °abelsch. Jede Gruppe von Primzahlordnung (d.h. die Anzahl der Elemente ist eine °Primzahl) ist zyklisch. Eine zyklische Gruppe ist entweder isomorph zu $\mathbb{Z}$ oder zu $\mathbb{Z}/m\mathbb{Z}$ (mit einem $m\in \mathbb{N}\setminus\{0\}$).

zyklische Permutation
cycle;

Eine °Permutation $\pi\in S_n$ heißt *zyklisch* oder ein *Zykel*, wenn eine Teilmenge $X=\{x_1, \ldots, x_r\}\subset\{1, \ldots, n\}$ existiert mit $\pi(x_i)=x_{i+1}$, für $i<r$, $\pi(x_r)=x_1$ und $\pi(y)=y$ für $y\notin X$, d.h. wenn es nur eine Bahn mit mehr als einem Element gibt ($\rightarrow$ Operation). In der sog. *Zykelschreibweise* schreibt man dann π als $(x_1, \ldots, x_r)$, und es gilt, daß jede Permutation Produkt elementfremder Zykel ist.

zyklischer Modul
cyclic module; module cyclique (monogène)

Ein R-°Modul $M\neq 0$ heißt *zyklisch*, wenn er von einem einzigen Element erzeugt wird.

Zykloide
cycloid; cycloide

Die Kurve $f: \mathbb{R}\rightarrow \mathbb{R}^2$, $t\mapsto (t-\sin t, 1-\cos t)$ beschreibt die Bahn eines Punktes auf der Peripherie eines Kreises vom Radius 1, der auf der x-Achse der x-y-Ebene abrollt.

Diese Kurve heißt *Zykloide*.

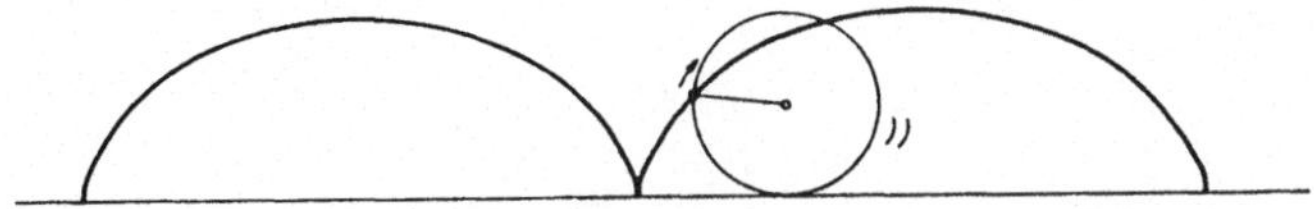

Anhang I

Englisch-Deutsches Stichwörterverzeichnis

A

abelian	abelsch
absolute error	absoluter Fehler
absolutely continuous	absolut stetig
absolutely convergent	absolut konvergent
absolute value (*or* modulus)	Absolutbetrag
accumulation point	Berührungspunkt, Häufungspunkt
action (*or* operation)	Operation
adjoint mapping	adjungierte Abbildung
adjoint matrix	adjungierte Matrix
adjoint operator	adjungierter Operator
affine map	affine Abbildung
affine space	affiner Raum
affine subspace	affiner Unterraum
affinity	Affinität
algebra	Algebra
algebraically closed	algebraisch abgeschlossen
algebraically independant	algebraisch unabhängig
algebraic field extension	algebraische Körpererweiterung
algebraic number	algebraische Zahl
algebraic structure	algebraische Struktur
algorithm	Algorithmus
alternating	alternierend
alternating group	alternierende Gruppe
analog computer	Analogrechner
analytic continuation	analytische Fortsetzung
analytic function	analytische Funktion
angle	Winkel
annihilator	Annullator
antiholomorphic	antiholomorph
approximation	Näherung
arcwise connected	bogenweise zusammenhängend
arc length	Bogenlänge
arithmetic mean	arithmetisches Mittel
artinian module	artinscher Modul
associated	assoziiert

associative	assoziativ
automorphism	Automorphismus
axiom of choice	Auswahlaxiom
axiom of countability	Abzählbarkeitsaxiom

B

ball	Kugel
Baire category theorem	Satz von Baire
Banach space	Banachraum
barycentric coordinates	baryzentrische Koordinaten
basis transformation	Basiswechsel
Bernoulli numbers	Bernoulli-Zahlen
bias	Verzerrung (bei statist. Schätzung)
bidual module	Bidual eines Moduls
bidual vector space	Bidual eines Vektorraumes
biholomorphic	biholomorph
bijective	bijektiv
bilinear	bilinear
bilinear form	Bilinearform
bimorphism	Bimorphismus
binomial distribution	Binomialverteilung
binomial series (*or*-expansion)	binomische Reihe
binomial theorem	binomischer Lehrsatz
binormal vector	Binormalenvektor
birational	birational
bound	Schranke
boundary	Rand
boundary value problem	Randwertproblem
bounded	beschränkt (z. B. Abbildung; Folge)
branched covering	verzweigte Überlagerung

C

calculation of zeros of polynomials	Nullstellenbestimmung bei Polynomen
calculus of observations	Ausgleichsrechnung
cancellation	Auslöschung
canonical	kanonisch
cardinal (number)	Kardinalzahl
cardinality	Mächtigkeit
cartesian product	kartesisches Produkt (von Mengen)
category	Kategorie

Cauchy-Riemann equations	Cauchy-Riemannsche Differential-gleichungen
center	Zentrum (z. B. einer Gruppe)
centralizer	Zentralisator
chain rule	Kettenregel
character	Charakter
characteristic	Charakteristik (z. B eines Körpers)
characteristic function	charakteristische Funktion
characteristic polynomial	charakteristisches Polynom
chart	Karte
chinese remainder theorem	Chinesischer Restsatz
Chi-squared distribution	Chi-Quadrat-Verteilung (χ^2-Verteilung)
Cholesky's method	Cholesky-Verfahren
classical linear groups	klassische Gruppen
closed	abgeschlossen (Menge), geschlossen (Differentialform)
closed map	abgeschlossene Abbildung
closed real line	abgeschlossene Zahlengerade
closure	abgeschlossene Hülle
cluster point	Häufungspunkt
codimension	Kodimension
cokernel	Kokern
collineation	Kollineation
commutative	kommutativ
commutator	Kommutator
compact	kompakt
compact convergence	kompakte Konvergenz
compactification	Kompaktifizierung
compact operator	kompakter Operator
comparison test	Majorantenkriterium (bei Reihen)
complement	Komplement
complementary matrix	komplementäre Matrix
complete	vollständig (z. B. metrischer Raum, Verband)
completeness	Vollständigkeit
completely normal	vollständig normal
completely regular	vollständig regulär
completion	Vervollständigung
complexification of a real vector space	Komplexifizierung eines reellen Vektorraumes
complex manifold	komplexe Mannigfaltigkeit

complex number	komplexe Zahl
composition law	Verknüpfung
concave	konkav
conditionally convergent	bedingt konvergent
conditional probability	bedingte Wahrscheinlichkeit
cone	Kegel
confidence level	Konfidenzniveau
confidence region	Konfidenzbereich
congruence	Kongruenz
congruent	kongruent
conic	Kegelschnitt
conjugated complex number	konjugiert komplexe Zahl
conjugated subgroup	konjugierte Untergruppe
connected	zusammenhängend
connected component	Zusammenhangskomponente
consistency	Konsistenz
continuation method	Fortsetzungsmethode
continued fraction	Kettenbruch
continuity of the inverse operator	Satz vom inversen Operator
continuous	stetig
contractible	zusammenziehbar
contracting map	kontrahierende Abbildung
contravariant functor	kontravarianter Funktor
convergence	Konvergenz
convergence criteria	Konvergenzkriterien
convex function	konvexe Funktion
convex hull	konvexe Hülle
convex set	konvexe Menge
convolution	Konvolution, Faltung
coordinates	Koordinaten
coprime	teilerfremd
correlation	Korrelation (z. B. in projektiven Räumen)
coset (*or* residue class)	Nebenklasse
cosine	Cosinus
cotangent	Cotangens
countable	abzählbar
countable at infinity	abzählbar im Unendlichen
counting measure	Zählmaß
covariance	Kovarianz
covariant functor	kovarianter Funktor
cover	Überdeckung

covering	Überlagerung
Cramer's rule	Cramersche Regel
cross product	Kreuzprodukt
(double) cross ratio	Doppelverhältnis
curvature	Krümmung (z. B. einer Kurve, einer Fläche)
curve	Kurve
cycle (cyclic permutation)	zyklische Permutation
cyclic group	zyklische Gruppe
cyclic module	zyklischer Modul
cycloid	Zykloide
cyclotomic polynomial	Kreisteilungspolynom

D

decimal system	Dezimalsystem
decomposition into primes	Primfaktorzerlegung
decomposition into triangular matrices	Dreieckszerlegung (von Matrizen)
decreasing	fallend
Dedekind cut	Dedekindscher Schnitt
degree	Grad (z. B. einer Körpererweiterung, eines Polynoms)
dense	dicht
density	Dichte
derivative	Ableitung
determinant	Determinante
diagonalizable	diagonalisierbar
diagonalization of matrices	Hauptachsentransformation von Matrizen
diagonal matrix	Diagonalmatrix
diagonal method	Cantorsches Diagonalverfahren
diffeomorphism	Diffeomorphismus
difference scheme	Differenzenschema
differentiable	differenzierbar
differentiable with respect to a complex variable	komplex differenzierbar
differentiable manifold	differenzierbare Mannigfaltigkeit
differential	Differential
differential form	Differentialform

digital computer	Digitalrechner
dihedral group	Diedergruppe
dimension formula	Dimensionsformel
Dirac measure (*or* point mass)	Dirac-Maß
direct product	direktes Produkt
direct sum	direkte Summe
discrete	diskret
discriminant	Diskriminante (z. B. eines Polynoms)
disjoint	disjunkt
disjoint union topology	Summentopologie
dispersion	Streuung
distance	Distanz
distribution (*or* law)	Verteilung
distribution function	Verteilungsfunktion
distributive	distributiv
divergence	Divergenz
divisibility	Teilbarkeit
division algebra	Divisionsalgebra
division with remainder	Division mit Rest
domain	Definitionsbereich, Gebiet, Integritätsring
dominated convergence	dominierte Konvergenz
dual basis	duale Basis
dual module	dualer Modul
dual space	Dualraum
dual system	Dualsystem
dual vector space	dualer Vektorraum

E

effective	effektiv
eigenvalue	Eigenwert
eigenvector	Eigenvektor
eigenspace	Eigenraum
elementary filter	Elementarfilter
elementary symmetric polynomial	elementarsymmetrisches Polynom
empirical expectation	empirische Erwartung
empirical variance	empirische Varianz
empty set	leere Menge
endomorphism	Endomorphismus
entire function	ganze Funktion

epimorphism	Epimorphismus
equicontinous	gleichgradig stetig
equipotent	gleichmächtig
equivalence class	Äquivalenzklasse
equivalence relation	Äquivalenzrelation
equivalent	äquivalent (z. B. Matrizen)
ergodic theorem	Ergodensatz
error	Fehler
error analysis	Fehleranalyse
error of first/second kind	Fehler erster/zweiter Art
essential singularity	wesentliche Singularität
estimation	Schätzung
euclidean division algorithm	euklidischer Algorithmus
euclidean ring	euklidischer Ring
euclidean space	euklidischer Vektorraum
even function	gerade Funktion
even permutation	gerade Permutation
exact differential form	exakte Differentialform
expected value	Erwartungswert
exponential distribution	Exponentialverteilung
exponential function	Exponentialfunktion
exterior algebra	äußere Algebra
exterior derivative	äußere Ableitung
extremum	Extremum
extremum with auxiliary conditions	Extremum mit Nebenbedingungen

F

factor group	Faktorgruppe
factorial	Fakultät
factor module	Restklassenmodul, Faktormodul
factor ring	Restklassenring, Faktorring
family	Familie
fiber	Faser
field	Körper
field extension	Körpererweiterung
filter	Filter
filter basis	Filterbasis
finite-difference-method	Differenzenverfahren
finite-element-method	Finite-Elemente-Methode
finitely generated	endlich erzeugt

fixed point representation	Festkommadarstellung
fixed point theorem	Fixpunktsatz
flag	Fahne
floating point representation	Gleitkommadarstellung
formal power series	formale Potenzreihe
four vertex theorem	Vierscheitelsatz
fractile	Fraktil
fractional linear transformation	gebrochen lineare Transformation
free	frei (z. B. Gruppe, Modul)
free abelian group	frei-abelsche Gruppe
free union	topologische Summe
Frenet trihedron	Frenetsches Dreibein
frontier	Rand
function	Funktion
functional	Funktional
functor	Funktor
fundamental form	Fundamentalform
fundamental group	Fundamentalgruppe
fundamental system of neighbourhoods	Umgebungsbasis
fundamental theorem of algebra	Fundamentalsatz der Algebra
fundamental theorem of calculus	Fundamentalsatz der Differential- und Integralrechnung

G

Galois theory	Galois-Theorie
Γ-distribution	Gamma-Verteilung
gamma function	Gamma-Funktion
Gauss-distribution	Gauß-Verteilung
Gaussian elimination	Gaußsches Eliminationsverfahren
Gaussian integer	Gaußsche Zahl
Gaussian quadrature formula	Gauß-Quadratur
Gauss-Seidel-method	Gauß-Seidel-Verfahren
general linear group	allgemeine lineare Gruppe
generating function	erzeugende Funktion
generating system	Erzeugendensystem
geometric distribution	geometrische Verteilung
geometric series	geometrische Reihe
germ	Keim

germ of a function — Funktionskeim
Gram-Schmidt orthonormalization procedure — Orthonormalisierungssatz, -verfahren (von Gram-Schmidt)
graph — Graph
greatest common divisor (gcd) — größter gemeinsamer Teiler (ggT)
group — Gruppe

H

half space — Halbraum
harmonic function — harmonische Funktion
Hausdorff space — hausdorffscher Raum
heat equation — Wärmeleitungsgleichung
hessian — Hessematrix
holomorphic — holomorph
homeomorphism — Homöomorphismus
homogeneous coordinates — homogene Koordinaten
homogeneous polynomial — homogenes Polynom
homogeneous system — homogenes Gleichungssystem
homomorphism — Homomorphismus
homotopic — homotop
homotopy group — Homotopiegruppe
Horner's method — Horner-Schema
hypergeometric distribution — hypergeometrische Verteilung
hyperplane — Hyperebene
hyperplane reflection — Hyperebenenspiegelung
hyperbola — Hyperbel
hyperbolic functions — Hyperbel-Funktionen

I

identification topology — Identifizierungstopologie
identity — Identität, neutrales Element
identity theorem — Identitätssatz
image — Bild
implicit function theorem — Satz über implizite Funktionen
improper integral — uneigentliches Integral
increasing — steigend (z. B. Funktion)
indefinite — indefinit
indefinite integral — unbestimmtes Integral

indeterminate	Unbestimmte
index set	Indexmenge
indicator function	Indikatorfunktion
induced topology	induzierte Topologie
(complete mathematical) induction	vollständige Induktion
inductively generated topology	Finaltopologie
inequality of Schwarz	Schwarzsche Ungleichung
initial-value problem	Anfangswertproblem
injective (*or* . . . one-to-one into)	injektiv
inner automorphism	innerer Automorphismus
integers	ganze Zahlen
integrable	integrierbar
integration by parts	partielle Integration
interior	offener Kern, das Innere
interior point	innerer Punkt
intermediate field	Zwischenkörper
intermediate value theorem	Zwischenwertsatz
intersection	Durchschnitt
interval	Intervall
interval estimation	Bereichsschätzung
invariant subspace	invarianter Unterraum
inverse hyperbolic functions	Areafunktionen
inverse image	Urbild
inverse mapping theorem	Satz über die Umkehrabbildung
inverse matrix	inverse Matrix
inverse trigonometric functions	Arcusfunktionen
invertible	invertierbar
irrational	irrational
irreducible	irreduzibel
isolated point	isolierter Punkt
isometric	isometrisch
isomorphism	Isomorphismus
isotropic	isotrop

J

jacobian	Jacobimatrix
join of two spaces	Verbindung(sraum)
Jordan curve theorem	Jordanscher Kurvensatz
Jordan normal form	Jordansche Normalform

K

kernel	Kern (z. B. eines Homomorphismus)
Kleinian group	Kleinsche Vierergruppe

L

Lagrange multipliers	Lagrangesche Multiplikatoren
Laguerre equation	Laguerresche Differentialgleichung
Laplace-distribution	Laplace-Verteilung
Laplace expansion of a determinant	Laplacescher Entwicklungssatz
Laplace operator (*or* laplacian)	Laplace-Operator
lattice	Verband
Laurent series	Laurentreihe
laws of large numbers	Gesetze großer Zahlen
least common multiple (lcm)	kleinstes gemeinsames Vielfaches (kgV)
Lebesgue measure	Lebesgue-Maß
Legendre equation	Legendresche Differentialgleichung
length	Länge
level	Niveau
lexicographic order	lexikographische Ordnung
Lie algebra	Lie-Algebra
likelihood function	Likelihood-Funktion
limit	Grenzwert
limit superior (*resp.* inferior)	Limes superior (*bzw.* inferior)
limit theorems	Grenzwertsätze
line	Gerade
linear combination	Linearkombination
linear form	Linearform
linearly dependent	linear abhängig
linearly independent	linear unabhängig
linear map	lineare Abbildung
linear programming	lineare Optimierung
line integral	Kurvenintegral
local coordinates	lokales Koordinatensystem
local extremum	lokales Extremum
locally compact	lokalkompakt
locally connected	lokal zusammenhängend
locally convex	lokalkonvex
locally finite	lokalendlich
locally pathwise (*or* arcwise) connected	lokal wegzusammenhängend

local ring   lokaler Ring
logarithm   Logarithmus

M

machine number	Maschinenzahl
manifold	Mannigfaltigkeit
map (*or* mapping)	Abbildung
matrix	Matrix
matrix norm	Matrixnorm
maximal ideal	maximales Ideal
maximum likelihood estimation	Maximum-Likelihood-Schätzung
maximum modulus principle	Maximumprinzip (für holomorphe Funktionen)
mean curvature	mittlere Krümmung
mean square deviation	mittlere quadratische Abweichung
mean value	Mittelwert
mean value theorem for integrals	Mittelwertsatz der Integralrechnung
measurable	meßbar
measurable space	Meßraum
measure	Maß
measure space	Maßraum
median	Median
meromorphic	meromorph
metric	Metrik
metric space	metrischer Raum
metrizable	metrisierbar
minimal polynomial	Minimalpolynom
module	Modul
moment generating function	momenterzeugende Funktion
monodromy theorem	Monodromiesatz
monoid	Monoid
monomorphism	Monomorphismus
monotone	monoton
morphism	Morphismus
moving trihedron	begleitendes Dreibein
multi-index	Multiindex
multilinear mapping	multilineare Abbildung
multinomial (*or* polynomial) distribution	Multinomialverteilung

multiple shooting method	Mehrzielmethode
multi-step method	Mehrschrittverfahren

N

nabla operator	Nabla (∇)
natural number	natürliche Zahl
natural transformation	natürliche Transformation
negative binomial distribution	Negativ-Binomial-Verteilung
neighbourhood	Umgebung
neighbourhood filter	Umgebungsfilter
Neil's parabola (*or* the „cusp")	Neilsche Parabel
nested-intervals	Intervallschachtelung
neutral element	neutrales Element
Newton-Cotes formulae	Newton-Cotes-Formeln
Newton-like methods	Newton-ähnliche Verfahren
nilpotent	nilpotent
norm	Norm
normal curvature	Normalkrümmung
normal distribution (*or* Gauß distribution)	Normalverteilung
normal field extension	normale Körpererweiterung
normal form	Normalform (z. B. Hessesche Normalform)
normal form for equivalent matrices	Normalformensatz für äquivalente Matrizen
normalized (*or* monic) polynomial	normiertes Polynom
normalizer	Normalisator
normal subgroup	Normalteiler
normal tower (*or* normal series)	Normalreihe
normal vector	Normalenvektor
normed algebra	normierte Algebra
normed vector space	normierter Vektorraum
norm topology	Normtopologie
nowhere dense	nirgends dicht
numbers	Zahlen
null homotopic	nullhomotop
numerical differentiation	numerische Differentiation
numerical integration	numerische Integration
numerical stability	numerische Stabilität

O

odd	ungerade
one point compactification	Alexandroff-Kompaktifizierung, Einpunktkompaktifizierung
one-step method	Einschrittverfahren
open	offen (z. B. Teilmenge eines metrischen Raumes, Abbildung)
open mapping principle	Prinzip der offenen Abbildung
operator	Operator
optimal test	optimaler Test
optimization	Optimierung
orbit	Bahn, Orbit
order	Ordnung
ordered field	angeordneter Körper
ordered set	geordnete Menge
order (*or* rate) of convergence	Konvergenzordnung
order topology	Ordnungstopologie
ordinal number	Ordinalzahl
ordinary differential equations	gewöhnliche Differentialgleichungen
orientation	Orientierung
orientation preserving	orientierungstreu
orthogonal group	orthogonale Gruppe
orthonormal basis	Orthonormalbasis
orthonormal system	Orthonormalsystem
osculating plane	Schmiegebene

P

p-adic numbers	p-adische Zahlen
parabola	Parabel
paracompact	parakompakt
parallelepipedial product	Spatprodukt
parallelogramm identity	Parallelogrammgleichung
Parseval's equation	Parsevalsche Gleichung
partial derivative	partielle Ableitung
partial differential equations (PDE)	partielle Differentialgleichungen
partial fraction expansion	Partialbruchzerlegung
partially ordered	teilweise geordnet
partial order	Halbordnung
partial sum	Partialsumme

partition	Zerlegung
partition of unity	Partition der Eins
path	Weg
pathwise (*or* arcwise) connected	wegzusammenhängend
perfect	vollkommen (z. B. Körper)
periodic	periodisch
permutation (sub)group	Permutationsgruppe
pfaffian	Pfaffsche Form
piecewise	stückweise
pivoting	Pivotsuche
plane	Ebene
point estimation	Punktschätzung
pointwise convergence	punktweise Konvergenz
Poisson distribution	Poisson-Verteilung
polar coordinates	Polarkoordinaten
polarization	Polarisierung
pole	Pol
polyhedron	Polyeder
polynomial	Polynom
polynomial interpolation	Polynominterpolation
polynomial mapping	polynomiale Abbildung
positive	positiv
positiv definit	positiv definit
potential equation	Potentialgleichung
positiv integer	natürliche Zahl
power function	Gütefunktion
power series	Potenzreihe
power set	Potenzmenge
precompact	präkompakt, total beschränkt
predictor-corrector method	Prediktor-Korrektor-Verfahren
prehilbert space	Prähilbertraum
prime element	Primelement
prime ideal	Primideal
prime field	Primkörper
prime number	Primzahl
primitive (function)	Stammfunktion
primitive polynomial	primitives Polynom
primitive root of unity	primitive Einheitswurzel
principal axis transformation	Hauptachsentransformation
principal curvatures	Hauptkrümmungen
principal ideal	Hauptideal
principal ideal domain	Hauptidealring

principal part	Hauptteil
principal value	Hauptwert
principle of duality	Dualitätsprinzip
principle of uniform boundedness	Prinzip der gleichmäßigen Beschränktheit
probability	Wahrscheinlichkeit
probability measure	Wahrscheinlichkeitsmaß
probability space	Wahrscheinlichkeitsraum
product measure	Produktmaß
product rule	Produktregel
product topology	Produkttopologie
projection	Projektion
projectively generated topology	Initialtopologie
projective space	projektiver Raum
projectivity	Projektivität
proper map	eigentliche Abbildung

Q

quadratic form	quadratische Form
quadratic residue	quadratischer Rest
quadrature formula	Quadraturformel
quadric	Quadrik
quantile	Quantil
quaternions	Quaternionen
quotient field	Quotientenkörper
quotient group	Quotientengruppe
quotient rule	Quotientenregel
quotient set	Quotientenmenge
quotient topology	Quotiententopologie
quotient vector space	Quotientenvektorraum

R

radical extension	Radikalerweiterung
radius of convergence	Konvergenzradius
radius of curvature	Krümmungsradius
random variable	Zufallsvariable
range of a function	Wertebereich (einer Funktion)
rank	Rang

rational interpolation	rationale Interpolation
rational mapping	rationale Abbildung
rational number	rationale Zahl
ratio test	Quotientenkriterium
real numbers	reelle Zahlen
real part	Realteil
rearrangement	Umordnung (z. B. von Reihen)
rectifiable	rektifizierbar
rectifying plane	rektifizierende Ebene
recursion theorem	Rekursionssatz
reducible	reduzibel
reflection	Spiegelung
reflexive	reflexiv
regular	regulär
relative error	relativer Fehler
relative frequency	relative Häufigkeit
relatively compact	relativ kompakt
removable singularity	hebbare Singularität
representative	Repräsentant
residue	Residuum
residue theorem (*or* -formula)	Residuensatz
resolvent set	Resolventenmenge
retract	Retrakt
Riemann mapping theorem	Riemannscher Abbildungssatz
Riemann sphere	Riemannsche Zahlenkugel
Riemann sum	Riemannsche Summe
Riemann surface	Riemannsche Fläche
Riesz representation theorem	Riezscher Darstellungssatz
ring	Ring
Romberg's integration method	Rombergintegration
root	Wurzel
root of unity	Einheitswurzel
root test	Wurzelkriterium
rotation	Drehung
round-off error	Rundungsfehler

S

Sarrus diagram	Regel von Sarrus
scalar	Skalar
scalar (*or* dot, inner) product	Skalarprodukt

scaling	Skalierung
Schwarz reflection principle	Schwarzsches Spiegelungsprinzip
secant method	Sekantenverfahren
self adjoint	selbstadjungiert
semiaffine map	Semiaffinität
semicontinuous (upper, lower)	halbstetig (nach oben, nach unten)
semidirect product	semidirektes Produkt
semilinear	semilinear
semilocally simply connected	semilokal einfach zusammenhängend
seminorm	Halbnorm
semisimple	halbeinfach (Modul, Ring)
separable	separabel
separated	separiert
separation axioms	Trennungsaxiome
sequence	Folge
series	Reihe (unendlich)
sesquilinear form	Sesquilinearform
set of the first category	mager
set theory	Mengenlehre
shooting method	Schießverfahren
sign	Signum
signature	Signatur
significance level	Irrtumswahrscheinlichkeit
similarity transformation	Drehstreckung
similar matrices	ähnliche Matrizen
simple	einfach (z. B. Körpererweiterung, Gruppe, Modul)
simplex method	Simplexmethode
simply connected	einfach zusammenhängend
Simpson's rule	Simpsonregel
sine	Sinus
single-step-method	Einzelschrittverfahren
singular	singulär (z. B. Matrix)
singularity, singular point	Singularität, singulärer Punkt
skew	windschief (Geraden)
skew field	Schiefkörper
solvable	auflösbar
space	Raum
space of solutions	Lösungsraum
span	lineare Hülle
special orthogonal group	spezielle orthogonale Gruppe

spectrum	Spektrum (z. B. eines linearen Operators)
spline interpolation	Spline-Interpolation
splitting field	Zerfällungskörper
stability	Stabilität
stabilizer	Isotropiegruppe, Stabilisator
standard deviation	Standardabweichung
starlike	sternförmig
step(-size)control	Schrittweitensteuerung
step function	Treppenfunktion
stereographic projection	stereographische Projektion
stiff differential equation	steife Differentialgleichung
stochastically independent	stochastisch unabhängig
Student's t-distribution	studentsche t-Verteilung
subbase	Subbasis
subgroup	Untergruppe
sublinear	sublinear
submodule	Untermodul
subring	Unterring
subsequence	Teilfolge
subspace	Unterraum, Teilraum
substitution formula	Substitutionsregel
successive approximation	sukzessive Approximation
summable function	summierbare Funktion
support	Träger (z. B. einer Funktion)
supremum norm	Supremumsnorm
surface	Fläche
surface integral	Flächenintegral
surjective (*or* . . . onto)	surjektiv
Sylow subgroup	Sylow-Gruppe
Sylvester's theorem of inertia	Sylvesterscher Trägheitssatz
symmetric bilinear form	symmetrische Bilinearform
symmetric group	symmetrische Gruppe
symmetric matrix	symmetrische Matrix
symmetric polynomial	symmetrisches Polynom
system of linear equations	lineares Gleichungssystem

T

tangent	Tangens, Tangente
tangent plane	Tangentialebene

tangent space | Tangentialraum
tangent vector | Tangentialvektor
Taylor series | Taylor-Reihe
tensors | Tensoren
tensor product | Tensorprodukt
test function | Testfunktion
theorem of inertia | Trägheitssatz
Tietze extension theorem | Fortsetzungssatz von Tietze-Urysohn
topology | Topologie
topological space | topologischer Raum
topological vector space | topologischer Vektorraum
torus | Torus
totally disconnected | total unzusammenhängend
total probability | totale Wahrscheinlichkeit
total-step iteration | Gesamtschrittverfahren
trace | Spur
transcendental | transzendent
transitive | transitiv
transposed matrix | transponierte Matrix
trapezoid(al) formula | Sehnentrapezregel
triadic Cantor set | Cantorsches Diskontinuum
triangle inequality | Dreiecksungleichung
triangular matrix | Dreiecksmatrix
tridiagonal matrix | Tridiagonalmatrizen
trigonometric functions | trigonometrische Funktionen (Kreisfunktionen)

U

UFD-domain | ZPE-Ring
ultrafilter | Ultrafilter
unbiased | erwartungstreu, unverfälscht
uniform convergence | gleichmäßige Konvergenz
uniform distribution | Gleichverteilung, Rechteckverteilung
uniformly continuous | gleichmäßig stetig
uniformly most powerful (UMP-)test | gleichmäßig bester Test

union | Vereinigung
unique factoriation domain (UFD) | faktorieller Ring (ZPE-Ring)
unit | Einheit
unitary endomorphism | unitärer Endomorphismus

unitary group	unitäre Gruppe
unitary matrix	unitäre Matrix
unitary operator	unitärer Operator
unitary space	unitärer Vektorraum
unit matrix	Einheitsmatrix
universal covering	universelle Überlagerung
urn models	Urnenmodelle

V

valuation	Bewertung
variance	Varianz
vector	Vektor
vector analysis	Vektoranalysis
vector field	Vektorfeld
vector iteration	Vektoriteration
vector product	Vektorprodukt
vector space	Vektorraum
volume	Volumen

W

Wallis' product	Wallisches Produkt
Wave equation	Schwingungsgleichung, Wellengleichung
weak topology	schwache Topologie
weak * topology	schwach-*-Topologie
well-ordering theorem	Wohlordnungssatz
Wielandt's broken iteration	inverse Iteration nach Wielandt
winding number	Umlaufzahl
wronskian	Wronski-Determinante

Z

zero divisor	Nullteiler
zero set	Nullmenge

Anhang II

Französisch-Deutsches Stichwörterverzeichnis

abélien	abelsch
absolument continue	absolut stetig
absolument convergent	absolut konvergent
l'adhérence	abgeschlossene Hülle
affinité	Affinität
algèbre	Algebra
algèbre à division	Divisionsalgebra
algèbre extérieur	äußere Algebra
algèbre normé	normierte Algebra
algébrique	algebraisch (z. B. Körpererweiterung, Struktur, Zahl)
algébriquement clos	algebraisch abgeschlossen
algorithme	Algorithmus
alterné	alternierend
analyse d'erreurs	Fehleranalyse
analyse vectorielle	Vektoranalysis
angle	Winkel
anneau	Ring
anneau euclidien	euklidischer Ring
anneau factoriel	faktorieller Ring, ZPE-Ring
anneau intègre	Integritätsring
anneau local	lokaler Ring
anneau principal	Hauptidealring
anneau quotient	Restklassenring
annulation	Auslöschung (Effekt bei numerischen Berechnungen)
annullateur	Annullator
antiholomorphe	antiholomorph
application	Abbildung
application adjointe	adjungierte Abbildung
application affine	affine Abbildung
application contractante	kontrahierende Abbildung
application fermée	abgeschlossene Abbildung
application linéaire	lineare Abbildung
application multilinéaire	multilineare Abbildung
application ouverte	offene Abbildung
application polynomiale	polynomiale Abbildung
application propre	eigentliche Abbildung
application rationelle	rationale Abbildung
approximation	Näherung

associatif	assoziativ
associé	assoziiert
auto-adjoint	selbstadjungiert
automorphisme	Automorphismus
automorphisme intérieur	innerer Automorphismus
axiome de choix	Auswahlaxiom
axiome de dénombrabilité	Abzählbarkeitsaxiom
axiome de séparation	Trennungsaxiom

B

base	Basis (z. B. eines Vektorraumes, einer Topologie, eines Filters)
base duale	duale Basis
base orthonormale	Orthonormalbasis
biais	Verzerrung
biholomorphe	biholomorph
bijectif	bijektiv
bilinéaire	bilinear
bimorphisme	Bimorphismus
birapport	Doppelverhältnis
birationnel	birational
bord	Rand
borne	Schranke
borné	beschränkt (z. B. Abbildung, Folge, Menge)
boule	Kugel

C

calculateur analogique	Analogrechner
calculateur numérique	Digitalrechner
calcul de l'adjustement	Ausgleichsrechnung
calcul de zéros des polynômes	Nullstellenbestimmung bei Polynomen
canonique	kanonisch
caractère	Charakter
caractéristique	Charakteristik (z. B. eines Körpers)
carte	Karte
catégorie	Kategorie

centralisateur	Zentralisator
centre	Zentrum (z. B. einer Gruppe)
champs de vecteurs	Vektorfeld
changement de base	Basiswechsel
chemin	Weg
classe d'équivalence	Äquivalenzklasse
classe modulo un sous-group	Nebenklasse
codimension	Kodimension
collinéation	Kollineation
combinaison linéaire	Linearkombination
commutateur	Kommutator
commutatif	kommutativ
compact	kompakt
compactifié	Kompatifizierung
complémentaire	Komplement
complet	vollständig (z. B. metrischer Raum, Verband)
complètement normal	vollständig normal
complètement régulier	vollständig regulär
completion métrique	Vervollständigung eines metrischen Raumes
complexifié d'un espace vectoriel réel	Komplexifizierung eines reellen Vektorraumes
composante connexe	Zusammenhangskomponente
concave	konkav
conditions de Cauchy-Riemann	Cauchy-Riemannsche Differentialgleichungen
cône	Kegel
congru	Kongruent
congruence	Kongruenz
conique	Kegelschnitt
connexe	zusammenhängend
connexe par arcs	wegzusammenhängend
conoyau	Kokern
consistance	Konsistenz
continu	stetig
contractile	zusammenziehbar
convergence	Konvergenz
convergence compacte	kompakte Konvergenz
convergence uniforme	gleichmäßige Konvergenz
convergence simple	punktweise Konvergenz
convolution	Konvolution, Faltung

coordonnées	Koordinaten
coordonnées barycentriques	baryzentrische Koordinaten
coordonnées homogènes	homogene Koordinaten
coordonnées locales	lokales Koordinatensystem
coordonnées polaires	Polarkoordinaten
corps	Körper
corps de rupture	Zerfällungskörper
corps des fractions	Quotientenkörper
corps intermédiaire	Zwischenkörper
corps non commutative	Schiefkörper
corps ordonné	angeordneter Körper
corps premier	Primkörper
correlation	Korrelation (z. B. in projektiven Räumen)
cosinus	Cosinus
cotangente	Cotangens
coupure modulaire (*ou* de Dedekind)	Dedekindscher Schnitt
courbe	Kurve
courbure	Krümmung (z. B. einer Kurve, einer Fläche)
courbure moyenne	mittlere Krümmung
courbure normale	Normalkrümmung
courbures principales	Hauptkrümmungen
covariance	Kovarianz
critères de convergence	Konvergenzkriterien
croissante	steigend (z.B. Funktion)
cycloide	Zykloide

D

décomposition d'une fonction rationelle en éléments simples	Partialbruchzerlegung
décomposition en facteurs premiers	Primfaktorzerlegung
décomposition en matrices triangulaires	Dreieckszerlegung (von Matrizen)
décroissant	fallend
défini (positif, negatif)	(positiv-, negativ-) definit
degré	Grad (z. B. einer Körpererweiterung, eines Polynoms)
demi-espace	Halbraum
démonstration par récurrence	vollständige Induktion
dénombrable	abzählbar

dénombrable à l'infini	abzählbar im Unendlichen
dense	dicht
densité	Dichte
dérivation	Differentiation, Ableitung
dérivation numérique	numerische Differentiation
dérivée	Ableitung
derivée exterieure	äußere Ableitung
dérivée partielle	partielle Ableitung
déterminant	Determinante
développement binomiale *ou* série du binôme	binomische Reihe
diagonalisable	diagonalisierbar
diagonalisation des matrices	Hauptachsentransformation (von Matrizen)
difféomorphisme	Diffeomorphismus
différentiable	differenzierbar
différentiable (par rapport à une variable complexe)	komplex differenzierbar
différentielle	Differential
discrète	diskret
discriminant	Diskriminante (z. B. eines Polynoms)
disjoint	disjunkt
dispersion	Streuung
distance	Distanz
distributif	distributiv
divergence	Divergenz
diviseur zéro	Nullteiler
divisibilité dans les anneaux intègres	Teilbarkeit in Integritätsringen
division avec reste	Division mit Rest
division euclidienne	euklidischer Algorithmus
domaine	Gebiet
drapeau	Fahne
droite	Gerade
droite achevée	abgeschlossene Zahlengerade

E

écart quadratique moyen	mittlere quadratische Abweichung
écart type	Standardabweichung
effectif	effektiv
élément neutre	neutrales Element

élément premier	Primelement
élément primitif	primitives Element
endomorphisme	Endomorphismus
endomorphisme unitaire	unitärer Endomorphismus
ensemble	Menge
ensemble convexe	konvexe Menge
ensemble d'arrivée	Wertebereich
ensemble de définition	Definitionsbereich
ensemble de mesure nulle	Nullmenge
ensemble des parties	Potenzmenge
ensemble d'indices	Indexmenge
ensemble ordonné	geordnete Menge
ensemble quotient	Quotientenmenge
ensemble résolvant	Resolventenmenge
ensemble triadique de Cantor	Cantorsches Diskontinuum
ensemble vide	leere Menge
entier	ganze Zahl
entier de Gauss	Gaußsche Zahl
enveloppe convexe	konvexe Hülle
épimorphisme	Epimorphismus
équation	Gleichung
équation de la chaleur	Wärmeleitungsgleichung
équation des ondes	Schwingungsgleichung, Wellengleichung
équation différentielle	Differentialgleichung
équation du parallelogramme	Parallelogrammgleichung
équation du potentiel	Potentialgleichung
équation normale d'un plan	Hessesche Normalform
équations aux dérivées partielles	partielle Differentialgleichungen
équations différentielles ordinaires	gewöhnliche Differentialgleichungen
équations différentielles raides	steife Differentialgleichungen
équicontinu	gleichgradig stetig
équipotent	gleichmächtig
erreur	Fehler
erreur absolue	absoluter Fehler
erreur d'arrondi	Rundungsfehler
erreur de première/seconde espèce	Fehler erster/zweiter Art
erreur relative	relativer Fehler
espace	Raum
espace affine	affiner Raum
espace de probabilité	Wahrscheinlichkeitsraum
espace des solutions	Lösungsraum

espace dual	Dualraum
espace euclidien	euklidischer Raum
espace mesurable	Meßraum
espace mesuré	Maßraum
espace métrique	metrischer Raum
espace préhilbertien	Prähilbertraum
espace projectif	projektiver Raum
espace somme des espaces topologiques	topologische Summe
espace tangent	Tangentialraum
espace topologique	topologischer Raum
espace vectoriel	Vektorraum
espace vectoriel localement convexe	lokalkonvexer Vektorraum
espace vectoriel normé	normierter Vektorraum
espace vectoriel quotient	Quotientenvektorraum
espace vectoriel unitaire	unitärer Vektorraum
espérance (mathématique)	Erwartung, Erwartungswert
estimation	Schätzung
estimation du maximum de vraisemblance	Maximum-Likelihood-Schätzung
estimation par intervalle (région)	Bereichsschätzung
estimation ponctuelle	Punktschätzung
étoilé	sternförmig
extension de corps	Körpererweiterung
extension radicielle	Radikalerweiterung
extrême	Extremum
extrême lié d'une fonction de plusieurs variables	Extremum mit Nebenbedingungen
extrême local	lokales Extremum

F

factorielle	Fakultät
famille	Familie
fermé	abgeschlossen (Menge), geschlossen (Differentialform)
fibre	Faser
filtre	Filter
filtre de voisinages	Umgebungsfilter
filtre élémentaire	Elementarfilter
foncteur	Funktor

foncteur contravariant	kontravarianter Funktor
foncteur covariant	kovarianter Funktor
fonction	Funktion
fonction analytique	analytische Funktion
fonction caractéristique	charakteristische Funktion
fonction convexe	konvexe Funktion
fonction de répartition	Verteilungsfunktion
fonction de vraisemblance	Likelihood-Funktion
fonctionelle	Funktional
fonction en escalier	Treppenfunktion
fonction entière	ganze Funktion
fonction exponentielle	Exponentialfunktion
fonction gamma	Gamma-Funktion
fonction génératrice	erzeugende Funktion
fonction génératrice des moments	momenterzeugende Funktion
fonction harmonique	harmonische Funktion
fonction impaire	ungerade Funktion
fonction indicatrice	Indikatorfunktion
fonction paire	gerade Funktion
fonction puissance	Gütefunktion
fonctions circulaires inverses (*ou* cyclométriques)	Arcusfunktionen
fonctions hyperboliques	Hyperbel-Funktionen
fonctions hyperboliques inverses	Areafunktionen
fonction sommable	summierbare Funktion
fonctions trigonométriques	trigonometrische Funktionen
fonction symétrique élémentaire	elementarsymmetrisches Polynom
forme bilinéaire	Bilinearform
forme canonique de Jordan	Jordansche Normalform
forme canonique pour les matrices équivalentes	Normalformensatz für äquivalente Matrizen
forme différentielle	Differentialform
forme différentielle exacte	exakte Differentialform
forme linéaire	Linearform
forme quadratique	quadratische Form
forme sesquilinéaire	Sesquilinearform
formule de binôme de Newton	binomischer Lehrsatz
formule de Cramer	Cramersche Regel
formule de dimension	Dimensionsformel
formule de Gauss pour l'intégration numérique	Gauß-Quadratur
formule de quadrature	Quadraturformel

formule de Simpson	Simpsonregel
formule des trapèzes	Sehnentrapezregel
formule de Wallis	Wallisches Produkt
formule fondamentale du calcul intégral	Fundamentalsatz der Differential- und Integralrechnung
formules de Cotes	Newton-Cotes-Formeln
fractile	Fraktil
fraction continue	Kettenbruch
fréquence relative	relative Häufigkeit
frontière	Rand

G

gauche	windschief (Geraden)
germe	Keim
germe de fonction	Funktionskeim
graphe	Graph
groupe	Gruppe
groupe abélien libre	frei-abelsche Gruppe
groupe alterné	alternierende Gruppe
groupe cyclique (groupe monogène)	zyklische Gruppe
groupe de Galois	Galoisgruppe
groupe de Klein	Kleinsche Vierergruppe
groupe de permutations	Permutationsgruppe
groupe d'homotopie	Homotopiegruppe
groupe diédral	Diedergruppe
groupe d'isotropie (*ou* stabilisateur)	Isotropiegruppe
groupe fondamentale	Fundamentalgruppe
groupe libre	freie Gruppe
groupe linéaire général	allgemeine lineare Gruppe
groupe orthogonale	orthogonale Gruppe
groupe orthogonal spécial	spezielle orthogonale Gruppe
groupe quotient	Faktorgruppe, Quotientengruppe
groupes classiques	klassische Gruppen
groupe simple	einfache Gruppe
groupe symétrique	symmetrische Gruppe
groupe unitaire	unitäre Gruppe

H

hessienne	Hessematrix
holomorphe	holomorph
homéomorphisme	Homöomorphismus
homomorphisme	Homomorphismus
homotope	homotop
homotope à une application constante	nullhomotop
hyperbole	Hyperbel
hyperplan	Hyperebene

I

idéal	Ideal
idéal maximal	maximales Ideal
idéal premier	Primideal
idéal principal (*ou* monogène)	Hauptideal
image	Bild
image réciproque	Urbild
indéfini	indefinit
indépendant algébriquement	algebraisch unabhängig
indéterminée	Unbestimmte
indice d'un point par rapport à un circuit	Umlaufzahl
inégalité	Ungleichung
inégalité du triangle	Dreiecksungleichung
injectif	injektiv
intégrable	integrierbar
intégrale	Integral
intégrale curvilignes	Kurvenintegral
intégrale impropre	uneigentliches Integral
intégrale indéfinite	unbestimmtes Integral
intégrale sur une surface	Flächenintegral
intégration numérique	numerische Integration
intégration par parties	partielle Integration
l'intérieur	offener Kern
interpolation avec splines	Spline-Interpolation
interpolation par des fractions rationelles	rationale Interpolation
interpolation polynomiale	Polynominterpolation
intersection	Durchschnitt

intervalle	Intervall
intervalles emboîtes	Intervallschachtelung
inversible	invertierbar
irrationnel	irrational
irréductible	irreduzibel
isométrique	isometrisch
isomorphisme	Isomorphismus
isomorphisme d'espaces projectifs	Projektivität
isotrope	isotrop
itération de Wielandt	inverse Iteration nach Wielandt
itération vectorielle	Vektoriteration

L

(un automorphisme) laissant l'orientation invariante	orientieungstreu
libre	frei (z. B. Gruppe, linear unabhängig)
lié	abhängig (z. B. linear-)
limite	Grenzwert
limite supérieure (*resp.* inférieure)	Limes superior (*bzw.* inferior)
linéairement dépendant	linear abhängig
linéairement indépendant	linear unabhängig
localement compact	lokalkompakt
localement connexe	lokal zusammenhängend
localement connexe par arcs	lokal wegzusammenhängend
localement fini	lokalendlich
logarithme	Logarithmus
loi	„Gesetz"
loi (*ou* distribution)	Verteilung
loi binomiale	Binomialverteilung
loi de composition	Verknüpfung (auf einer Menge)
loi de Gauß	Normalverteilung
loi de la moyenne	Mittelwertsatz
loi d'inertie	Trägheitssatz
loi exponentielle	Exponentialverteilung
loi Γ	Gamma-Verteilung
loi géométrique	geometrische Verteilung
loi hypergéométrique	hypergeometrische Verteilung
loi image	Bildmaß (Verteilung einer Zufallsvariablen)
loi polynomiale (*ou* multinomiale)	Multinomialverteilung

loi rectangulaire	Rechteck-Verteilung
lois des grands nombres	Gesetze großer Zahlen
loi uniforme	Gleichverteilung
longueur	Länge
longueur d'arc	Bogenlänge

M

maigre	mager (Menge)
matrice	Matrix
matrice adjointe	adjungierte Matrix
matrice complémentaire	komplementäre Matrix
matrice continuante	Tridiagonalmatrix
matrice diagonale	Diagonalmatrix
matrice inverse	inverse Matrix
matrice jacobienne	Funktionalmatrix, Jacobimatrix
matrices équivalentes	äquivalente Matrizen
matrices semblables	ähnliche Matrizen
matrice symétrique	symmetrische Matrix
matrice transposée	transponierte Matrix
matrice triangulaire	Dreiecksmatrix
matrice unitaire	unitäre Matrix
matrice unité	Einheitsmatrix
médiane	Median
méromorphe	meromorph
mesurable	meßbar
mesure	Maß
mesure de comptage	Zählmaß
mesure de probabilité	Wahrscheinlichkeitsmaß
mesure produit	Produktmaß
méthode à pas séparés	Einzelschrittverfahren
méthode à un pas	Einschrittverfahren
méthode de bisection	Bisektionsverfahren
méthode de Horner	Horner-Schema
méthode de la diagonale	Cantorsches Diagonalverfahren
méthode d'élimination de Gauss	Gaußsches Eliminationsverfahren
méthode de prédiction-correction	Prediktor-Korrektor-Verfahren
méthode de Romberg	Rombergintegration
méthode des approximations successives	sukzessive Approximation
méthode des éléments finis	Finite-Elemente-Methode

méthode des pas totaux	Gesamtschrittverfahren
méthode des réseaux	Differenzenverfahren
méthode des substitutions	Substitutionsregel
méthode d'Euler	Eulersches Polygonzugverfahren
méthode du prolongement	Fortsetzungsmethode
méthode itérative de Gauss-Seidel	Gauß-Seidel-Verfahren
méthodes à pas variable contrôlé	Schrittweitensteuerung
méthodes de la sécante	Sekantenverfahren
méthodes de Newton généralisées	Newton-ähnliche Verfahren
méthode simpliciale	Simplexmethode
méthodes multi-pas	Mehrschrittverfahren
métrique	Metrik
métrisable	metrisierbar
module	Modul
module artinien	artinscher Modul
module bidual	Bidual eines Moduls
module cyclique (*ou* monogène)	zyklischer Modul
module dual	dualer Modul
module libre	freier Modul
module quotient	Restklassenmodul
module simple	einfacher Modul
monoïde	Monoid
monomorphisme	Monomorphismus
monotone	monoton
morphisme	Morphismus
morphisme fonctoriel	natürliche Transformation
moyenne arithmétique	arithmetisches Mittel
moyenne empirique	empirische Erwartung
multi-indice	Multiindex
multiple shooting méthode	Mehrzielmethode
multiplicateurs de Lagrange	Lagrangesche Multiplikatoren

N

nabla	Nabla (∇)
nilpotent	nilpotent
niveau	Niveau
niveau de confiance	Konfidenzniveau
niveau de signification	Irrtumswahrscheinlichkeit
nombre	Zahl
nombre algébrique	algebraische Zahl

nombre complexe	komplexe Zahl
nombre complexe conjugué	konjugiert komplexe Zahl
nombre entier	ganze Zahl
nombre naturel (*ou*-entier positif)	natürliche Zahl
nombre p-adique	p-adische Zahl
nombre premier	Primzahl
nombre rationnel	rationale Zahl
nombre réel	reelle Zahl
nombre représenté en machine	Maschinenzahl
normalisateur	Normalisator
norme	Norm
norme matricielle	Matrixnorm
„norme sup"	Supremumsnorm
noyau	Kern (z. B. eines Homomorphismus)

O

opérateur	Operator
opérateur adjoint	adjungierter Operator
opérateur compact	kompakter Operator
opérateur de Laplace (*ou* laplacien)	Laplace-Operator
opérateur unitaire	unitärer Operator
opération	Operation
optimisation	Optimierung
orbite	Bahn, Orbit
ordinal	Ordinalzahl
ordre	Ordnung
ordre de convergence	Konvergenzordnung
ordre lexicographique	lexikographische Ordnung
ordre partiel	Halbordnung
orientation	Orientierung
ouvert	offen (z. B. Teilmenge eines metrischen Raumes)

P

parabole	Parabel
parabole semi-cubique	Neilsche Parabel
paracompact	parakompakt
parfait	vollkommen (z. B. Körper)

partie imaginaire	Imaginärteil
partiellement ordonné	teilweise geordnet
partie réelle	Realteil
partie singulière	Hauptteil
partition	Zerlegung
partition de l'unité	Partition der Eins
périodique	periodisch
permutation	Permutation
permutation impaire	ungerade Permutation
permutation paire	gerade Permutation
p-groupe	p-Gruppe
pivotage	Pivotsuche
plan	Ebene
plan osculateur	Schmiegebene
plan rectifiant	rektifizierende Ebene
plan tangent	Tantgentialebene
plus grand diviseur commun (pgdc)	größter gemeinsamer Teiler (ggT)
plus petit multiple commun (ppmc)	kleinstes gemeinsames Vielfaches (kgV)
point	Punkt
point d'accumulation	Häufungspunkt
point d'adhérence	Berührungspunkt
point intérieur	innerer Punkt
point isolé	isolierter Punkt
point singulier	singulärer Punkt
point singulier isolé d'ordre zéro	hebbare Singularität (einer holomorphen Funktion)
polarisation	Polarisierung
pôle	Pol
polyèdre	Polyeder
polynôme	Polynom
polynôme caractéristique	charakteristisches Polynom
polynôme cyclotomique	Kreisteilungspolynom
polynôme d'interpolation	Interpolationspolynom
polynôme homogène	homogenes Polynom
polynôme minimal	Minimalpolynom
polynôme monique (*ou* unitaire)	normiertes Polynom
polynôme primitif	primitives Polynom
polynôme symétrique	symmetrisches Polynom
précompact	präkompakt, total beschränkt
première forme fondamentale	erste Fundamentalform
premiers entre eux	teilerfremd
primitive (d'une fonction)	Stammfunktion

principe de comparaison	Majorantenkriterium (bei Reihen)
principe de dualité	Dualitätsprinzip
principe de symétrie	Schwarzsches Spiegelungsprinzip
principe des zéros isolés, *ou*-du prolongement analytique	Identitätssatz für holomorphe Funktionen
principe du maximum	Maximumprinzip (für holomorphe Funktionen)
principe d'uniformément majoré	Prinzip der gleichmäßigen Beschränktheit
probabilité	Wahrscheinlichkeit
probabilité conditionelle	bedingte Wahrscheinlichkeit
probabilité totale	totale Wahrscheinlichkeit
problème aux limites	Randwertproblem
problème aux valeurs initiales	Anfangswertproblem
procédé d'orthonormalisation de Gram-Schmidt	Orthonormalisierungssatz, -verfahren (von Gram-Schmidt)
procédé du commandante Cholesky	Cholesky-Verfahren
produit cartésien	kartesisches Produkt (von Mengen)
produit	Produkt
produit direct	direktes Produkt
produit mixte	Spatprodukt
produit scalaire	Skalarprodukt
produit sémidirect	semidirektes Produkt
produit tensoriel	Tensorprodukt
produit vectoriel	Kreuzprodukt, Vektorprodukt
programmation linéaire	lineare Optimierung
prolongement analytique	analytische Fortsetzung
projection	Projektion
projection stéréographique	stereographische Projektion
puissance	Mächtigkeit

Q

quadrique	Quadrik
quantile	Quantil
quaternions	Quaternionen

R

racine	Wurzel
racine de l'unité primitive	primitive Einheitswurzel

racine d'unité	Einheitswurzel
rang	Rang
rare	nirgends dicht
rayon de convergence	Konvergenzradius
rayon de courbure	Krümmungsradius
rearrangement	Umordnung (von Reihen)
recouvrement	Überdeckung
rectifiable	rektifizierbar (z. B. Kurve)
réductible	reduzibel
réduction de l'équation aux axes principaux	Hauptachsentransformation
réflexif	reflexiv
région de confiance	Konfidenzbereich
règle d'Alembert	Quotientenkriterium (bei Reihen)
règle pour la dérivation d'un produit	Produktregel
règle pour la dérivation d'un quotient	Quotientenregel
règle pour la dérivée de la composition de deux fonctions	Kettenregel
régulier	regulär
relation de Parseval	Parsevalsche Gleichung
relation d'équivalence	Äquivalenzrelation
relativement compact	relativkompakt
représentant	Repräsentant
représentation en virgule fixe	Festkommadarstellung
représentation en virgule flottante	Gleitkommadarstellung
réseau	Verband
résidu	Residuum
résoluble	auflösbar
reste quadratique	quadratischer Rest
rétracte	Retrakt
réunion	Vereinigung
revêtement	Überlagerung
revêtement ramifié	verzweigte Überlagerung
revêtement universel	universelle Überlagerung
rotation	Drehung

S

sans biais	erwartungstreu, unverfälscht
scalaire	Skalar
scaling	Skalierung
schéma aux differences	Differenzenschema

schéma d'urnes	Urnenmodelle
sémi-continue (supérieurement, inférieurement)	halbstetig (nach oben, nach unten)
semiconvergent	bedingt konvergent
sémilinéaire	semilinear
sémilocalement simplement connexe	semilokal einfach zusammenhängend
séminorme	Halbnorm
sémisimple	halbeinfach (z. B. Modul, Ring)
séparable	separabel
séparé	separiert
série	Reihe (unendliche)
série entière	Potenzreihe
série formelle	formale Potenzreihe
série géométrique	geometrische Reihe
shooting méthode	Schießverfahren
signature	Signatur
signe	Signum
similitude directe	Drehstreckung
simple	einfach (z. B. Gruppe, Körper-erweiterung)
simplement connexe	einfach zusammenhängend
singularité	Singularität
singularité essentielle	wesentliche Singularität
sinus	Sinus
somme	Summe
somme directe	direkte Summe
somme partielle	Partialsumme
sous-anneau	Unterring
sous-espace	Teilraum, Unterraum
sous-espace affine	affiner Unterraum
sous-espace engendré par la réunion de deux autres	Verbindung zweier Unterräume
sous-espace invariant	invarianter Unterraum
sous-espace propre	Eigenraum
sous-espace vectoriel	Untervektorraum
sous-groupe	Untergruppe
sous-groupe conjugué	konjugierte Untergruppe
sous-groupe distingué	Normalteiler
sous-linéaire	sublinear
sous-module	Untermodul
spectre	Spektrum (z. B. eines linearen Operators)

sphère de Riemann	Riemannsche Zahlenkugel
suite	Folge
suite (*ou* chaîne) de composition	Normalreihe
suite extraite	Teilfolge
support	Träger (einer Funktion)
surface	Fläche
surjectif	surjektiv
stabilisateur	Stabilisator
stabilité	Stabilität
stabilité numérique	numerische Stabilität
stochastiquement indépendant	stochastisch unabhängig
structure algébrique	algebraische Struktur
symétrie (orthogonale)	Spiegelung
symétrie par rapport à un hyperplan	Hyperebenenspiegelung
système décimal	Dezimalsystem
système d'équations linéaires	lineares Gleichungssystem
système d'équations linéaires homogènes	homogenes lineares Gleichungssystem
système dual	Dualsystem
système fondamental de voisinages	Umgebungsbasis
système générateur	Erzeugendensystem
système orthonormal	Orthonormalsystem

T

tangente	Tangens, Tangente
tenseur	Tensor
test optimale	optimaler Test
test uniformément le plus puissant	gleichmäßig bester Test
théorème	Satz, Theorem
théorème chinois	Chinesischer Restsatz
théorème de convergence dominée	Satz von der dominierten Konvergenz
théorème de d'Alembert-Gauß	Fundamentalsatz der Algebra
théorème de la moyenne du calcul intégral	Mittelwertsatz der Integralrechnung
théorème de l'application inverse	Satz über die Umkehrabbildung
théorème de l'application ouverte	Prinzip der offenen Abbildung
théorème de Jordan	Jordanscher Kurvensatz
théorème de la représentation conforme	Riemannscher Abbildungssatz
théorème de monodromie	Monodromiesatz

théorème de prolongement	Fortsetzungssatz
théorème des accroissements finis	Mittelwertsatz
théorème des fonctions implicites	Satz über implizite Funktionen
théorème des quatre sommets	Vierscheitelsatz
théorème des résidus	Residuensatz
théorème des valeurs intermédiaires	Zwischenwertsatz
théorème du bon ordre	Wohlordnungssatz
théorème du graph fermé	Satz vom abgeschlossenen Graphen
théorème du point fixe	Fixpunktsatz
théorème ergodique	Ergodensatz
théorème fondamental des extensions galoisiennes	Hauptsatz der Galoistheorie
théorème limite	Grenzwertsätze
théorie de Galois	Galois-Theorie
théorie des ensembles	Mengenlehre
topologie	Topologie
topologie affaiblie	schwache Topologie
topologie d'ordre	Ordnungstopologie
topologie faible (sur X')	schwach-*-Topologie
topologie finale	Finaltopologie, Identifizierungs- topologie
topologie induite	induzierte Topologie
topologie induite par la norme	Normtologie
topologie initiale	Initialtopologie
topologie produit	Produkttopologie
topologie quotient	Quotiententopologie
topologie somme des topologies	Summentopologie
tore	Torus
totalement discontinu	total unzusammenhängend
trace	Spur
transcendant	transzendent
transformation homographique	gebrochen lineare Transformation
transitif	transitiv
tribu (*ou* σ-algèbre)	σ-Algebra
trièdre de Frenet	Frenetsches Dreibein
trièdre (repère) mobile	begleitendes Dreibein
(de) type fini	endlich erzeugt

U

ultrafiltre	Ultrafilter
uniformement continu	gleichmäßig stetig
unité (*ou* élément inversible)	Einheit

V

valeur absolue (*ou* modulus)	Absolutbetrag
valeur moyenne	Mittelwert
valeur principale	Hauptwert
valeur propre	Eigenwert
valuation	Bewertung
variable aléatoire	Zufallsvariable
variance	Varianz
variance empirique	empirische Varianz
variété	Mannigfaltigkeit
variété différentiable	differenzierbare Mannigfaltigkeit
variété analytique (*ou* complexe)	komplexe Mannigfaltigkeit
vecteur	Vektor
vecteur binormal	Binormalenvektor
vecteur normal	Normalenvektor
vecteur propre	Eigenvektor
vecteur tangent	Tangentialvektor
voisinage	Umgebung
volume	Volumen

W

wronskien	Wronski-Determinante

Literaturverzeichnis

In dieser Aufstellung sind unter anderen die von uns benutzten Bücher aufgeführt. Darüber hinaus werden jeweils unter a) empfehlenswerte Lehrbücher unter dem Aspekt der Kosten und der Sprache (nach Möglichkeit deutsch) angegeben und unter b) wichtige, weiterführende Standardwerke oder klassische Werke, in die zu schauen sich für Studenten lohnt.
Die Auswahl kann und will nicht vollständig sein, und sie impliziert auf keinen Fall eine Beurteilung der Bücher, die hier nicht aufgeführt worden sind.
Ausdrücklich soll an dieser Stelle auf das enzyklopädische Werk *N. Bourbaki:* „Eléments de Mathématiques" hingewiesen werden, das lange Jahre stilprägend für viele mathematische Teilgebiete war.

Allgemeines

Ebbinghaus, H.-D.: Einführung in die Mengenlehre; Wiss.-Buchges. Darmstadt 1976.
Ebbinghaus, H.-D., Hermes, H., Hirzebruch, F. u.a.: Zahlen; Springer Berlin, Heidelberg 1983.
Enderton, H.-B.: Elements of Set Theory; Academic Press New York, San Francisco 1970.
Fraenkel, A.-A., Bar Hillel, Y., Levy, A.: Foundation of Set Theory; North Holland Publ. Comp. Amsterdam 1973.
Halmos, P. R.: Naive Mengenlehre; Vandenhoek u. Ruprecht Göttingen 1968.
Klaua, D.: Allgemeine Mengenlehre I, II; Akademie-Verlag Berlin 1968/1969.
Mac Lane, S.: Categories for the working Mathematician; Springer New York, Heidelberg 1971.
Takeuti, G., Zaring, W. M.: Introduction to Axiomatic Set Theory; Springer New York, Heidelberg 1971.

Algebra

a) *Fischer, G., Sacher, R.:* Einführung in die Algebra; Teubner Stuttgart 1974.
   Hungerford, T. W.: Algebra; Springer New York, Heidelberg 1980.
   Lang, S.: Algebra; Addison-Wesley Publ. Comp. Reading, Massachusetts 1965.
   Meyberg, K.: Algebra Teil 1, Teil 2; Hanser, München 1975/1976.
b) *Huppert, B.:* Endliche Gruppen I; Springer Berlin, Heidelberg 1967.
   Jacobson, N.: Basic Algebra I, II; Freemann and Comp. San Francisco 1980/1985.
   van der Waerden, B. L.: Algebra 1. und 2. Teil; Springer Berlin, Heidelberg 1966/1967.
   Weber, H.: Lehrbuch der Algebra I – III; Chelsea Publ. Comp. New York o. J. (Reprint).
   Originalausgabe: Vieweg Braunschweig 1895, 1896, 1908.

Analysis

a) *Barner, M., Flohr, F.:* Analysis I, II; de Gruyter Berlin, New York 1974, 1982.
   Blatter, C.: Analysis I – III; Springer Heidelberg, Berlin 1974.
   Bröcker, T.: Analysis in mehreren Variablen; Teubner Stuttgart 1980.
   Erwe, F.: Differential- und Integralrechnung I, II; BI Hochschultaschenbücher Bd. 30/30a, 31/31a, Mannheim 1963.
   Forster, O.: Analysis I, II; Vieweg, Braunschweig 1983 (4. Aufl.), 1984 (5. Aufl.).
   Forster, O.: Analysis III; Vieweg, Braunschweig 1984 (3. Aufl.).
   Grauert, H., Lieb, I.: Differentialrechnung und Integralrechnung I; Springer Berlin, Heidelberg 1976.
   Grauert, H., Fischer, W.: Differentialrechnung und Integralrechnung II; Springer Berlin, Heidelberg 1978.
   Grauert, H., Lieb, I.: Differentialrechnung und Integralrechnung III; Springer Berlin, Heidelberg 1968
   Lang, S.: Analysis I, II; Addison-Wesley Publ. Comp. Reading, Massachusetts 1968, 1969.
   Rudin, W.: Analysis; Physik-Verlag Weinheim 1980.
   Spivac, M.: Calculus on Manifolds; Benjamin, Inc., Menlo Park, California 1965.
b) *Dieudonné, J.:* Grundzüge der modernen Analysis Bd. 1 – 9; Vieweg Braunschweig, Wiesbaden 1971 – 1987.
   Dieudonné, J.: Calcul infinitésimal; Hermann Paris 1968.
   Knopp, K.: Unendliche Reihen; Springer Berlin, Göttingen, Heidelberg 1964.

Differentialgeometrie

a) *do Carmo, M. P.:* Differentialgeometrie von Kurven und Flächen; Vieweg Braunschweig, Wiesbaden 1983.
Klingenberg, W.: Eine Vorlesung über Differentialgeometrie; Springer Berlin, Heidelberg 1973.
Stoker, J. J.: Differential Geometry; Wiley-Interscience New York 1969
b) *Spivak, M.:* A comprehensive Introduction to Differential Geometry Bd. 1–5; Publish or Perish Inc. Berkeley 1979 (2. Aufl.).

Differentialgleichungen

a) *Braun, M.:* Differentialgleichungen und ihre Anwendungen; Springer Berlin, Heidelberg 1979.
Collatz, L.: Differentialgleichungen; Teubner Stuttgart 1966.
Erwe, F.: Gewöhnliche Differentialgleichungen; BI Hochschultaschenbuch Bd. 19, Mannheim 1964.
Walter, W.: Gewöhnliche Differentialgleichungen; Springer Berlin, Heidelberg 1976.
b) *Ince, E. L.:* Ordinary differential equations; Dover Publ. Inc. 1956 (Republication).
Kamke, E.: Differentialgleichungen I, II; Akadem. Verlagsgesellschaft Leipzig 1961/1962 (4. Aufl.).
Kamke, E.: Differentialgleichungen – Lösungsmethoden und Lösungen; Akadem. Verlagsgesellschaft Leipzig 1961 (7. Aufl.).

Funktionentheorie

a) *Ahlfors, L. V.:* Complex Analysis; Mc Graw-Hill Book Comp. New York, St. Louis 1979 (3. ed.).
Cartan, H.: Elementare Theorie der analytischen Funktionen einer oder mehrerer komplexer Veränderlichen; BI Hochschultaschenbuch Bd. 112/112a, Mannheim 1966.
Fischer, W., Lieb, I.: Funktionentheorie; Vieweg Braunschweig, Wiesbaden 1985 (4. Aufl.).
Jänich, K.: Einführung in die Funktionentheorie; Springer Berlin, Heidelberg 1980 (2. Aufl.).
b) *Behnke, H., Sommer, F.:* Theorie der analytischen Funktionen einer komplexen Veränderlichen; Springer Berlin, Heidelberg 1965 (3. Aufl.).
Hurwitz, A., Courant, R.: Funktionentheorie, Springer Berlin 1964 (4. Aufl.).

Lineare Algebra

a) *Fischer, G.:* Lineare Algebra; Vieweg Braunschweig 1986 (9. Aufl.).
Fischer, G.: Analytische Geometrie; Vieweg Braunschweig 1985 (4. Aufl.).
Klingenberg, W.: Lineare Algebra und Geometrie; Springer Berlin, Heidelberg 1984.
Koecher, M.: Lineare Algebra und analytische Geometrie; Springer Berlin, Heidelberg 1983.
Kowalski, H. J.: Lineare Algebra; W. de Gruyter Berlin 1975.
b) *Brieskorn, E.:* Lineare Algebra und analytische Geometrie I, II; Vieweg Braunschweig, Wiesbaden 1983, 1985.
Greub, W.: Lineare Algebra (3. ed.); Springer Berlin, Heidelberg 1967.
Greub, W.: Multilineare Algebra; Springer Berlin, Heidelberg 1967.

Numerische Mathematik

a) *Schmeißer, G., Schirmeier, H.:* Praktische Mathematik; W. de Gruyter Berlin 1976.
Stoer, J.: Einführung in die Numerische Mathematik I; Springer Berlin, Heidelberg, New York, Tokyo 1983 (4. Aufl.).
Stoer, J., Bulirsch, R.: Einführung in die Numerische Mathematik II; Springer Berlin, Heidelberg, New York 1978 (2. Aufl.).
Werner, H.: Praktische Mathematik I; Springer Berlin, Heidelberg, New York 1970.
Werner, H., Schaback, R.: Praktische Mathematik II; Springer Berlin, Heidelberg, New York 1979 (2. Aufl.).
b) *Grigorieff, R. D.:* Numerik gewöhnlicher Differentialgleichungen 1, 2; LAMM Teubner Stuttgart 1972.
Meis, T., Marcowitz, U.: Numerische Behandlung partieller Differentialgleichungen; Springer Berlin, Heidelberg, New York 1978.
Müller, M. W.: Approximationstheorie; Akademische Verlagsgesellschaft Wiesbaden 1978.
Ortega, J. M., Rheinboldt, W. C.: Iterative Solution of Nonlinear Equations in Several Variables; Academic Press New York 1970.

Elementare Stochastik

a) *Behnen, K., Neuhaus, G.:* Grundkurs Stochastik; B. G. Teubner Stuttgart 1984.
Bosch, K.: Elementare Einführung in die Wahrscheinlichkeitsrechnung; Vieweg Braunschweig, Wiesbaden 1986 (5. Aufl.).
Bosch, K.: Elementare Einführung in die angewandte Statistik; Vieweg Braunschweig, Wiesbaden 1987 (4. Aufl.).
Chung, K. L.: Elementare Wahrscheinlichkeitstheorie und stochastische Prozesse; Springer Berlin, Heidelberg, New York 1978.

Dinges, H., Rost, H.: Prinzipien der Stochastik; B.G. Teubner Stuttgart 1982.

Hinderer, K.: Grundbegriffe der Wahrscheinlichkeitstheorie; Springer Berlin, Heidelberg 1980 (2. korr. Nachdruck der 1. Auflage).

Krickeberg, K., Ziezold, H.: Stochastische Methoden; Springer Berlin, Heidelberg, New York 1979 (2. Aufl.).

Lehn, J., Wegmann, H.: Einführung in die Statistik; B.G. Teubner Stuttgart 1985.

Plachky, D., Baringhaus, L., Schmitz N.: Stochastik I; Akademische Verlagsgesellschaft Wiesbaden 1978.

Plachky, D.: Stochastik II; Akademische Verlagsgesellschaft Wiesbaden 1981.

b) *Bauer, H.:* Wahrscheinlichkeitstheorie und Grundzüge der Maßtheorie; W. de Gruyter Berlin, New York 1978 (3. Aufl.).

Billingsley, P.: Probability and Measure; J. Wiley & Sons New York 1986 (2. ed.).

Feller, W.: An Introduction to Probability Theory and Its Applications; J. Wiley & Sons New York, Vol. 1 1968 (3. ed.), Vol. 2 1971 (2. ed.).

Gänssler, P., Stute, W.: Wahrscheinlichkeitstheorie; Springer Berlin, Heidelberg, New York 1977.

Hartung, J.: Statistik; R. Oldenbourg-Verlag München, Wien 1982.

Rohatgi, V.K.: An Introduction to Probability Theory and Mathematical Statistics; J. Wiley & Sons New York 1976.

Schmetterer, L.: Mathematische Statistik; Springer Wien, New York 1966.

Witting, H.: Mathematische Statistik I; B.G. Teubner Stuttgart 1985.

Topologie (mengentheoretische) und Funktionalanalysis

a) *Armstrong, M.R.:* Basic Topology; Springer New York, Berlin 1983.

Conway, J.B.: A Course in Functional Analysis; Springer New York, Berlin 1985.

Hirzebruch, F., Scharlau, W.: Einführung in die Funktionalanalysis; BI Hochschulbuch Bd 296, Mannheim 1971.

Jänich, K.: Topologie; Springer Berlin, Heidelberg 1980.

Rudin, W.: Functional Analysis; MacGraw-Hill New York, St. Louis 1973.

Schubert, H.: Topologie; Teubner, Stuttgart 1969.

b) *Christenson, C., Voxmann, W.:* Aspects of Topology; Marcel Dekker Inc. New York, Basel 1977.

Dugundji, J.: Topology; Allyn and Bacon Boston 1966.

Edwards, R.E.: Functional Analysis; Holt, Rinehart and Winston New York, Chicago 1965.

Engelking, R.: General Topology; PWN-Polish Scientific Publishers Warschau 1977.

Steen, L.A., Seebach, J.A.: Counterexamples in Topology; Springer New York, Heidelberg 1978.

Yosida, K.: Functional Analysis; Springer New York, Berlin 1980 (6. ed.).

Zahlentheorie

a) *Indlehofer, K.H.:* Zahlentheorie; Birkhäuser Basel, Stuttgart 1978.

Serre, J.P.: A Course in Arithmetic; Springer New York, Heidelberg 1973.

b) *Borevič, Z.I., Šafarevič, I.R.:* Zahlentheorie; Birkhäuser Basel 1966.

Hardy, G.H., Wright, E.M.: Einführung in die Zahlentheorie; Oldenbourg München 1958.

Hasse, H.: Number Theory; Springer New York, Heidelberg, Berlin 1978.

Mathematiker-Verzeichnis

Abel, Niels Henrik (1802 – 1829)
Adams, John Couch (1819 – 1892)
Aitken, Alexander Craig (1895 – 1967)
d'Alembert, Jean-Baptiste le Rond (1717 – 1783)
Alexandroff, Pavel Sergeevič (1896 – 1982)
Archimedes (ca. 287 – 212 v. Chr.)
Artin, Emil (1898 – 1962)
Arzelà, Cesare (1847 – 1912)
Ascoli, Giulio (1843 – 1896)

Baire, René Louis (1874 – 1932)
Banach, Stefan (1892 – 1945)
Bashforth, Francis
Bayes, Thomas (1702 – 1761)
Bernays, Isaac Paul (1888 – 1977)
Bernoulli, Daniel (1700 – 1782)
Bernoulli, Jacob (1654 – 1705)
Bernoulli, Johann (1667 – 1748)
Bernoulli, Nikolaus (1687 – 1759)
Bessel, Friedrich Wilhelm (1784 – 1846)
Bienaymé, Irénée Jules (1796 – 1878)
Bing, Rudolf H. (1914 – 1986)
Bolzano, Bernhard (1781 – 1848)
Boltzmann, Ludwig (1844 – 1906)
Borel, Emile (1871 – 1956)
Bose, Satyendra Nath (1894 – 1974)
Brianchon, Charles-Julien (1783 – 1864)
Bulirsch, Roland (1932)

Cantor, Georg (1845 – 1918)
Cardano, Geronimo (1501 – 1576)
Casorati, Felice (1835 – 1890)
Cauchy, Augustin-Louis (1789 – 1857)
Cayley, Arthur (1821 – 1895)
Collatz, Lothar (1910)
Cotes, Roger (1682 – 1716)
Cramer, Gabriel (1704 – 1752)

Dedekind, Julius Wilhelm Richard (1831 – 1916)
Desargues, Gérard (1593 – 1662)
Descartes, René du Perron (1596 – 1650)
Dini, Ulisses (1845 – 1918)
Dirac, Paul Adrien Maurice (1902 – 1984)

Eilenberg, Samuel (1913)
Einstein, Albert (1879 – 1955)
Eisenstein, Ferdinand Gotthold Max (1823 – 1852)
Euklid, von Alexandria (ca. 365 – 300 v. Chr.)
Euler, Leonhard (1707 – 1783)

Fehlberg, E. (1930)
Feit, Walter (1930)
Fermat, Pierre de (1601 – 1665)

Fermi, Enrico (1901 – 1954)
Ferrari, Ludovico (1522 – 1565)
Fibonacci, Leonardo (von Pisa) (ca. 1180 – 1250)
Fischer, Ernst (1875 – 1956)
Fourier, Jean-Baptiste Joseph de (1768 – 1830)
Fraenkel, Adolf Abraham (1891 – 1965)
Fréchet, Maurice René (1878 – 1973)
Fredholm, Erich Ivar (1866 – 1927)
Frenet, Jean-Frédéric (1816 – 1900)
Frobenius, Georg Ferdinand (1849 – 1917)
Fubini, Guido (1879 – 1943)

Galerkin, Boris Grigorewitsch (1871 – 1945)
Galois, Evariste (1811 – 1832)
Gauß, Carl Friedrich (1777 – 1855)
Goldbach, Christian (1690 – 1764)
Goursat, Edouard Jean-Baptiste (1858 – 1936)
Gram, Jørgen Pedersen (1850 – 1916)
Grassmann, Hermann Günther (1809 – 1877)
Green, George (1793 – 1841)

Hadamard, Jacques (1865 – 1963)
Hahn, Hans (1879 – 1934)
Hamilton, Sir William Rowan (1805 – 1865)
Hankel, Hermann (1839 – 1873)
Hausdorff, Felix (1868 – 1942)
Heine, Heinrich Eduard (1821 – 1881)
Hermite, Charles (1822 – 1901)
Hesse, Ludwig Otto (1811 – 1874)
Hessenberg, Gerhard (1874 – 1925)
Hilbert, David (1862 – 1943)
Hölder, Otto (1859 – 1937)
Horner, William George (1786 – 1837)
l'Hospital, Guillaume-Francois-Antoine de
  (1661 – 1704)
Householder, Alston Scott (1904)
Hurwitz, Adolf (1859 – 1919)

Jacobi, Carl Gustav Jacob (1804 – 1851)
Jacobson, Nathan (1910)
Jordan, Camille (1838 – 1922)

Klein, Felix (1849 – 1925)
Kolmogoroff, Andrej Nikolajewitsch (1903)
Kronecker, Leopold (1823 – 1891)
Kutta, Wilhelm Martin (1869 – 1944)

Lagrange, Joseph Louis (1736 – 1813)
Laguerre, Edmond Nicolas (1834 – 1886)
Landau, Edmund Georg Herman (1877 – 1938)
MacLane, Saunders (1909)
Laplace, Pierre Simon (1749 – 1827)
Laurent. Pierre Alphonse (1813 – 1854)

Lebesgue, Henri Léon (1875 – 1941)
Legendre, Adrien-Marie (1752 – 1833)
Leibniz, Gottfried Wilhelm (1646 – 1716)
Levi, Beppo (1875 – 1961)
Lie, (Marius) Sophus (1842 – 1899)
von Lindemann, Carl Louis Ferdinand (1852 – 1939)
Lindelöf, Ernst (1870 – 1946)
Liouville, Joseph (1809 – 1882)
Lipschitz, Rudolf Otto Sigismund (1832 – 1903)
Ludolph, van Ceulen (1540 – 1610)

Maxwell, James Clark (1831 – 1879)
Minkowski, Hermann (1864 – 1909)
Mises, Richard Edler von (1883 – 1953)
Mittag-Leffler, Magnus Gustav (1846 – 1927)
Möbius, August Ferdinand (1790 – 1868)
Moivre, Abraham de (1667 – 1754)
Montel, Paul Antoine Aristide (1876 – 1975)
Morera, Giacinto (1856 – 1909)

Nagata, Jun-iti (1925)
Nagata, Masayosi (1927)
Neper (Napier), John (1550 – 1617)
Neil, William (1637 – 1670)
v. Neumann, John (1903 – 1957)
Neville, Eric Harold (1889)
Newton, Sir Isaac (1642 – 1727)
Neyman, Jerzy (1894 – 1981)
Nielsen, Niels (1865 – 1931)
Nikodym, Otto Martin (1887 – 1974)
Noether, (Amalie) Emmy (1882 – 1935)

Ostrogradski, Michael Wassiljewitsch (1801 – 1862)

Pappos, von Alexandria (ca. 300 n. Chr.)
Parseval-Deschenes, Marc-Antoine (1755 – 1836)
Pascal, Blaise (1623 – 1662)
Peano, Giuseppe (1858 – 1932)
Pearson, Karl (1857 – 1936)
Pfaff, Johann Friedrich (1765 – 1825)
Picard, (Charles) Emile (1856 – 1941)
Poincaré, Jules Henri (1854 – 1912)
Poisson, Siméon Denis (1781 – 1840)
Prüfer, Heinz (1896 – 1934)

Radon, Johann (1887 – 1956)
Raphson, Joseph (ca. 1648 – 1715)
Remez, Ergenii Yakovlevich (1896)
Riemann, (Georg, Friedrich) Bernhard (1826 – 1866)
Riccardi, Pietro (1828 – 1898)

Riccati, Jacopo Francesco Graf (1676 – 1754)
Richardson, Lewis Fry (1881 – 1953)
Riesz, Frédéric (1880 – 1956)
Rolle, Michael (1652 – 1719)
Romberg, W. (1909)
Rouché, Eugène (1832 – 1910)
Runge, Carl David Tolmé (1856 – 1927)

Sarrus, Pierre (1798 – 1861)
Schmidt, Erhard (1876 – 1959)
Schreier, Otto (1901 – 1929)
Schur, Issai (1875 – 1941)
Schwarz, Herman Amandus (1843 – 1921)
Seidel, Phillip Ludwig von (1821 – 1896)
Serret, Joseph Alfred (1819 – 1885)
Simpson, Thomas (1710 – 1761)
Skolem, Thoralf (1887 – 1963)
Steiner, Jacob (1796 – 1863)
Steinhaus, Hugo (1877 oder 1887 – 1972)
Steinitz, Ernst (1871 – 1928)
Stirling, James (1692 – 1770)
Stokes, George Gabriel (1819 – 1903)
Stone, Marshall Harvey (1903)
Student (Pseudonym für Gosset, W.S.) (1876 – 1937)
Sylow, Peter Ludvig Mejdell (1832 – 1918)
Sylvester, James Joseph (1814 – 1897)

Tartaglia, Niccolo (ca. 1500 – 1557)
Taylor, Brook (1685 – 1731)
Thompson, John G. (1932)
Tietze, Heinrich (1880 – 1964)
Tschebyscheff, Pafnuti Lwowitsch (1821 – 1894)
Tychonoff, Andrej Nikolajewitsch (1906)

Urysohn, Pawel Samuilowitsch (1898 – 1924)

Vandermonde, Alexandre Théophile ((1735 – 1796)
Vietoris, Leopold (1891)

Wallis, John (1616 – 1703)
Weber, Heinrich (1842 – 1913)
Wedderburn, Joseph Henry Maclagan (1882 – 1948)
Weierstraß, Karl Theodor Wilhelm (1815 – 1897)
Wielandt, Helmut (1910)
Wilcoxon, Frank (1892 – 1965)
Wirtinger, Wilhelm (1865 – 1945)
Wronski, Höené Joseph Maria (1778 – 1853)

Zermelo, Ernst Friedrich Ferdinand (1871 – 1953)
Zorn, Max A. (1906)

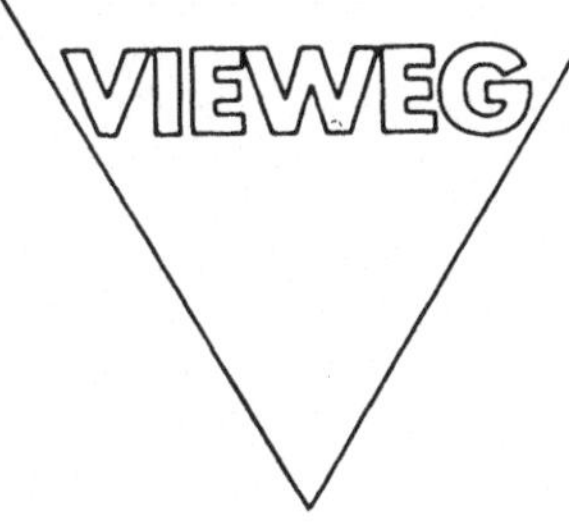

Ulrich Krengel

Einführung in die Wahrscheinlichkeitstheorie und Statistik

1988. X, 240 S. 16,2 x 22,9 cm. (vieweg studium, Bd. 59, Aufbaukurs Mathematik; hrsg. von Gerd Fischer.) Pb.

Dieses Buch wendet sich an alle, die – ausgestattet mit Grundkenntnissen der Differential- und Integralrechnung und der linearen Algebra – in die Ideenwelt der Stochastik eindringen möchten, insbesondere Mathematikstudenten, Physiker, Lehramtskandidaten und Informatiker. Es beginnt mit elementarer Kombinatorik und bedingten Wahrscheinlichkeiten und behandelt u. a. die Normalapproximation, erzeugende Funktionen, Kodierung, Entropie, Verteilungen mit Dichten, das Gesetz der großen Zahl, den Zentralen Grenzwertsatz, Markoffsche Ketten, Warteschlangen und den Poisson-Prozeß. Parallel entwickelt es an Beispielen Methoden und Begriffe der Statistik wie Maximum Likelihood, Konfidenzbereiche, Tests, Gütefunktionen, Neyman-Pearson Lemma, t-Test, x^2-Test, F-Test, Varianzanalyse, robuste Schätzer und nicht-parametrische Tests.

Gerd Fischer

Lineare Algebra

Unter Mitarbeit von Richard Schimpl. 9., durchges. Aufl. 1986. VI, 248 S. mit 37 Abb. 12,5 x 19 cm. (vieweg studium, Bd. 17, Grundkurs Mathematik.) Pb.

Das Buch gibt eine erste Einführung in die lineare Algebra, hauptsächlich für Studenten der Mathematik und Physik. Einige Hilfsmittel der linearen Algebra haben aber auch in anderen Gebieten – etwa den Wirtschaftswissenschaften – an Bedeutung gewonnen. Spezielle Kenntnisse werden nicht vorausgesetzt. Durch einen längeren „Leitfaden" mit geometrischem Anschauungsmaterial wird versucht, dem Leser den Zugang zu dem gelegentlich übertrieben ausgefeilten Formalismus der linearen Algebra zu erleichtern. Außerdem werden zahlreiche Rechenverfahren hergeleitet, um die Anwendbarkeit der Theorie zu demonstrieren. Aber auch für den an reiner Mathematik interessierten Leser gibt es einige spezielle Exkurse.

Zunächst wird ausführlich die Theorie linearer Gleichungssysteme mit Hilfe der grundlegenden Techniken von Vektorräumen und linearen Abbildungen behandelt. Dann schließt sich ein Kapitel über Determinanten und ihre Anwendungen auf lineare Gleichungssysteme an. Schließlich werden Eigenwerte und Normalformen sowie Skalarprodukte und Hauptachsentransformationen behandelt, was in der theoretischen Physik besonders wichtig ist.

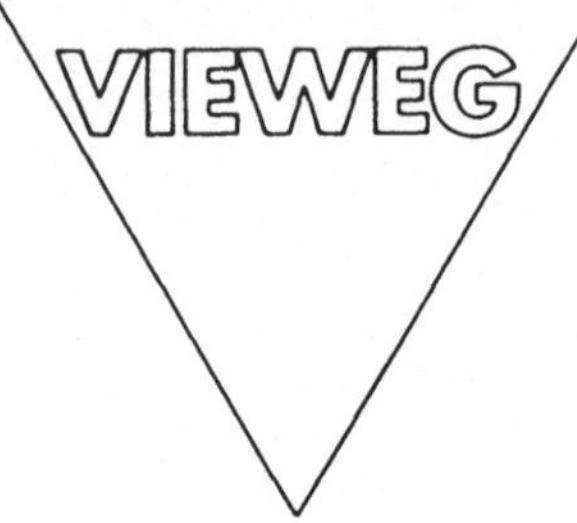

Otto Forster

Analysis

Band 1: Differential- und Integralrechnung einer Veränderlichen

4., durchges. Auf. 1983. VI, 208 S. mit 44 Abb. 12,5 x 19 cm. (vieweg studium, Bd. 24, Grundkurs Mathematik.) Pb.

Inhalt: Vollständige Induktion – Die Körperaxiome – Anordnungsaxiome – Folgen, Grenzwerte – Das Vollständigkeitsaxiom – Quadratwurzeln – Konvergenzkriterien für Reihen – Die Exponentialreihe – Punktmengen – Funktionen, Stetigkeit – Sätze über stetige Funktionen – Logarithmus und allgemeine Potenz – Die Exponentialfunktion im Komplexen – Trigonometrische Funktionen – Differentiation – Lokale Extreme. Mittelwertsatz. Konvexität – Numerische Lösung von Gleichungen – Das Riemannsche Integral – Integration und Differentiation – Uneigentliche Integrale. Die Gamma-Funktion – Gleichmäßige Konvergenz von Funktionenfolgen – Taylor-Reihen – Fourier-Reihen.

Band 2: Differentialrechnung im IR^n. Gewöhnliche Differentialgleichungen

5., durchges. Aufl. 1984. IV, 163 S. mit 29 Abb. 12,5 x 19 cm. (vieweg studium, Bd. 31, Grundkurs Mathematik.) Pb.

Inhalt: Kapitel I. Differentialrechnung im IR^n: Topologie metrischer Räume – Grenzwerte. Stetigkeit – Kompaktheit – Kurven im IR^n – Partielle Ableitungen – Totale Differenzierbarkeit – Taylor-Formel. Lokale Extrema – Implizite Funktionen – Integrale, die von einem Parameter abhängen.
Kapitel II. Gewöhnliche Differentialgleichungen: Existenz- und Eindeutigkeitssatz – Elementare Lösungsmethoden – Lineare Differentialgleichungen – Lineare Differentialgleichungen mit konstanten Koeffizienten – Systeme von linearen Differentialgleichungen mit konstanten Koeffizienten.

Band 3: Integralrechnung im IR^n mit Anwendungen

3., durchges. Aufl. 1984. VIII, 285 S. 16,2 x 22,9 cm. (vieweg studium, Bd. 52, Aufbaukurs Mathematik; hrsg. von Gerd Fischer.) Pb.

Inhalt: Integral für stetige Funktionen mit kompaktem Träger – Transformationsformel – Partielle Integration – Integral für halbstetige Funktionen – Berechnung einiger Volumina – Lebesgue-integrierbare Funktionen – Nullmengen – Rotationssymmetrische Funktionen – Konvergenzsätze – Die Lp-Räume – Parameterabhängige Integrale – Fourier-Integrale – Die Transformationsformel für Lebesgue-integrierbare Funktionen – Integration auf Untermannigfaltigkeiten – Der Gaußsche Integralsatz – Die Potentialgleichung – Distributionen – Pfaffsche Formen. Kurvenintegrale – Differentialformen höherer Ordnung – Integration von Differentialformen – Der Stokessche Integralsatz.